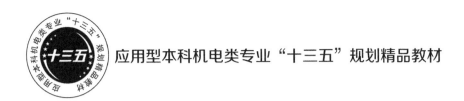

应用型本科机电类专业"十三五"规划精品教材

机电传动与控制技术

JIDIAN CHUANDONG YU KONGZHI JISHU

▶▶ 主 编 吴何畏

副主编 秦 拓

U0303345

华中科技大学出版社
http://www.hustp.com
中国·武汉

图书在版编目(CIP)数据

机电传动与控制技术/吴何畏主编. —武汉：华中科技大学出版社,2018.8(2024.8重印)
ISBN 978-7-5680-4145-4

Ⅰ.①机… Ⅱ.①吴… Ⅲ.①电力传动控制设备 Ⅳ.①TM921.5

中国版本图书馆 CIP 数据核字(2018)第 175592 号

机电传动与控制技术 吴何畏 主编
Jidian Chuandong yu Kongzhi Jishu

策划编辑：袁 冲
责任编辑：刘 静
责任监印：朱 玢
出版发行：华中科技大学出版社(中国·武汉)   电话：(027)81321913
         武汉市东湖新技术开发区华工科技园   邮编：430223
录　排：华中科技大学惠友文印中心
印　刷：武汉邮科印务有限公司
开　本：787mm×1092mm　1/16
印　张：22.75
字　数：566 千字
版　次：2024 年 8 月第 1 版第 2 次印刷
定　价：49.00 元

前言

　　本书是基于精品资源共享课的教学改革成果而编写的,突出了"机电结合,电为机用"的特点,将机械生产中,尤其是制造业中对电气控制的需求整合在一本书中,从电机、电器和电气三个方面讲解,在内容安排上既注重基础理论、基本概念的系统性阐述,也注重理论联系实际,尤其是各种知识在生产实际中的应用,同时尽可能地反映本领域近年来发展的最新技术。通过二维码链接实例视频教学资源库,帮助读者快速掌握机电系统的电气控制方法。本书课程体系新颖,内容全面、实用,每章后附有习题与思考题,便于自学。

　　全书主要包括五个方面的内容:电动机的结构与工作原理、机械特性、调速系统、驱动装置;典型生产机械的继电器-接触器控制系统;可编程控制器,三菱 PLC 的结构、工作原理;编程指令,高级编程技巧,典型行业例程和应用程序;分布式与集中式控制系统,人机界面的开发等。

　　本书可作为高等学校机械设计及其自动化专业、机械电子工程专业的本科生教材,也可作为近机械类专业本科生和研究生教材,还可供从事机电一体化工作的工程技术人员参考,作为进行生产线设计或设备改造的实施指南。

　　在本书编写过程中,课题组及兄弟院校的老师们在教学实践的基础上提出了很多宝贵的意见和建议,同时还得到了华中科技大学出版社的大力支持,谭宇良和栗世尧两位同学也提供了不少帮助,在此一并表示感谢。

　　本书还提供了以二维码形式呈现的相关资源,读者可通过扫描二维码获取。如遇到问题,可通过邮箱 142602@qq.com 与作者沟通解决。

　　限于编者的水平,书中难免有错误和不妥之处,敬请各位读者批评指正。

吴何畏

于丁酉除夕

目录

数字资源

第 1 章　驱动电机

机电控制主要是指对驱动电机的控制,电机的控制系统调节电机的运行状态,使其满足不同的运行要求。不同类型的电机,其控制系统的工作原理和控制方式有很大差别。早期的机电控制大多采用继电器-接触器控制方法,随着计算机技术和电力电子技术的发展,现代控制技术的应用日益广泛。要学好机电控制技术,必须首先了解和掌握驱动电机及其拖动的基本知识。

电机包括发电机和电动机。绝大多数电动机是应用电磁感应原理运行的旋转电磁机械,用于实现电能与机械能的转换。电动机运行时从电系统吸收电功率,向机械系统输出机械功率。还有一部分电动机是通过其他媒介的作用完成能量转换的。例如超声波电动机,它借助压电体加压时产生的机械形变完成电能和机械能之间的转换。根据设计原理与分类方式的不同,电机的具体构造和成本构成也有所差异。电机的分类如图 1.1 所示。

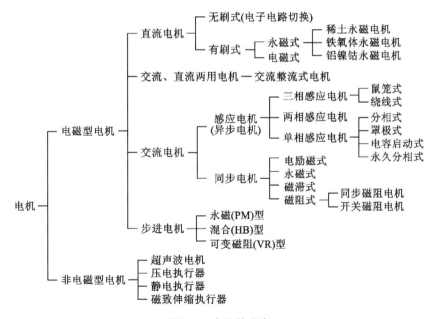

图 1.1　电机的分类

随着半导体技术的发展,电动机的应用发生了很大的变化。使用开关技术和变频技术,可以使电源小型化,同时还可以任意调节功率因数。随着晶体管、集成电路(IC)和大规模集成电路(LSI)的不断开发和由计算机控制的数字模拟转换电路的不断完善,智能化控制系统逐渐取代由继电器等机械触点组成的电动机控制线路,如今的电动机已不仅仅局限于单纯的旋转,通过连接计算机控制系统,可完成高精度动作的电动机已随处可见。

办公室中的大部分办公设备是可动的,计算机对硬盘和光驱等存储单元进行读/写操作、计算机内部 CPU 的散热风扇、打印机和扫描仪的送纸机构,都需要电动机。在工厂里,产品的加工、组装和运送需要大量的电动机来提供动力,如钻孔用的钻床、冲压机床、用于复杂零件成形的加工中心、用于焊接和组装的机器人、自动存取货物的自动化仓库、运送货物的传送带及吊车等。另外,液压与气压传动系统也需要电动机来提供动力。

1.1 直流电机

直流电机是电机的主要类型之一。直流电机可作为发电机使用,也可作为电动机使用。常用的直流电机如图 1.2 所示。

(a)作电源用的直流发电机

(b)作动力用的直流电动机

(c)用于信号传递的直流测速发电机

(d)用于控制的直流伺服电机

图 1.2 常用的直流电机

直流发电机将机械能转换成电能,用作直流电源。其优点是,电势波形较好,受电磁干扰的影响小。

直流电动机将电能转换成机械能,具有调速范围宽广、调速特性平滑、过载能力较强及启动转矩和制动转矩较大等优点。但传统的直流电动机由于具有换向装置,因此存在结构较复杂、维护和保养成本高的缺点。

随着电力电子技术的发展,交流电动机的调速技术已经日趋完善,许多领域中的直流电动机正在逐步被变频调速的交流电动机取代。但在速度调节精度要求高、启停频繁和换向及多电动机协同运转的生产设备上,仍广泛采用直流电动机拖动。

1.1.1　直流电动机的基本原理

这里以有刷式直流电动机为例来阐述直流电动机的工作原理。电动机的旋转是永久磁铁的磁场与通电线圈的磁场相互作用的结果。

把线圈套在一个可自由转动的轴上就形成了通常所说的转子,也称为电枢。具有放置转子的空间,并有 S 极和 N 极磁性的两个永久磁铁的装置称为定子。定子产生磁场的过程称为励磁。磁场可以靠外部电流通过励磁线圈产生,也可以由永久磁体产生。

工作时,首先在励磁绕组上通入直流励磁电流,产生恒定磁场,再通过电刷和换向器向电枢绕组通入直流电流,电枢绕组有效边流过电流后,在磁场中产生电磁力(电磁转矩),从而驱动电动机转动。图 1.3 所示为直流电动机工作原理模型图。

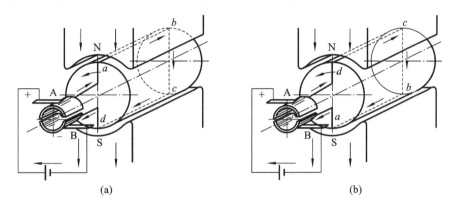

(a)　　　　　　　　　　　　　　(b)

图 1.3　直流电动机工作原理模型图

在图 1.3 中,N 极、S 极为定子中的一对主磁极,$abcd$ 是安放在电枢铁芯上的一个线圈,线圈的首端 a 和末端 d 分别连接到相互绝缘并可随线圈一同旋转的两个换向片上。直流电动机的外加电压通过电刷 A、B 及换向器中的换向片加到线圈上,从而在线圈的有效边上产生电磁力,形成电磁转矩。当线圈转过 180°,处在图 1.3(b)所示的位置时,线圈的有效边 ab 转到 S 极下,有效边 cd 转到 N 极下,但在电刷和换向片的共同作用下,线圈中的电流方向改变,电磁转矩方向仍为逆时针,使电动机一直保持按逆时针方向旋转。通过换向器,电刷 A 始终和 N 极下的导线相连,电刷 B 始终和 S 极下的导线相连,使得在 N 极与 S 极下的导线电流方向始终保持不变,所以电动机的电磁转矩和旋转方向始终保持不变。

综上可知,推动电动机持续转动的原理就是,转子通过换向器每 180°断一次电,之后再通入反向电流。

换向器与电刷根据转子转动位置的不同而自动切换连接位置,从而改变转子电流方向,这是一个很巧妙的组合。有了它,电动机接通电源就能旋转。但是在实际应用中,这种有刷结构存在着以下缺点。

(1)磨损问题。换向器多使用硬质铜合金材料,电刷则使用石墨或金属石墨材料,两者在电动机运转过程中在弹簧机构的作用下始终保持滑动接触,这也意味着接触面之间的磨损总是会随着转子的旋转而产生,所以必须定期更换磨损到极限位置的电刷。

(2)噪声问题。换向器与电刷间的接触面在工作时易产生噪声。

（3）旋转中换向器换向的瞬间会产生电火花与电气干扰。这种电气干扰会使电动机周围的计算机设备及其他电气设备产生误动作。电火花容易烧坏换向器。

（4）电动机的转速不能过高。电刷与换向器是通过弹簧片和弹簧压接在一起的。电刷转动得太快，就有可能打乱换向器切换顺序，引起转子电流切换错误。另外，换向器也可能因为离心力过大而产生脱离转动轴的危险。

换向器和电刷结构用比较简单的方式为电动机提供自动换向的电流，但受到机械结构的影响，其应用有一定限制。还有一种依赖电子线路进行电流切换而不需要换向器和电刷的无刷电动机。另外，利用交流电源提供动力的交流电动机，它的工作原理与直流电动机稍有不同，也不需要换向器和电刷。

1.1.2　直流电动机的结构

直流电动机在结构上由定子（静止部分）和转子（转动部分）两大部分组成。其基本的工作原理是建立在电磁感应和电磁力的基础上的，因此，这两大部分中包括了基于直流电动机工作原理的磁极、电枢、电刷和换向器四大主要部件。机座、主磁极、换向极、端盖和电刷等在定子部分，主要作用是产生磁场；电枢绕组、电枢铁芯、换向器、转轴和风扇等在转子部分，其主要作用是产生电磁转矩和感应电动势，是直流电动机进行能量转换的枢纽，所以通常又称为电枢。定子和转子两大部分由空气隙分开。图1.4所示为典型直流电动机的基本构成图。对直流电动机各主要部件分别介绍如下。

一、定子

1.　主磁极

主磁极由铁芯和套装在铁芯上的励磁绕组两个部分组成，作用是建立主磁场。绝大多数直流电动机不是用永久磁铁而是由励磁绕组通以直流电流来建立磁场的。主磁极铁芯靠近转子一端的扩大部分称为极靴。极靴的作用是，使气隙磁阻减小，改善主磁极磁场分布，并使励磁绕组容易固定。为了减小转子转动时由于齿槽移动引起的铁耗，主磁极铁芯采用厚度为0.5～1.5 mm的低碳钢板冲片叠压铆紧而成。整个主磁极用螺杆固定在机座上。主磁极的个数一定是偶数，励磁绕组的连接必须使相邻主磁极的极性按N极、S极交替出现。

2.　机座

机座就是电动机的壳体部分，它一方面是电动机的结构框架，另一方面也作为主磁极的一部分。机座中作为磁通通路的部分称为磁轭。机座一般用厚钢板弯成筒形以后焊成，或者用铸钢件（小型机座用铸铁件）制成，两端装有端盖，以保证有足够的机械强度。

3.　电刷装置

电刷装置包括电刷和电刷座。电刷放在刷握内，用弹簧压紧，使它与换向器能够始终保持良好的滑动接触。电刷一方面使转子绕组与电动机外部电路接通；另一方面与换向器配合，完成直流电动机外部直流电与内部交流电的互换。

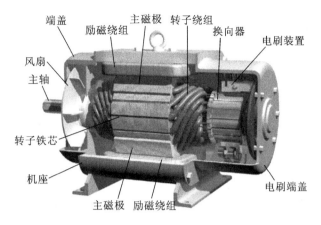

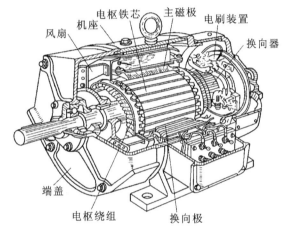

图 1.4　典型直流电动机的基本构成图

二、转子(电枢)

1. 转子铁芯

为了减小电动机磁通变化产生的涡流损耗,转子铁芯通常采用硅钢片冲压叠成。转子铁芯的作用有两个:一是作为磁路的组成部分;二是将转子绕组嵌放在铁芯槽内。

2. 转子绕组

转子绕组是直流电动机的电路部分,也是感生电动势、产生电磁转矩、进行机-电能量转换的部分。转子绕组由线圈按一定的规律连接组成,线圈用高强度漆包线或玻璃丝包扁铜导线绕成,分上、下两层嵌放在电枢铁芯槽内,截面呈圆形或矩形,上、下层以及线圈与铁芯之间都要妥善地绝缘,并用槽楔压紧。

3. 换向器

换向器中有多个换向片,片与片之间用云母板隔离绝缘。换向器与电刷配合,在直流电动机中能将转子绕组中的交流电动势或交流电流变成电刷两端的直流电动势或直流电流,是直流电动机的关键部件。

1.1.3 直流电动机的分类

直流电动机按定子励磁绕组的励磁方式的不同可分为四类,即他励直流电动机、并励直流电动机、串励直流电动机和复励直流电动机,如图 1.5 所示。

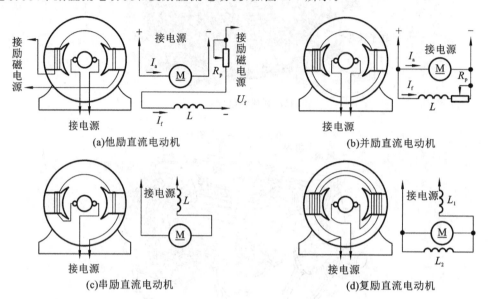

(a)他励直流电动机　　　　　　　　　(b)并励直流电动机

(c)串励直流电动机　　　　　　　　　(d)复励直流电动机

图 1.5　直流电动机按定子励磁绕组的励磁方式分类

一、他励直流电动机

励磁绕组由外加电源单独供电,励磁电流的大小与电枢两端电压或电枢电流的大小无关。定子线圈和转子线圈分别由不同的电源供电。在电气线路上,电源与定子构成一个回路,电源与转子构成另外一个回路,这样就可以采用两个彼此独立的电源,避免两个通电线圈之间的相互影响。

二、并励直流电动机

励磁绕组与电枢绕组并联,由外部电源一起供电,励磁电流的大小与电枢两端电压或电枢电流的大小有关。定子磁场以电磁铁代替永久磁铁,由这种定子组成的电动机称为绕线式有刷直流电动机;又因为定子线圈与转子线圈是并联的,所以又称其为并励直流电动机。

三、串励直流电动机

励磁绕组与电枢绕组串联,由外部电源一起供电,励磁电流的大小与电枢两端电压或电枢电流的大小有关。它的特点是,定子与转子内为同一电流。串励直流电动机的电流增加时,定子和转子磁场同时增强。也就是说,转矩与电流的平方成正比。与磁场恒定的电动机相比,串励直流电动机转矩增加的幅度可以很大,适合做大转矩输出的电动机。另外,它还有空载转速高的特性。与并励直流电动机一样,串励直流电动机无法通过改变电源的正负接线来改变转向。

四、复励直流电动机

把励磁绕组分为两个部分,一部分与电枢绕组并联,另一部分与电枢绕组并联,这样就构成了复励直流电动机,其励磁电流的大小与电枢两端电压或电枢电流的大小有关。因为这种电动机的结构可以分解成并励和串励结构,所以它的特性也恰巧在两者之间。

1.1.4 直流电动机的机械特性

1. 感应电动势

根据电磁学原理,电刷 A、B 间的感应电动势为

$$E_a = K_E \Phi n \tag{1.1}$$

式中:E_a 为感应电动势(V);Φ 为磁通量(Wb);n 为电枢转速(r/min);K_E 为电动势常数,与电机结构有关。

在直流发电机中,感应电动势的方向总是与电流的方向相同,所以直流发电机中的感应电动势常称为电源电动势。在直流电动机中,电动势的方向总是与电流的方向相反,所以直流电动机中的感应电动势常称为反电动势。

2. 电磁转矩

直流电机电枢绕组中的电流和磁通相互作用,产生电磁力和电磁转矩。电磁转矩的大小可用下式进行计算

$$T = K_T \Phi I_a \tag{1.2}$$

式中:T 为电磁转矩(N·m);I_a 为电枢电流(A);K_T 为电磁常数,与电机结构有关,$K_T \approx 9.55 K_E$。

直流发电机电磁转矩的作用和直流电动机是不同的。直流发电机的电磁转矩是阻转矩,它与电枢转动的方向或原动机驱动转矩的方向相反。因此,在等速转动时,原动机的转矩 T_1 必须与发电机的电磁转矩 T 和空载转矩 T_0 相平衡。当直流发电机的负载即电枢电流增加时,电磁转矩和所供给的机械功率必须相应增加,以保持转矩之间和功率之间的平衡,以及转速基本上不变。

直流电动机的电磁转矩是驱动转矩,它使电枢转动。因此,直流电动机的电磁转矩 T 必须与负载转矩 T_L 和空载转矩 T_0 相平衡。当轴上的机械负载发生变化时,直流电动机的转速、电动势、电流和电磁转矩将自动进行调整,以适应负载的变化,保持新的平衡。

从以上分析可知,直流电机做发电机运行和做电动机运行时,虽然都产生感应电动势 E_a 和电磁转矩 T,但二者的作用正好相反。

3. 电压平衡方程式

电枢回路中的电压平衡方程式为

$$U = I_a R_a + E_a \tag{1.3}$$

式中:U 为电枢供电电压(V);R_a 为电枢回路总电阻(Ω)。

励磁回路中的电流为

$$I_f = \frac{U_f}{R_f} \qquad (1.4)$$

式中：I_f为励磁电流（A）；R_f为励磁回路总电阻（Ω）；U_f为励磁电压（V）。

4. 转矩平衡方程式

一般情况下，E_a与I_a反向，T与n同向，T_L与n反向。直流电动机稳态运行时，作用于电动机轴上的转矩有电磁转矩T、电动机轴上的输出转矩T_2和空载转矩T_0。

直流电动机的转矩平衡方程式为

$$T = T_2 + T_0 \qquad (1.5)$$

式中：T为电磁转矩，用以驱动电动机转子旋转；T_2为电动机轴上的输出转矩，用于拖动生产机械；T_0为空载转矩。T_2和T_0对电动机来说属于阻转矩。

直流电动机稳定运行时，拖动性质的T与制动性质的$T_L + T_0$相平衡，电动机轴上的输出转矩T_2必须和负载转矩T_L相平衡，即$T_2 = T_L$。由于T_0很小，一般$T_0 \approx (2\% \sim 6\%) T_N \approx 0$（$T_N$为额定输出转矩），所以$T \approx T_2 = T_L$。

在额定情况下

$$T_N = \frac{P_N}{\omega} = \frac{P_N}{\frac{2\pi n}{60}} = 9.55 \frac{P_N}{n_N} \qquad (1.6)$$

式中：T_N为额定输出转矩（N·m）；P_N为电动机额定输出功率（W）；ω为电动机角速度（rad/s）；n_N为电动机额定转速（r/min）。

5. 机械特性方程

电动机的机械特性就是在恒值的条件下，电动机的转速n和电磁转矩T之间的关系，即$n = f(T)$。电动机的机械特性分固有机械特性和人为机械特性两种。机械特性是直流电动机的重要特性，它是分析直流电动机启动、调速、制动和运行的基础。

将式（1.1）和式（1.2）代入式（1.3），可得直流电动机机械特性的一般表达式

$$n = \frac{U}{K_E \Phi} - \frac{R_a}{K_E K_T \Phi^2} T = n_0 - \beta T = n_0 - \Delta n \qquad (1.7)$$

式中：n_0为理想空载转速；Δn为电动机的转速降落；β为机械特性硬度。

由此作出直流电动机的固有机械特性曲线。该曲线是与纵轴（转速轴）交于n_0点的一条倾斜直线。直流电动机的转速随电磁转矩的增加而下降，具有下斜特性。由于电枢回路总电阻R_a阻值很小，因此直流电动机的固有机械特性属于硬特性。他励直流电动机的固有机械特性如图1.6所示。

实际上，由于空载转矩T_0的存在，依靠直流电动机本身的作用是不可能使其转速上升到n_0的，"理想"的含义就在这里。

6. 机械特性硬度

前述式（1.7）中，为了衡量直流电动机机械特性的平直程度，引入了机械特性硬度β，其定义为

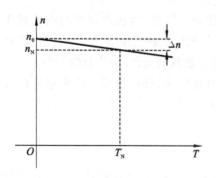

图1.6 他励直流电动机的固有机械特性

$$\beta = \frac{\mathrm{d}T}{\mathrm{d}n} = \frac{\Delta T}{\Delta n} \times 100\% \tag{1.8}$$

上式表明，β 为电动机电磁转矩变化 $\mathrm{d}T$ 与所引起的电动机转速变化 $\mathrm{d}n$ 的比值。根据 β 值的不同，可将电动机的固有机械特性分为三类。

（1）硬特性，$\beta > 10$：表示负载变化时，电动机转速变化不大，运行特性好。例如，交流同步电动机的固有机械特性，他励直流电动机的固有机械特性，交流异步电动机固有机械特性的上半部。

（2）软特性，$\beta < 10$：表示负载增加时，电动机转速下降较快，但启动转矩大，启动特性好。例如串励直流电动机和复励直流电动机的固有机械特性。

（3）绝对硬特性，$\beta \to \infty$。例如交流同步电动机的固有机械特性。

根据电动机的应用场合，选用不同的机械特性硬度。例如，制造业的金属切削中，选硬特性好的电动机；重载启动场合，则选软特性好的电动机。

1.1.5 直流电动机的启动

一、生产机械对电动机启动的要求

电动机的启动，就是施电于电动机，使电动机转子转动起来，达到要求转速的这一过程。要使电动机启动过程合理，应考虑的问题如下。

（1）启动转矩的大小。只有启动转矩大于负载转矩，电动机才能启动；启动转矩越大，启动的速度就越快。

（2）启动电流的大小。启动电流与启动转矩成正比，通常希望启动电流越小越好。

（3）启动时间的长短。启动时间越短，启动速度越快，生产效率越高。

（4）启动过程是否平滑。通常希望加速度均匀，以减少对生产机械的冲击。

（5）启动过程的能量损耗。电动机功率损耗越小越好。

（6）启动设备的可靠性。力求启动设备结构简单、操作方便、可靠性高。

上述这些问题中，启动电流和启动转矩是主要的。

二、启动特性

电动机在静止状态下不会产生电动势，等效电路中只有线圈的电阻和电感。由于线圈的阻抗很小，在启动电动机的瞬间，有非常大的电流流过电动机，这个电流被称为启动电流或突入电流。因电流流过而产生转矩，电动机开始旋转。随着转速的上升，电动势也上升，流过电动机的电流反而减小。当电动机转速达到稳定时，电流回落到稳定值。

对直流电动机而言，在未启动之前，转速 $n = 0$，感应电动势 $E_\mathrm{a} = 0$，而电枢回路总电阻 R_a 一般很小。当将电动机直接接入电网并施加额定电压时，启动电流为

$$I_\mathrm{st} = \frac{U_\mathrm{N}}{R_\mathrm{a}} \tag{1.9}$$

式中：I_st 为启动电流（A）；U_N 为电动机额定电压（V）。

这个电流很大，一般情况下能达到电动机额定电流的 $10 \sim 20$ 倍。过大的启动电流危害

很大,如果负载转矩过大、电动机难以启动的话,大电流就会持续地流过电动机,最终烧坏线圈,损坏电动机。

过大的启动电流的影响如下。

(1)对电动机本身的影响:使电动机在换向过程中产生危险的电火花,烧坏整流子;过大的电枢电流产生过大的电动应力,可能引起绕组的损坏。

(2)对机械系统的影响:与启动电流成正比的启动转矩使运动系统的动态转矩很大,过大的动态转矩会在机械系统和传动机构中产生过大的冲击,使机械传动部件损坏。

(3)对供电电网的影响:过大的启动电流将使保护装置动作,切断电源,造成事故,或者引起电网电压的下降,影响其他负载的正常运行。

用碳性、碱性干电池或镍镉、镍氢电池做电源的低压电动机,启动电流不会太大,即使施加额定电压启动电动机,也不会出现问题。但是由于现在的电动助力车、电动汽车使用数十伏电压的铅酸或锂电池,工业生产中使用数百伏电压驱动的电动机,所以在启动电动机时就会出现很大的问题。因此,只有小容量的低压直流电动机允许直接启动,工业生产中所用的直流电动机在启动时必须设法限制电枢电流。例如,普通的 Z2 型直流电动机,规定电枢的瞬时电流不得大于额定电流的 1.5 倍。

三、启动方法

限制直流电动机的启动电流,一般有降压启动和在转子回路中串电阻启动两种方式。

1. 降压启动

所谓降压启动,就是指在启动时降低转子的供电电压,以减小启动电流 I_{st}。随着电动机转速的升高,感应电动势增大,电流 I_a 相应减小,再逐步提高转子的供电电压,以保证足够大的转矩,最后达到额定电压时,电动机达到所要求的转速,启动完成。

2. 在转子回路中串电阻启动

直流电动机串电阻启动是指启动时在转子回路中串接启动电阻 R_{st},由式(1.9)可得,$I_{st} = U_N/(R_a + R_{st})$,此时启动电流将受外加启动电阻 R_{st} 的限制。随着电动机转速的升高,感应电动势增大,再切除外加电阻,电动机达到所要求的转速。他励直流电动机在转子回路中串电阻启动如图 1.7 所示。

(1)转子接入电网时,接触器 KM 的常开触头吸合、KM1~KM4 的常开触头断开,转子回路串接外加电阻 $R_{st} = R_{st1} + R_{st2} + R_{st3} + R_{st4}$,此时,电动机工作在机械特性曲线 R_4,在转矩 T_1 的作用下,转速沿曲线 R_4 上升。

(2)随着转速上升,工作点沿着曲线 R_4 上移到达 b 点时,接触器 KM1 的常开触头吸合。此时 R_{st4} 被短接,即切除电阻 R_{st4}。转子回路串接外加电阻 $R_{st} = R_{st1} + R_{st2} + R_{st3}$,电动机的机械特性曲线变为曲线 R_3。由于机械惯性的作用,电动机的转速不能突变,工作点由 b 点切换到 c 点,转速沿着曲线 R_3 继续上升。

(3)随着转速上升,工作点沿着曲线 R_3 上移到达 d 点时,接触器 KM1、KM2 的常开触头吸合,即切除电阻 R_{st3} 和 R_{st4},此时转子回路串接外加电阻 $R_{st} = R_{st1} + R_{st2}$,电动机的机械特性曲线变为曲线 R_2,工作点由 d 点切换到 e 点,转速沿着曲线 R_2 继续上升。

(4)继续分段切除 R_{st1} 和 R_{st2},工作点由 f 点经 g,h,i 点切换到 j 点,转子回路串接外

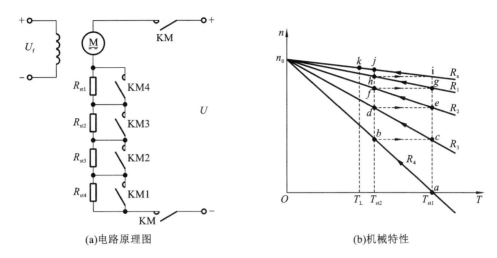

(a)电路原理图　　　　　　　　　(b)机械特性

图 1.7　他励直流电动机在转子回路中串电阻启动

加电阻 $R_{st}=0$，最终将停留在 k 点，电动机以额定值运行，启动完成。

1.1.6　直流电动机的调速

一、速度调节和速度变化的概念

速度调节(调速)与速度变化是两个完全不同的概念。电动机的速度调节是生产机械所要求的。例如：根据工件尺寸、材料性质、切削用量、刀具特性和加工精度等的不同，金属切削机床需要选用不同的切削速度，以保证产品质量和提高生产效率；电梯类或其他要求稳速运行或准确停止的生产机械，要求在启动和制动时速度要慢或停车前降低运转速度，以实现准确停止。

1. 速度调节

电动机的调速就是在一定的负载条件下，人为地改变电动机的电路参数，以改变电动机的稳定运行速度(即转速)。有些设备在负荷变化的时候可以不调节速度，通过调节阀门等手段来调节设备的出力；有些设备则必须有调速的功能。随着节能要求的提出，越来越多的设备被列入速度调节的范围，以节约能源。

以图 1.8 为例，在负载转矩一定时，若电动机工作在机械特性曲线 1 上的 A 点，则电动机以转速 n_A 稳定运行；人为地改变其机械特性参数，例如增加转子回路的电阻，则电动机工作在机械特性曲线 2 上的 B 点，以转速 n_B 稳定运行。这种转速的变化是人为改变(或调节)机械特性方程中的参数所造成的，称为速度调节，也叫作调速。

2. 速度变化

速度变化是指由于电动机的负载转矩发生变化(增大或减小)而引起的电动机转速的变化(下降或上升)。

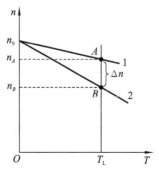

图 1.8　速度调节

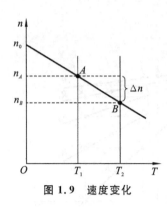

图 1.9　速度变化

以图 1.9 为例,当负载转矩由 T_1 增加到 T_2 时,电动机的转速由 n_A 降低到 n_B,它是沿某一条机械特性曲线发生的转速变化。

速度变化是由于负载改变而引起的;而速度调节则是在某一特定的负载下,靠人为改变机械特性而得到的,这是两者最大的区别。

二、调速方法

从他励直流电动机机械特性方程

$$n = \frac{U}{K_E \Phi} - \frac{R_a + R_{ad}}{K_E K_T \Phi^2} T$$

可知,改变转子回路串接电阻 R_{ad}、转子供电电压 U、磁通量 Φ,都可以得到不同的人为机械特性,从而在负载不变时可以改变电动机的转速,以达到速度调节的要求,故直流电动机的调速方法有调阻调速、调压调速和调磁调速三种。

1. 调阻调速:改变转子回路串接电阻 R_{ad}

要想控制直流电动机的速度,最简单的方法就是利用电阻控制电压。基本做法是,在电动机和电源之间串联一定阻值的电阻,流过该电阻的电流产生热量而消耗了电能,起到了降低电压的作用,转速也就相应下降。电压降低的数值是电阻值和电流值的乘积。在串联接入的电阻上流过的电流同流过电动机的电流完全相同,起到降低电动机端电压的作用。从多个电阻值中选择适当的电阻值,或者将串联的电阻任意组合,改变总的电阻阻值,就能够改变降低的电压值。若干年前,驱动电车的大型串励直流电动机就采用这种方法调速:用开关切换不同的电阻,改变电动机的转速。但是,使用电阻降低电压,需要消耗电能、释放热量,因此,能量的利用效率很低。

直流电动机转子回路串接电阻后,可以得到如图 1.10 所示的一簇机械特性曲线。可以看出,电动机的转速降落 Δn 增大而理想空载转速 n_0 保持不变,即电动机的机械特性曲线变陡(斜率变大),在负载转矩 T_L 保持不变的情况下,电动机转速 n 下降。

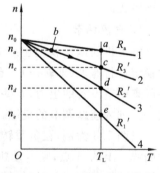

图 1.10　调阻调速的机械
特性曲线

由图 1.10 可看出,在一定的负载转矩 T_L 下,串入不同的电阻可以得到不同的转速。如在电阻分别为 Ra、R'_3、R'_2、R'_1 的情况下,可以分别得到稳定工作点 a、c、d、e,对应的转速为 n_a、n_c、n_d、n_e。电阻越大,则转速降落也越大。

改变转子回路串接电阻的大小调速存在如下问题。

(1) 机械特性较软,电阻越大则特性越软,稳定度越低。

(2) 在空载或轻载时,调速范围不大。

(3) 实现无级调速困难。

(4) 在调速电阻上消耗大量电能,适用于小型直流机,如在低速、运转时间不长的起重机、卷扬机等的传动系统中采用串励直流电动机,也可用类似的方法调速。

2．调压调速：改变转子供电电压 U

由机械特性方程可知,改变转子供电电压 U,使得理想空载转速 n_0 变化,但电动机的转速降落 Δn 保持不变,所以机械特性曲线的斜率不变,调速特性曲线是一簇平行曲线,如图 1.11 所示。

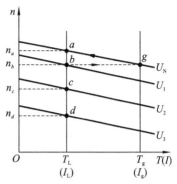

由图 1.11 可看出,在一定的负载转矩 T_L 下,在转子两端加上不同的电压 U_N、U_1、U_2、U_3,可以分别得到稳定工作点 a、b、c、d,对应的转速分别为 n_a、n_b、n_c、n_d,电压越小,则电动机的转速降落就越大,即改变转子供电电压可以达到调速的目的。

改变转子供电电压调速有如下特点。

（1）当电源电压连续变化时,转速可以平滑无级调节,一般只能在额定转速以下调节。

图 1.11　调压调速的机械特性曲线

（2）调速特性曲线与固有机械特性曲线平行,机械特性硬度不变,调速的稳定度较高,调速范围较大。

（3）调速时,因转子电流与转子供电电压 U 无关,若转子电流不变,则电动机输出转矩 T_2 不变。通常把调速过程中,电动机输出功率不变的调速称为恒转矩调速。调压调速的方法适用恒转矩型负载。

（4）可以靠调节转子供电电压来实现降压启动,而不用其他启动设备。

他励直流电动机调压调速的具体方案如图 1.12 所示。其中 U_f 为电动机定子励磁电压,由图左侧 220 V 交流电源经过变压模块和整流模块提供,固定为 110 V 直流电压;U 为电动机转子供电电压,由图右侧的 220 V 交流电源经过交流调压模块和整流模块提供,为 0～110 V 连续可调的直流电压。改变调压电路的输出,则可改变 U 的大小,进而改变电动机的转速。

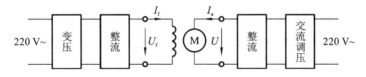

图 1.12　他励直流电动机调压调速的具体方案

随着电力控制技术的进步和功率晶体管等大型电力半导体器件的发展,开关控制电压的方法已经取代电阻控制电压的方法。它通过快速地反复切换半导体三极管的通/断状态,实现电动机的速度调节。

3．调磁调速：改变电动机磁通量 Φ

由直流电动机机械特性方程可知,电动机转速 n 和磁通量 Φ 有关,在转子供电电压 U 一定的情况下,改变磁通量就能改变转速。在电动机励磁回路中串接电阻 R_f,通过改变电阻值调节励磁电流 I_f,从而改变磁通量的大小。直流电动机调磁调速的机械特性曲线如图 1.13 所示。

由图 1.13 可看出,在一定的负载功率 P_L 下,不同的磁通量 Φ_N、Φ_1、Φ_2,可以得到不同的转速 n_a、n_b、n_c,即改变磁通量 Φ 可以达到调速的目的。磁通量减小,则转速上升,而且机械

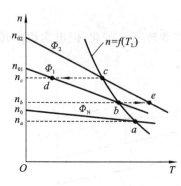

图 1.13　直流电动机调磁调速的机械特性曲线

特性曲线的斜率增加。调磁调速有以下特点。

（1）调速平滑，可做到无级调速。

（2）由于电动机设计时一般总使磁通接近饱和区域，不宜再增加磁通量，所以调磁调速一般只能进行弱磁调速，转速只能向上调节，调节后的转速将超过额定转速。

（3）受机械本身强度所限，普通他励直流电动机的最高转速不得超过额定转速的 1.2 倍，所以调速范围不大。通常与调压调速配合使用，额定转速以下用调压调速，额定转速以上用调磁调速。

（4）由于电动机的电磁转矩 T 随主磁通 Φ 的减小而减小，因此调速时人为机械特性较软。调速时，维持转子供电电压 U 和转子电流 I_a 不变，电动机的输出功率 $P = U I_a$ 不变。通常把调速过程中，输出功率不变的这种特性称为恒功率调速特性。调磁调速适用于对恒功率型负载进行调速。

1.1.7　直流电动机的制动

一、制动的概念

电动机有自然停车和制动两种停止运转（即停车）方式。

（1）自然停车：电动机脱离电网，靠很小的摩擦阻转矩消耗机械能使转速慢慢下降，直到转速为零而停车。这种停车过程需时较长，不能满足生产机械快速停车的要求。

（2）制动：电动机脱离电网，外加阻力转矩，使电动机迅速停车。为了提高生产效率、保证产品质量、加快停车过程和实现准确停车等，要求电动机运行在制动状态，常简称为电动机的制动。

就能量转换的观点而言，电动机有电动状态和制动状态两种工作状态。直流电动机的工作状态如图 1.14 所示。

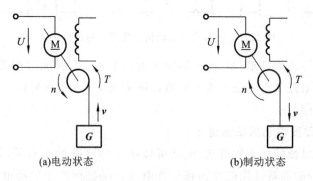

|(a)电动状态|(b)制动状态|

图 1.14　直流电动机的工作状态

（1）电动状态：电动机电磁转矩 T 的作用方向与转速 n 的方向相同。由图 1.14(a)可知：当电动机提升重物匀速上升时，$T - T_L = 0$，T 的作用方向与转速 n 的方向相同。此时 T 为拖动转矩，T_L 为阻转矩，电动机的作用是将电能转换为机械能，故称电动机的这种工作状态为电动状态。

（2）制动状态：电动机电磁转矩 T 的作用方向与转速 n 的方向相反。由图 1.14(b) 可知：当电动机使重物匀速下降时，$-T-(-T_L)=0$，T 的作用方向与转速 n 的方向相反，此时 T 为阻转矩，T_L 为拖动转矩，电动机的作用是吸收或消耗重物的机械能，故称电动机的这种工作状态为制动状态。电动机工作在制动状态下，可迅速减速到停止，也能限制位能性负载的下降速度，如起重机快速放下重物时。

根据直流电动机处于制动状态时的外部条件和能量传送情况，可将直流电动机的制动分为反接制动、反馈制动和能耗制动三种。

二、反接制动

反接制动可以通过改变转子供电电压 U 的方向实现，也可以通过改变转子感应电动势 E_a 的方向实现，两者在外界的作用下方向由相反变为相同，电动机电磁转矩 T 的作用方向与转速 n 的方向相反，如图 1.15 所示。

电动机正常运行时，接触器 KM1 得电吸合；电动机反接制动时，接触器 KM1 的两对常开触头断开，接触器 KM2 的两对常开触头吸合，正向运行的直流电动机转子回路的电压 U 反向，转子电流 I_a 也将反向，主磁通 Φ 的方向不变，则电磁转矩 T 反向，产生制动转矩。由于在反接制动期间，转子感应电动势 E_a 和电压 U 是串联相加的，因此，为了限制电流 I_a，电动机的转子回路中必须串接足够大的限流电阻 R_{bk}。

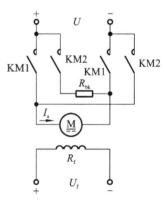

图 1.15 反接制动

反接制动制动的转矩比较大，比其他几种制动方式要更强烈、更快速，一般应用在生产机械要求迅速减速、停车和反向的场合。在频繁正、反转的机电控制系统中，常采用这种先反接制动停车，接着自动反向启动的运行方式，以达到迅速制动并反转的目的。

三、反馈制动

反馈制动也称为再生制动，主要用于以下两种情况：在外部条件的作用下，电动机的实际转速大于理想空载转速；电动机的电磁转矩 T 的作用方向与转速 n 的方向相反。例如，电动汽车走下坡路时、卷扬机下放重物时，均能产生反馈制动过程。反馈制动在制动工况下将电动机切换成发电机运转，将一部分的动能或势能转化为电能，因此这是一个能量回收的过程。

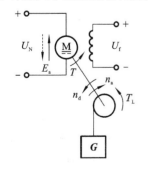

图 1.16 位能性负载引起的反馈制动过程

如图 1.16 所示，电动机下放重物时，转速 n 超过了它的空载转速 n_0，如果电动机的主极磁通 Φ 不变，则 $E_a > U_N$，此时电动机就处在发电状态下运行，即 I_a 与 E_a 的方向相同，此时传动系统储存的机械能带动电动机发电，电能回送给电网并产生制动转矩，从而限制了电动机转动的速度，以保持重物匀速下降。

反馈制动在纯电动车、混合动力汽车、铁路机车车辆上得到广泛应用，它将制动时车辆的动能转化及储存起来，而不是变成无用的热量。

四、能耗制动

电动机在电动状态运行时,把外加转子电压 U 突然降为零,而将转子通过串接一个附加电阻 R_{ad} 短接起来,便能得到能耗制动状态,如图 1.17 所示。

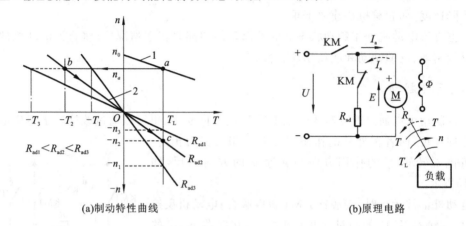

(a)制动特性曲线   (b)原理电路

图 1.17　能耗制动

制动时,接触器 KM 的常开触头断开,常闭触头闭合。这时,由于机械惯性,电动机仍在旋转,磁通量 Φ 和转速 n 的存在使转子绕组上继续有感生电动势 E,其方向与电动状态下的方向相同。感生电动势 E 在转子回路内产生电流 I_a,该电流方向与正常工作时的转子电流方向相反,而磁通量 Φ 的方向未变,故电磁转矩 T 反向,成为制动转矩,使电动机迅速停车。此时传动系统储存的机械能带动电动机发电,通过制动电阻 R_{ad} 转化成热量消耗掉,故称为能耗制动。

能耗制动线路简单、经济、安全,用于反抗性负载可实现准确停车,用于位能性负载可下放重物,但在制动过程中,随着转速的下降,制动转矩减小,制动效果变差。为使电动机更快停车,可在其转速降到一定程度时,切除一部分电阻,使制动转矩增大,从而加强制动作用。

1.2　交流电机

交流电机不需要像直流电机那样具有换向机构,具有结构简单、制造方便、价格低廉、坚固耐用和运行可靠等优点,在工业生产中应用极为广泛。但其自身也存在调速范围小、调速性能差的缺点。

1.2.1　三相交流电路

交流电源有三相和单相之分。三相交流电是三组幅值相等、频率相等、相位互相差 $120°$ 的交流电,如图 1.18 所示。三相交流电输配电效率比较高,是工业上常用的电源,可提供数千瓦以上功率的电力,而一般家庭用电则采用单相交流电。通常来说,三相交流电的接法分三角形(△)接法和星形(Y)接法两种。三角形接法将各相电源或负载依次首尾相连,形成一个三角形;而星形接法则是将各相电源或负载的一端连接在一点,形成一个中性点,这种接法又称为三相三线制。如果从该中性点再引出一条中性线,则整个结构变为三相四线制。三相四线制一般包括提供三个相电压的三个相线(A、B、C 线,U、V、W 线或 L1、L2、L3 线)和中性线(零线,N 线),不单独设地线(PE 线),而是中性线和地线共用一条线路。一些电器如大功率空调中,由于负载平衡,则不需要中性线。

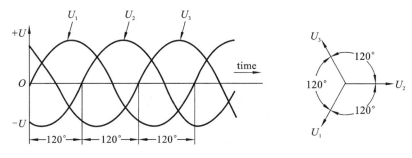

图 1.18　三相交流电路

各国的电压制式规范不尽相同,我国规定民用供电线路相线之间的电压(即线电压)为 380 V,相线和地线或中性线之间的电压(即相电压)均为 220 V。进户线一般采用单相三线制,包括三个相线中的一个,另外两条线路实质上同为中性线和地线所共用的一条线路。

1.2.2　三相异步电动机的结构

以交流电源供电的电动机同样有三相和单相之分,其中三相交流电动机依照转子转速与定子旋转磁场转速的不同,又分为三相交流同步电动机和三相交流异步电动机。直流电动机依靠整流子和电刷的位置变化来改变磁极方向;而交流电动机则充分地利用了三相交流电在相位上相差 120°和在时间上呈现的周期性变化的性质来改变磁极方向。

三相交流异步电动机主要由定子和转子两个部分组成。定子是不动的部分;转子是旋转部分,用于拖动机械负载。在定子和转子之间有一个 0.2 ~ 4 mm 的气隙。三相交流异步电动机的结构图如图 1.19 所示。

1. 定子

定子由定子铁芯、定子绕组和机座组成。

定子铁芯是电动机磁路的一部分,它由 0.5 mm 厚的硅钢片叠压后成为一个整体,固定于机座上,片与片之间是绝缘的,以减少涡流损耗。

定子绕组是电动机的电路部分。硅钢片的内圆冲有定子槽,槽中嵌放三相定子绕组线圈。定子绕组分为三个部分并对称地分布在定子铁芯上,称为三相绕组,分别用 AX、BY、CZ 表示,其中,A、B、C 称为首端,而 X、Y、Z 称为末端。三相定子绕组接入三相交流电源,使定子铁芯中产生旋转磁场。定子和转子剖视图如图 1.20 所示。

机座主要用于固定和支承定子铁芯。中小型异步电动机一般采用铸铁机座。三相交流异步电动机根据不同的冷却方式采用不同形式的机座。

2. 转子

转子由转子铁芯、转子绕组和转轴组成。

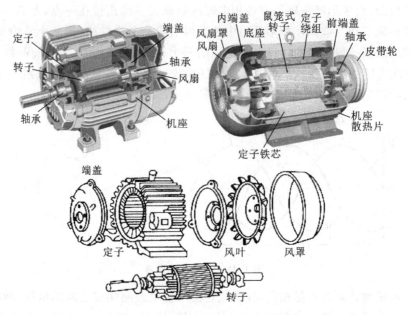

图 1.19　三相交流异步电动机的结构图

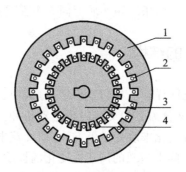

图 1.20　定子和转子剖视图

1—定子铁芯;2—定子绕组;3—转子铁芯;4—转子绕组

　　转子铁芯也是电动机磁路的一部分,由硅钢片叠压成圆柱形。转子铁芯装在转轴上,转轴拖动负载。转子绕组多采用鼠笼式和绕线式两种形式,因此三相交流异步电动机按绕组结构形式的不同,分为鼠笼式异步电动机和绕线式异步电动机两种。虽然构造不同,但转子的工作原理是一致的。转子的作用是产生转子电流,即产生电磁转矩。

　　鼠笼式转子绕组不是由绝缘漆包线绕制而成,而是在转子铁芯槽里插入铜条或铝条,两端用端环焊接而成,因外形像鼠笼而得名,如图 1.21(a)所示。小型鼠笼式转子绕组多用工业纯铝离心浇铸而成,生产效率高。铝铸的鼠笼式转子如图 1.21(b)所示。鼠笼式异步电动机结构简单,应用极为广泛。

　　绕线式转子的铁芯和鼠笼式转子的相同,转子绕组和定子绕组相似,是由绝缘导线绕制而成,按一定规律嵌放在转子槽中,组成三相对称绕组,每相绕组的末端短接,始端分别与固定在转轴上的三个互相绝缘的铜质滑环相接,滑环及其上面的电刷与外加的三相变阻器连接,外接三相对称交流电。绕线式异步电动机的结构图如图 1.22 所示。

　　绕线式异步电动机的结构比鼠笼式异步电动机的复杂,价格也高,但其启动转矩大,调

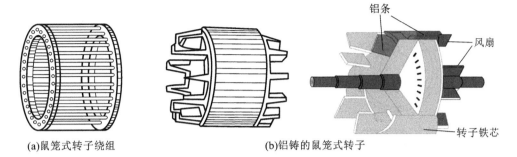

(a)鼠笼式转子绕组　　　　(b)铝铸的鼠笼式转子

图 1.21　鼠笼式转子

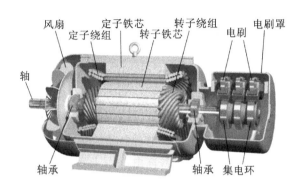

图 1.22　绕线式异步电动机的结构图

速软特性好,适用于重载启动及小范围调速的场合。

1.2.3　三相交流异步电动机的工作原理和额定参数

一、三相交流异步电动机的工作原理

为了简便起见,假设每相绕组只有一个线匝,分别嵌放在定子内圆周的六个凹槽之中。现将三相绕组(分别叫作 A、B、C 相绕组)的末端 X、Y、Z 相连,将其首端 A、B、C 接三相交流电源,如图 1.23 所示。

定子三相绕组通入对称的三相电流时,电动机内会形成旋转磁场,如果旋转磁场以转速

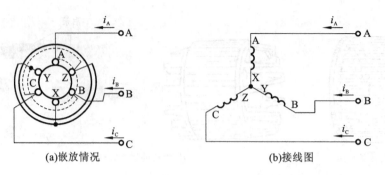

(a)嵌放情况　　　　　　　　　　(b)接线图

图 1.23　三相交流异步电动机的工作原理

n_0 顺时针旋转,固定不动的转子绕组就会相对于旋转磁场沿逆时针方向运动,切割磁力线而产生感应电动势,其方向由右手定则来判定。由于转子绕组用短路环连接形成闭合绕组,感应电动势便会在转子绕组中产生感应电流,使其成为载流导体。绕组在旋转磁场中受到电磁力 **F** 的作用,对转轴形成电磁转矩 T,电磁力的方向根据左手定则来判定,转子在电磁转矩的作用下顺时针旋转,转速为 n。由于转子转动的方向与磁场旋转的方向是一致的,如果 $n = n_0$,则磁场与转子之间就没有相对运动,它们之间就不存在电磁感应关系,不能在转子导体中感应电动势、产生电流,也就不能产生电磁转矩。因此,转子速度总是小于旋转磁场的转速也就是同步转速 n_0,异步电动机的名称由此而来。转子电流由电磁感应产生,所以异步电动机又称感应电动机。

1. 转速方程式

同步转速 n_0 与定子绕组磁极对数 P 成反比,与定子侧电源频率 f_1 成正比,其关系表达式为

$$n_0 = \frac{60 f_1}{P} \tag{1.10}$$

2. 转差率

转子实际转速 n 与同步转速 n_0 的相对运动,在异步电动机中用转差率 s 来衡量,其关系表达式为

$$s = \frac{n_0 - n}{n_0} \tag{1.11}$$

转差率是分析异步电动机运行的一个重要参数。电动机启动瞬间,$n = 0$,$s = 1$,转差率最大;在理想空载情况下,$n = n_0$,$s = 0$。转差率通常在 0 和 1 之间变化。异步电动机稳定运行时,实际转速与同步转速比较接近,$s = 0.02 \sim 0.08$。

3. 电磁转矩

三相交流异步电动机的转子电流与旋转磁场相互作用产生电磁力,电磁力对电动机的转子产生了电磁转矩。由此可见,电磁转矩是由转子电流和旋转磁场共同作用所产生的结果。因此,电磁转矩 T 与转子电流和旋转磁场每极的磁通成正比。根据理论分析,可得

$$T = K U_1^2 \frac{s R_2}{R_2^2 + (s X_{20})^2} \tag{1.12}$$

式中:K 是一常数;U_1 为定子绕组相电压的有效值;R_2 为转子每相绕组的电阻;X_{20} 为转子静

止时转子电路漏磁感抗,通常也是常数。

由式(1.12)可知,三相交流异步电动机的电磁转矩与每相电压有效值的平方成正比,也就是说,电磁电源电压变动对转矩产生较大的影响。此外,电磁转矩与转子电阻也有关。当电压和转子电阻一定时,电磁转矩 T 是转差率 s 的函数。

二、三相交流异步电动机的额定参数

电动机在制造工厂所拟定的情况下工作时,称为电动机的额定运行,通常用额定值来表示其运行条件,这些数据大部分都标明在电动机的铭牌上。使用电动机时,必须看懂铭牌。下面以 Y180M-4 型三相交流异步电动机铭牌(见图 1.24)为例,来说明铭牌上各个数据的意义。

三相交流异步电动机		
型号　Y180M-4	功率　18.5 kW	频率　50 Hz
电压　380 V	电流　35.9 A	接法　△
转速　1 470 r/min	绝缘等级　E	功率因数　0.86
效率　0.91	温升　60 ℃	工作制　S1
防护等级　IP44	LW　79 dB	
出厂编号　××××	出厂日期　××××	××××电机厂

图 1.24　Y180M-4 型三相交流异步电动机铭牌

(1)型号:为了适应不同用途和不同工作环境的需要,电动机制成不同的系列和种类,每种电动机用不同的型号表示。如 Y180M-4,其中 Y 表示鼠笼式异步电动机;180 表示机座中心高度,单位为 mm;M 是机座长度代号,代表中型机座;4 表示磁极对数 $P=2$。

(2)额定功率 P_N 与效率 η:在额定运行情况下,电动机轴上输出的机械功率称为额定功率。

输出功率的一般表达式为

$$P_{2N} = \eta \cdot P_{1N} \tag{1.13}$$

式中:η 为效率;P_{1N} 为输入功率;P_{2N} 为输出功率。

(3)额定电压 U_N:在额定运行情况下,定子绕组端应加的线电压值。

(4)额定频率 f:在额定运行情况下,定子外加电压的频率。

(5)额定电流 I_N:在额定频率、额定电压和轴上输出额定功率的情况下,定子的线电流值。如标有两种电流值(如 10.35/5.9 A),则对应于定子绕组为△/Y 连接的线电流值。

(6)额定转速 n_N:在额定频率、额定电压和电动机轴上输出额定功率时,电动机的转速。与此转速相对应的转差率称为额定转差率 s_N。

(7)额定功率因数 $\cos\varphi_N$:在额定频率、额定电压和电动机轴上输出额定功率的情况下,定子相电流与相电压之间相位差的余弦。

(8)额定效率 η_N:在额定频率、额定电压和电动机轴上输出额定功率时,电动机输出机械功率与输入电功率之比。

(9)额定负载转矩 T_N:电动机在额定转速下输出额定功率时轴上的负载载矩。

三、定子绕组的连接方法和选用

三相交流异步电动机的定子绕组有星形(Y 形)和三角形(△形)两种不同的接法,如

图 1.25 和图 1.26 所示。

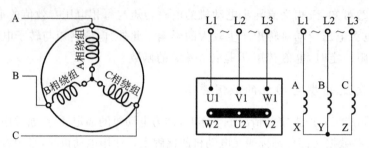

图 1.25 星形接法

电网的供电电流称为线电流,用 $I_{线}$ 表示;每相绕组的电流称为相电流,用 $I_{相}$ 表示。对于星形接法,$I_{线} = I_{相}$;对于三角形接法,$I_{线} = \sqrt{3}I_{相}$。两相绕组首端之间的电压称为线电压,用 $U_{线}$ 表示;一相绕组首、尾之间的电压称为相电压,用 $U_{相}$ 表示。对于星形接法,$U_{线} = \sqrt{3}U_{相}$;对于三角形接法,$U_{线} = U_{相}$。

定子三相绕组的连接方式(Y 形或 △ 形)的选择,和普通三相负载一样,根据电源的线电压而定。如果电源的线电压等于电动机的额定相电压,那么,电动机的绕组应该接成三角形;如果电源的线电压是电动机额定相电压的 $\sqrt{3}$ 倍,那么,电动机的绕组就应该接成星形。

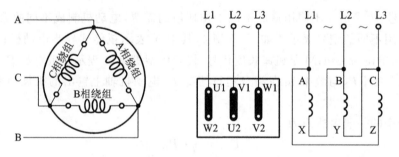

图 1.26 三角形接法

如图 1.24 所示,三相交流异步电动机的铭牌上标明了定子绕组所加线电压值对应的接法,必须按铭牌所规定的接法连接,三相交流异步电动机才能正常运行。有些电动机的铭牌会标出两种电压值和对应接法。例如,220/380 V、△/Y,它表示:电源电压为 ~220 V 时,定子绕组应采用三角形接法;电源电压为 ~380 V 时,定子绕组应采用星形接法。

【例 1.1】 电源线电压为 380 V,现有两台电动机,其铭牌数据如下,试选择定子绕组的连接方式。

(1) J32-4,功率 1.0 kW,电压 220/380 V,连接方法 △/Y,电流 4.25/2.45 A,转速 1 420 r/min,功率因数 0.79。

(2) Y180M-4,功率 18.5 kW,电压 380 V,连接方法 △,电流 35.9 A,转速 1 470 r/min,功率因数 0.86。

解:J32-4 电动机应接成星形(Y 形),如图 1.27(a)所示。

Y180M-4 电动机应接成三角形(△ 形),如图 1.27(b)所示。

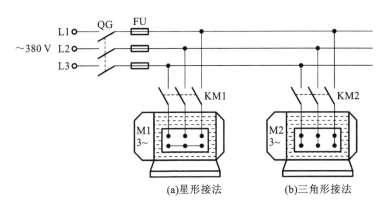

(a)星形接法　　　　　(b)三角形接法

图 1.27　电动机定子绕组的接法

1.2.4　三相交流异步电动机的调速

一、三相交流异步电动机的机械特性

在三相交流异步电动机中,转速公式为 $n = (1-s)n_0$,为了符合习惯画法,可将 $T = f(s)$ 曲线换成转速与转矩之间的关系曲线 $n = f(T)$ 曲线,即机械特性曲线。三相交流异步电动机的机械特性有固有(自然)机械特性和人为机械特性之分。在额定电压和额定频率下,用规定的接线方式接线,定子和转子电路中不串接任何电阻或电抗时的机械特性,称为固有机械特性,如图 1.28 所示。

固有机械特性曲线上的四个特征点决定了曲线的基本形状和三相交流异步电动机的运行性能,这四个点分别是启动工作点、临界工作点、额定工作点和理想空载工作点。

1. 启动工作点

启动工作点对应图 1.28 中的 d 点。三相交流异步电动机启动时,$T = T_{st}$,$n = 0$,$s = 1$。启动转矩 T_{st} 是三相交流异步电动机运行性能的重要指标。因为启动转矩的大小将直接影响到三相交流异步电动机拖动系统的加速度的大小和加速时间的长短。如果启动转矩小,三相交流异步电动机的启动会变得十分困难,有时甚至难以启动。由式(1.12)可得

$$T_{st} = K_T' \frac{sR_2 U_1^2}{R_2^2 + (sX_{20})^2} \tag{1.14}$$

可以看出,三相交流异步电动机的启动转矩同定子绕组相电压的有效值 U_1(也即电源电压、定子供电电压)的平方成正比。当施加在定子每相绕组上的电压降低时,启动转矩会明显减小;当转子电阻适当增大时,启动转矩会增大;而若增大转子电抗,则会使启动转矩大为减小,这是我们所不期望的。

只有当启动转矩大于负载转矩时,三相交流异步电动机才能启动。通常将启动转矩 T_{st} 与额定转矩 T_N 之比称为启动转矩倍数。

图 1.28　三相交流异步电动机的固有机械特性

$$K_{st} = \frac{T_{st}}{T_N} \tag{1.15}$$

它反映了三相交流异步电动机的启动负载能力。对于星形系列的三相交流异步电动机，$K_{st}=1.0\sim1.2$。

2. 临界工作点

临界工作点对应图 1.28 中的 c 点。在 c 点，$T=T_{max}$，$n=n_m$，$s=s_m$。临界转矩 T_{max} 是三相交流异步电动机所能产生的最大电磁转矩值，又称最大转矩，对应的转差率称为临界转差率，用 s_m 表示，经推导可得临界转差率为

$$s_m = \frac{R_2}{X_{20}} \tag{1.16}$$

于是可得

$$T_{max} = K'_T \frac{U_1^2}{2X_{20}} \tag{1.17}$$

由此可见，三相交流异步电动机对电源电压的波动是很敏感的。电源电压过低，会使轴上输出转矩明显下降，甚至小于负载转矩，从而造成三相交流异步电动机停转。最大转矩 T_{max} 与电源电压 U_1 的平方成正比，与 X_{20} 成反比，而与转子电阻 R_2 无关；而临界转差率 s_m 却与 R_2 成正比、与 X_{20} 成反比，对绕线式异步电动机而言，这意味着在转子电路中串接附加电阻，可使 s_m 增大，而 T_{max} 却不变。

当三相交流异步电动机的负载转矩超过最大转矩 T_{max} 时，三相交流异步电动机将发生"堵转"的现象，此时三相交流异步电动机的电流是额定电流的数倍，若时间过长，三相交流异步电动机会剧烈发热，以致烧坏。

三相交流异步电动机在运行中经常会遇到短时冲击负载，如果短时冲击负载转矩小于最大电磁转矩，三相交流异步电动机仍然能够运行，而且三相交流异步电动机短时过载也不会引起剧烈发热。三相交流异步电动机短时容许的过载能力，通常用最大转矩 T_{max} 与额定转矩 T_N 的比值来表示。最大转矩 T_{max} 与额定转矩 T_N 的比值称为过载能力系数 λ，即

$$\lambda = \frac{T_{max}}{T_N} \tag{1.18}$$

它表征了三相交流异步电动机能够承受短时冲击负载的能力的强弱，是三相交流异步电动机的又一个重要运行参数。各种三相交流异步电动机的过载能力系数在国家标准中有规定，如普通的 JO 和 JO2 系列鼠笼式异步电动机的 λ 为 $1.8\sim2.2$，供起重机械和冶金机械用的 JZ 和 JZR 型绕线式异步电动机的 λ 为 $2.5\sim2.8$。

3. 额定工作点

额定工作点对应图 1.28 中的 b 点。在 b 点，$T=T_N$，$n=n_N$，$s=s_N$。额定转矩反映的是三相交流异步电动机在额定电压下，以额定转速 n_N 运行，输出额定功率 P_{2N} 时，电动机转轴上输出的转矩。可以根据三相交流异步电动机铭牌上的数据求得

$$T_N = \frac{P_{2N} \times 10^3}{\frac{2\pi n_N}{60}} = 9\,550\,\frac{P_{2N}}{n_N}$$

式中：功率的单位是 kW；转速的单位是 r/min；转矩的单位是 N·m。

在三相交流异步电动机运行过程中，负载转矩通常是波动的。当负载转矩减小时，电磁

转矩与负载转矩间的平衡关系被打破,三相交流异步电动机的速度将增大,此时,旋转磁场与转子的相对速度降低,切割转子导条的速度变慢,使转子电流 I_2 减小,从而使电磁转矩减小,直到同负载转矩基本相等为止,三相交流异步电动机维持一个略高于原来转速的速度继续运转;反之亦然。三相交流异步电动机跟随负载转矩的变化,自动调整电磁转矩输出的特性称为电动机自适应负载能力,但这种自适应负载能力只适用于机械特性较为平坦的 $a \sim c$ 段,负载转矩超过这一范围将无法自动调节。

在讲直流电动机时,我们讨论过机械特性硬度的问题,从图 1.28 中可看出,三相交流异步电动机的硬特性表现显著。

4. 理想空载工作点

理想空载工作点对应图 1.28 中的 a 点。在 a 点,$T=0,n=0,s=0$,此时三相交流异步电动机的转速为理想空载转速 n_0。

由上述分析可知:三相交流异步电动机的机械特性与其参数有关,也与外加电源电压、电源频率有关,将关系式中的参数人为地加以改变而获得的特性称为三相交流异步电动机的人为机械特性。改变定子电压、改变定子电源频率、改变定子电路串入的电阻或电抗、改变转子电路串入的电阻或电抗、改变电动机旋转磁场的磁极对数、改变转差率等都可得到三相交流异步电动机的人为机械特性。上述也是三相交流异步电动机的调速方法。

二、改变定子供电电压调速

改变定子供电电压时的人为机械特性如图 1.29 所示。由图 1.29 可见,定子供电电压改变时,T_{max} 变化,而 n_0 和 s_m 不变。

对于恒转矩型负载 T_L,负载特性曲线 1 与不同定子供电电压下三相交流异步电动机的机械特性曲线的交点分别为 a、b、c。由图可以看出,当定子供电电压变化时,三相交流异步电动机速度的变化很小,即调速范围很小。

对于离心式通风机型负载,其负载特性曲线 2 与不同定子供电电压下三相交流异步电动机的机械特性曲线的交点分别为 d、e、f。由图可以看出,此时的调速范围比恒转矩型负载的稍大。

调压调速的方法能够实现无级调速,但是三相交流异步电动机对电网电压的波动非常敏感,当电压降低时,转矩也按电压的平方成比例减小。如果电压降低太多,

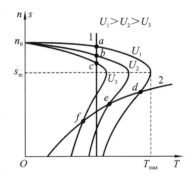

图 1.29 改变定子供电电压时的人为机械特性

三相交流异步电动机的过载能力与启动转矩也会大大降低,甚至出现带不动负载或者不能启动的现象。此外,电网电压下降,在负载不变的条件下,将使三相交流异步电动机的转速下降,转差率 s 增大,电流增加,引起电动机发热甚至烧坏。

三、定子电路串电阻调速

在三相交流异步电动机定子电路中外串电阻或电抗后,三相交流异步电动机端电压为电源电压减去定子外串电阻上或电抗上的压降,定子绕组相电压降低,在这种情况下三相交流异步电动机的人为机械特性与降低电源电压时的相似,如图 1.30 所示。

图中实线 1 为降低电源电压的人为机械特性曲线,虚线 2 为定子电路串入电阻 R_{1s} 或电抗 X_{1s} 的人为机械特性曲线。从图中可看出,二者所不同的是定子电路串入 R_{1s} 或 X_{1s} 后的最大转矩要比直接降低电源电压时的最大转矩大一些,这是因为随着转速的上升和启动电流的减小,在 R_{1s} 或 X_{1s} 上的压降减小,加到三相交流异步电动机定子绕组上的端电压自动增大,使最大转矩大些;而降低电源电压,在三相交流异步电动机的整个启动过程中,定子绕组的端电压是恒定不变的。

四、改变定子电源频率调速

改变定子电源频率(简称变频)对三相交流异步电动机机械特性的影响是比较复杂的,随着定子电源频率的降低,理想空载转速要减小,临界转差率要增大,启动转矩要增大,而最大转矩基本维持不变,如图 1.31 所示。

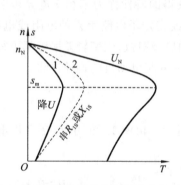

图 1.30　定子电路外接电阻或电抗时的
人为机械特性

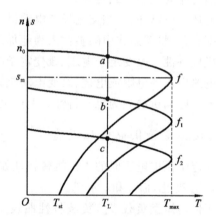

图 1.31　改变定子电源频率时的
人为机械特性

从图 1.31 所示的改变定子电源频率时的人为机械特性曲线可以看出,三相交流异步电动机的转速正比于定子电源频率 f。若连续地调节定子电源频率 f,即可实现连续地改变三相交流异步电动机的转速。变频调速用于一般鼠笼式异步电动机,鼠笼式异步电动机采用一个频率可以变化的电源向定子绕组供电,这种变频电源多为晶闸管变频装置。在变频调速技术普及之前,交流电动机因为调速性能差一直被人诟病,变频调速技术出现后解决了这一问题。变频调速是一种很好的调速方法,在工业生产和生活中都得到了广泛应用。

五、转子电路串电阻调速

这种调速方法只适用于绕线式异步电动机,其启动电阻可兼作调速电阻用,考虑到稳定运行时的发热,应适当增大电阻的容量。转子电路中串入电阻 R_2' 后,转子电路中的电阻为 R_2+R_2'。R_2' 的串入对理想空载转速 n_0 和最大转矩 T_{max} 没有影响,但临界转差率 s_m 随着 R_2' 的增加而增大,此时的人为机械特性比固有机械特性软,三相交流异步电动机的转速降低,如图 1.32 所示。

转子电路串电阻调速简单可靠,但它是有级调速,绕线式异步电动机的转速降低,机械特性也变软,转子电路电阻损耗与转差率成正比,低速时损耗比较大。这种调速方法大多用

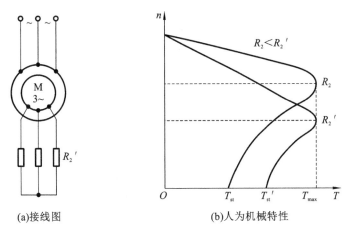

(a)接线图　　　　　　　　　(b)人为机械特性

图1.32　绕线式异步电动机转子电路串电阻调速

在重复短期运转的生产机械中,如在起重运输设备中应用非常广泛。

六、改变磁极对数调速

改变磁极对数调速(变极调速)就是改变三相交流异步电动机旋转磁场的磁极对数P,从而使三相交流异步电动机的同步转速发生变化而实现三相交流异步电动机的调速。改变磁极对数通常通过改变三相交流异步电动机定子绕组的连接实现。这种方法的优点是结构简单,效率高,特性好,且调速时所需附加设备少;缺点是体积稍大,价格稍高,只能有级调速,调速的级数不可能多。因此,变极调速只适用于不要求连续平滑调速、对启动性能要求不高、空载或轻载启动的场合,在中小型机床上使用很广泛。

这里以单绕组双速异步电动机为例,对变极调速的原理进行分析。单绕组双速异步电动机定子绕组接线图如图1.33所示。电动机低速运行时是三角形(△形)接法,如图1.33(a)所示,电源从U1、V1、W1接入;电动机高速运行时是双星形(YY形)接法,如图1.33(b)所示,电源从U2、V2、W2接入,U1、V1、W1并接在一起,磁极对数减少了一半,此时功率基本维持不变,而转矩约减少了一半,属于恒功率调速性质。因此,多速异步电动机启动时宜

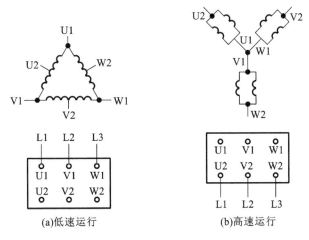

(a)低速运行　　　　　　　　(b)高速运行

图1.33　单绕组双速异步电动机定子绕组接线图

先接成低速,然后换接为高速,这样可获得较大的启动转矩。

另外,磁极对数的改变不仅使转速发生了改变,而且三相定子绕组中电流的相序也改变了。为了在改变磁极对数后仍维持原来的转向不变,就必须在改变磁极对数的同时,改变三相定子绕组接线的相序,这是设计变极调速电动机控制线路时应注意的一个问题。

1.2.5 三相交流异步电动机的启动

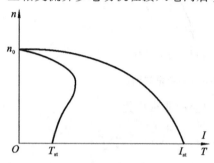

图 1.34 三相交流异步电动机的固有启动特性

三相交流异步电动机在接入电网启动的瞬时,由于转子处于静止状态,定子旋转磁场以最快的相对速度(即同步转速)切割转子导体,此时转子绕组产生的感应电动势是最大的,感应电流也是最大的,从而引起很大的启动电流,一般启动电流 I_{st} 可达额定电流 I_N 的 5~7 倍。虽然启动电流很大,但因启动时 $s=1$,转子功率因数 $\cos\varphi_N$ 很小,因而启动转矩 T_{st} 却不大,一般 $T_{st}=(0.8\sim1.5)T_N$。三相交流异步电动机的固有启动特性如图 1.34 所示。

显然,三相交流异步电动机的启动性能与生产机械的要求是相矛盾的,必须根据具体情况,采取适当的启动方法。

一、直接启动

直接启动就是将三相交流异步电动机的定子绕组通过闸开关或接触器直接接入电源,在额定电压下启动运行,此时三相交流异步电动机定子绕组的工作电压和启动电压相等。由于直接启动时启动电流很大,能否直接启动主要取决于三相交流异步电动机的功率与供电变压器的容量之比值。直接启动分以下三种情况。

(1) 动力线路与照明线路混合,也就是在没有独立的变压器供电的情况下,三相交流异步电动机启动又比较频繁,则按照经验公式来估算,满足下列关系可直接启动

$$\frac{I_{st}}{I_N} < \frac{3}{4} + \frac{S}{4\,P_N} \tag{1.19}$$

式中:I_{st} 为启动电流;I_N 为额定电流;S 为电源变压器总容量;P_N 为三相交流异步电动机功率。

(2) 三相交流异步电动机由独立变压器供电,且三相交流异步电动机启动频繁,若 $P_N/S<0.2$,则允许直接启动。

(3) 三相交流异步电动机由独立变压器供电,且三相交流异步电动机不经常启动,若 $P_N/S<0.3$,则允许直接启动。

【例 1.2】 有一台要求经常启动的鼠笼式异步电动机,其 $P_N=20$ kW,$I_{st}/I_N=6.5$,如果电源变压器容量为 560 kV·A,且有照明负载,问可否直接启动?

解:因为没有独立的变压器供电,且电动机经常启动,故应按经验公式计算来确定启动方法。根据式(1.19)有

$$\frac{I_{st}}{I_N} = 6.5 < \frac{3}{4} + \frac{S}{4\,P_N} = 7.75$$

故允许直接启动。

直接启动无须附加启动设备,操作和控制简单、可靠,在条件允许的情况下应尽量采用直接启动。通常规定电源变压器容量在 180 kV·A 以上、电动机额定功率在 7 kW 以下的三相异步电动机可以直接启动。

二、定子电路串电阻或电抗降压启动

三相交流异步电动机采用定子电路串电阻或电抗的降压启动接线图如图 1.35 所示。启动时 QF 闭合,接触器 KM 的三对主触头断开,将启动电阻串入定子供电回路中,使启动电流减小,经过一段时间,待转速上升到接近额定转速时,将接触器 KM 的三对主触头闭合,启动电阻被短接,电动机接上全部电压,稳定运行。

这种启动方法结构简单,控制方便,但启动转矩随定子电压的减小下降明显(见图 1.30),只适用于空载或轻载启动的场合。由于启动过程中电阻上的能量消耗大,经济性差,因此这种启动方法不适用于经常启动的三相交流异步电动机。如果采用电抗代替电阻,则所需设备费较贵,且体积大。

三、Y/△ 降压启动

这种启动方法是用降低三相交流异步电动机端电压的方法来减小启动电流的。由于三相交流异步电动机的启动转矩与端电压的平方成正比,所以采用此方法时,启动转矩会同时减小。Y/△ 降压启动接线图如图 1.36 所示。

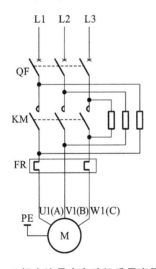

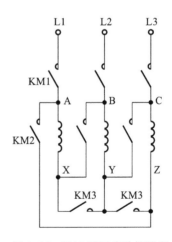

图 1.35　三相交流异步电动机采用定子电路串
电阻或电抗的降压启动接线图

图 1.36　Y/△ 降压启动接线图

启动时,主接触器 KM1 的三对主触头闭合,接触器 KM3 的两对主触头闭合,将定子绕组以星形接入电网而启动。运行时,待转速上升到接近额定转速后,接触器 KM3 的两对主触头断开,KM2 的三对主触头闭合,将定子绕组以三角形接入电网,三相交流异步电动机启动过程完成而转入正常运行。

星形接法的启动电流为三角形接法启动电流的三分之一,即启动电流小;其启动转矩也为后者的三分之一,即启动转矩也小。这种接法只适用于正常运行时定子绕组为三角形接法的三相交流异步电动机,但 Y/△降压启动设备简单,成本低,操作方便,动作可靠,使用寿命长。目前,4~100 kW 的三相交流异步电动机均设计成 380 V 的三角形连接,而且这种方法应用非常广泛。

四、自耦变压器降压启动

这种启动方法用三相自耦变压器来降低启动时加在定子绕组上的电压,如图 1.37 所示。

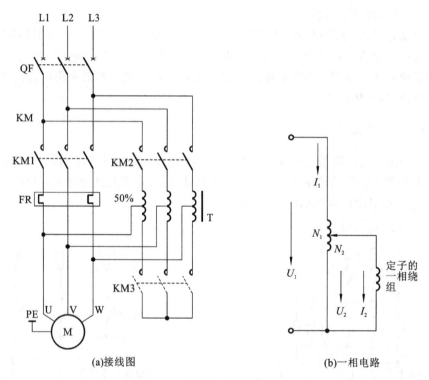

(a)接线图   (b)一相电路

图 1.37 自耦变压器降压启动

启动时,接触器 KM2 的三对主触头和 KM3 的两对主触头同时闭合,自耦变压器 T 的三个绕组连成星形接于三相电源,电源电压经自耦变压器降压后,从中心抽头引出送到定子绕组上。运行时,待转速上升到接近额定转速后,接触器 KM2 的三对主触头和 KM3 的两对主触头同时断开,自耦变压器 T 被切除,同时接触器 KM1 的三对主触头闭合,三相电源直接接在电动机定子绕组上,电动机在额定电压下正常运行。

这种方法与 Y/△降压启动一样降低了启动电流,只是在 Y/△降压启动时的电流为定值,而自耦变压器启动时的电流是可调节的,当然其启动转矩也是可调节的。通常把自耦变压器的输出端做成固定的三个抽头,其输出电压分别为电源电压的 80%、60% 和 40%,可以根据对启动转矩的不同要求选用不同的输出电压。虽然自耦变压器的体积大、质量重、价格高、维修麻烦,启动时自耦变压器处于过电流状态下运行,不适于启动频繁的三相交流异步电动机,但是这种启动方法在启动不太频繁,要求启动转矩较大、容量较大的三相交流异步电动机上应用仍然广泛。

为了便于根据实际要求选择合理的启动方法,现将三相交流异步电动机常用启动方法的对比列于表 1.1。

表 1.1 三相交流异步电动机常用启动方法的比较

启动 方法	启动 电压 比值	启动 电流 比值	启动 转矩 比值	控制 方式	启动 时间	成本	适用场合	优缺点
直接 启动	1	1	1	无	最短	低	适用于电网容量大且不频繁启动,电动机功率比较小的场合	启动转矩和启动电流大,对电网有冲击,容易损坏电动机及设备
定子电路串电阻或电抗降压启动	0.5~ 0.8	0.5~ 0.8	0.25~ 0.64	接触器	较长	较高	适用于对平稳启动有要求,空载或极轻载的场合	设备简单,启动电流的下降比启动转矩的下降快
Y/△降压启动	0.58	0.33	0.33	接触器	较长	低	适用于空载或轻载启动的场合	简便易行,切换时有尖峰电流,降压比固定,高压启动器要定制
自耦变压器降压启动	0.5~ 0.8	0.25~ 0.64	0.25~ 0.64	接触器	较短	较高	适用于全部场合	体积大,需要一定的安装空间,可灵活选用降压比
电子软启动	0~ 1	0.3~ 3	0.3~ 1	单片机	较短 (可调)	高	适用于全部场合	设备集成度高,启动方式可以设定,安装和使用时要注意电子元件发热问题

五、绕线式异步电动机的启动

鼠笼式异步电动机的启动转矩小,启动电流大,因此不能满足某些生产机械需要大启动转矩、低启动电流的要求。绕线式异步电动机由于能在转子回路中串电阻,因此能减小启动电流,同时,转子电路电阻的增加,可使启动转矩增大,其启动性能优于鼠笼式异步电动机,故绕线式异步电动机常用于启动频繁及启动转矩要求较大的生产机械(如起重机械等)上。绕线式异步电动机启动线路图如图 1.38 所示。

绕线式异步电动机的转子绕组与滑环相接,上面的电刷与外加的三相可变电阻相接。启动开始时,可变电阻处于启动位置,阻值为最大值。在启动过程中,可变电阻向上滑动,启

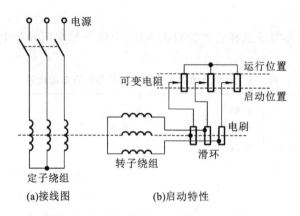

图1.38　绕线式异步电动机启动线路图

动电阻逐渐减小,最终上滑到运行位置,阻值为零,启动完毕,绕线式异步电动机进入正常运行状态。绕线式异步电动机的启动方法与他励直流电动机采用逐级切除启动电阻的启动方法相似,绕线式异步电动机始终保持较大的加速转矩。

1.2.6　三相交流异步电动机的制动

在生产实际中,经常要求电动机能够在很短的时间内停止运转或准确定位,这就需要对电动机进行制动,使其转速迅速下降。制动可分为机械制动和电气制动。机械制动一般为电磁铁操纵抱闸制动;电气制动就是在转子上产生一个与转子旋转方向相反的电磁转矩,这个转矩称为制动转矩,使电动机的转速迅速下降。三相交流异步电动机的电气制动和直流电动机一样,有三种方式,即反馈制动、反接制动和能耗制动。

一、反馈制动

由于某种原因,三相交流异步电动机的运行速度高于它的同步速度,即$n > n_0$,$s < 0$。例如,起重机放下重物时,开始在反转电动状态工作,电磁转矩和负载转矩方向相同,重物快速下降。直至$|-n| > |-n_0|$,即三相交流异步电动机的实际转速超过同步转速,这时转子导体切割旋转磁场的方向与电动状态下的方向相反,电磁转矩随之改变方向,即T与n的方向相反,T成为制动转矩。当$T = T_L$时,电动机达到稳定状态。三相交流异步电动机的反馈制动如图1.39所示。

反馈制动时,三相交流异步电动机从轴上吸取的功率,小部分转换为转子铜耗,大部分则通过空气隙进入定子,并在供给定子铜耗和铁耗后,反馈给电网,三相交流异步电动机转入发电运行状态,所以反馈制动又称发电制动。改变转子电路的串入电阻,可以调节重物下降的稳定运行速度,转子电阻越大,三相交流异步电动机转速就越高,但为了避免因三相交流异步电动机转速太高而造成运行事故,转子附加电阻的值不允许太大。

二、反接制动

如果正常运行时三相交流异步电动机三相电源的相序突然改变,即电源反接,则旋转磁场的旋转方向就会改变。三相交流异步电动机的反接制动如图1.40所示。

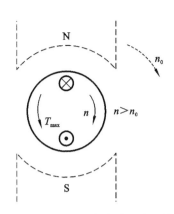

图 1.39　三相交流异步电动机的反馈制动

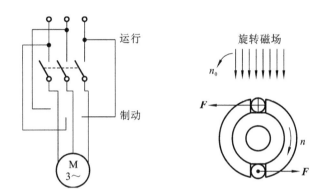

图 1.40　三相交流异步电动机的反接制动

由于机械惯性的原因,转子仍沿着原来的方向旋转。此时旋转磁场转动的方向与转子转动的方向相反,转子导条切割旋转磁场的方向也与原来的相反,所以感应电流的方向也相反,电磁转矩也同转子的旋转方向相反,这将对转子产生强烈的制动作用,转子将在电磁转矩和负载转矩的共同作用下迅速减速。待 n 趋近于 0 时,应及时将电源切断,否则三相交流异步电动机将反向运行。

由于反接制动时在转子电路中产生很大的冲击电流,从而对电源产生冲击。因此在制动时,绕线式异步电动机应在转子电路中串接限流电阻。这种制动方法的优点是制动强度大、速度快;缺点是能耗大,对电动机和电源产生的冲击大,也不易实现准确停车。

三、能耗制动

三相交流异步电动机的反接制动用于准确停车有一定的困难,因为它容易造成反转,而且电能损耗也比较大。反馈制动虽是三相交流异步电动机比较经济的制动方法,但它只能在高于同步转速下使用。能耗制动是三相交流异步电动机比较常用的准确停车的方法。三相交流异步电动机的能耗制动如图 1.41 所示。

在能耗制动的作用下,三相交流异步电动机转速迅速下降,此时机械系统存储的机械能被转换成电能后消耗在转子电路的电阻上。

进行能耗制动时,首先将定子绕组从三相交流电源上断开,接着将一低压直流电源接到

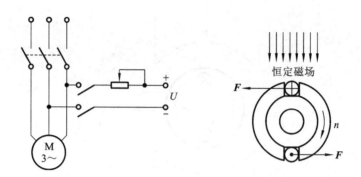

图 1.41 三相交流异步电动机的能耗制动

三相交流异步电动机三相定子绕组中的任意两相上,使三相交流异步电动机内产生一恒定磁场。直流电流通过定子绕组后,在三相交流异步电动机内部建立一个固定不变的磁场。由于转子在传动系统储存的机械能维持下继续旋转,转子导条切割恒定磁场产生感应电动势和感应电流,该感应电流与恒定磁场相互作用产生电磁转矩,其方向与转子旋转方向相反。在这个制动转矩的作用下,三相交流异步电动机转速迅速下降,此时传动系统储存的机械能转换成电能消耗在转子电路的电阻上。当转速等于零时,转子不再切割磁场,制动转矩也随之为零,因此三相交流异步电动机停止后应断开直流电源,否则会烧坏定子绕组。

这种制动方式的特点是通过调节励磁直流电流的大小,来对制动转矩的大小进行调节,制动较平稳,能够实现准确停车,但制动效果比反接制动的差。

1.2.7 三相交流同步电动机

三相交流电动机是用三相交流电产生的旋转磁场来带动电动机转子旋转的,除了三相交流异步电动机之外,三相交流同步电动机也同样使用广泛。

一、三相交流同步电动机的工作原理和结构

1. 工作原理

三相交流同步电动机的工作原理如下。在产生旋转磁场的空间放置一个永久磁铁,该磁铁就会跟着磁场旋转。把三相交流同步电动机的转子放在能产生旋转磁场的定子铁芯中,它将跟随旋转磁场同步旋转,其旋转速度与旋转磁场速度相同,所以称其为三相交流同步电动机。其转子转速 n、磁极对数 P、电源频率 f 之间满足 $n = \dfrac{60f}{P}$ 的关系。当电源频率一定时,转速与负载无关,保持不变。

2. 结构

三相交流同步电动机同样由定子和转子组成。其定子的基本结构与三相交流异步电动机的定子没有太大区别,也是由定子铁芯、定子绕组、机座和端盖等附件组成的。

为了调节励磁电流,三相交流同步电动机需要外接励磁电源,可以由励磁机供电,也可以由交流电源经过整流来供电。三相交流同步电动机的转子有以下两种结构形式。

（1）凸极式,如图 1.42（a）所示。它有明显的磁极,磁极用钢板叠成或用铸钢铸成。在

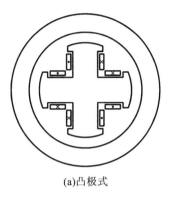

(a)凸极式 (b)隐极式

图 1.42 三相交流同步电动机的转子结构示意图

磁极上套有线圈,串联起来构成励磁绕组,通入直流电流I_f,使磁极产生极性,其极性呈相邻磁极的 N、S 交替排列。励磁绕组两个出线端连接到两个集电环上,通过与集电环相接触的静止电刷向外引出。

(2)隐极式,如图 1.42(b)所示。转子是一个圆柱体,表面上开有槽,无明显的磁极。

三相交流同步电动机的转子一般做成凸极式。

二、三相交流同步电动机的启动

三相交流同步电动机无法自行启动,因为三相交流旋转磁场的旋转速度很快,启动时转子不可能立即加速跟上磁场旋转。为使三相交流同步电动机启动旋转,常用以下三种方法。

1. 辅助电动机启动法

选用一台与三相交流同步电动机极数相同的小型三相交流异步电动机作为启动电动机,启动时,先用启动电动机将三相交流同步电动机带动到异步转速,再将三相交流同步电动机接上三相交流电源,这样三相交流同步电动机即可启动,但这种方法仅适用于空载启动。

2. 变频电源启动法

先采用变频电源向三相交流同步电动机供电,调节变频电源,使频率从零缓慢增大,旋转磁场转速也从零缓慢升高,带动转子缓慢同步加速,直到达到额定转速。该方法多用于大型三相交流同步电动机的启动。

3. 异步启动法

在转子上加上鼠笼或启动绕组,使之有三相交流异步电动机的功能。在启动时励磁绕组不通电,相当于三相交流异步电动机启动,待转速接近磁场转速时再接通励磁电源,三相交流同步电动机就进入同步运行状态。

三、三相交流同步电动机的应用

三相交流同步电动机多被用作发电机,当今作为动力用的强大电力几乎全是由三相交流同步发电机发出的,因此它是各类发电厂的核心设备之一。三相交流同步电动机也可以做电动机,具有运行稳定性高和过载能力强等特点,常用于多机同步传动系统、精密调速和稳速系统。

一些大型设备,如轧钢机、大型空气压缩机、鼓风机、电力推进装置等,要求的功率越来越大,采用大功率的三相交流同步电动机拖动,在运行时不仅不降低电网的功率因数,而且能增大供电系统的功率因数,这一点是三相交流异步电动机做不到的。另外,对于大功率低转速的电动机,三相交流同步电动机的体积比三相交流异步电动机的要小一些。

在低转速、大功率和大力矩输出的场合,如大流量低水头的泵、面粉厂的主转动轴、橡胶磨合搅拌机、破碎机、切碎机、造纸工业中的纸浆研磨机、匀浆机等,都是采用三相交流同步电动机来传动的。此时的三相交流同步电动机多做成大直径的多极电动机形式,定子绕组产生多对磁极旋转磁场,转子采用多对凸极结构。

四、永磁交流同步电动机

永磁交流同步电动机和三相交流同步电动机的唯一区别就是,它采用了永磁转子。在目前新能源汽车领域,永磁交流同步电动机逐渐取代直流电动机作为汽车牵引和驱动电动机,得到了广泛应用和推广。

永磁交流同步电动机采用三相八极结构,定子铁芯与三相交流异步电动机的相似,在定子铁芯圆周上有 48 个嵌线槽。转子采用内置永磁体结构,在铁芯内开有插装永磁体的槽,在永磁体两侧有隔磁的空气槽,以减少漏磁。转子铁芯插入永磁体后用挡板压紧,并压入转轴与轴承中。汽车电动机功率一般在 100 kW 以下,转子发热量很小,定子通过水冷进行散热,所以不需要设置风扇散热装置。为提高永磁交流同步电动机的工作效率和速度调节精度,需要在其输出轴端安装速度和位置检测装置(主要采用光电编码器或旋转变压器)。

永磁交流同步电动机结构图如图 1.43 所示。

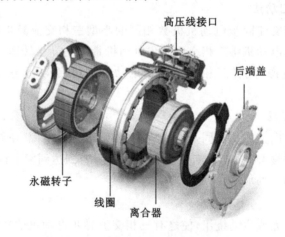

图 1.43　永磁交流同步电动机结构图

永磁交流同步电动机作为新能源汽车的牵引和驱动电动机,有以下特点。

(1)在相同质量与体积下,永磁交流同步电动机能够为新能源汽车提供更大的动力输出与加速度。

(2)具备无刷直流电动机运行可靠、功率密度大、调速性能好的优点。

(3)由于使用交流电驱动,所以具有噪声小、控制精度高的特点。

(4)由于使用永磁转子,不需要直流电励磁,所以具有体积小、结构紧凑、控制系统简洁、质量轻的特点。

（5）转子所使用的永磁材料在高温、振动和过流的条件下，会产生磁性衰退的现象，所以在相对复杂的工作条件下，永磁交流同步电动机容易损坏。

（6）永磁材料价格较高，所以整个电动机及其控制系统成本较高。

从目前技术优势来看，永磁交流同步电动机成为新能源汽车的主要牵引和驱动电动机是合理的。例如起亚 K5 混动、荣威 E50、腾势和北汽 EU260 等均采用永磁交流同步电动机驱动，而特斯拉 Model X、Model S 则采用三相交流异步电动机驱动。当然，尽管在质量和体积方面三相交流异步电动机并不占优势，但其转速范围广、成本低、工艺简单、运行可靠、耐用。需要指出的是，未来电池续航里程大幅增加、三相交流异步电动机体积优化做得好，势必会对永磁交流同步电动机造成强大冲击。

1.2.8 单相交流异步电动机

单相交流异步电动机是指由单相交流电源供电的旋转电动机，其容量较小，从几瓦到几百瓦不等。单相交流异步电动机具有结构简单、成本低廉、运行可靠等一系列优点，被广泛用于家庭生活及生产中。

一、单相交流异步电动机的结构

单相交流异步电动机主要由定子、转子和启动装置三个部分组成，其基本结构如图1.44所示。

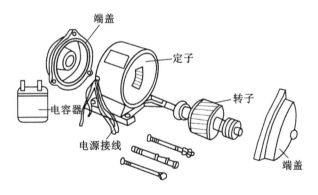

图 1.44 单相交流异步电动机基本结构图

1. 定子部分

定子部分由机壳、定子铁芯和定子绕组构成。

机壳一般采用铸铁、铸铝或钢板制成，有开启式、防护式和封闭式等几种，根据单相交流异步电动机的使用环境和冷却方式选用。机壳采用开启式结构的单相交流异步电动机，定子铁芯和定子绕组大部分外露，由周围空气进行自然冷却，多用于一些电动机与被拖动机械整装一体的使用场合，如洗衣机用电动机等。机壳采用防护式结构的单相交流异步电动机则是在电动机的通风路径上开些必要的通风孔道，而定子铁芯和定子绕组这些重要部分则被机壳和端盖保护起来。机壳采用封闭式结构的单相交流异步电动机则是将整个电动机密封，内、外隔绝，以防止侵蚀与污染，内部可通过外部风扇进行冷却。此外，有些单相交流异步电动机不用机壳，直接将电动机与被拖动机械整体设计在一起，如电钻、电锤等手提式电动工具就是采用这种设计结构。

定子铁芯多用铁损小、导磁性能好、厚度为 0.35 mm 的硅钢片冲槽后叠压而成，定、转子冲片都冲有槽。由于单相交流异步电动机定、转子之间的气隙比较小，一般为 0.2～0.4 mm。为减小定、转子开槽所引起的电磁噪声和齿谐波附加转矩的影响，定子铁芯多采用半闭口槽形状，转子则多为闭口或半闭口槽，并且还采取转子斜槽的方法来降低齿谐波所带来损耗的影响。集中绕组罩极式单相交流异步电动机的定子铁芯则为凸极磁极形状，它也用硅钢片冲制后叠压而成。

定子绕组采取两相绕组的形式，嵌置有主绕组和辅助绕组。两相绕组的轴线在定子空间相差 90°电角度，一般主绕组占定子总槽数的 2/3，辅助绕组占定子总槽数的 1/3。定子绕组的导线采用高强度聚酯漆包线，线圈在线模上绕好后，嵌放在备有槽绝缘的定子铁芯槽内，经浸漆、烘干等绝缘处理，以提高绕组的机械强度、电气强度和耐热性能。

2. 转子部分

转子部分由转轴、转子铁芯和转子绕组三个部分构成。

转轴用含碳轴钢制成，两端安置有用于支承转子的轴承。小容量单相交流异步电动机一般采用含油滑动轴承。转子铁芯用与定子铁芯相同的硅钢片进行冲制，然后将冲有齿槽的转子冲片叠装后压入转轴而成。单相交流异步电动机的转子绕组一般有两种形式，即笼形和转子形。笼形转子绕组是用铝或铝合金一次铸造而成的，广泛应用于各种单相交流异步电动机的转子绕组中。转子形转子绕组则采用与直流电机绕组相同的分布式绕组，这种分布式转子绕组主要用于单相交流串励电动机的转子。

3. 启动装置

除电容运转式电动机和罩极式电动机外，一般单相交流异步电动机在启动结束后辅助绕组都必须脱离电源，以免烧坏。因此，为保证单相交流异步电动机的正常启动和安全运行，就需配有相应的启动装置。启动装置有很多类型，主要可分为离心开关和启动继电器两大类。

二、单相交流异步电动机的磁场

当单相正弦电流通过定子绕组时，单相交流异步电动机在定、转子气隙中产生一个交变磁场，这个磁场的强弱和方向随时间作正弦规律变化，但在空间方位上是固定的，所以又称这个磁场为交变脉动磁场。这个交变脉动磁场可分解为两个转速相同、旋转方向相反的旋转磁场，如图 1.45 所示。当转子静止时，这两个旋转磁场在转子中产生两个大小相等、方向相反的转矩，使得合成转矩为零，所以单相交流异步电动机无法旋转。

如果仅有一个单相绕组，则在通电前转子是静止的，通电后转子仍将静止不动。若此时用外力拨动它，转子与旋转磁场间的切割磁力线运动产生变化，平衡被打破，转子所产生的总的电磁转矩将不再是零，转子便顺着拨动方向开始转动，最后达到稳定运行状态。

在脉动磁场作用下的单相交流异步电动机没有启动能力，即启动转矩为零。但是它一旦启动，就能自行加速到稳定运行状态，其旋转方向不固定，完全取决于启动时的旋转方向。因此，要解决单相交流异步电动机的应用问题，首先必须解决它的启动转矩问题。

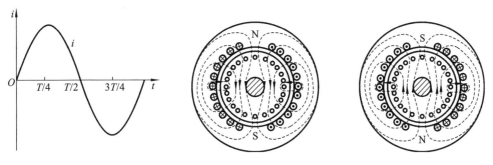

图1.45 单相交流异步电动机的脉动磁场

三、单相交流异步电动机的启动

单相交流异步电动机在启动时若能产生一个旋转磁场,就可以建立启动转矩而自行启动。图1.46所示为电容分相式单相交流异步电动机的几种工作方式和正反转接线。

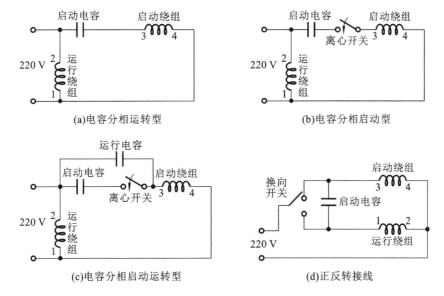

图1.46 电容分相式单相交流异步电动机的几种工作方式和正反转接线

1. 电容分相运转型

电容分相运转型如图1.46(a)所示。定子上有运行绕组和启动绕组,它们都嵌入定子铁芯中,两绕组的轴线在空间互相垂直。在启动绕组电路中串有启动电容,适当选择其参数,使该绕组的电流在相位上超前运行绕组中的电流$90°$。其目的是通电后能在定、转子气隙内产生一个旋转磁场,使其自行启动,在此旋转磁场的作用下,鼠笼式转子将跟着旋转磁场一起旋转。

采用这种工作方式省去了启动装置,从而简化了电动机的整体结构,降低了成本,提高了运行可靠性。由于启动绕组也参与电动机运行,这样实际增加了电动机的输出功率。但是,在运行时不切断电容,电容将和运行绕组一同长期工作在电源线路上,这意味着电容要能长期耐受较高的电压,因此必须使用价格较贵的纸介质或油浸纸介质电容,不能采用电解电容。这种工作方式主要应用于电风扇、空调风扇、洗衣机等的单相交流异步电动机。

2. 电容分相启动型

电容分相启动型如图1.46(b)所示。若在启动绕组电路中接入一个离心开关，当电动机启动后转速接近额定转速时，在离心力的作用下离心开关自动断开，则启动绕组脱离电源，电动机就可以单相运行了。

在这种工作方式下，由于电容只在启动过程中的极短时间内工作，故可采用电容量较大、价格较便宜的电解电容。为加大启动转矩，其电容量可适当选大些。

3. 电容分相启动运转型

电容分相启动运转型如图1.46(c)所示。电动机静止时离心开关是接通的，通电后启动电容参与启动工作；当转子转速达到额定值的70%至80%时，离心开关便会自动跳开，启动电容完成任务并断开。运行电容串接到启动绕组中并参与运行工作。带有离心开关的电动机，如果电动机不能在很短时间内启动成功，那么绕组线圈将会很快烧毁。这种接法一般用在空气压缩机、切割机、木工机床等负载大而不稳定的地方。

4. 正反转控制

由于单相交流异步电动机的转向与旋转磁场的转向相同，因此要使单相交流异步电动机反转，不能像三相交流异步电动机那样通过调换两根电源线来实现，必须改变旋转磁场的转向。有两种方法：一种是把运行绕组或启动绕组的首端和末端与电源的接法对调，另一种是把电容从启动绕组调换到运行绕组中。

图1.46(d)所示是电容分相式单相交流异步电动机正反转的接线图，通常这种电动机的启动绕组与运行绕组的线径与线圈数完全一致。这种正反转控制方法简单，不用复杂的转换开关。洗衣机中的电动机，就是靠定时器中的自动转换开关来实现正反转切换的。

1.3 步进电动机

步进电动机（stepping motor）是一种用电脉冲信号进行控制，将电脉冲信号转换成相应的角位移或线位移的电动机。一般电动机是连续旋转的，而步进电动机的转动是一步一步进行的。给一个电脉冲信号，步进电动机就转过一个角度，即前进一步，通过改变脉冲频率和数量，即可控制转动的角位移大小和快慢，实现调速、快速启停、正反转和制动的控制，特别是它不需要位置传感器或速度传感器就可以在开环控制下精确定位或同步运行，具有较高的定位精度。步进电动机作为数字控制系统中的执行元件，在各种工业自动化装备、办公自动化设备、家用电器等领域得到广泛应用。步进电动机实物图如图1.47所示。

步进电动机的类型很多，主要分为永磁式、反应式和混合式三种。永磁式步进电动机一般为两相，转矩和体积较小，步距角一般为7.5°或15°，精度比较低。反应式步进电动机一般为三相，结构比较简单，而且可实现大转矩输出，步距角一般为1.5°，但噪声和振动都很大。混合式步进电动机具有永磁式步进电动机和反应式步进电动机的优点，它又分为两相和五相两种，两相的步距角一般为1.8°，而五相的步距角一般为0.72°。下面主要介绍反应式步进电动机的工作原理和应用。

图 1.47　步进电动机实物图

1.3.1　反应式步进电动机的结构

反应式步进电动机主要由定子和转子两个部分构成,它们均由磁性材料制成。定子部分由定子铁芯、定子绕组和绝缘材料等组成。定子铁芯是由硅钢片叠压而成的有齿的圆环状铁芯。图 1.48 所示的定子有六个磁极,两个相对的磁极组成一相,每对磁极上绕有一相励磁绕组,分别称为 A、B、C 相绕组。这里的"相"和三相交流电中的"相"的概念不同,这里的"相"主要是指连接和组数的区别。步进电动机的各相绕组由外部直流电脉冲信号轮流励磁。

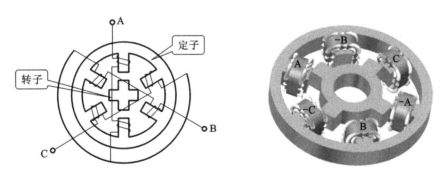

图 1.48　反应式步进电动机结构图

转子部分由转子铁芯、转轴等组成。转子铁芯是由硅钢片或软磁材料叠压而成的齿形铁芯,图中转子上有 4 个凸齿,即有 4 个磁极。定、转子磁极宽度是相同的。

1.3.2　反应式步进电动机的工作原理

若对励磁绕组以一定方式通以直流励磁电流,则转子以相应的方式转动,其转动原理其实就是电磁铁的工作原理。例如,给图 1.49(a)中的定子绕组通电,励磁磁通具有试图沿磁阻最小路径通过的特点,因此对转子产生电磁吸力,迫使转子转动。当转子转到与定子 A 相磁极轴线对齐的位置时,如图 1.49(b)所示,因转子只受径向力作用而无切向力,故转矩为零,转子被锁定在这个位置上。由此可见,错齿是使步进电动机旋转的根本原因。

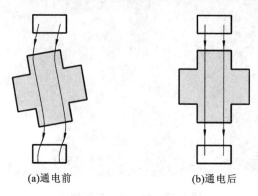

(a)通电前　　　　　　　　　(b)通电后

图 1.49　转子工作原理

上述三相反应式步进电动机的运行方式可分为三相单三拍、三相单双六拍和三相双三拍等。"单"和"双"是指绕组每次的通电状态,每次只有一相绕组通电称为单,每次有两相绕组通电称为双;每通过一次电脉冲就叫作一拍,每一拍转子转过的角度称为步距角,用 θ_b 表示。

$$\theta_b = \frac{360°}{Z_r m} \tag{1.20}$$

式中:m 为一个周期的运行拍数;Z_r 为转子齿数。

例如,$Z_r = 40$,$m = 3$ 时,$\theta_b = \dfrac{360°}{40 \times 3} = 3°$。

1. 三相单三拍

根据前文可知,在这种工作方式下,三相绕组每次只有一相通电,三次换相(三拍)完成一个通电循环。三相单三拍的绕组通电顺序为:A 相→B 相→C 相→A 相……如此循环。也可以按照 A 相→C 相→B 相→A 相……如此循环。

工作过程如下:首先单独给 A 相绕组通电,A 相磁通经转子形成闭合回路,在磁场的作用下转子被磁化并开始旋转,若转子和磁场轴线方向原有一定角度,当转子 1、3 齿的转动轴线到与 A 相磁极轴线对齐的位置时,转子停止转动,如图 1.50(a)所示。当 A 相绕组断电,B 相绕组通电时,在 B 相绕组所建立的磁场作用下,转子沿顺时针方向转过 30°,使转子 2 和 4 齿的转动轴线与 B 相磁极轴线对齐,如图 1.50(b)所示。当 B 相绕组断电,C 相绕组通电时,转子又沿顺时针方向转过 30°,使转子 1 和 3 齿的转动轴线与 C 相磁极轴线对齐,如图 1.50(c)所示。由此可见,按照 A 相→B 相→C 相→A 相……的通电顺序循环下去,则转子就按照顺时针方向一步一步地转动下去。

三相单三拍工作方式具有以下特点。

(1) 每来一个电脉冲,转子转过 30°,即 $\theta_b = 30°$。

(2) 转子的旋转方向取决于三相绕组通电的顺序,改变通电顺序即可改变转向。

2. 三相单双六拍

三相单双六拍的绕组通电顺序为:A 相→A 相、B 相→B 相→B 相、C 相→C 相→C 相、

(a)A相绕组通电   (b)B相绕组通电   (c)C相绕组通电

图 1.50 三相单三拍工作方式

A 相→A 相……如此循环。同理也可以按相反的通电顺序循环。

工作过程如下:首先 A 相绕组通电,这与三相单三拍相同,转子的 1、3 齿转动轴线到与 A 相磁极轴线对齐的位置时,转子停止转动,如图 1.51(a)所示。随后 A、B 相绕组同时通电,BB'的磁场对 2、4 齿有磁拉力,该拉力使转子顺时针转动,但 AA' 磁场继续对 1、3 齿有磁拉力,阻止转子的转动,两个磁拉力大小相等、方向相反,最终转子处于平衡位置,转子的齿轴曲线既不与 A 相磁极轴线对齐,也不与 B 相磁极轴线对齐,A、B 两相磁极轴线分别与转子齿轴线错开 15°,相对 AA'通电,转子转动 15°,如图 1.51(b)所示。继续向 B 相绕组通电,转子 2、4 齿的转动轴线和 B 相磁极轴线对齐,转子转动 15°,如图 1.51(c)所示。

(a)A相绕组通电   (b)A、B相绕组通电   (c)B相绕组通电

图 1.51 三相单双六拍工作方式

三相单双六拍工作方式的特点如下。

(1) 每来一个电脉冲,转子转过 15°,即 $\theta_b = 15°$。

(2) 转子的旋转方向取决于三相绕组通电的顺序,改变通电顺序即可改变转向。

(3) 步距角是三相单三拍工作方式下的一半,意味着同一台步进电动机,仅仅改变通电方式就能将精度提高一倍。

3. 三相双三拍

三相双三拍的绕组通电顺序为:A 相、B 相→B 相、C 相→C 相、A 相→A 相、B 相……如此循环。同理也可以按相反的通电顺序循环。三相双三拍工作方式如图 1.52 所示。

工作方式为三相双三拍时,步距角与三相单三拍工作方式下的相同,$\theta_b = 30°$,但是运行稳定性较三相单三拍工作方式的好。

(a)A、B相绕组同时通电

(b)B、C相绕组同时通电

(c)C、A相绕组同时通电

图 1.52　三相双三拍工作方式

1.3.3　小步距角步进电动机

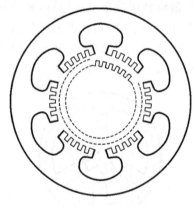

图 1.53　小步距角步进电动机
的典型结构

以上介绍的反应式步进电动机,每一步转过的角度为 30°或 15°,步距角很大,仅仅是原理上的,根本不能满足实用要求。实际应用的反应式步进电动机的步距角多为 3°或 1.5°,步距角越小,机加工的精度越高。小步距角步进电动机的典型结构如图 1.53 所示。

它的定、转子铁芯仍采用硅钢片叠装而成或用软磁材料制成,为了产生小步距角,定、转子都做成多齿的。定子有 6 个磁极,每个磁极极靴上有 5 个小齿,相对的 2 个磁极上的绕组正向串联成为一相,三绕组为星形连接。转子上没有绕组,圆周上均匀地分布着 40 个小齿。根据步进电动机的工作原理,定子和转子上的小齿,齿距与齿宽要相同。而且通电相定子的 5 个小齿和转子的小齿要对齐,不通电相定子的 5 个小齿和转子的小齿要错开 $1/m$ 齿距。因此,图示小步距角步进电动机转子的齿距为 $360°/40=9°$,齿宽、齿槽各为 $4.5°$。

以三相单三拍的通电顺序描述其工作过程。首先,A 相定子通电,定子的 5 个小齿和转子的小齿对齐。此时,A 相和 B 相空间差 120°,含 $13\frac{1}{3}\left(\frac{120}{9}\right)$ 齿;A 相和 C 相空间差 240°,含 $26\frac{2}{3}\left(\frac{240}{9}\right)$ 齿。所以,B 相定子的小齿和转子相差 1/3 个齿即 3°,C 相定子的小齿和转子相差 2/3 个齿即 6°。随后,A 相定子断电,B 相定子通电,转子只需转过 1/3 个齿即 3°,B 相定子小齿和转子就能够对齐。同理,B 相定子断电,C 相定子通电,转子仍然是再转 3°即可对齐。如果将通电顺序改为三相单双六拍,则步距角 $\theta_b=1.5°$,精度提高一倍。

在电脉冲信号作用下,每来一个脉冲,步进电动机转过一个角度,其转速计算公式为

$$n=\frac{60f\theta_b}{360}$$

(1.21)

式中:f 为脉冲电源频率。

由式(1.21)可见,小步距角步进电动机的转速与脉冲电源频率成正比。因此,在恒频脉冲电源的作用下,小步距角步进电动机可作为同步电动机使用。另外,在脉冲电源控制下小步距角步进电动机能很方便地实现速度调节,这个特点在许多工程实践中是很有用的。如在一个自动控制系统中,利用小步距角步进电动机带动管道阀门,便可实现对角度的精确控制。

1.3.4 混合式步进电动机

混合式步进电动机是综合了永磁式和反应式的优点而设计的步进电动机。它又分为两相、三相和五相。两相的步距角一般为1.8°,三相的步距角一般为1.2°,而五相的步距角一般为0.72°。混合式步进电动机的典型结构如图1.54所示。

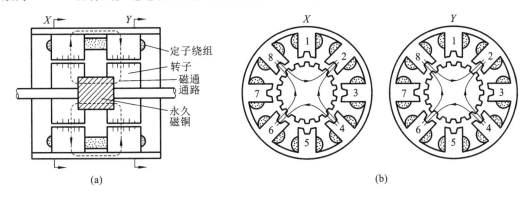

图1.54 混合式步进电动机的典型结构

混合式步进电动机的结构与反应式步进电动机的不同,反应式步进电动机的定子与转子均为一体结构,而混合式步进电动机的定子与转子都被分为上图所示的两段,极面上同样都分布有小齿。图1.54(a)所示的定子绕组为两相四对极,其中的1、3、5、7为A相绕组磁极,2、4、6、8为B相绕组磁极。每相的相邻磁极绕组绕向相反,以产生闭合磁路。转子的两段齿槽相互错开半个齿距,中间用环形永久磁钢连接,两段转子的齿的磁极相反,如图1.54(b)所示。

混合式步进电动机的工作原理与反应式步进电动机的类似,但通电相序有所不同。两相绕组只要按照A相→B相→A相→B相……或B相→A相→B相→A相……的顺序通电,电动机就能逆时针或顺时针连续旋转。混合式步进电动机通电时序如图1.55所示。

混合式步进电动机的转子本身具有磁性,因此在同样的定子电流下产生的转矩要大于反应式步进电动机的,且其步距角通常也较小,因此,经济型数控机床一般用混合式步进电动机驱动。但混合转子的结构较复杂,转子惯量大,混合式步进电动机的响应速度要低于反应式步进电动机的。

1.3.5 步进电动机的性能指标

一、步进电动机的特点

步进电动机不仅可以像同步电动机一样,在一定负载范围内同步运行,而且可以像直流

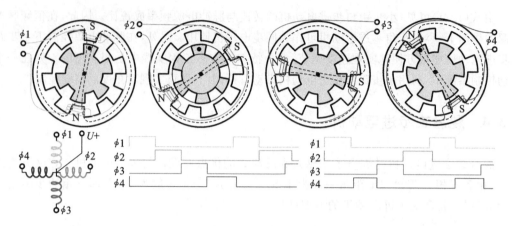

图 1.55　混合式步进电动机通电时序

伺服电动机一样进行速度控制,又可以进行角度控制,实现精确定位。步进电动机具有以下特点。

（1）步进电动机受数字脉冲信号控制,输出角位移与输入脉冲数成正比。

（2）步进电动机的角位移量或线位移量与输入脉冲频率严格成正比,这些关系在电动机负载能力范围内不因电源电压、负载大小、环境条件的波动而变化。

（3）步进电动机的转向可以通过改变通电顺序来改变。

（4）步进电动机具有自锁能力,一旦停止输入脉冲,只要维持绕组通电,电动机就可以保持在该固定位置。

（5）步进电动机的步距角有误差,转子转过一定步数以后也会出现累积误差,但转子转过一转以后,其累积误差为零,不会长期积累。

（6）步进电动机转速限制在小于 2 000 r/min。

（7）步进电动机在低频区、共振区及突然停车时容易产生振荡,自身的噪声和振动较大。

（8）在启动时,如果脉冲的频率较高,步进电动机由于来不及获得足够的能量,转子无法跟上旋转磁场的速度,因此会引起失步（越步）。

（9）步进电动机工作状态不易受各种干扰因素（如电源电压的波动、电流的大小与波形的变化、温度等）的影响,只要干扰未导致步进电动机产生失步,就不会影响其正常工作。

因此,步进电动机被广泛应用于开环控制结构的机电一体化系统,它使系统结构简化,并能可靠地获得较高的位置精度。

二、步进电动机的主要性能指标

1. 矩角特性和最大静转矩

矩角特性是控制绕组通电状态不变时,电磁转矩与转子偏转角的关系,即静态转矩与失调角 θ_e 的关系,其表达式为

$$T = -T_{sm} \sin \theta_e \qquad (1.22)$$

式中：T_{sm} 为最大静转矩,指在规定的通电相数下矩角特性曲线上的转矩最大值。

通常在技术数据中所规定的最大静转矩是指一相绕组通上额定电流时的最大转矩值,如

图 1.56 所示。按最大静转矩的大小,可把步进电动机分为伺服步进电动机和功率步进电动机。伺服步进电动机的输出转矩较小,有时需要经过液压力矩放大器或伺服功率放大系统放大后再去带动负载;而功率步进电动机可直接带动负载,使系统结构简化、传动精度提高。

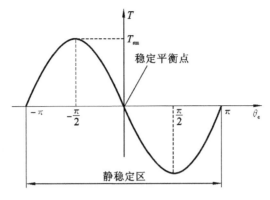

图 1.56　步进电动机矩角特性曲线

2. 步距角和步距角精度

步距角是指每输入一个电脉冲转子转过的角度。步距角直接影响步进电动机的启动频率和运行频率。相同尺寸的步进电动机,步距角小的启动、运行频率较高。常见的步距角有 $0.6°/1.2°$、$0.75°/1.5°$、$0.9°/1.8°$、$1°/2°$ 和 $1.5°/3°$ 等。

步距角精度是指步进电动机每转过一个步距角的实际值与理论值的误差。步距角精度通常用百分比表示:误差/步距角×100%。不同运行拍数,步距角精度不同。

3. 启动频率和启动的矩频特性

启动频率是指步进电动机能够不失步启动的最高脉冲频率。技术数据中给出的是空载和负载启动频率。实际使用时,步进电动机大多是在负载情况下启动,所以又给出启动的矩频特性,以便确定负载启动频率。

4. 运行频率和运行矩频特性

运行频率是指步进电动机启动后,控制脉冲频率连续上升而电动机不失步的最高频率。通常在技术数据中会给出空载和负载运行频率。运行频率的高低与负载阻转矩的大小有关,所以在技术数据中也会给出运行矩频特性。步进电动机的最大动态转矩和脉冲频率的关系称为矩频特性。

图 1.57 所示的步进电动机矩频特性曲线表明,在一定的控制脉冲频率范围内,该曲线斜率较小,随着频率的升高,转矩降低得较少,步进电动机的功率和转速都相应地提高,超出该范围,则转矩随频率的升高而下降。此时,步进电动机带负载的能力也逐渐下降,到某一频率以后,就带不动任何负载,而且只要受到一个很小的扰动,就会振荡、失步甚至停转。

三、步进电动机使用时的注意事项

(1) 驱动电源的优劣对步进电动机控制系统的运行影响极大,使用时要特别注意,需根据运行要求,尽量采用先

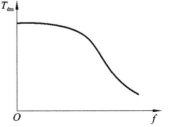

图 1.57　步进电动机矩频特性曲线

进的驱动电源,以满足步进电动机的运行性能要求。

(2) 若所带负载转动惯量较大,则应在低频下启动,然后上升到工作频率,停车时也应从工作频率下降到适当频率再停车。

(3) 在工作过程中,应尽量避免由于负载突变而引起的误差。

(4) 若在工作中发生失步现象,首先应检查负载是否过大、电源电压是否正常,再检查驱动电源输出波形是否正常。

1.4 伺服电动机

"伺服"一词源于拉丁语 servus,意为奴隶、仆人,要求严格服从主人的命令。不论是从伺服一词的原本社会学意义角度来讲,还是从由它引申而来的工程意义角度来讲,伺服最基本的特征就是服从与跟踪主人或控制器发出的命令,令行禁止,深刻理解这一点对研究伺服技术是很有意义的。

在自动控制系统中,把输出量能够以一定的精度跟踪输入量的变化而变化的系统称为伺服系统(servo system),也称为随动系统。伺服系统是一种以机械位置或角度作为被控对象的系统,如数控车床等。在伺服系统中使用的驱动电动机要求具有响应速度快、定位准确、转动惯量较大等特点,这类专用的电动机称为伺服电动机(servo motor),是自动控制系统广泛应用的一种执行元件,其作用是把接收的电信号转换为电动机转轴的角位移或角速度。伺服电动机是一个典型闭环反馈系统,这也是伺服系统与采用步进电动机的开环控制系统(步进系统)的最本质的区别。两者的对比如表 1.2 所示。

表 1.2 步进系统与伺服系统对比

项 目	步 进 系 统	伺 服 系 统
力矩范围	中小力矩(一般在 20 N·m 以下)	小、中、大,全范围
速度范围	低(一般 1 000 r/min 以下)	高(可达 5 000 r/min),直流伺服电动机更可达 10 000~20 000 r/min
控制方式	主要是位置控制	多样化、智能化的控制方式,位置/转速/转矩总线控制
平滑性	低速时有振动,但用细分型驱动器则可明显改善	好,运行平滑
精度	一般较低,细分型驱动器驱动时较高	高(具体要看反馈装置的分辨率)
矩频特性	高速时,力矩下降快	力矩特性好,特性较硬
过载特性	过载时会失步	可 3~10 倍过载(短时)
反馈方式	大多数为开环控制,也可接编码器,以防止失步	闭环方式,编码器反馈
编码器类型	可自行安装,反馈算法都要另加	光电型旋转编码器(增量型/绝对值型),旋转变压器型

项　　目	步 进 系 统	伺 服 系 统
响应速度	一般	快
耐振动	好	一般（旋转变压器型可耐振动）
温升	运行温度高	一般
维护性	基本可以免维护	较好
价格	低	较高

对伺服电动机的基本要求是可控性好、响应速度快、定位准确、调速范围宽等。此外，还有一些其他要求，如航空领域使用的伺服电动机还要求其质量轻、体积小；有些场合希望伺服电动机的转动惯量小，以得到高响应速度。根据使用的电源性质的不同，伺服电动机可分为直流伺服电动机和交流伺服电动机两大类。

1.4.1　直流伺服电动机

直流伺服电动机是用直流电信号控制的伺服电动机，其功能是将输入的电压控制信号快速转变为轴上的角位移或角速度输出。直流伺服电动机的结构如图 1.58 所示。

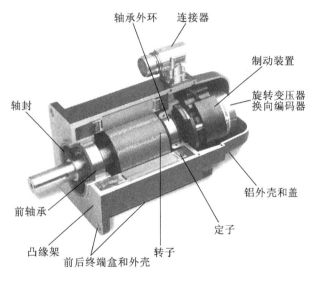

图 1.58　直流伺服电动机的结构

直流伺服电动机的工作原理与普通直流电动机没有根本区别。按照励磁方式的不同，直流伺服电动机分为永磁式直流伺服电动机和电磁式直流伺服电动机。永磁式直流伺服电动机的磁极用永久磁铁制成，不需要励磁绕组和励磁电源。电磁式直流伺服电动机一般采用他励结构，磁极由励磁绕组构成，由单独的励磁电源供电。直流伺服电动机工作原理和等效电路如图 1.59 所示。

直流伺服电动机的基本结构与普通直流电动机的相同，但也有以下区别。

（1）为了减小转动惯量，转子长度与直径的比值要比普通直流电动机的大，即直流伺服

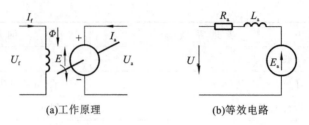

(a)工作原理　　　　　(b)等效电路

图 1.59　直流伺服电动机工作原理和等效电路

电动机的转子细长一些。

（2）磁极的一部分或全部使用叠片工艺。

（3）为防止转矩不均匀,转子制成斜槽状。

（4）通常直流伺服电动机上直接装配有减速齿轮和旋转编码器。

励磁绕组接在电压恒定的直流电源上,即励磁电压 U_f 为常数,用以产生恒定的磁通。转子绕组接在控制电压 U_a 上。当有电信号,即 $U_a \neq 0$ 时,便产生电磁转矩。由此可见,直流伺服电动机没有自转现象,这是它的一个优点。直流伺服电动机的控制方式有转子控制方式和磁场控制方式两种。改变转子电流的方向与大小,就可以改变直流伺服电动机的旋转方向和转速的大小。同样地,改变励磁电流的方向与大小,也可以改变直流伺服电动机的旋转方向和转速的大小。实际中大多采用转子控制方式。

直流伺服电动机的机械特性曲线是一条随 T 的增大而略有下降的直线,它属于硬特性,如图 1.60 所示。

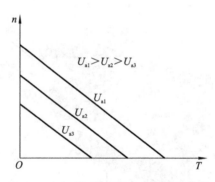

图 1.60　直流伺服电动机机械特性曲线

由上图也可以得到直流伺服电动机的人为机械特性。转矩一定时,直流伺服电动机的转速与控制电压成直线关系,减小 U_a,机械特性曲线沿着转矩和转速减小的方向平行移动,但斜率保持不变,改变控制电压的极性,则转向改变。直流伺服电动机的机械特性曲线和调节特性曲线都是一组平行线,线性度好,这是直流伺服电动机很可贵的优点。但是,实际工作中的直流伺服电动机,其机械特性曲线和调节特性曲线都是一条接近于直线的曲线,线性度不是十分理想。

直流伺服电动机适用于功率稍大（1～600 W）的自动控制系统中。与交流伺服电动机相比,它的调速线性好,体积小,质量轻,启动转矩大,输出功率大,结构复杂,特别是低速稳定性差,有电火花,会引起无线电干扰。

1.4.2　交流伺服电动机

交流伺服电动机是把加在控制绕组上的交流电信号转换为一定的转速和偏角的电动机。与直流伺服电动机相比,交流伺服电动机具有结构坚固、维护简单、便于安装,以及转子惯量可以设计得较小和能够高速运转等优点,但其功率小于直流伺服电动机。交流伺服电动机的结构如图 1.61 所示。

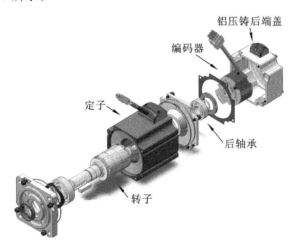

图 1.61　交流伺服电动机的结构

交流伺服电动机主要由定子和转子两个部分构成,其定子绕组和单相交流异步电动机的相似,定子铁芯中安放着空间互成 90°电角度的两相定子绕组,其中一相称为励磁绕组,另外一相称为控制绕组。运行时励磁绕组始终加上一定的交流励磁电压,而控制绕组则加上大小、相位均随控制信号变化的同频率的控制电压。转子结构通常有两种形式。一种和普通的鼠笼式异步电动机的转子相同,但转子做得细长,转子导体采用高电阻率的材料,其目的是减小转子的转动惯量,增强启动转矩对输入信号的快速反应和克服自转现象。另一种是空心杯形转子。空心杯形转子交流伺服电动机结构图如图 1.62 所示。

空心杯形转子交流伺服电动机的定子分为外定子和内定子(均用电工钢片制成)两个部分。其中外定子的结构与鼠笼式转子交流伺服电动机的定子相同,铁芯槽内安放两相绕组,内定子上没有绕组,只充当转子的铁芯,作为磁路的一部分。空心杯形转子是由高电阻率的非磁性导电材料(如铝)制成的一个薄壁筒形转子,形状与空心杯类似,放在内、外定子之间,杯底固定在转轴上,杯壁厚度一般为 0.2～0.8 mm,这种转子具有质量轻、转子电阻大、转动惯量小、动作灵敏、响应快的特点。

交流伺服电动机的励磁绕组 FW 和控制绕组 CW 在空间上互相垂直。若通过两绕组的电流在时间上存在相位差,则可产生旋转磁场。转子绕组磁体切割旋转磁场就会产生感应电动势和感应电流,转子电流与气隙磁场相互作用,便会产生电磁转矩,使转子转动。交流伺服电动机工作原理图如图 1.63 所示。

当控制绕组 CW 没有控制信号时,励磁绕组 FW 所产生的磁场是脉振磁场,电动机不会产生启动转矩,转子静止不动。当控制绕组加上控制电压时,气隙合成磁场是一个旋转磁

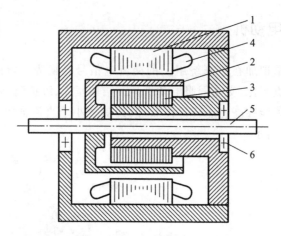

图 1.62　空心杯形转子交流伺服电动机结构图

1—外定子铁芯；2—空心杯形转子；3—内定子铁芯；4—定子绕组；5—转轴；6—轴承

场，电动机产生驱动转矩，使转子转动起来。当控制电压发生变化时，转子转速变化。当控制电压反向时，旋转磁场和转子转向都反向。其原因是交流伺服电动机的转向与定子绕组产生的旋转磁场方向一致，将由电流超前相的绕组轴线转向滞后相的绕组轴线。

在运行时，如果控制电压消失，交流伺服电动机将变成一台单相交流异步电动机。与转子同转向的电磁转矩仍然存在，会驱动单相交流异步电动机继续旋转。显然，这与伺服系统的控制要求是相悖的，控制信号消失时，交流伺服电动机应能立即自动停止转动（称为自制动）。交流伺服电动机单相运行时的 T-s 曲线如图 1.64 所示。

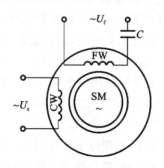

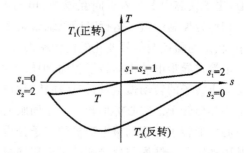

图 1.63　交流伺服电动机工作原理图　　　图 1.64　交流伺服电动机单相运行时的 T-s 曲线

为了能实现自制动，交流伺服电动机在设计时必须增大转子电阻。这时交流伺服电动机单相运行时产生的合成电磁转矩的方向与转子的转向相反，从而起到制动作用。转子电阻加大后，还提高了启动转矩，扩展了稳定运行的范围，有利于转速的调节。

交流伺服电动机运行平稳、噪声小、反应迅速。但由于其机械特性呈非线性，且转子电阻大、损耗大，功率比直流伺服电动机的小，适用于 0.1～100 W 小功率自动控制系统中，频率有 50 Hz、400 Hz 等多种。鼠笼式转子交流伺服电动机产品为 SL 系列，空心杯形转子交流伺服电动机为 SK 系列。

1.4.3　伺服电动机的选型方法

一、机电领域中伺服电动机的选择原则

现代机电行业中经常会碰到一些复杂的运动,这对电动机的动力荷载有很大影响。伺服驱动装置是许多机电系统的核心,因此,伺服电动机的选择就变得尤为重要。首先要选出满足给定负载要求的电动机,然后根据价格、质量和体积等技术经济指标从中选择最适合的电动机。

二、一般伺服电动机选择时考虑的问题

1. 伺服电动机的最高转速

电动机首先根据机床快速行程的速度选择。在快速行程,伺服电动机的转速应严格控制在其额定转速之内。

$$n = \frac{v_{\max} \times u}{P_{\mathrm{h}}} \times 10^3 \leqslant n_{\mathrm{nom}} \tag{1.23}$$

式中:n_{nom} 为电动机的额定转速(r/min);n 为在快速行程伺服电动机的转速(r/min);$v_{\max}$ 为直线运行速度(m/min);u 为系统传动比,$u = n_{电动机}/n_{丝杠}$;P_{h} 为丝杠导程(mm)。

2. 惯量匹配问题和计算负载惯量

为了保证足够的角加速度,使系统反应灵敏和满足系统的稳定性要求,负载惯量 J_{L} 应限制在 2.5 倍电动机转子惯量 J_{M} 之内,即 $J_{\mathrm{L}} < 2.5 J_{\mathrm{M}}$。

$$J_{\mathrm{L}} = \sum_{j=1}^{M} J_j \left(\frac{\omega_j}{\omega}\right)^2 + \sum_{j=1}^{N} m_j \left(\frac{v_j}{\omega}\right)^2 \tag{1.24}$$

式中:J_j 为各转动件的转动惯量(kg·m²);ω_j 为各转动件的角速度(rad/min);m_j 为各移动件的质量(kg);v_j 为各移动件的速度(m/min);ω 为伺服电动机的角速度(rad/min)。

3. 空载加速转矩

空载加速转矩发生在执行部件从静止以阶跃指令加速到快速时,一般应限定在变频驱动系统最大输出转矩的 80% 以内。

$$T_{\max} = \frac{2\pi n (J_{\mathrm{L}} + J_{\mathrm{M}})}{60 t_{\mathrm{ac}}} T_{\mathrm{F}} \leqslant T_{\mathrm{Amax}} \times 80\% \tag{1.25}$$

式中:T_{Amax} 为与伺服电动机匹配的变频驱动系统的最大输出转矩(N·m);$T_{\max}$ 为空载时加速转矩(N·m);T_{F} 为在快速行程转换到电动机轴上的载荷转矩(N·m);t_{ac} 为在快速行程加减速时间常数(ms)。

4. 切削负载转矩

在正常工作状态下,切削负载转矩 T_{ms} 不超过伺服电动机额定转矩 T_{MS} 的 80%。

$$T_{\mathrm{ms}} = T_{\mathrm{c}} D^{\frac{1}{2}} \leqslant T_{\mathrm{MS}} \times 80\% \tag{1.26}$$

式中:T_{c} 为最大切削转矩(N·m);D 为最大负载比。

5. 连续过载时间

连续过载时间 t_{ton} 应限制在伺服电动机规定过载时间 t_{Mon} 之内。

三、根据负载转矩选择伺服电动机

根据伺服电动机的工作曲线,负载转矩应满足:当机床作空载运行时,在整个速度范围内,加在伺服电动机轴上的负载转矩应在伺服电动机的连续额定转矩范围内,即在工作曲线的连续工作区;最大负载转矩、加载周期及过载时间应在特性曲线的允许范围内。伺服电动机轴上的负载转矩为

$$T_L = \frac{F \cdot L}{2\pi\eta} + T_c \tag{1.27}$$

式中:T_L 为折算到伺服电动机轴上的负载转矩($N \cdot m$);F 为轴向移动工作台时所需的力(N);L 为伺服电动机每转的机械位移量(m);T_c 为滚珠丝杠轴承摩擦转矩等折算到伺服电动机轴上的负载转矩($N \cdot m$);η 为驱动系统的效率。其中

$$F = F_c + \mu(W + f_g + F_{cf}) \tag{1.28}$$

式中:F_c 为切削反作用力(N);f_g 为齿轮作用力(N);W 为工作台、工件等滑动部分总重量(N);F_{cf} 为由于切削力使工作台压向导轨的正压力(N);μ 为摩擦系数。无切削时,$F = \mu(W + f_g)$。

计算转矩时下列几点应特别注意。

(1)由镶条产生的摩擦转矩及由滑块表面的精度误差所产生的力矩必须充分地给予考虑。通常,仅仅由滑块的质量和摩擦系数计算出的转矩很小。

(2)由轴承、螺母的预加载,以及丝杠的预紧力、滚珠接触面的摩擦等所产生的转矩均不能忽略,尤其是小型轻质量的设备。

(3)切削反作用力会使工作台的摩擦增加,因此承受切削反作用力的点与承受驱动力的点通常是分离的。在承受大的切削反作用力的瞬间,滑块表面的负载也增加。当计算切削期间的转矩时,由这一载荷而引起的摩擦转矩的增加应给予考虑。

(4)摩擦转矩受进给速率的影响很大,必须研究测量因速度工作台支承物、滑块表面材料及润滑条件的改变而引起的摩擦的变化,以得出正确的数值。

四、根据负载惯量选择伺服电动机

为了保证轮廓切削形状精度和获得低的表面加工粗糙度,要求数控机床具有良好的快速响应特性。随着控制信号的变化,伺服电动机应在较短的时间内完成所期望的动作。负载惯量与伺服电动机的响应和快速移动 ACC/DEC 时间息息相关。带大惯量负载时,当速度指令变化时,伺服电动机需较长的时间才能达到这一速度;当两轴同步插补进行圆弧高速切削时,大惯量的负载产生的误差会比小惯量的大一些。因此,加在伺服电动机轴上的负载惯量的大小,将直接影响伺服电动机的灵敏度和整个伺服系统的精度。当负载惯量在 5 倍以上时,会使转子的灵敏度受影响,电动机转子惯量 J_M 和负载惯量 J_L 必须满足

$$1 \leqslant \frac{J_L}{J_M} < 5$$

由伺服电动机驱动的所有运动部件,无论是作旋转运动的部件,还是作直线运动的部件,都成为伺服电动机的负载。伺服电动机轴上的负载总惯量可以通过计算各个被驱动部件的惯量,并按一定的规律将其相加得到。

五、伺服电动机加减速时的转矩

1. 按线性加减速时的加速转矩

按线性加减速时的加速转矩 T_a 计算如下

$$T_a = \frac{2\pi n_m}{60 \times 10^4} \frac{1}{t_a}(J_M + J_L)(1 - e^{-K_s})$$ (1.29)

式中：n_m 为伺服电动机的稳定速度；t_a 为加速时间；J_M 为电动机转子惯量（kg·cm²）；J_L 为折算到伺服电动机轴上的负载惯量（kg·cm²）；K_s 为位置伺服开环增益。

加速转矩开始减小时的转速如下

$$n_r = n_m\left[1 - \frac{1}{t_a K_s}(1 - e^{-K_s})\right]$$ (1.30)

2. 按指数曲线加速

此时，速度为零时的转矩 T_o 可由下面公式给出

$$T_o = \frac{2\pi n_m}{60 \times 10^4} \frac{1}{t_c}(J_M + J_L)$$ (1.31)

式中：t_c 为指数曲线加速时间常数。

3. 输入阶段性速度指令

这时的加速转矩 T_a 相当于 T_o，可由下面公式求得（$t_s = K_s$）。

$$T_a = \frac{2\pi n_m}{60 \times 10^4} \frac{1}{t_s}(J_M + J_L)$$ (1.32)

六、伺服电动机选择的步骤

1. 决定运行方式

根据机械系统的控制内容，决定伺服电动机的运行方式，加速时间 t_a、减速时间 t_d 由实际情况和机械刚度决定。

2. 计算负载折算到伺服电动机轴上的转动惯量

为了计算启动转矩 T_p，要先求出负载的转动惯量 GD_l^2

$$GD_l^2 = \frac{\pi}{8}\rho L D^4 \times 10^4$$ (1.33)

式中：ρ 为材料密度；L 为圆柱体的长（cm）；D 为圆柱体的直径（cm）。

$$GD_L^2 = \left(\frac{N_1}{N_m}\right)^2 GD_l^2 + \left(\frac{1}{R}\right)^2 \times \frac{\pi}{8}\rho l_2 d_2^4 + \frac{\pi}{8}\rho l_1 d_1^4$$ (1.34)

式中：l_2 为负载侧齿轮厚度；d_2 为负载侧齿轮直径；l_1 为伺服电动机侧齿轮厚度；d_1 为伺服电动机侧齿轮直径；ρ 为材料密度；N_1 为负载轴转速（r/min）；N_m 为伺服电动机轴转速（r/min）；$1/R$ 为减速比。

3. 初选伺服电动机

计算伺服电动机稳定运行时的功率 P_o 及转矩 T_L。T_L 为折算到电动机轴上的负载转矩

$$T_L = \frac{N_1}{N_m \eta} T_1$$ (1.35)

式中：η 为机械系统的效率；T_1 为负载轴转矩。

$$P_\circ = \frac{T_1 N_1}{9\,535.4 \times \eta} \tag{1.36}$$

4. 核算加减速时间或加减速功率

对初选伺服电动机根据机械系统的要求，核算其加减速时间，加减速时间必须小于机械系统要求值。

加速时间：

$$t_a = \frac{(GD_m^2 + GD_1^2)N_m}{38.3(T_P - T_1)} \tag{1.37}$$

减速时间：

$$t_d = \frac{(GD_m^2 + GD_1^2)N_m}{38.3(T_P + T_1)} \tag{1.38}$$

上两式均使用伺服电动机的机械数值进行计算，故求出加入启动信号后的时间后，必须加上作为控制电路滞后的时间 5～10 ms。负载加速转矩 T_P 可由启动时间求出，若 T_P 大于初选伺服电动机的额定转矩，但小于初选伺服电动机的瞬时最大转矩（5～10 倍额定转矩），可以认为伺服电动机初选合适。

5. 考虑工作循环与占空因素的实效转矩计算

在机器人等激烈工作场合，不能忽略加减速超过额定电流这一影响，需要以占空因素求实效转矩。该值在初选伺服电动机额定转矩以下，则选择的伺服电动机合适。实效转矩 T_{rms} 计算公式为

$$T_{rms} = \sqrt{\frac{T_P^2 t_a + T_1^2 t_1 + T_P^2 t_d}{t}} \cdot f_w \tag{1.39}$$

式中：t_a 为加速时间（s）；t_1 为正常运行时间（s）；t_d 为减速时间（s）；f_w 为波形系数。T_{rms} 若不满足额定转矩式，需要提高伺服电动机的容量，再次核算。

1.5 电动机的典型应用

电动机用途众多，大至重型工业，小至小型玩具，都有其踪迹。在不同的环境下应选择不同类型的电动机，以下是电动机的一些应用实例。

1.5.1 指针式石英钟表

机械钟表利用发条的弹性推动一系列齿轮运转，调节转速带动指针指示时刻和计量时间。以电能为动力，施电于石英晶振之上，产生周期性振荡，经驱动电路形成标准的秒脉冲信号，通过计数译码电路输出到显示器的石英钟表称为数字式石英钟表；秒脉冲电信号通过步进电动机换能，驱动时、分、秒针等机械结构动作的石英钟表称为指针式石英钟表。石英钟表的成本低廉，走时精度在月差几秒钟的范围之内，是一种非常精准的计时器。指针式石英钟表的电气结构框图如图 1.65 所示。

石英钟表的功能决定了步进电动机应满足以下要求。

图 1.65 指针式石英表的电气结构框图

（1）步进电动机始终单方向转动。

（2）步进电动机所具有的力矩既不能太大（太大则会引起振动），又不能太小（太小则不足以驱动指针准确动作）。

（3）由于采用小型干电池供电，步进电动机的功耗要特别小。

（4）石英钟表的形状决定了要能在一个超薄的底盘上安装电池盒、石英振荡电路和传动机构。为了减小安装空间，必须使用超小型的步进电动机。

为满足这些要求，石英钟表中的步进电动机一般使用磁导率高的铁镍合金制作定子，用磁特性好的钐钴合金制作转子。石英钟表中的步进电动机大致有两种。一种是摆动式往复运动步进电动机，依靠永久磁钢转子与棘轮棘爪机构的刚性连接来驱动轮片转动，有动铁式和动圈式之分，这种结构的机械弹簧片振动频率很高，秒针的运动是连续式的，结构比较复杂，可靠性差，现在已基本淘汰。另一种是高磁性的永磁式和电耗小的混合式步进电动机，利用秒脉冲信号使转子转动并带动齿轮旋转，机械结构简单，可靠性高，几乎被应用在目前所有的石英钟表中。混合式步进电动机和齿轮系结构图如图1.66所示。

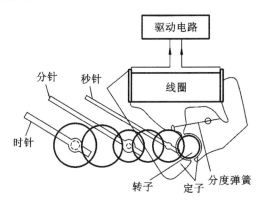

图 1.66 混合式步进电动机和齿轮系结构图

秒针固定在有齿牙的秒轴齿上，相邻齿轴互不干扰，齿牙决定秒轴的停止位置，依靠齿牙秒针在表盘上指出相应的时刻。这种小步距角的步进电动机可承受机械冲击，能提高运动精度，具体又有步距角为$180°$和$45°$之分。

1. 步距角为 $45°$ 的单相永磁步进电动机

如图1.67(a)所示，该电动机以圆片式铂钴磁钢为转子，沿着半径分成六个极，定子A、B与转子同心。由于要求带动电动机的电流很大，因此驱动电路由双极性晶体管构成，驱动线圈中有以一秒为周期、持续时间为$1/64$秒的脉冲电流通过，使得定子A与B上产生了交变的N极与S极，它们与转子磁极互斥，驱动转子转动$45°$。

2. 步距角为 180° 的单相永磁步进电动机

如图 1.67(b)所示,石英晶振产生的时间频率基准经过分频和脉冲整形电路,得到频率为 0.5 Hz 的极性交变的电信号。该信号进入定子绕组,电动机被激磁,转子获得一个力矩而顺时针旋转,并使转子磁性轴转到跟绕组磁性轴相一致的轴线上。电信号停止,由于磁性反冲及惯性,作用在转子上的力矩继续使转子动作到一个与开始位置正好径向相反的位置。若有一个与第一个极性相反的电信号进入定子绕组,转子就会沿着与上面相同的方向继续转完第二个半转。极性交变的电信号按一定的时间间隔进入定子绕组,转子就按 180° 的步距角有规律地转动,电动机的转速正好为 30 r/min。

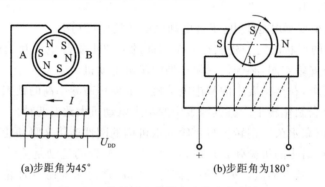

(a)步距角为45°　　　　　　(b)步距角为180°

图 1.67　指针式石英钟表中的步进电动机

采用这种电动机,机械结构简单、紧凑,既利于缩小体积,又方便加工制造,整个电动机采用两套集中绕组,绕线工艺可大大简化。但这种电动机因为步距角为 180°,运行中的振动和准确性都不如小步距角的步进电动机。

1.5.2　家用汽车

不仅仅是纯电动型和混合动力型汽车,事实上,我们在生活中使用的采用汽油或柴油发动机驱动的普通汽车也需要使用电动机。随着电子控制技术的广泛使用,普通汽车上使用电动机的场合也越来越多。一辆普通的家用轿车,大概要使用 30 台以上的电动机,高级轿车使用的数量则达 100 多个,凡是能动的地方几乎都有电动机的存在。电动机在汽车上的广泛应用,大幅度地提高了汽车的安全性、舒适性和操作的便利化程度。

汽车发动机从静止到进入运动状态,曲轴需要外力的帮助才能转动起来并达到需要的最低转速,驾驶员座位周围装设着各种开关和操作按键,旋转点火开关或按下启动按钮,电动机接收到信号并转动,其输出轴上的启动齿轮和与发动机曲轴相连的飞轮咬合,驱动飞轮,带动发动机。

汽车发动机电子控制燃油喷射系统(electronic fuel injection,EFI)的主要功能有控制汽油喷射、电子点火、怠速、排放、进气增压、巡航、警告指示、自我诊断与报警、安全保险、备用功能等。这些功能几乎全部要依靠电动机来实现。在供油系统中,为了最大化利用空间,汽车的燃油箱往往装在汽车底部或后部,电动机和泵设计成一体。行驶过程中,驾驶员踩踏油门踏板的力度被转化为电信号,该电信号用于控制节气门阀体的旋转式四相永磁步进电动机的偏转角度,进而改变节气门开度。

发动机在运行中,依靠水循环系统散热,驱动水循环系统的是水泵电动机,用于循环水冷却的是散热风扇电动机。除此之外,还有用于雨天清除雨滴和泥水、装设在车前窗上的雨刷电动机,以及清洗玻璃窗的喷射泵。

现在许多轿车门窗玻璃的升降,已经抛弃了摇把式的手动升降方式,改用按钮式的升降方式,即使用电动玻璃升降器来控制,当有异物阻碍车窗关闭时,它还能自动检测。电动玻璃升降器结构的关键是电动机和减速器,这两者组装成一体,其中电动机采用可逆性永磁式直流电动机,电动机内有两组绕向不同的磁场线圈,通过开关控制其正反转,再利用钢丝绳、滑轮和滑块机构带动门窗玻璃的上升或下降。

门锁的动作依赖于门锁执行器,它由可逆式电动机、传动装置及锁体总成构成。通过蜗轮蜗杆机构把电动机的转动变成直线运动,带动锁体总成,驱动车门的锁闭或开启。

电动座椅可以按照驾驶员和乘员的身体条件、舒适程度和自身喜好调整,这就使用了很多电动机。电动座椅的前后和上下移动、电动座椅靠背的倾斜角度、电动座椅腰和背部的支承形状、电动座椅的通风和按摩功能都可以调整。汽车电动座椅电动机分布图如图1.68所示。

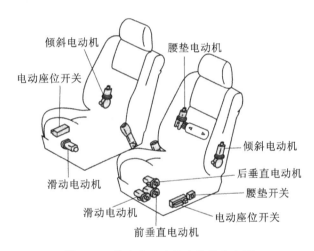

图 1.68　汽车电动座椅电动机分布图

还有,使用镜架电动机以调整反光镜的反射角度,有的汽车还具备将停车后反射镜自动折叠起来的功能。为了使车内的空气流通,设置了换气电动机,与空调有关的动力源也大多使用电动机。方向盘也可以通过电动机调节到适合操作的位置,伸缩式控制电动机则用于方向盘的前后调节,而高度调整电动机则用于调节方向盘的高度。除了这些,在汽车中还有大量电动机的典型应用,如在汽车的悬架减振控制系统中、在汽车巡航控制系统中、在电动天窗和自动前灯上等。随着汽车电子控制技术和电动汽车技术的发展,电动机将更进一步提高汽车的自动化程度,增加汽车的可靠性,强化汽车的安全性,改善汽车的舒适性。

1.5.3　混动式汽车

如果以节省能源和保护环境为着眼点,就非得选择发动机和电动机并用的高效混合动力式(混动式)汽车不可。这种汽车具有发动机和电动机的双重优点,是一种效率高、驱动性能优良和对环境污染小的机动车。特别是在加减速比较频繁的大都市,它的综合性能就更加突出了。

混动式汽车的动力单元由发动机、电动机和变速器构成。电动机采用的是具有体积小、质量轻和效率高等优点的同步电动机和异步(感应)电动机。混合系统可分为串联式和并联式两种:串联式系统以电动机作为驱动装置,发动机在正常运行时通过充电系统向电池充电;而并联式系统则使用发动机和电动机双重动力源驱动。

1. 串联式系统

串联式系统如图 1.69 所示。串联型汽车的正常行驶全部由电动机驱动,发动机在任何情况下都不参与驱动汽车的工作,它只能通过带动发电机为电动机提供电能。这一点与电动机系统十分相似。

串联式系统是混动式汽车中结构最为简单的,整体结构相当于纯电动汽车加上汽油发电机,它去掉了普通汽车的变速箱,结构布置也更加灵活。

2. 并联式系统

在普通汽车的基础上加装电动机和动力电池,就构成了并联式系统。发动机和电动机都能单独驱动车轮,也可以同时工作,共同驱动汽车。并联型汽车中,发动机输出轴经减速器与电动机的输出轴连接在一起。两者的驱动力矩按照汽车的不同运行状态进行组合搭配。变频器将电池的直流电转换成交流电来驱动电动机运行。当动力电池电量不足时,发动机带动电动机反转作发电运行,变频器再将发电产生的交流电转换成直流电,为电池充电。并联式系统如图 1.70 所示。

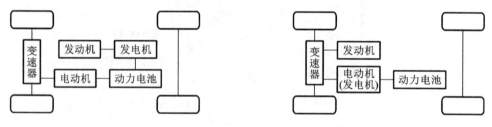

图 1.69　串联式系统　　　　　图 1.70　并联式系统

并联型汽车具有多功能组合:汽车低速行驶和发动机使用效率低时关闭发动机,电动机单独运行;加速时发动机与电动机共同工作,增强汽车的加速性能;松油门和刹车时,给油量渐渐减弱,轮胎继续旋转,将使电动机获得机械动能,从而转变为发电机运行,产生电能,向电池充电。另外,刹车时还可能产生回馈制动,与油压制动一并生成较大的制动力矩。不同的制造厂家,在使用发电机和电动机的辅助启动功能上有所不同,但是作为电动机使用的四个基本功能,即启动时做启动机、行走时做电动机、停车时做制动器、电池充电时做发电机,是相同的。

并联式系统的三种工作模式如图 1.71 所示。

纯电模式:发动机关闭,电池为电动机供电,驱动车辆行驶。该模式多用于中低车速,也有部分车型可以实现高速巡航。

纯油模式:发动机开启,驱动车辆行驶,此时电动机能够反转发电,为动力电池充电。

混合模式:发动机和电动机同时开启,驱动车辆行驶。该模式多用于爬坡、急加速及其

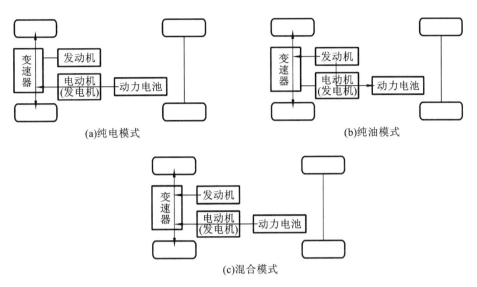

(a)纯电模式

(b)纯油模式

(c)混合模式

图 1.71　并联式系统的三种工作模式

他高负荷工况下。电动机兼作发电机运行,一般都是处于制动和小负载运行状态。

　　与串联式系统不同的是,并联式系统中发动机和电动机可以同时驱动汽车,其动力性能更加优越。一台自主品牌紧凑型混动式汽车,1.5 L 涡轮增压汽油发动机与电动机功率叠加后超过221 kW,与一台合资品牌豪华轿车的 3.0 L 涡轮增压汽油发动机相当,从零加速到 100 km/h 仅需 3.2 s。其次,并联式系统的驱动模式较多,可以适应多种工况,发动机能够在中高速运行时单独驱动汽车,无须进行能源的二次转换,因此其综合油耗也会更低。

　　并联式系统由于只有一台电动机,没有独立的发电机,因此无法实现混合模式下发动机为电池充电的功能,当电量耗尽时,汽车只能依靠发动机驱动。目前,大部分混动式汽车采用并联式系统,电动机和发动机互补,在节油的同时能够极大地提高加速性能。不论是串联式系统还是并联式系统,电动机都属于辅助系统。

1.5.4　电力机车

　　铁路电气化的好处首先在于电气牵引的燃料利用效率高。蒸汽机车牵引的效率只有3％～5％,而电气牵引可达到 16％～18％。因此,改用电气牵引可节省三分之二到四分之三的燃料。内燃机车因为含有原动机,所以输出功率受到原动机的限制。电力机车由于车上没有原动机,它的功率不受原动机功率的限制,由接触网取用超额的电力。电力机车首先是以直流牵引为主,逐渐过渡到以交流牵引为主。

一、直流传动电力机车

　　在电力机车开始投入使用的时候,电机及其控制技术滞后于时代发展,因此早期的电力机车采用大型串励直流电动机拖动。我国的直流传动电力机车以韶山 SS 系列为代表,我国铁路的牵引供电系统制式是 25 kV、工频 50 Hz 的单相交流电,接触网上的电能通过机车车顶的受电弓到牵引变压器,变压后到牵引整流器,经过整流后接到直流牵引电动机中。直流传动电力机车如图 1.72 所示。

图 1.72　直流传动电力机车

串励直流电动机具有低转速大电流输出和高转速小电流输出的特性。也就是说,启动时大转矩电流输出,用于重载启动;进入高速运行状态时转矩电流小,以维持惯性行驶。这种特性很适合电力机车这类装载质量大、行驶时间长的负载,在铁路系统得到长期应用。但是串励直流电动机也存在以下缺点。

(1) 由于使用换向器和电刷,必然会产生机械摩擦和电火花。所以,为了电力机车的安全运行,必须对电动机进行定期的拆装检查,如更换电刷、检测换向器和进行转子绕组的绝缘试验。考虑到转子绕组结构的复杂性,日复一日的安全检查,需要付出很大的人力、物力。

(2) 在同一功率级别上,串励直流电动机的体积、质量更大,造价更高,这就造成串励直流电动机在一些特殊的牵引状况下(如动车组运行)工作的可行性低。

(3) 串励直流电动机的容量和速度与换向器的性能有关,如果换向器的换向能力不强,则串励直流电动机的容量和速度都会减小。串励直流电动机的极限容量和速度两者的乘积约为 10^6 kW·r/min。在很多应用场合下,制造出能满足要求的串励直流电动机非常困难。

(4) 串励直流电动机除励磁外,全部输入功率都通过换向器流入转子,电动机效率低,转子散热条件差。

二、交流传动电力机车

交流电动机不存在上述串励直流电动机的这些缺陷,在维护、造价、功率、耐用性等方面优势明显,但是其发展长期受到电动机控制技术的制约。随着电力晶体管及控制线路的出现,电动机控制技术发生了很大变化。为了实现更高的运行效率,人们把交流电动机的变频技术用于各种电动机的单独控制上,使得电动机的性能指标都能达到参数的极限值。

在克服了控制、器件上的困难之后,交流电动机逐渐应用到电力牵引中。我国铁路目前以和谐号 HXN 系列、动车组 CRH 系列为代表的电力机车,就采用了既结实又简单,效率也不错,还没有多大维护量的大功率的三相鼠笼式感应电动机。鼠笼式感应电动机没有转子线圈,也没有可能产生机械摩擦的整流子和电刷,与同类小型电动机相比,它还具有输出转矩大等特点,是一种使用范围比较广泛的通用电动机。交流传动电力机车如图 1.73 所示。

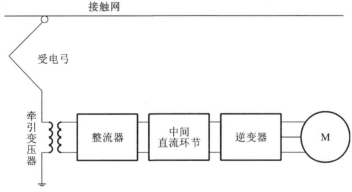

图 1.73　交流传动电力机车

这类机车的传动采用“交-直-交”方式。电能首先从接触网开始,经过受电弓和牵引变压器,经变压之后通入整流器,整流为直流之后,再通入逆变器进行逆变,最后通入牵引电动机中。

铁路电力机车用电动机要求它的调速范围从低速到高速全程自动控制。一般的交流电动机只能在恒定的电源频率下,以一定的转速旋转。随着电子技术及电子元器件的不断发展,利用变频技术,在调节电压的同时调节频率,确保感应电动机在不改变转矩的前提下,转速从低速到高速自动调整,实现了交流电动机的调速。

另外,异步感应电动机的机械部件少,容易维护和保养,基本上不用拆装检修,只进行一些简单的维护如电动机轴承的点检和更换就可以了。

习题与思考题

1.1 换向磁极励磁绕组的连接应符合什么要求？

1.2 如何使直流电动机反转？

1.3 为什么变压器只能改变交流电压而不能用来改变直流电压？如果把变压器绕组误接在直流电源上，会出现什么后果？

1.4 直流电动机的电动与制动两种运转状态的根本区别是什么？

1.5 转速调节（调速）与固有的速度变化在概念上有什么区别？

1.6 直流电动机用电枢电路串电阻的办法启动时，为什么要逐渐切除启动电阻？如切除太快，会带来什么后果？

1.7 串励直流电动机能否空载运行？为什么？

1.8 为什么直流电动机直接启动时启动电流很大？他励直流电动机直接启动过程中有哪些要求？如何实现？

1.9 如何判断直流电机是运行于发电状态还是电动状态？在这两种状态下，它的能量转换关系有何不同？

1.10 他励直流电动机启动时，为什么一定要先把励磁电流加上？当电动机运行在额定转速下时突然将励磁绕组断开，将出现什么情况？

1.11 直流电动机有哪几种励磁方式？在不同的励磁方式下，负载电流、电枢电流和励磁电流三者之间的关系如何？

1.12 一台他励直流电动机带动恒转矩负载运行，在励磁不变的情况下，若电枢电压或电枢附加电阻改变，在稳定运行状态下，电枢电流的大小是否改变？

1.13 三相异步电动机断了一根电源线后，为什么不能启动？在运行时断了一根电源线，为什么仍能继续转动？这两种情况对电动机将分别产生什么影响？

1.14 三相异步电动机正在运行时，转子突然被卡住，这时电动机的电流会如何变化？对电动机有何影响？

1.15 三相异步电动机在相同电源电压下，满载和空载启动时，启动电流是否相同？启动转矩是否相同？

1.16 运行时定子绕组为 Y 形接法的鼠笼式异步电动机能否用 Y/△连接降压启动方法？为什么？

1.17 三相鼠笼式异步电动机降压启动有几种方法？什么情况下采用降压启动？

1.18 绕线式异步电动机采用转子电路串电阻启动时，所串电阻、启动转矩和启动电流三者之间是什么关系？

1.19 什么叫恒功率调速？什么叫恒转矩调速？

1.20 在一个绕组产生的脉动磁场下能否使单相交流异步电动机启动？在什么条件下才能使单相交流异步电动机启动？

1.21 同步电动机有哪几种类型？其特点如何？

1.22 为什么可以利用同步电动机来增大电网的功率因数？

1.23 步进电动机的运行特性与输入脉冲频率有什么关系？

1.24　步进电动机的步距角的含义是什么？一台步进电动机可以有两个步距角，如 3°/1.5°，这是什么意思？什么是单三拍、单双六拍和双三拍？

1.25　一台五相反应式步进电动机，采用五相十拍运行方式时，步距角为 $\theta_b = 1.5°$，若脉冲电源的频率 $f = 3\ 000$ Hz，试问转速是多少？

1.26　何谓自转现象？交流伺服电动机是怎样克服这一现象，做到当控制信号消失时迅速停止的？

1.27　有一台直流伺服电动机，电枢控制电压和励磁电压均保持不变，当负载增加时，电动机的控制电流、电磁转矩和转速如何变化？

1.28　为什么多数数控机床的进给系统宜采用大惯量直流电动机？

1.29　直线电动机与旋转电动机相比有哪些优缺点？

第2章 电动机的控制技术

在现代工业中,为了实现生产过程自动化,机电传动不仅包括拖动生产机械的电动机,而且包括控制电动机的一整套控制系统,也就是说,现代机电传动是和由各种控制元件组成的自动控制系统联系在一起的。

2.1 电动机控制的概念

如果仅仅要求电动机转动,只需要接通电源。但是,根据用途不同,对电动机有各种不同的要求。图 2.1 所示为电梯的理想加减速曲线,为了提高运行效率,显然不能用一种速度运行。有的要求电动机在一定时间内转动,有的要求电动机以稳定的转速转动,有的要求电动机转动时输出稳定的力矩,还有的要求电动机准确地停止在预定的位置。为了满足这些要求,必须对电动机进行控制。

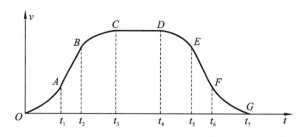

图 2.1　电梯的理想加减速曲线

电动机的基本控制方式有转速控制和力矩控制,以及包括启动位置控制、停止位置控制的位置控制。把这三种基本控制方式组合,电动机就可以实现各种各样的运转方式,以适应不同的使用目的。

为了控制电动机,必须了解电动机的特性。电动机的特性分为电气特性和机械特性。电气特性是指电压和电流与转速和力矩之间的关系。机械特性与转子形状、质量和惯性等有关系。掌握这些特性主要是为了很好地调节加到电动机上的电压和电流,以便更好地控制电动机的启动、停止及输出的转速和力矩。例如,以永久磁铁作为定子的带电刷的直流电动机具有转矩与输入的电流成正比、转矩与转速成反比的电气特性。当加到电动机上的电压发生变化时,转矩-转速特性曲线平行移动。所以,调节电动机的电压就可以控制转速;调节电流的大小,就可以控制转矩。另外,用很重的铁芯制成的转子所具有的转动惯量,阻碍电流变化的线圈电感,在启动、停止、加速和减速等改变电动机的速度时,都会影响电动机的调速。因此,必须了解这些影响调速的情况,并且要考虑如何采取对策,使得电动机实现所期待的转动。

2.1.1　闭环(反馈)控制

为了易于理解控制结构,常常使用框图表示,如图 2.2 所示为闭环控制系统框图。方框表示各个控制要素。流入各框的输入信号和作为结果的输出信号,用带有方向的直线连接起来,表示各种控制关系。用电动机拖动机械时,被驱动的机械称为控制对象或被控对象,作为动力的电动机或液压缸等称为执行机构,向它们发出控制信号的部分是控制器,检测控制对象状态的是检测装置。

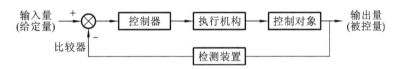

图 2.2　闭环控制系统框图

我们将框图表示的一系列控制结构称为控制系统。在电动机的转速闭环控制中,综观整个控制系统,就会看到系统的输入是转速的设定值,输出是电动机的转速,检测装置检测出当前转速的输出状态,把信息反馈到输入侧,与设定值相比较并进行调节,如果比设定的转速快,就降低电压,使转速减慢;反之,如果现在的转速比设定的转速慢,就提高电压,使转速加快。所以,闭环控制也叫反馈控制,闭环控制系统也称反馈控制系统。闭环控制系统的主要构成如下。

1. 控制器

控制器的功能是,根据输入信号和反馈信号比较的结果,决定控制的方式。常用的控制方式有 PID 控制和最优控制等。控制器一般由电子线路或计算机组成。

2. 执行机构

一方面,执行机构接收来自控制器的信号,控制器输出的信号通常都很微弱,需经功率放大器放大后,才能驱动传动装置动作;另一方面,执行机构直接与控制对象打交道,准确、迅速、可靠地执行控制器的指令,实现对控制对象的调整和控制。

执行机构主要由各种执行元件和机械传动装置等组成,常见的执行元件有直流伺服电动机、交流伺服电动机、步进电动机、液压缸、液压马达、气缸和气压阀等。为了能按照控制命令的要求准确、迅速、精确、可靠地实现对控制对象的调整和控制,对执行机构有如下要求。

(1)高可靠性。执行元件直接面对控制对象,一般所处的环境恶劣,其工作的可靠性关系到机电一体化产品和装置的工作性能,是执行元件的首要指标。

(2)良好的动态性。执行元件在接受控制命令后要快速反应,要在很短的时间内动作。

(3)动作的准确性。从控制角度来看,机电一体化产品的工作精度除了要求其具有良好的控制校正技术外,还依赖于执行元件动作的准确性。

(4)高效率。执行元件必须具有高效率。在伺服系统的执行元件中,广泛使用的是伺服电动机,其作用是把电信号转换为机械运动。伺服电动机的技术性能直接影响着伺服系统的动态特性、运动精度和调速性能等。

3. 检测装置

检测装置是系统的反馈环节,用于测量执行机构的输出信号并将其反馈到系统的输入端,实现反馈控制。反馈信号一般为位置反馈信号、速度反馈信号和电流反馈信号,要经多种传感元件进行检测。用来检测位置信号的装置有自整角机、旋转变压器和编码器等。用来检测速度信号的装置有测速发电机、旋转变压器和光电编码器等。用来检测电流信号的装置有取样电阻和霍尔集成电路传感器等。对检测装置的要求是精度高、线性度好、可靠性高和响应快。

2.1.2 开环(前馈)控制

开环控制是使输出量完全按照命令进行动作的控制方法。也就是说,有什么样的输入就有什么样的输出,输入和输出之间是一一对应关系。开环控制系统框图如图 2.3 所示。

输入量(给定量) → 控制器 → 执行机构 → 控制对象 → 输出量(被控量)

图 2.3 开环控制系统框图

与闭环控制系统不同,开环控制系统中没有检测输出状态的检测装置,没有闭环信息,没有计算输入命令和输出状态的误差的比较器。因此,开环控制不可能修正执行机构的动作。在控制系统中,产生非预期变化的原因称为干扰。干扰使得输出状态和输入命令之间出现误差,开环控制系统无法知道,更无法修正这些误差。因此,开环控制系统是对干扰反应较弱的控制系统。可是,由于控制简单,没有检测装置和比较器,控制成本降低,开环控制系统反而是常用的控制系统。

步进电动机就是应用开环控制的电动机。给步进电动机加上一个脉冲信号,就可以使它旋转一定的角度。利用这个性质,只要把脉冲信号加给步进电动机,就可以使它旋转,并能够使它准确地启动和停止。步进电动机上没有检测是否跟随输入命令的传感器,输入命令信号只是通过控制器传送到步进电动机。

开环控制由于是一种对干扰反应较弱的控制方式,所以必须注意使用方法。由步进电动机驱动的机械必须以恒定的力工作,负载不能急剧地变化。同时,对于被驱动的机械,步进电动机输出的力矩要有充分的裕量。另外,步进电动机要避免突然加减速的动作,还要避免使用其极限值。

2.1.3 电动机的滞后响应

受实际电动机本身性质的影响,电动机得到某一转速命令后,需要经过一定的时间才能达到这个转速。也就是说,电动机对命令的响应是滞后的。这既有机械的原因,也有电气的原因,和控制方式无关。

在机械方面,电动机响应滞后的主要原因是转子具有质量。凡是具有质量的物体,都受到静者恒静、动者恒动的惯性法则的支配。惯性的大小与质量成比例。因此,转子的质量越大,电动机达到给定转速所用的时间就越长。同样,对于减速命令,电动机的响应也是滞后的。转子的质量越大,电动机的转速越不容易降低。

在电气方面,电动机响应滞后的主要原因是线圈具有电感。电感的性质是阻碍电流变化。在电感的作用下,想要增大电流时,电流不会马上增大;想要减小电流时,电流也不会马上减小。要使电动机转动,就要通入电流,可是电感在阻碍电流增大,而电动机只有流过足够的电流才能产生足够的旋转力矩。所以,响应需要一定的时间。

表示响应滞后程度的数值称为时间常数。控制电动机跟随指令旋转时,必须注意时间常数。无论指令怎样快速变化,时间常数大的电动机响应总是滞后的,无法跟随命令值动作。此外,如果指令的变化速度与电动机的时间常数不匹配,控制器和电动机之间就会不协调。用于机器人控制的电动机的时间常数就被做得很小。

2.2　转速控制

如果时钟的电动机不是以固定的转速旋转,时钟就不能指示正确的时间。如果 CD 播放机的电动机不按指定的转速旋转,人们就不能听到悦耳的音乐。如果计算机中的硬盘驱动器不按指定的转速旋转,计算机就不能把信息记录在正确的位置,也无法将记录的信息读取出来。另外,要使机器人等机械的速度随意变化,驱动机械运动的电动机的转速就必须能够自由变化。总之,必须能够控制电动机的转速。

很久以来,为了让电动机的转速保持稳定,人们想出各种各样的方法。让直径大的陀螺和直径小的陀螺同时旋转,小陀螺摇摇晃晃很快就倒下了,而大陀螺却很平稳地继续旋转。像直径大的陀螺那样,把又大又重的圆盘安装在旋转轴上可使其转速保持稳定。这种增加惯性质量而使转速保持稳定的装置叫作飞轮。飞轮被广泛用于发动机上,不要求转速自由变化的电动机也使用飞轮。飞轮成本很低,而且对于保持电动机的转速稳定非常有效。但是,飞轮会使电动机的负荷增大,使电动机启动时需要较多的能量,而且使电动机转速上升的过程变慢,达到稳定转速的时间变长,即使电动机的时间常数变大。

由此可见,如何使电动机既能平滑、稳定旋转,又能响应快速的变化,是电动机转速控制的重点。

2.2.1　转速控制原理

一、转速和角度检测方法

如果不知道电动机在以什么转速旋转,就无法对电动机的转速进行控制;如果不知道电动机所拖动的机械运动部件的当前位置,就无法对其发出下一步的指令。常用的电动机转速和位置检测装置是测速发电机、旋转变压器和编码器。

1. 测速发电机

测速发电机是一种直流发电机,根据输出电压的大小来检测电动机的转速。它由电动机带动旋转,并将转速信号转化为模拟电压信号输出,输出电压幅值与电动机转速成正比。测速发电机由于构造最简单,所以不能检测出很细的转速值。

2. 旋转变压器

旋转变压器简称旋变,在电动机的控制系统中,主要作为将角位移转换为电信号的位移传感器,是一种输出电压与转子转角保持一定函数关系的感应式微电机。旋转变压器本质上是一个变压器。旋转变压器的关键参数与变压器的类似,如额定电压、额定频率和变压比。与变压器的不同之处在于,旋转变压器的一次侧与二次侧不是固定安装的,而是有相对运动,它的输出信号幅值随转子角度的变化而变化,但频率不变。在实际应用中,旋转变压器内设置有两组输出线圈,两者相位差 90°,从而可以输出随转子转角变化的、幅值呈正弦函数和余弦函数变化的两组信号。旋转变压器结构图如图 2.4 所示。

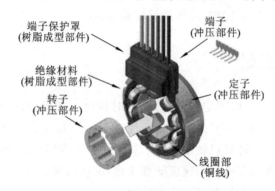

端子保护罩
(树脂成型部件)
端子
(冲压部件)
绝缘材料
(树脂成型部件)
定子
(冲压部件)
转子
(冲压部件)
线圈部
(铜线)

图 2.4　旋转变压器结构图

旋转变压器的构造简单,即使在高温、潮湿、振动的环境中,它也能检测出正确的转速。随着信号处理技术的进步,旋转变压器的信号处理电路变得简单、可靠,价格也大大下降。而且,随着软件解码的信号处理技术的开发,信号处理问题变得更加简单、容易。这样,旋转变压器的应用得到了更大的发展,其优点得到了更大的体现。

3. 编码器

编码器是一种把角位移或直线位移转换成电信号的装置。其中,将角位移转换成电信号的编码器称为码盘,把直线位移转换成电信号的编码器称为码尺。按照读出方式,编码器可以分为接触式和非接触式两类;按照工作原理,编码器可分为增量式和绝对式两类。增量式编码器将位移转换成周期性的电信号,再把这个电信号转变成计数脉冲,用脉冲的个数表示位移的大小。绝对式编码器的每一个位置对应一个确定的数字码,因此它的示值只与测量的起始位置和终止位置有关,而与测量的中间过程无关。

旋转编码器的结构和输出信号如图 2.5 所示。在旋转编码器的旋转轴上,装着刻有等间隔刻度的光栅板,与此相对应,在编码器中还装着刻有相同间隔刻度的固定光栅板。另外,旋转编码器还设置有发光元件(发光二极管)和受光元件(光敏管)。发光元件发出的光,随着旋转轴旋转,与转速成比例地发出明暗条纹。这种明暗条纹在受光元件上作为电气信号发出,经过波形整形,作为方波信号输出。一般输出的两个信号的相位,互相错开1/4光栅节距,旋转方向反转,该相位也相反,与带有可辨别方向电路的可逆计数器组合,可以对旋转量进行加减法计算。

编码器广泛应用于行走机械、数控机床、电梯、伺服电机、流量计、纺织机械、冶金机械、

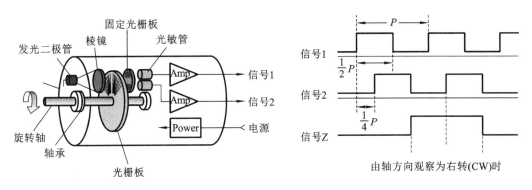

图 2.5 旋转编码器的结构和输出信号

注塑机械、印刷包装机械和自动化仪器仪表等各种工业自动化测控领域的机械设备。

旋转变压器和旋转编码器都能输出有相位差的信号,均不但能检测转速,还能检测出旋转方向和运动的位置。两者的主要区别如下。

(1) 旋转编码器采用的是脉冲计数,方波输出;旋转变压器采用的是正余弦模拟量反馈,通过芯片解算出相位差。

(2) 旋转变压器的转速比较高,每分钟可以达到上万转;受脉冲输出频率和计数器频率的制约,高精度的旋转编码器成本也高。

(3) 旋转变压器的应用环境温度是 $-55\sim+155$ ℃,编码器的应用环境温度是 $-10\sim+70$ ℃。

两者的根本区别在于,旋转编码器输出数字信号,而旋转变压器输出模拟信号。

二、转速调节方法

反馈控制直流电动机时,检测其实际转速并将其与设定的转速比较,通过调节电路调节电压,使实际转速与设定的转速相一致。这种控制是在负荷变化的情况下,维持同一转速不变。同样,在负荷不变的情况下,改变电压就可以改变转速。

在控制步进电动机时,必须有驱动电动机的电子电路,也就是电动机开环控制电路。在这种控制电路中,使输入脉冲的速度保持稳定,就可以使电动机的转速保持稳定。反之,改变输入脉冲的速度,就可以方便地改变电动机的转速。

如果同步电动机的磁极数相同,则其转速由供电的交流电源的频率所决定。一般情况下,同步电动机的转速是不能改变的。但是,随着电子控制技术的进步,已经能够自由地改变同步电动机的转速,也能够使同步电动机在某一转速下稳定地旋转。

为了任意改变流过电动机的交流电的频率,逆变技术得到广泛的应用。由于没有整流子和电刷,免维护的交流电动机作为控制电动机使用的情况日益增多。

现在,由于使用了各种各样的电子控制技术,几乎所有的电动机都能按照预想的方式运转。如图 2.6 所示,直流电动机通过改变驱动电源的电压实现调速,交流电动机依靠改变驱动电源的频率实现调速,步进电动机依靠调整驱动脉冲的个数实现调速。

三、转速控制技术

锁相环(phase locked loop,简称 PLL)的含义是相位同步反馈控制。电子设备要正常

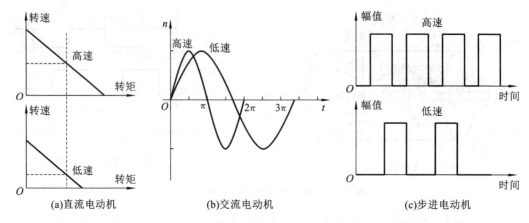

图 2.6　不同电动机的速度调节

工作,通常需要外部的输入信号与内部的振荡信号同步。一般的晶振由于工艺和成本原因,无法产生很高的频率,利用锁相环就可以用输入的脉冲或者交流信号的相位变化来控制输出的相位,使输出和输入的相位完全相同,得到稳定且高频的脉冲信号。利用锁相环技术可实现数字信号的同步,将这个思想引入电动机的转速控制系统中,则能够实现低成本、高精度的转速控制。锁相环技术被用于要求电动机转速非常准确的地方,例如计算机机械硬盘中的主轴电动机、蓝光播放机中使激光反射到正确位置的多棱镜驱动电动机和用于驱动精密机构的电动机的转速控制。

　　图 2.7(a)所示为一个传统的电动机转速控制框图。电动机转速的设置点由信号 v_1 给出,电动机的轴转速通过一个测速发电机测量,它的输出信号 v_2 与电动机转速 n 成比例。而常规控制系统,如 PI 控制系统,理论上由于存在积分环节,也应是无差系统,但它是将速度作为控制信号。现有的测速方法如测速发电机测速法和数字测速法,均存在系统误差,从而限制了控制精度。实际转速相对于设置点的任何偏离都会被伺服放大器放大,伺服放大器的输出级是驱动电动机。伺服放大器的增益通常很高,实现精准调速会有困难,驱动电动机一定存在非零误差。系统其他误差来自测速发电机的非线性和伺服放大器的漂移。系统另一个缺点就是测速发电机本身的成本相对较高。

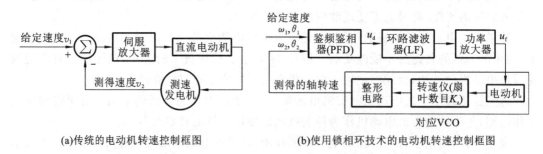

(a)传统的电动机转速控制框图　　　　(b)使用锁相环技术的电动机转速控制框图

图 2.7　传统的电动机转速控制框图和使用锁相环技术的电动机转速控制框图

　　图 2.7(b)所示为使用锁相环技术的电动机转速控制框图。锁相环是将相位作为控制信号,传递相位信息的光电码盘只存在瞬时的信号抖动,每周的平均误差为零,能够准确地传递相位信息。由于相位是转速的积分,对于转速阶跃,即使稳态相位存在误差,对于速度

而言也是无差的。当速度反馈信号和速度参考信号锁定时,电动机的平均速度误差将为零,只存在很小的瞬时高频抖动,意味着它具有很高的稳态精度。整个控制系统其实就是一个锁相环,只不过电动机、转速仪和整形电路的组合替代了压控振荡器(VCO)。

数字锁相环(DPLL)使用了数字比较器,所以控制范围更宽。数字锁相环用于控制电动机的转速时,把指令脉冲和转速检测脉冲逐一比较,并使它们的相位一致。比较脉冲时,如果相位有少许偏移,相位检测器能够检测出这个偏移,在控制电路的作用下,偏移被修正。由于旋转一周的每一个脉冲都被比较和控制,所以电动机的转速可以被控制到非常准确的程度。

锁相环对于两台电动机的同步控制也十分有效。检测一台电动机的转速脉冲,传送给另一台电动机作为指令脉冲,两台电动机就能够精确地同步旋转。

2.2.2　直流电动机的转速控制

由第 1 章直流电动机机械特性方程可知,电压一定时,直流电动机具有转矩和转速成反比的特性,负载转矩的降低会引起转速的升高。为了稳定转速,利用转矩-转速特性曲线随着电压的变化而平行移动的特点,调节电压来使转矩-转速特性曲线移动。如果转速变慢,就提高电动机的电压;如果转速过快,就降低电动机的电压。调节电压主要有串电阻和开关调压两种方法,其中串电阻的方式在第 1 章中已经做过介绍,这里主要介绍开关调压。

开关调压是指在非常短的时间内,高速地、断续地接通和切断流入电动机的电流,调节供给电动机的总能量。由于反复地接通和切断开关,所以称为开关方式。机械式开关执行如此高速的通/断动作是不可能的,通常使用电力电子元件作为开关。开关方式的控制电路要比用电阻控制电压的控制电路复杂得多,但是开关方式损耗小,更有效地利用了能量。开关调压具有代表性的控制方式是脉冲控制和 PWM 控制,二者的区别就在于开关的速度不同。

一、晶闸管-直流电动机开环调速系统

晶闸管-直流电动机开环调速系统(见图 2.8)通过改变晶闸管的触发脉冲,来实现改变电动机转速的目的。

晶闸管三相桥式整流电路为直流电动机转子绕组供电,给定电压 U_n^* 控制触发器的触发脉冲,使得晶闸管控制角 α 变化,晶闸管三相桥式整流电路的输出电压 U 随之变化,改变了转子电压 U_d,就实现了电动机转速 n 的调节。

调节触发装置 GT 输出脉冲的相位,即可很方便地改变可控整流器输出电压 u_d 的波形。如果把整流装置内阻移到装置外,将其看成是负载电路电阻的一部分,那么,整流电压便可以用其理想空载瞬时值 u_{d0} 和平均值 U_{d0} 来表示,瞬时电压平衡方程为

$$u_{d0} = E + i_d R + L \frac{\mathrm{d}i_d}{\mathrm{d}t} \tag{2.1}$$

式中:E 为电动机反电动势;i_d 为整流电流瞬时值;L 为主电路总电感;R 为主电路等效电阻。

如果负载的生产工艺对运行时的静差率要求不高,这种开环调速系统能够实现一定范围内的无级调速。但是,许多需要调速的生产机械常常对静差率有一定的要求。例如龙门

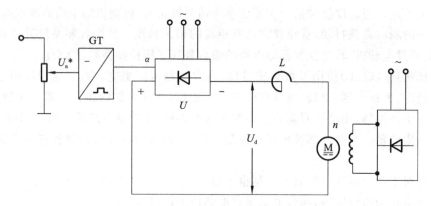

图 2.8 晶闸管-直流电动机开环调速系统

刨床,由于毛坯表面粗糙不平,加工时负载大小常有波动,但是,为了保证工件的加工精度和表面光洁度,加工过程中的速度必须基本稳定,也就是说,静差率不能太大,在这种情况下,晶闸管-直流电动机开环调速系统往往不能满足要求。

二、PWM 控制技术

PWM(pulse width modulation,脉冲宽度调制)法是一种对模拟信号电平进行数字编码的方法,通过使用高分辨率计数器(用于调制频率)调制方波的占空比,从而实现对一个具体模拟信号的电平进行编码。这种技术较为突出的优点是:从处理器到控制对象之间的所有信号都是数字形式的,无须再进行数/模转换;对噪声的抗干扰能力大大增强(噪声只有在强到足以将逻辑值改变时,才可能对数字信号产生实质的影响)。

图 2.9 所示为 PWM 的一个实例,正弦波信号(虚线)被调制为一系列的脉冲输出(实线)。

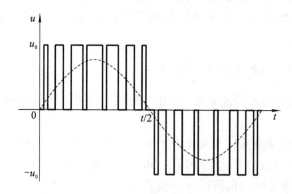

图 2.9 PWM 波形图

在模拟电路中,模拟信号的值可以连续变化,在时间和值的幅度上都几乎没有限制,基本上可以取任何实数值,输入和输出也呈线性变化。所以在模拟电路中,电压和电流可直接用来控制控制对象,例如家用电器设备中的音量开关控制、卤素灯具的亮度控制等。但模拟电路有许多的问题,例如:控制信号容易随时间漂移,难以调节;功耗大;易受噪声和环境的干扰,等等。与模拟电路不同,数字电路是在预先确定的范围内取值,在任何时刻,其输出只可能为 ON 和 OFF 两种状态,所以电压或电流是以一种通或断的重复脉冲序列被加载到模拟负载上的。

这是用开关方式控制电压的一种方法。从开关导通到下一次开关导通的时间间隔称为开关周期。当开关周期一定时,在开关周期的宽度内改变导通的时间就控制了电压。导通时间相对于开关周期所占的比例称为占空比。当占空比较小时,导通时间短,加到电动机上的电压低,电动机低速旋转。如果加大占空比,加到电动机上的电压变高,电动机就会高速旋转。1 s 内开关动作的次数称为 PWM 频率,工业用直流伺服电动机的 PWM 频率大约是 20 kHz,即 1 s 内开关导通/关断 2 万次,2 次开关导通之间的开关周期仅为短短的 50 μs。在这段时间内调节导通的时间,就可以控制电压。PWM 控制巧妙地利用了电动机线圈的电感。当三极管导通时,电感阻碍突然产生的大电流瞬间涌入三极管,避免出现超过允许值的电流而损坏三极管。另外,电动机两端还装有续流二极管,当开关关断时,电感会使电流持续地流动,让这个电流通过二极管反方向流过,就可以有效地利用电动机旋转的能量。PWM 调速结构图如图 2.10 所示。

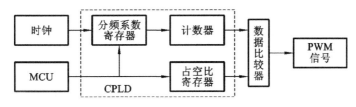

图 2.10　PWM 调速结构图

随着电力电子技术、微电子技术和自动控制技术的发展及各种新的理论方法的出现,PWM 控制技术获得了空前的发展。根据 PWM 控制技术的特点,到目前为止,PUM 法主要有以下几种。

1. 等脉宽 PWM 法

等脉宽 PWM 法是 PWM 法中最为简单的一种。它是把每一脉冲的宽度均相等的脉冲列作为 PWM 波,通过改变脉冲列的周期可以调频,通过改变脉冲的宽度或占空比可以调压,采用适当控制方法即可使电压与频率协调变化。该方法具有电路结构简单、提高了输入端的功率因数的优点,但同时存在输出电压中除基波外还包含较大的谐波分量的缺点。

采用等脉宽 PWM 法,PWM 波的高电平宽度不变,低电平宽度与调制周期沿着同一方向变化,当被调制信号相等且 PWM 波幅值相等时,两者的占空比相等。在此基础上衍生出变脉宽 PWM 的调制方法。变脉宽 PWM 法的原理是,调制周期不变,高电平宽度和低电平宽度同时变化。具体而言:被调制信号幅值较小时,取较宽的低电平宽度;被调制信号幅值较大时,取较窄的低电平宽度,始终保持调制周期内脉冲面积与被调制信号的面积相等,符合 PWM 的面积相等原则。

2. 随机 PWM 法

随机 PWM 法是指 PWM 的调制周期是随机变化的 PWM 法。当然,随机是相对的,有规律是绝对的。某些变频器采用随机 PWM 法时,就是使整数个 PWM 波的调制周期与被调制的正弦波信号的周期相等,提高等效波(基波)的质量。随机 PWM 法的原理是,随机改变开关频率以使电动机电磁噪声近似为限带白噪声,尽管噪声的总分贝数未变,但以固定开关频率为特征的有色噪声的强度大大削弱。

正因为如此,即使在 IGBT 已被广泛应用的今天,对于载波频率必须限制在较低频率范围的场合,随机 PWM 法仍然有其特殊的价值。

3. SPWM 法

SPWM(sinusoidal PWM)法是一种比较成熟的、目前使用较广泛的 PWM 法。SPWM 法用脉冲宽度按正弦规律变化、和正弦波等效的 PWM 波,即 SPWM 波控制逆变电路中开关器件的通/断,使其输出的脉冲电压的面积与所希望输出的正弦波在相应区间内的面积相等,通过改变调制波的频率和幅值则可调节逆变电路输出电压的频率和幅值。该方法的实现有以下几种方案。

1) 等面积法

该方案实际上直接阐释了 SPWM 法原理:用同样数量的等幅而不等宽的矩形脉冲序列代替正弦波,然后计算各脉冲的宽度和间隔,并把这些数据存于计算机中,通过查表的方式实现 PWM 信号控制开关器件的通/断,以达到预期的目的。此方案以 SPWM 的基本原理为出发点,可以准确地计算出各开关器件的通/断时刻,其所得的波形很接近正弦波的波形,但存在计算烦琐、数据占用内存大和不能实时控制的缺点。

2) 硬件调制法

硬件调制法是为了克服等面积法计算烦琐的缺点而提出的,其原理就是,把所希望的波作为调制信号,把接受调制的信号作为载波,通过对载波的调制得到所期望的 PWM 波。硬件调制法通常采用等腰三角波作为载波,当调制信号波为正弦波时,对载波调制所得到的就是 SPWM 波。硬件调制法实现方法简单,可以用模拟电路构成三角波载波和正弦调制波发生电路,用比较器来确定它们的交点,在交点时刻对开关器件的通/断进行控制,就可以生成 SPWM 波。但是,这种模拟电路结构复杂,难以实现精确的控制。

3) 软件生成法

由于微机技术的发展使得用软件生成 SPWM 波变得比较容易,因此软件生成法也就应运而生。软件生成法其实就是用软件来实现调制的方法,它有两种基本算法,即自然采样法和规则采样法。

① 自然采样法。

以正弦波为调制波,以等腰三角波为载波,将二者进行比较,在二者的自然交点时刻控制开关器件的通/断,这就是自然采样法。利用自然采样法所得的 SPWM 波最接近正弦波,但由于三角波与正弦波的交点有任意性,脉冲中心在一个周期内不等距,从而脉宽表达式是一个超越方程,计算烦琐,难以实时控制。

② 规则采样法。规则采样法是一种应用较广的工程实用方法,一般采用三角波作为载波。规则采样法的原理就是,用三角波对正弦波进行采样得到阶梯波,再以阶梯波与三角波的交点时刻控制开关器件的通/断,从而生成 SPWM 波。

当三角波只在其顶点(或底点)位置对正弦波进行采样时,由阶梯波与三角波的交点所确定的脉宽在一个载波周期(即采样周期)内的位置是对称的,这种方法称为对称规则采样法。当三角波既在其顶点又在其底点时刻对正弦波进行采样时,由阶梯波与三角波的交点所确定的脉宽在一个载波周期(此时为采样周期的两倍)内的位置一般并不对称,这种方法称为非对称规则采样法。

规则采样法是对自然采样法的改进,其主要优点就是计算简单、便于在线实时运算,其中利用非对称规则采样法所得到的阶梯波因阶数多而更接近正弦波。规则采样法的缺点是,直流电压利用率较低,线性控制范围较小。

4. 电流控制 PWM 法

电流控制 PWM 法的基本思想是,把希望输出的电流波作为指令信号,把实际的电流波作为反馈信号,通过两者瞬时值的比较来决定各开关器件的通/断,使实际输出随指令信号的改变而改变。其实现方案主要是 SVPWM 法。

SVPWM(space vector pulse width modulation)意为空间矢量脉冲宽度调制,简称空间矢量脉宽调制,比 SPWM 更为复杂,也叫磁通正弦 PWM。SVPWM 法以三相波整体生成效果为前提,以逼近电动机气隙的理想圆形旋转磁场轨迹为目的,用逆变器不同的开关模式所产生的实际磁通去逼近基准圆磁通,由它们的比较结果决定逆变器的开/关,形成 PWM波。此法从电动机的角度出发,把逆变器和电动机看作一个整体,以内切多边形逼近圆的方式进行控制,使电动机获得幅值恒定的圆形磁场。

基于 SVPWM 思想,可以衍生出无数种调制技术。具体方法又分为磁通开环法和磁通闭环法。

磁通开环法用两个非零矢量和一个零矢量合成一个等效的电压矢量,若采样时间足够短,可合成任意电压矢量。利用此法输出的电压比正弦波调制时提高 15%,谐波电流有效值之和接近最小,在不影响控制效果的前提下,直流母线电压利用率有显著提升。

磁通闭环法引入磁通反馈,控制磁通的大小和变化的速度。在比较估算磁通和给定磁通后,根据误差产生下一个电压矢量,形成 PWM 波。这种方法克服了磁通开环法的不足,解决了电动机低速时定子电阻影响大的问题,减小了电动机的脉动,降低了电动机的噪声,但由于未引入转矩的调节,系统性能没有得到根本性的改善。

三、PAM 控制技术

脉冲电压幅值控制(pulse-amplitude modulation,简称 PAM)法是一种用开关控制电动机电压的方法。PWM 法是在开关切换的电压一定时,改变导通的时间控制电动机。与此相反,PAM 法是开关导通的时间一定时,改变电压控制电动机。PAM 法是一种模拟脉冲调制的方法,脉冲的频率是固定的,而脉冲的幅值根据输入信号的大小调节。PAM 的一个实例如图 2.11 所示。

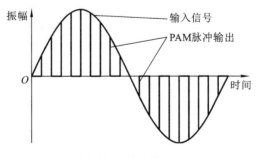

图 2.11　PAM 波形图

在前面所叙述的 PWM 法中,低电压控制时要把导通时间缩短,减小占空比,此时导通时间和关断时间的差值过大,很难得到稳定的直流输出。因此,使电动机低速旋转的低电压控制总是不太稳定的。

在 PAM 法中,因为切换电压本身可以变低,所以不会产生不稳定的现象,可以把电动机低速区域的转速控制做得很细。但是,与单纯改变开关导通时间的 PWM 法相比,PAM 法为了使电压连续变化,需要复杂的控制电路,致使成本提高,应用范围不太大。

将 PWM 法和 PAM 法结合起来,出现了利用二者的优点进行电动机控制的新方法。这种新方法不是连续地改变电压,而是在几个不同的挡次上切换电压,结合 PWM 法实现对电动机的控制。在电动机低速旋转区域,切换到较低的电压进行 PWM 控制,就能够降低可控的最低转速;在高速旋转区域,切换到较高的电压进行 PWM 控制,就可以提高转速的上限。这种新方法的电路比单纯的 PAM 法的电路简单,降低了成本,同时转速控制范围更宽。

2.2.3 同步电动机的转速控制

同步电动机是转速与定子线圈产生的旋转磁场的转速同步的交流电动机。同步电动机的转速取决于交流电源的频率和定子的磁极数。因为定子的磁极数是不能改变的,所以只能改变电源的频率。由逆变电路产生可以自由改变的交流电,控制同步电动机的转速。

永磁同步电动机的转子被定子旋转磁场的磁极吸引而旋转。定子建立旋转磁场时,如果不能确认转子的位置,就会在与转子磁极有偏差的位置处建立定子的磁极,这样,在位置控制时就会出现困难,甚至出现电动机向相反方向转动的现象。因此,要经常确认永磁转子的磁极所在的角度,并以此位置确定定子磁极的位置。

改变电枢电压即可调节同步电动机的转速。同步电动机具有类似直流电动机的调速特性,但它不需要电刷和换向器,没有因整流而带来的电气噪声和接触所带来的机械噪声,寿命长,可靠性高,易于小型化,在自动和遥控装置、同步联络装置、录音电话传真机行业及钟表工业中广泛应用。反应式同步电动机可以是单相的或三相的,功率从几瓦到几百瓦。

同步电动机的控制电路比直流电动机的控制电路要复杂得多,主要通过改变供电电源的频率来实现对其转速的控制。调速系统一般由三相同步电动机、能够自由改变输出电流频率的变频器、确定定子磁极位置的检测器和控制装置等构成。目前常用的调速方式如下。

一、转速闭环恒压频比控制

转速闭环恒压频比控制是一种较为常用的同步电动机控制方法。该方法通过控制 U/f 使其恒定,使磁通保持不变,并通过控制转差频率来控制电动机的转矩和转速。这种控制方法的低速带载能力不强,须对定子压降进行补偿。另外,这种控制方法只控制了电动机的气隙磁通,不能调节转矩。但由于实现简单、稳定可靠,调速方便,所以在一些对动态性能要求不太高的场合,如对通风机、水泵等的控制,转速闭环恒压频比控制仍是首选的方法。

二、转差频率控制

转差频率控制的突出优点就在于频率控制环节的输入是转差信号,而频率信号是由转差信号与实际转速信号相加后得到的,这样,在转速变化过程中,实际频率随着实际转速同步地上升或者下降。尽管转差频率控制能够在一定程度上控制电动机转矩,但它依据的只是稳态模型,并不能真正控制动态过程中的电动机转矩,从而得不到很理想的动态控制性能。

三、直接转矩控制

直接转矩控制(DTC)框图如图 2.12 所示。在实际系统中,开关信号是由转矩和定子磁链的给定值与反馈值的偏差经滞环比较得到的,而转矩和定子磁链的给定值是由电磁转矩和定子磁链估算模型计算得到的。

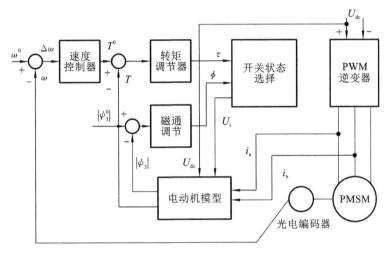

图 2.12　直接转矩控制框图

直接转矩控制技术是在矢量控制技术后发展起来的,最早应用在感应电动机中,随后应用到永磁同步电动机控制系统中。永磁同步电动机不能像异步电动机那样用零电压矢量降低转矩,而采用反向电压减小转矩,这样会产生较大的转矩波动。直接转矩控制系统能以较大的转矩启动,使用零电压矢量改善系统性能,转矩平稳性较好,转矩波动比较小,并且在扰动后能在较短的时间内恢复稳定。

2.2.4　感应电动机的精密控制

感应电动机(异步电动机)因为构造简单、故障率低,被广泛地使用在工业生产中。但是,这种电动机是异步旋转的,自身不能改变转速。人们看好它故障率低、坚固耐用的优点,一直尝试控制其转速,却没有取得理想的效果。也正如此,长时间以来,感应电动机只能用于需要单纯旋转的场合。随着电力电子技术的发展及变频技术和矢量控制技术的出现,感应电动机的精密调速成为可能,感应电动机的使用也越来越广泛。

一、矢量控制

在感应电动机中,产生定子旋转磁场的电流的能量和同时产生转子感应电流的能量,都是通过定子绕组提供的。在产生转子感应电流的供电电流中,形成转矩的部分叫作转矩电流。感应电动机和同步电动机不同,它的转速不但受频率的影响,而且受定子绕组中流过的电流(包括产生旋转磁场的励磁电流和形成转矩的转矩电流)大小的影响。矢量控制能够实现对这两个电流分别独立控制,因此通过矢量控制,感应电动机就可以作为精密控制电动机使用。矢量控制框图如图 2.13 所示。

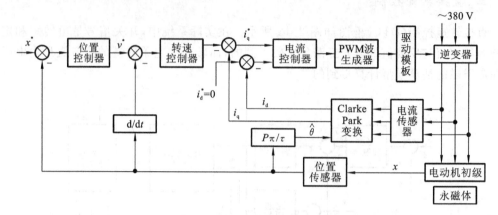

图 2.13　矢量控制框图

矢量控制的基本思想为,以转子磁链旋转空间矢量为参考坐标,将定子电流分解为相互正交的两个分量,一个与磁链同方向,代表定子电流励磁分量,另一个与磁链方向正交,代表定子电流转矩分量,分别对它们进行控制,使感应电动机获得像直流电动机一样良好的动态特性。

矢量控制的特征是,低速时可以产生大转矩,效率高,调速范围宽,动态性能较好。因控制结构简单,控制软件实现较容易,矢量控制已被广泛应用到调速系统中。

二、变频调速

在第 1 章中,我们已经学习过变频调速的基础理论,它是通过改变电动机定子供电频率以改变同步转速来实现调速的。在变频调速过程中,从高速到低速都可以保持有限的转差功率,因而,变频调速具有高效率、宽范围和高精度的调速性能,是异步电动机调速方法中较有发展前途的一种。

变频调速系统分为两种:一种是交-交变频调速系统,它将固定频率和电压的交流电变成频率和电压均可调的交流电,而不经过中间直流环节,故也称为直接变频调速系统;另一种是交-直-交变频调速系统,它首先将电网中的交流电整流成直流电,再通过逆变器将直流电逆变为频率可调的交流电。

交-直-交变频调速系统框图如图 2.14 所示,它由主电路(包括整流部分、储能环节和逆变部分)和控制电路组成。

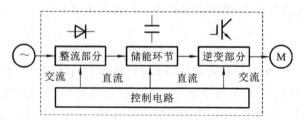

图 2.14　交-直-交变频调速系统框图

（1）整流部分。整流部分是将电网的三相交流电整流成直流电的电力电子装置,其输入电压为正弦波,输入电流为非正弦波,带有丰富的谐波。一般使用晶闸管整流装置。大量使用的是二极管的变流器,它把工频电源变换为直流电源。也可用两组晶体管变流器构成可逆变流器,可逆变流器由于功率方向可逆,可以进行再生运转。

（2）储能环节。由于负载一般为异步电动机,属于感性负载,因此运行过程中无功功率交换的能量要靠储能环节的电容器或电抗器来缓冲。

（3）逆变部分。逆变部分接收中间直流环节的输出,利用晶闸管逆变电路将其逆变为交流电压,用以拖动电动机转动。利用六个半导体主开关组成的三相桥式逆变电路,有序地控制逆变器中主开关器件的通/断,将直流电转换成任意频率的三相交流电。逆变部分的输出电压为非正弦波,输出电流近似正弦波。

（4）控制电路。控制电路常由运算电路、检测电路、控制信号输入/输出电路和驱动电路组成。它的主要任务是完成对逆变器的开关控制、完成对整流器的电压控制和实现各种保护功能等,其控制方法可以采用模拟控制或数字控制。目前许多变频器已经采用微机来进行全数字控制,采用尽可能简单的硬件电路,靠软件来实现各种功能。

将以上各个部分整合在一起,如图 2.14 中虚线框所示,就构成了变频器(variable-frequency drive,VFD)。变频器又称为变频驱动器、驱动控制器,又可译作 inverter(与逆变器的英文相同)。它通过改变电源的频率来达到改变电源电压的目的,根据电动机的实际需要来提供其所需要的电源电压,进而达到节能、调速的目的。例如,在不考虑铁损、铜损和热损耗的条件下,一台离心泵的电动机转速下降到工频转速的 79% 时,其耗电量只有原来的 50% 左右。

实际应用时,变频器的控制非常方便,直接串联在三相异步电动机的供电回路中,如图 2.15 所示。

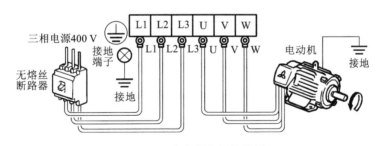

图 2.15 变频器外部接线图

图 2.16 所示为变频器与控制器端子连接示意图。变频器的控制十分方便,它可以连接计算机控制系统,使用 DC 0～5 V、DC 0～10 V、DC 4～20 mA 的模拟信号实现控制。对于简单的速度控制需求,变频器也可以连接继电器-接触器控制系统,使用多段速度选择端子切换高速、中速、低速和进行换向。另外,变频器面板上还提供了手动控制的操作手柄,可以通过手动方式来调节电动机的转速。

变频器的应用范围很广,从小型家电到大型的矿场研磨机和压缩机,均使用了变频器。全球约 1/3 的能量消耗在驱动定速离心泵、风扇和压缩机的电动机上,变频器在这些领域有着巨大的应用前景,能源效率的显著提升是使用变频器的主要原因之一。

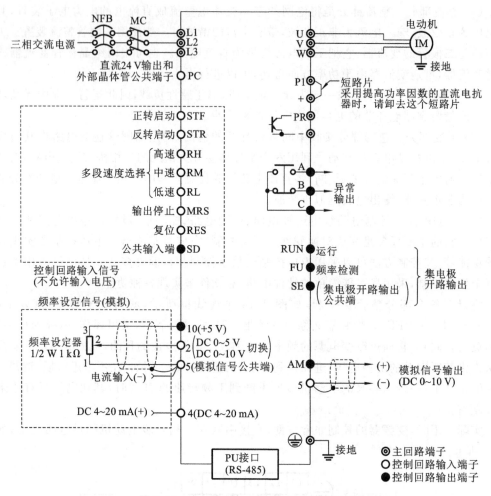

图 2.16 变频器与控制器端子连接示意图

2.3 位置控制

工业生产中,驱动机器人手腕的电动机可以使机器人的手腕向任意方向旋转和停止在任一位置,机器人手腕的位置必须保证精度。在这里,转速控制当然是必要的,但位置控制同样是必要的,电动机的运动是受转速控制和位置控制的组合运动。

直流电动机和交流电动机都不具备按照一定角度运动和停止的位置控制的良好特性。为了使用这两种电动机控制位置,必须在电动机轴上安装检测位置的传感器,以便检测电动机旋转了多少角度,并知道在哪个角度停止旋转。把加到电动机的位置命令同电动机当前的位置相比较,使电动机向命令的位置运动,并停止在这个位置,这就是用反馈控制系统实现位置控制。

步进电动机能够根据输入的脉冲数旋转和停止,每一个输入脉冲决定了步进电动机转动的角度,非常适合用于位置控制。把运动所必需的脉冲数,以动作所需的速度输入给电动机,电动机就能够正确地控制位置而运动,这就是用典型的开环控制系统实现位置控制。

随着科技的发展,以及 DSP、单片机、PLC 和工控机的广泛应用,步进电动机的控制技术越发成熟。使用计算机控制系统,由软件代替脉冲分配器的功能,实现对步进电动机走步数、转向和转速等的控制,不仅可使线路简化、成本降低,而且可使系统的可靠性大大提高。

2.3.1 步进电动机的开环控制

步进电动机的开环控制系统由变频信号源、脉冲分配器和驱动电路(功率放大电路)三个部分组成。它是步进电动机应用较为广泛的控制系统。由于缺少反馈环节,步进电动机的开环控制系统结构简单、成本低廉。步进电动机开环控制系统框图如图 2.17 所示。

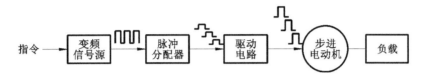

图 2.17 步进电动机开环控制系统框图

一、变频信号源

变频信号源是一个脉冲频率可从几赫兹到几万赫兹连续变化的信号发生器。它可以是计算机或振荡器。

二、脉冲分配器

脉冲分配器是基于逻辑电路而设计的,由双稳态触发器和门电路组成。它可以将输入的电脉冲信号根据需要循环地分配到驱动电路上进行功率放大,并使步进电动机按选定的运行方式工作。也可以不用脉冲分配器细分脉冲,利用计算机系统实现这一功能。

三、驱动电路

驱动电路实际上是一种脉冲放大电路。它的作用是,将脉冲分配器发出的电脉冲信号放大至几安培甚至几十安培并送至步进电动机各绕组,每一相绕组分别有一组驱动电路。步进电动机驱动电路有单电压驱动、双电压驱动、恒流斩波驱动和细分驱动四种驱动形式。

图 2.18(a)所示为单电压驱动电路,图 2.18(b)所示为双电压驱动电路,图 2.18(c)所示为恒流斩波驱动电路。步进电动机驱动电路要解决的核心问题是如何提高步进电动机的快速性和平稳性。

以上三种驱动电路均按照环形分配器决定的分配方式,控制步进电动机各相绕组的导通或截止,从而使电动机产生步进运动。步进电动机步距角的大小只有两种,相应地,电动机有整步工作和半步工作两种工作方式,步距角已由步进电动机的结构限定。为了使步进电动机获得更小的步距角,或者为了减小步进电动机的振动、降低步进电动机的噪声等,可以采用细分驱动技术。

细分驱动是把步进电动机的步距角 θ_b 减小,把原来的一步再细分成若干小步,这样,步进电动机的运动就近似地变为匀速运动,并能使它在任何位置停步。细分驱动技术本质上

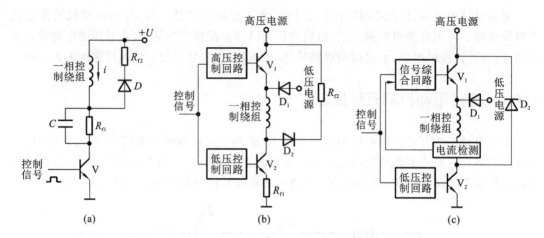

图 2.18 步进电动机的单电压驱动电路、双电压驱动电路和恒流斩波驱动电路

是一种电流波形控制技术。采用细分驱动技术可以大大改善步进电动机的低频特性。

细分驱动的基本思想是,控制每相绕组的电流波形,使其呈阶梯式上升或下降,在零和最大相电流之间给出多个稳定的中间状态,定子磁场的旋转过程也就有了多个稳定的中间状态,这样,相对于一个步距角 θ_b 来讲,步进电动机转子旋转步数增多了,步距角相对减小了。图 2.19 所示为一台三相单双六拍步进电动机四细分后的各相电流波形图,由于 A 相电流、B 相电流和 C 相电流三相电流是以四分之一幅度上升或下降的,原来一步所转过的角度 θ_b 将分四步完成,实现了四细分。

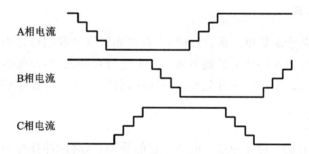

图 2.19 三相单双六拍步进电动机四细分后的各相电流波形图

若三相步进电动机转子的齿数 $Z_r = 40$,则四细分后,依照步进电动机的步距角计算公式

$$\theta_b = \frac{360^\circ}{mkZ_r} \tag{2.2}$$

式中:m 为细分数;整步工作方式下 $k=1$,半步工作方式下 $k=2$;Z_r 为步进电动机转子的齿数。

可得

$$\theta_b = \frac{360^\circ}{mkZ_r} = \frac{360^\circ}{4 \times 2 \times 40} = 1.125^\circ$$

采用细分驱动技术,可大大提高步进电动机的步矩分辨率,减小步距角 θ_b 和转矩波动,避免低频共振,降低运行噪声。但细分驱动技术并不能提高步进电动机的精度,只是使步进电动机的转动更加平稳。

2.3.2　步进电动机的闭环控制

开环控制的步进电动机驱动系统,其输入的脉冲不依赖于转子的位置,而是事先按一定的规律给定的。其缺点是,步进电动机的输出转矩、加速度在很大程度上取决于驱动电源和控制方式,而且对于不同的步进电动机或不同负载的同一种步进电动机,很难找到通用的加减速规律,因此步进电动机性能的提高受到了限制。

闭环控制是直接或间接地检测转子的位置和转速,然后通过反馈和适当的处理,自动给出驱动的脉冲指令。采用闭环控制,步进电动机不仅可以实现更加精确的位置控制,获得更高、更平稳的转速,而且可以在许多其他领域获得更大的通用性。

步进电动机的输出转矩是励磁电流和失调角的函数。为了获得较高的输出转矩,必须考虑电流的变化和失调角的大小,这对开环控制来说是很难的。

根据不同的使用要求,步进电动机的闭环控制也有不同的方案,主要有核步法控制、延迟时间法控制和带位置传感器的闭环控制等。

采用光电脉冲编码器作为位置检测元件的步进电动机闭环控制系统框图如图 2.20 所示。其中,光电脉冲编码器的分辨率必须与步进电动机的步距角相匹配。这种闭环控制不同于通常的控制技术中的闭环控制,步进电动机由计算机发出的一个初始脉冲启动,后续控制脉冲由光电脉冲编码器产生。

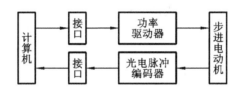

图 2.20　采用光电脉冲编码器作为位置检测元件的步进电动机闭环控制系统框图

编码器直接反映切换角这一参数。然而编码器相对于步进电动机的位置是固定的,因此它发出的相切换的信号也是一定的,只能是一种固定的切换角数值。采用时间延迟的方法,步进电动机可获得不同的转速。在闭环控制系统中,为了扩大切换角的范围,有时还要插入或删除切换脉冲。通常在加速时要插入切换脉冲,而在减速时要删除切换脉冲,从而实现步进电动机的加减速控制。

在切换角固定的情况下,如负载增加,则步进电动机转速将下降。要实现匀速控制,可利用编码器测出步进电动机的实际转速(编码器两次发出脉冲信号的时间间隔),以此作为反馈信号不断地调节切换角,从而补偿由负载所引起的转速变化。

2.3.3　步进电动机的 DSP 控制

利用 DSP 芯片可以很方便地产生脉冲信号。DSP 芯片集成了通用定时器和脉宽调制输出通道,并提供了使用定时器周期寄存器的周期值和比较寄存器的比较值来产生 PWM 波的方法。

DSP 芯片带有功能强大的通用 I/O 接口和 PWM 波输出功能,能同时输出多路 PWM

波,改变 PWM 波的频率可实现步进电动机的精确定位和速度控制。利用 DSP 芯片中的事件管理器单元,PWM 波的输出控制极为方便。

DSP 芯片具有以下一些特性。

(1) 可根据电动机频率变化的需要快速地改变 PWM 波的载波率。

(2) 可根据电动机的需要快速改变 PWM 波脉宽。

(3) 可实现功率驱动的保护中断。

(4) 比较寄存器和定时器周期寄存器的自动重载,可使 CPU 的负担最小。

DSP 芯片可以实现步进电动机的加减速控制。对于步进电动机的加减速控制,常用的方法是查表法,就是将相邻脉冲之间的时间间隔放入一张表(即延时数据表)中,每发一个脉冲就依次从表中取出相应的延时数据,从而实现步进电动机变速。查表法控制简单,但在速度精度要求很高的情况下,延时数据表很大,并且控制不够灵活,在最大速度或加速度改变以后都要修改延时数据表,运算量很大。

利用 DSP 芯片运算速度快的特点,通过软件编程计算,可以将步进电动机的转速按脉冲顺序逐个地改变,在控制上灵活性很大。DSP 芯片可以有多个分别独立的通用定时器,能分别输出脉冲和方向信号,控制多台步进电动机的运转;可以控制单轴独立运动,也可控制多轴联动。利用 DSP 芯片对步进电动机进行控制,实现简单、控制灵活。此外,还可以结合 DSP 芯片的外围器件(如 A/D 转换器、正交编码器脉冲电路和串行通信接口等),使得整个控制系统的功能更加强大。

这里以图 2.21 所示的步进电动机的 DSP 控制系统框图来介绍步进电动机 DSP 控制的原理。该控制系统实际上是一数控机床位置控制系统。为达到实时性控制要求,步进电动机 X 向位置和 Y 向位置均由 DSP 芯片进行控制,位置伺服控制采用开环控制方式。DSP 芯片 TMS320LF2407A 的脉冲输出连接到脉冲分配和驱动电路芯片 UCN5804B,分别控制 2 台四相反应式步进电动机(工作模式为四相单双八拍)。

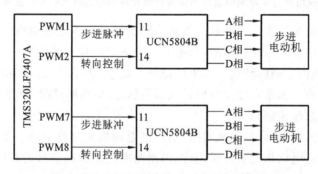

图 2.21　步进电动机的 DSP 控制系统框图

DSP 芯片集成了通用定时器和脉宽调制输出通道,并提供使用定时器周期寄存器的周期值和比较寄存器的比较值来产生 PWM 波的方法。周期值用于确定 PWM 波的频率或周期,比较值用于确定 PWM 波的脉宽,比较值小于周期值。根据比较寄存器的不同,PWM 波有以下 2 个来源。

(1) 利用定时器、定时器周期寄存器和比较寄存器输出 PWM 波。

(2) 使用比较单元的比较寄存器输出 PWM 波。6 个比较单元,每个比较单元各输出 2 个可带死区的 PWM 波。

如果把 PWM 波上升沿或下降沿作为驱动步进电动机转动的 PWM 脉冲,则通过实时调节 PWM 波的频率或周期可以实现对步进电动机的转速控制。步进电动机在每个 PWM 脉冲下转动 1 步,转动角度为 1 个步距角 θ_b。当 DSP 芯片产生 k 个 PWM 脉冲时,步进电动机转动的角位移为

$$\omega = \frac{\mathrm{d}\theta}{\mathrm{d}t} = \theta \cdot \frac{\Delta k}{\Delta t} \tag{2.3}$$

式中:$\Delta k/\Delta t$ 的物理意义是单位时间内的脉冲个数,即脉冲频率。

由上式可计算出 PWM 脉冲频率,按此频率设置定时器周期寄存器的周期值和比较寄存器的比较值,DSP 芯片中的事件管理器单元依周期值和比较值输出频率为上述频率的 PWM 波。在变速控制中,角速度随时间变化。这就要求 DSP 程序实时改变定时器周期寄存器的周期值,使 PWM 脉冲频率随时间而变化,从而实现变速控制。PWM 脉冲频率控制精度高,则步进电动机速度控制精度也高。

2.3.4　步进电动机的计算机控制

一、步进电动机计算机控制的基本控制作用

步进电动机的驱动电路根据控制信号工作。在步进电动机的计算机控制中,控制信号由控制器产生,控制器可以是单片机、可编程控制器、工控机。对于步进电动机,计算机控制的基本控制作用有三个。

1. 控制步进电动机的换相顺序

步进电动机严格按照其工作方式进行通电换相。通常把通电换相这一过程称为脉冲分配。例如,三相步进电动机,在单三拍工作方式下,其各相通电的顺序为 A 相→B 相→C 相,控制脉冲必须严格按照这一顺序分别控制 A 相、B 相、C 相的通电和断电。

2. 控制步进电动机的转向

通过前面介绍的步进电动机原理可以知道:如果按给定的工作方式正序通电换相,步进电动机就正转;如果按给定的工作方式反序通电换相,步进电动机就反转。

3. 控制步进电动机的转速

如果给步进电动机发一个控制脉冲,它就走一步,再发一个控制脉冲,它就会再走一步。两个控制脉冲的间隔时间越短,步进电动机就转得越快。因此,发送控制脉冲的频率决定了步进电动机的转速。调整单片机发送控制脉冲的频率,就可以对步进电动机进行调速。

二、步进电动机计算机控制的过程

用计算机实现上述三个方面的控制的具体过程包括脉冲分配、转速控制和运行控制。

1. 脉冲分配

计算机控制系统实现脉冲分配器的功能(脉冲分配,也就是通电换相控制)有纯软件方法和软、硬件相结合的方法两种方法,如图 2.22 所示。

(1)纯软件方法。纯软件方法即完全通过编程来实现相序的分配,通过 I/O 接口向驱动电路发出各相导通或关断的控制脉冲,主要有寄存器移位法和查表法。采用纯软件方法,

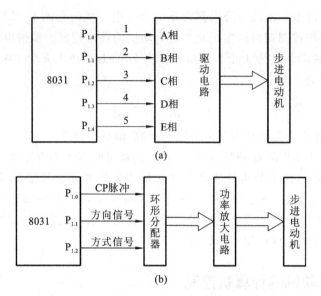

图 2.22　在计算机控制下脉冲分配的两种实现方法

在步进电动机运行过程中要不停地产生控制脉冲,这将导致占用大量的 CPU 时间,对计算机性能有一定影响。

（2）软、硬件相结合的方法。计算机控制系统有专门设计的编程器接口或脉冲分配器芯片,计算机向接口输出形式简单的步进脉冲,进行转速控制和转向控制,脉冲分配的工作由硬件来完成,而接口输出的是步进电动机各相导通或关断的控制信号,CPU 的负担减轻许多。

2. 转速控制

步进电动机的转速控制（也称速度控制）通过调整单片机发出步进脉冲的频率来实现。在使用纯软件方法实现脉冲分配的情况下,通常采用调整两个控制字之间的时间间隔的方法来实现调速。实现步进电动机调速有以下两种方法。

（1）软件延时。改变延时的时间就可以改变输出脉冲的频率,这种方法编程简单,不占用硬件资源,但会使 CPU 长时间等待,因此没有实际价值。

（2）定时器中断。在计算机中断服务子程序中进行脉冲输出操作,调整定时器的定时常数就可以实现对步进电动机进行调速。采用这种方法,占用 CPU 时间较少,在各种单片机中都能实现,是一种比较实用的步进电动机调速方法。

3. 运行控制

步进电动机的运行控制包括位置控制和加减速控制。

1）位置控制

步进电动机的位置控制是指控制步进电动机带动执行机构从一个位置精确地运行到另一个位置。步进电动机的位置控制是步进电动机的一大优点,它不用借助位置检测器而只需通过简单的开环控制就能达到足够的位置精度,因此应用很广。

步进电动机的位置控制需要两个参数。一个是步进电动机所控制的执行机构当前的位置参数,称为绝对位置。其极限是执行机构运动的范围,超越了这个极限就应报警。另一个是执行机构从当前位置移动到目标位置的距离,可以用折算的方式将这个距离折算成步进电动机的步数。这个参数是外界通过键盘或可调电位器旋钮输入的,所以折算的工作应该在键盘程序或 A/D 转换程序中完成。

对步进电动机进行位置控制的一般做法是:步进电动机每走一步,步数减一;如果没有失步存在,当执行机构到达目标位置时,步数正好减到零。因此,用步数是否等于零来判断执行机构是否运动到了目标位置,并将步数等于零作为步进电动机停止运行的信号。绝对位置参数是人机对话的显示参数或实现其他控制目的的重要参数(作为越界报警参数),因此必须提前给出。它与步进电动机的转向有关:当步进电动机正转时,步进电动机每走一步,绝对位置加一;当步进电动机反转时,步进电动机每走一步,绝对位置减一。

2）加减速控制

步进电动机驱动执行机构从一个点运动到另一个点时,要经历加速、恒速和减速过程。如果启动时一次性将速度升到给定速度,启动频率会超过极限启动频率,步进电动机会发生失步现象,不能正常启动。如果到终点时突然停下来,出于惯性作用,步进电动机会发生过冲现象,导致到位不准确。如果非常缓慢地升、降速,步进电动机虽然不会产生失步现象和过冲现象,但执行机构的工作效率会受到影响。所以,对步进电动机的加减速有严格的要求,就是在不失步和不过冲的前提下,使执行机构用最快的速度运动到指定位置。

为了满足加减速要求,步进电动机通常按照加减速运行曲线运行。步进电动机的加减速运行曲线没有固定的模式,一般根据经验、通过试验得到。

2.4　伺服系统

伺服系统也可称为随动系统,既可实现速度随动控制,也可实现位置随动控制。伺服系统最早应用于军事装备的位置控制上,如鱼雷的航向控制、船舶的自动驾驶、雷达天线的位置控制、导弹和飞船的制导、火炮的发射和控制等。第二次世界大战后,伺服系统开始应用到数控机床、机器人、打印机和记录仪等工业自动化系统和办公自动化系统中。伺服系统已经成为现代化工业、国防和高科技领域中必不可少的系统,是运动控制系统的重要分支。

伺服系统经历了从直流到交流,从开环到闭环的发展过程。按所使用的电动机类型,伺服系统可分为由步进电动机构成的开环伺服系统、由直流伺服电动机构成的直流伺服系统和由交流伺服电动机构成的交流伺服系统。由伺服电动机构成的伺服系统由于在精度、矩频和过载等方面的优势,比由步进电动机构成的伺服系统具有更广的应用范围。2016 年我国伺服电动机产量约 374 万台,需求量约 747 万台,国内伺服电动机销售规模达到 102.6 亿元,而步进电动机仅 7.4 亿元。

2.4.1　伺服系统的基本要求、结构和作用

伺服系统主要由被控制的机械对象、伺服电动机和控制装置三个部分组成,按传感器安放的位置分为全闭环和半闭环两种控制结构。工程上常从稳定性、动态特性和稳态特性三个方面来评价伺服系统的控制性能。伺服系统的设计要考虑应用场合和控制对象的要求,合理制订控制策略。对于机床进给系统,一般要求不能出现超调现象;对于跟踪系统,要求跟踪快且准,同时也要考虑扰动的性质,如机器人驱动系统的主要扰动是转动惯量,机床驱

动系统的主要扰动是负载。因此,设计伺服系统时要有所侧重。

一、伺服系统的基本要求

一般情况下,伺服电动机应满足如下的技术要求。

1. 机械特性硬度大、调节特性好

机械特性是指在一定的电枢电压条件下转速和转矩的关系。调节特性是指在一定的转矩条件下转速和电枢电压的关系。理想情况下,伺服电动机的机械特性曲线和调节特性曲线均是直线,如图 2.23 所示。

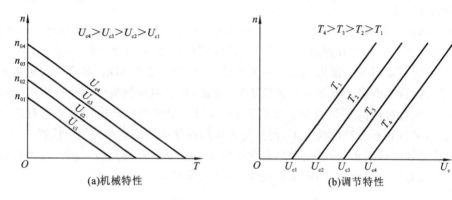

图 2.23 伺服电动机的机械特性和调节特性

2. 调速范围大、调速平滑

伺服系统要完成多种不同的复杂动作,这就要求伺服电动机在控制指令的作用下,转速能够在很广的范围内调节。性能优异的伺服电动机,转速变化可达到 1:10 000。

3. 响应快速

所谓快速响应,是指伺服电动机从获得控制指令到按控制指令要求完成动作的时间短。响应时间越短,说明伺服电动机的灵敏性越好。

4. 具有小的空载始动电压

伺服电动机空载时,控制电压从零开始逐渐增加,直到伺服电动机开始连续运转,此时的电压称为伺服电动机的空载始动电压。在外加电压低于空载始动电压时,伺服电动机不能转动,这是由于此时伺服电动机所产生的电磁转矩还不够克服伺服电动机空转时所需的空载转矩。可见,空载始动电压越小,伺服电动机启动越快,伺服系统工作越灵敏。

二、伺服系统的结构

这里以数控机床的伺服系统(见图 2.24)来说明伺服系统的结构。它是一个位置随动系统,由电流环(转矩环)、速度环和位置环三个闭环构成三个负反馈 PID 调节系统。

1. 电流环

电流环是伺服系统中最基本的负反馈 PID 调节系统,在伺服驱动器内部,通过霍尔装置检测伺服驱动器给伺服电动机的各相的输出电流,负反馈给电流的设定进行 PID 调节,从而达到输出电流尽量接近或等于设定电流的目的。电流环的主要作用就是控制电动机转矩输出,在转矩模式下伺服系统的运算量最小,伺服系统动态响应最快。

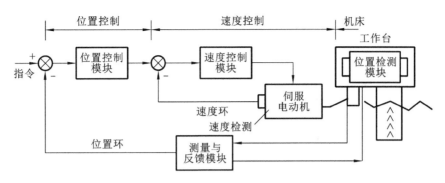

图 2.24　数控机床的伺服系统

2. 速度环

由速度调节器、电流调节器和功率驱动电源等组成速度控制单元。速度环通过检测到的电机编码器的信号来进行负反馈 PID 调节,它的环内 PID 输出就是电流环的给定输入。可以理解为,在进行速度和位置控制的同时,伺服系统实际也在进行电流(转矩)的控制,以达到对速度和位置的相应控制。

3. 位置环

位置环由位置控制模块、速度控制模块、位置检测模块和测量与反馈模块等部分构成。它是最外环,可以在伺服驱动器和电机编码器间构建,也可以在外部和电机编码器或最终负载间构建,具体根据实际情况来定。由于位置环的输出就是速度环的给定输入,因此位置控制模式下伺服系统要进行三个闭环的运算,此时的伺服系统运算量最大,动态响应速度也最慢。

根据传感器检测信号位置的不同,伺服系统可以分为闭环伺服系统和半闭环伺服系统两种,如图 2.25 所示。当系统精度要求很高时,应采用闭环控制方案。它将全部传动机构和执行机构都封闭在反馈控制环内,其误差可以通过控制系统得到补偿,因而可达到很高的精度。但是闭环伺服系统结构复杂,设计难度大,成本高,尤其是机械系统的动态性能难以提高,系统稳定性难以保证。因而除非精度要求很高,一般应采用半闭环控制方案。目前,大多数数控机床和工业机器人中的伺服系统都采用半闭环控制。

三、伺服系统的作用

1. 转矩控制

伺服系统通过外部模拟量的输入或直接的地址的赋值来设定电动机轴对外的输出转矩的大小。例如:如果 10 V 对应 5 N·m,当外部模拟量设定为 5 V 时,电动机轴输出为 2.5 N·m;当电动机轴负载(外部负载)低于 2.5 N·m 时,伺服电动机正转;当电动机轴负载等于 2.5 N·m 时,伺服电动机不转;当电动机轴大于 2.5 N·m 时,伺服电动机反转(通常在有重力负载情况下出现)。伺服系统可以通过即时地改变外部模拟量的设定来改变设定的电动机轴对外输出转矩的大小,也可通过通信方式改变对应的地址的数值来改变设定的电动机轴对外输出转矩的大小。

伺服系统转矩控制主要应用在对材质的受力有严格要求的缠绕和放卷的装置中,例如绕线装置或拉光纤设备,电动机轴对外输出转矩的设定要根据缠绕半径的变化实时调整,以

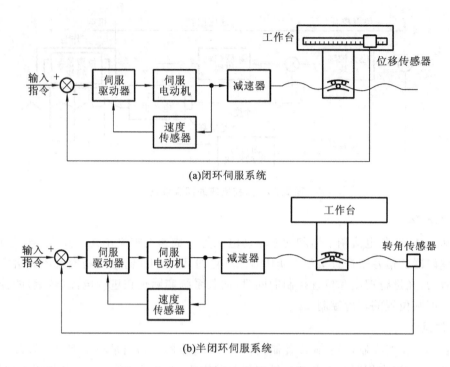

(a)闭环伺服系统

(b)半闭环伺服系统

图 2.25 闭环伺服系统和半闭环伺服系统

确保材质的受力不会随着缠绕半径的变化而改变。

2. 速度控制

伺服系统通过改变外部模拟量的输入或脉冲的频率进行转动速度的控制。在有上位控制装置的外环 PID 控制下,速度模式也可以进行定位,但必须把伺服电动机的位置信号或直接负载的位置信号给上位反馈以做运算用。位置模式也支持直接负载外环检测位置信号,此时的电动机轴端的电机编码器只检测电动机的转速,位置信号由直接的最终负载端的检测装置来提供。采用位置模式可以减小中间传动过程中的误差,提高整个伺服系统的定位精度。

3. 位置控制

伺服系统通过外部输入脉冲的频率来确定转动速度的大小,通过脉冲的个数来确定转动的角度,也有些伺服系统可以通过通信方式直接对速度和位移进行赋值。位置模式由于对速度和位置都有很严格的控制,所以一般应用于定位装置。

伺服系统的种类很多。如图 2.26 所示,按照系统执行元件的性质,伺服系统可分为电气伺服系统、液压伺服系统和气动伺服系统。其中,电气伺服系统又可分为直流伺服系统、交流伺服系统和步进伺服系统。按照系统的控制方式,伺服系统可分为开环伺服系统和闭环伺服系统。开环伺服系统无测量与反馈环节,结构简单,调试、维护方便,成本低,但精度低,抗干扰能力差,一般用于精度、速度要求不高的机电一体化系统。闭环伺服系统由于采用了反馈控制原理,具有精度高、调速范围宽、动态性能好等优点,但结构复杂、成本高,用于高精度、高速度的机电一体化系统。

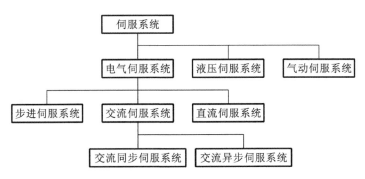

图 2.26　伺服系统按系统执行元件的性质分类

2.4.2　直流伺服电动机的控制

一、晶闸管-直流电动机转速负反馈单闭环调速系统的结构

前面已经介绍过晶闸管-直流电动机开环调速系统,在其基础上引入负反馈 PID 调节,构成电流环、速度环和位置环,就实现了对直流伺服电动机的控制。图 2.27 所示为晶闸管-直流电动机转速负反馈单闭环调速系统,对其各部分说明如下。

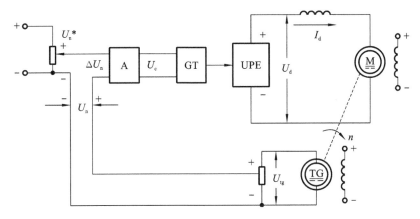

图 2.27　晶闸管-直流电动机转速负反馈单闭环调速系统

1. 测速发电机 TG

它与直流电动机 M 同轴相连,即两者的转速相同。测速发电机用来测量直流电动机的转速,称为检测元件。测速发电机产生的电压 U_{tg} 通常需要经过转换元件,将测速发电机的转速转换成电压信号,与给定电压进行比较。由于采用测速发电机进行检测,该系统也被称为 G-M 系统。

2. 给定电位器

调节给定电位器,可改变控制器给定电压 U_n 的大小。

3. 放大器 A

放大器用于将给定电压 U_n^* 和反馈电压 U_n 之差 ΔU_n 放大。

4. 触发电路 GT

触发电路用于将经过放大器放大后得到的电压信号 U_c 变为晶闸管的触发角 α，去控制整流电路的输出大小。

5. 晶闸管整流电路 UPE

晶闸管整流电路用于将三相交流电压整流为直流电压，输出电压大小由触发电路输出脉冲信号所决定，整流电路的输出为直流电动机电枢的外加电压 U_d。

二、晶闸管-直流电动机转速负反馈单闭环调速系统调节原理和转速调节过程

晶闸管-直流电动机转速负反馈单闭环调速系统是一个单纯由被调量负反馈组成、按比例控制的单闭环调速系统。系统调节原理和转速调节过程如下。

1. 稳态（ΔU_n 不变）

当给定电压 U_n^* 和反馈电压 U_n 不变时，电动机的转速不变，这种状态称为稳态。此时给定电压 U_n^* 和反馈电压 U_n 的差值 ΔU_n 不变，放大器电压输出 U_c 不变，晶闸管的触发角 α 不变，晶闸管整流装置输出电压也就是电动机转子电压 U_d 不变，最终转速 n 保持稳定。

2. 调速状态（U_n 不变，改变 U_n^* 的大小）

$U_n^* \uparrow \rightarrow \Delta U_n \uparrow \rightarrow U_c \uparrow \rightarrow \alpha \downarrow \rightarrow U_d \uparrow \rightarrow n \uparrow$，$U_n^* \downarrow \rightarrow \Delta U_n \downarrow \rightarrow U_c \downarrow \rightarrow \alpha \uparrow \rightarrow U_d \downarrow \rightarrow n \downarrow$。由此可见，改变给定电压的大小可改变电动机的转速，这种状态称为调速状态。

3. 稳速状态（U_n^* 不变、负载变化，使 U_n 变化）

当负载增大时，$n \downarrow \rightarrow U_n \downarrow \rightarrow \Delta U_n \uparrow \rightarrow U_c \uparrow \rightarrow \alpha \downarrow \rightarrow U_d \uparrow \rightarrow n \uparrow$。当负载减小时，$n \uparrow \rightarrow U_n \uparrow \rightarrow \Delta U_n \downarrow \rightarrow U_c \downarrow \rightarrow \alpha \uparrow \rightarrow U_d \downarrow \rightarrow n \downarrow$。当负载发生变化使转速发生变化后，系统通过反馈能维持转速基本不变，这种状态称为稳速状态。

转速负反馈单闭环调速系统的调速方法是改变外加电压调速，系统的反馈信号是控制对象 n 本身，反馈电压和给定电压的极性相反，即 $\Delta U_n = U_n^* - U_n$，这种维持被调量（转速）近于恒值不变，但又具有偏差的反馈控制系统通常称为有差调节系统（即有差调速系统）。由于放大倍数不可能为无穷大，即静态速降不可能为零，因此，上述系统只能维持转速基本不变。

另外，它能够有效地抑制一切被负反馈环所包围的前向通道上的扰动作用源（如负载的变化、电动机励磁的变化和晶闸管交流电源电压的变化等）对电动机转速的影响。但是它对闭环之外的扰动作用源（如测速发电机的误差、给定电压自身的干扰和波动等）则无法调节，这些因素最终都要影响到转速调节效果。这也是符合反馈控制的基本控制规律的。

以上仅就转速负反馈单闭环调速系统进行了分析，对于转速负反馈多闭环调速系统，在图 2.24 中已经简单做过论述，因篇幅所限，本书不再展开。

2.4.3 交流伺服电动机的控制

交流伺服电动机转速的大小，是靠两相绕组合成椭圆旋转磁场的椭圆度大小来自动调节的。椭圆度大，正转旋转磁场相应地会削弱，对应的正向转矩减小，反转旋转磁场则加强，对应的反向转矩增大，合成转矩减小，转速降低，反之转速增大。转向的改变则靠控制电源

反相,使合成磁场反转,转子跟着反转。椭圆度靠改变控制绕组所加电压大小和相位来调节。因此,交流伺服电动机可采用幅值控制、相位控制和幅值-相位控制三种方法来控制转速和转向。

1. 幅值控制

控制电压与励磁电压间的相位差保持 90°不变,仅通过调节控制电压的幅值实现控制。

幅值控制电路比较简单,生产应用较多。图 2.28(a)所示为幅值控制的一种电路图,从图中可看出,两相绕组接于同一单相电源上,合理选择电容 C 的容量,使 U_f 和 U_c 相位差为 90°,改变 R 的大小,即改变控制电压 U_c 的大小,可以得到图 2.28(b)所示的不同控制电压下的机械特性曲线。由图可见,在一定的负载转矩下,控制电压越大,转差率 s 越小,电动机的转速就越快,因此改变控制电压可改变转速。

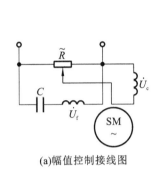
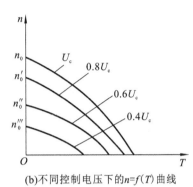

(a)幅值控制接线图 (b)不同控制电压下的 $n=f(T)$ 曲线

图 2.28 交流伺服电动机的幅值控制

2. 相位控制

在控制电压和励磁电压的幅值不变的条件下,调节控制电压与励磁电压之间的相位,可改变电动机的转速。当相位角为零时,电动机停转;相位角加大,则电磁转矩加大,使电动机转速增加。目前这种控制方法应用较少。

3. 幅值-相位控制

同时调节控制电压幅值和相位来实现对交流伺服电动机转速的控制,交流伺服电动机转轴的转向随控制电压相位的反相而改变。

幅值-相位控制接线图如图 2.29 所示。这种控制方法是将励磁绕组串联电容 C 后接到稳压电源上,通过调节控制电压 U_c 的幅值来改变电动机的转速,此时励磁电压和控制电压之间的相位角也随之改变,因此称为幅值-相位控制。这种控制方法设备简单,成本较低,因此是较为常用的一种控制方法。

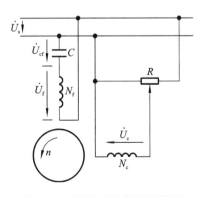

上述三种控制方法下的调节特性都是非线性的,空载时非线性度比较大,但其中相位控制调节特性的线性度要好于其他两种控制方法。幅值控制时,随着控制信号的减小,交流伺服电动机的机械特性变得比较软,这样会降低控制系统的品质。相位控制时,当控

图 2.29 幅值-相位控制接线图

制信号和负载转矩与幅值控制的相同时,交流伺服电动机的转速较低。在幅值-相位控制下,交流伺服电动机机械特性曲线非线性程度更加严重,这是由移相电容的存在而导致的。

习题与思考题

2.1 电动机计算机控制系统的基本组成是什么?

2.2 在电动机的计算机控制系统中,输入/输出计算机的信号有哪些?

2.3 电动机计算机控制系统的功能和特点是什么?

2.4 步进电动机的控制方式有哪些?

2.5 何谓开环控制系统?何谓闭环控制系统?两者各有什么优缺点?

2.6 为什么调速系统中加负载后电动机的转速会降低?闭环调速系统为什么可以减小转速降?

2.7 试简述直流脉宽调速系统的基本工作原理和主要特点。

2.8 在直流脉宽调速系统中,当电动机停止不动时,电枢两端是否还有电压?电枢电路中是否还有电流?为什么?

2.9 交-直-交变频与交-交变频有何异同?

2.10 简述矢量变换控制的基本原理。

2.11 简述环形分配器的作用和分类。

2.12 如果测速发电机励磁电流变化,转速闭环调速系统能否抑制这种扰动?为什么?

2.13 如果转速闭环调速系统在启动之前,转速反馈线断了,电动机还能否调速?如果在电动机运行中,转速反馈线突然断掉,会发生什么现象?

第3章 继电器—接触器控制

机电系统的运动依靠电动机实现,目前,机电传动控制技术已向无触头、连续化和弱电化的计算机控制技术发展,这些控制手段能够实现电动机精确的转速、转角和转矩调节。但是,机电系统中有些控制需求,只需要实现生产机械的启动、运行(正反转)和停止(制动),使用继电器—接触器控制系统则更为合适。

继电器—接触器控制系统是用继电器、接触器、按钮、行程开关和电磁阀等低压电器,按一定的接线方式组成的机电传动控制系统,具有结构简单、维护方便和价格便宜的特点,能满足一般生产工艺要求。时至今日,它仍广泛应用在工业生产的各个领域中。

3.1 常用的低压电器

低压电器是指用于交流 50 Hz(或 60 Hz)、额定电压为 1 000 V 及以下,直流额定电压为 1 500 V 及以下的电路中起通断、保护、控制或调节作用的电器。

低压电器是机电传动控制系统的基本组成单元,生产机械中所用的控制电器多属低压电器。它种类繁多、功能多样,可按以下几种方式进行分类。

一、按工作原理分类

(1) 电磁式电器。电磁式电器是指依据电磁感应原理工作的低压电器,如接触器和各类电磁式继电器等。

(2) 非电量控制电器。非电量控制电器是指依靠非电物理量(压力、速度、时间和温度等)或外力(人力和机械力等)变化而动作的低压电器,如行程开关、刀开关和速度继电器等。

二、按动作方式分类

(1) 自动电器。不需要人工直接操作,由自身参数变化或外来信号作用,通过电信号或非电信号自动完成接通或断开电路任务的低压电器称为自动电器,如接触器和熔断器等。

(2) 非自动电器。无动力机构,通过人工或外力直接操作而动作的低压电器称为非自动电器,如按钮和行程开关等。

三、按控制对象分类

(1) 配电电器。配电电器是指用于低压配电电路中,起输送和分配电能、保护电路和设备及控制电路的通断与转换作用,在系统发生故障时能准确动作、可靠工作的低压电器,如熔断器、低压断路器和刀开关等。

(2)控制电器。控制电器是指用于各种控制电路和控制系统的低压电器。一般要求控制电器寿命长、体积小、质量轻且动作迅速、准确、可靠,如接触器、继电器、主令电器、电阻器和电磁铁等。

四、按功能用途分类

(1)主令电器。主令电器是指用于发送动作指令的低压电器,如按钮、行程开关和转换开关等。

(2)检测电器。检测电器是指把电或非电的模拟量经过处理转换成开关量的低压电器,如时间继电器和速度继电器等。

(3)执行电器。执行电器是直接或间接接通或断开电动机主电路,带动生产机械运动和支承与保持机械装置在固定位置上的执行元件,如接触器和电磁离合器等。

(4)保护电器。保护电器是指保证电动机及设备正常运行的低压电器,如熔断器和热继电器等。

(5)开关电器。开关电器用作电源的引入开关、局部照明电路的开关和用于小容量电动机的启停控制,其主要功能是实现对电路的通/断控制,如刀开关和低压断路器等。

随着科技的发展,目前在低压电器中出现了利用电网或以太网进行远程通信的智能化电器,如智能电表、智能化断路器和智能插座等,它们从严格意义上来说已不属于任何现有分类的范畴,属于计算机控制装置。

3.1.1 电磁式电器

电磁式电器因为能够实现弱电控制强电、小电流控制大电流的功能,在机电传动控制系统中有着非常重要的地位。它的外形和种类很多,但结构上都是由感测部件、执行部件和灭弧机构三个基本部分组成的。

一、感测部件

感测部件是指用来感测外界信号,并做出特定的动作或反应的部件。电磁式电器的感测部件是电磁机构,它通过将电磁能转换成机械能来驱动执行部件动作。

电磁机构由电路和磁路两个部分组成。电路指它的电磁线圈(也称吸引线圈),一般用绝缘导线在骨架上绕制而成,并且经过浸漆、烘干以提高绝缘强度。磁路由铁芯和衔铁组成,一般用高磁导率的软磁性材料制成。电磁机构还需装有复位弹簧。工作时,电流通入吸引线圈产生磁场和吸力,通过空气隙,电磁能转换成机械能,带动衔铁运动,使触头动作。常用电磁机构的结构形式如图 3.1 所示。

1. 铁芯

铁芯有拍合式和直动式两种主要类型。其中拍合式电磁机构常用于直流接触器、直流继电器等直流电操作电器,直动式电磁机构多用于交流接触器、交流继电器等交流电操作电器。

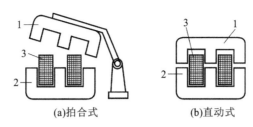

(a)拍合式　　　　　　　(b)直动式

图 3.1 常用电磁机构的结构形式

1—衔铁；2—铁芯；3—吸引线圈

2. 吸引线圈

　　吸引线圈通过将电能转换成磁能产生磁通,电磁吸力使衔铁产生机械位移,从而使得铁芯吸合。铁芯和衔铁的原材料主要是软钢或工程纯铁。吸引线圈根据输入电信号的不同分为直流吸引线圈和交流吸引线圈。直流吸引线圈做成无骨架的瘦高型,与不发热的铁芯接触,有利于散热;交流吸引线圈的铁芯有磁滞损耗和涡流。铁芯和吸引线圈都会发热,为了帮助散热,在铁芯与吸引线圈之间留出间隙,将吸引线圈做成有骨架的矮胖型,铁芯用硅钢片叠成以减小涡流。

　　根据吸引线圈在电路中的连接方式,吸引线圈又有串联吸引线圈(又称电流吸引线圈)和并联吸引线圈(又称电压吸引线圈)之分。串联吸引线圈流过的电流大,通过加粗导线、减少匝数的方式减小阻抗。并联吸引线圈为了获得较大的阻抗,采用多匝数和细导线来减小分流作用。

二、执行部件

　　执行部件是指通过接收感受机构的信号,接通或分断电路的部件,一般由触头完成接通或断开电路的任务。电磁式电器的动触头与衔铁连接,随衔铁运动而动作,静触头固定在电器上保持静止,动触头与静触头组成触头对。触头通常用铜制成,但表面易产生氧化膜,使触头的接触电阻增大。也有采用银质材料制成的,与铜质触头相比,银质触头除具有更好的导电性、导热性外,其氧化膜电阻与纯银相差很小,而且氧化膜的生成温度很高,所以接触电阻较小。

1. 触头的分类

　　触头的结构形式很多,分类方法多样,如图 3.2 所示。

　　主触头是指用于接通或断开主电路的触头,它允许通过较大的电流,如接触器的主触头。主触头一般用于电气控制线路的主电路或动力回路中,一般带有灭弧装置。辅助触头是指用于接通或断开控制电路的触头,它只能通过较小的电流,例如继电器的触头。辅助触头一般用于电气控制线路的控制电路中。

　　常开(normal open,简称 NO)触头是指原始状态(线圈未通电或未受外力作用时的状态)

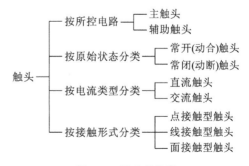

图 3.2 触头的分类

下断开的触头,它在动作之后会闭合,因此也叫动合触头。常闭(normally close,简称 NC)触头是指原始状态下闭合的触头,它在动作后会断开,因此也叫动断触头。

2. 触头的接触形式

触头的接触形式如图 3.3 所示。点接触型触头,由于接触区域只是一个点,因此只能用于小电流的电器中,例如接触器的辅助触头和继电器的触头。线接触型触头,由于接触区域是一条直线,触头在通/断过程中有滚动动作,这样可以清除触头表面的氧化膜,使其不易烧焦,从而保证了触头的良好接触,可用作中小容量接触器的主触头。面接触型触头,由于接触区域是一个面,因此允许通过较大的电流,用作大电流接触器的主触头。

(a)点接触   (b)线接触   (c)面接触

图 3.3　触头的接触形式

以上所述是触头的基本接触形式,具体到继电器和接触器中,有桥式和指式两种触头。桥式触头的接触形式属于点接触和面接触相结合的形式,指式触头的接触形式属于线接触形式,如图 3.4 所示。

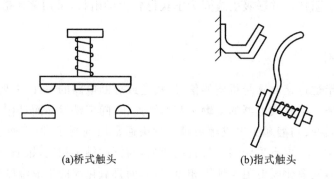

(a)桥式触头   (b)指式触头

图 3.4　继电器和接触器的触头结构

3. 触头的工作情况

触头有四种工作情况,即分断状态、闭合状态、接通过程和分断过程。各种工作情况的特征如下。

分断状态:指动、静触头处于未操作前完全脱离接触的静止状态,此时动、静触头之间承受被控制电路的额定电压,触头之间没有电流通过。

闭合状态:动、静触头完全闭合,通过工作电流。由于正常情况下动、静触头之间的电阻很小,因此动、静触头的压降趋近于零。

接通过程:动、静触头由分断状态过渡到紧密接触状态的过程。动、静触头接触时由于有机械碰撞,因此会产生机械磨损和电磨损。

分断过程:动、静触头在紧密接触并通过工作电流的情况下脱离接触,直至完全分断的过程。在动、静触头刚出现间隙时,会产生电火花或电弧,既影响电路及时分断,又可能会使触头烧损。

三、灭弧机构

电气元件的触头在动作时,动、静触头之间的间隙会产生电火花或电弧。电弧的产生会伴随大量热能,电压越高、电流越大,所产生的电弧功率也越大,这既易烧损触头的金属表面,降低电器的寿命,又延长了电路的分断时间。因此,必须采取灭弧措施降低电弧的强度,最大限度地减小电弧的危害。

灭弧措施主要有两种:一种是迅速增加电弧长度(拉长电弧),使得单位长度内维持电弧燃烧的电场强度不够而使电弧熄灭;另一种是使电弧与流体介质或固体介质相接触,加强冷却和去游离作用,使电弧加快熄灭。

1. 电动力灭弧

电弧在触头回路电流磁场中,受到电动力的作用而拉长,断口降低了电场强度,电弧热量在电弧拉长的过程中散发冷却,电弧从而迅速熄灭,如图 3.5 所示。

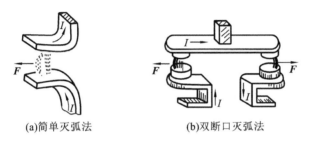

(a)简单灭弧法   (b)双断口灭弧法

图 3.5 电动力灭弧

2. 栅片灭弧

当触头分开时,产生的电弧在电动力的作用下被推入一组金属栅片中而被分割成数段,彼此绝缘的金属栅片的每一片都相当于一个电极,因而就有许多个阴阳极压降。对交流电弧来说,近阴极处,在电弧过零时就会出现一个 $150 \sim 250\ V$ 的介质强度,使电弧无法继续维持而熄灭。由于栅片灭弧效应在交流时要比在直流时强得多,所以交流电器常采用栅片灭弧。栅片灭弧装置如图 3.6 所示。

3. 磁吹灭弧

在一个与触头串联的吹弧线圈(也称磁吹线圈)产生的磁场作用下,电弧受电磁力的作用而拉长,被吹入由固体介质构成的灭弧罩内,与固体介质相接触,电弧被冷却而熄灭。磁吹灭弧原理如图 3.7 所示。

3.1.2 开关和主令电器

一、刀 开 关

刀开关俗称闸刀,是一种手动电器,结构简单,在低压电路中用于不频繁地接通和分断电路或隔离电源,有时也用来控制小容量电动机的直接启动与停止。常用的刀开关有两种,

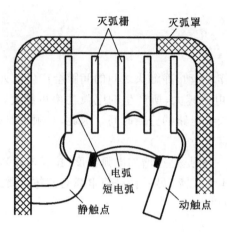

图 3.6　栅片灭弧装置

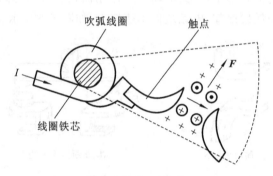

图 3.7　磁吹灭弧原理

即开启式负荷开关和封闭式负荷开关。

1. 开启式负荷开关

开启式负荷开关又称胶盖开关,由胶盖、瓷底板、瓷柄、动触头和静触头等组成。开启式负荷开关结构简单,价格低廉,安装、维修方便,是一种应用较为普遍的低压电器。它主要用于额定电压为三相在 380 V 及以下、单相 220 V,额定电流在 60 A 及以下的机床成套配电装置中。开启式负荷开关的外形和结构如图 3.8 所示。

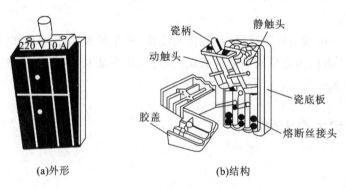

(a)外形　　　　　　　　　(b)结构

图 3.8　开启式负荷开关的外形和结构

开启式负荷开关没有灭弧机构,容易被电弧烧伤,因此不宜带负载接通或分断电路。在安装开启式负荷开关时,其瓷柄必须朝上,不得倒装或平装开启式负荷开关。接线时应将电源线接在上端,将负载接在下端,这样拉闸后刀片与电源隔离,可防止意外发生。

2. 封闭式负荷开关

封闭式负荷开关又称铁壳开关,具有灭弧机构,由于采用了储能分合闸方式提高了通/断能力,通过设置联锁机构确保了操作安全,其性能优于开启式负荷开关。封闭式负荷开关主要用于交流 50 Hz、380 V、60 A 及以下的电路中,适用于不频繁地接通和分断负载电路,并能用作线路末端的短路保护,也可用于 15 kW 以下的交流电动机不频繁的直接启动与停止的控制。封闭式负荷开关的结构如图 3.9 所示。

封闭式负荷开关铸铁壳内装有由触刀和夹座组成的触头系统及熔断器和速断弹簧,额定电流在 30 A 以上的封闭式负荷开关还装有灭弧罩。

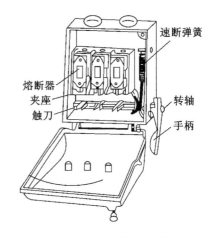

图 3.9　封闭式负荷开关的结构

3. 刀开关的图形和文字符号

刀开关的种类很多。按通路的数量,刀开关分为单极、双极和三极。常用的三极刀开关允许长期通过的电流有 100 A、200 A、400 A、600 A 和 1 000 A 五种,目前生产的三极刀开关产品有 HD(单极)和 HS(双投)等系列。按结构,刀开关分为平板式和条架式两种;按操作方式,刀开关分为直接手柄操作式、杠杆操作机构式和电动操作机构式三种;按转换方向,刀开关分为单投和双投等。刀开关的型号编制规则如图 3.10 所示。

图 3.10　刀开关的型号编制规则

刀开关的图形和文字符号如图 3.11 所示。

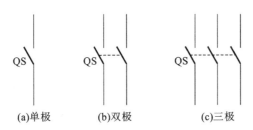

图 3.11　刀开关的图形和文字符号

4. 刀开关的选用

刀开关一般与熔断器串联使用,以便在短路或过负荷时熔断器熔断而自动切断电路。

应根据工作电压来选择刀开关,刀开关的额定电压应大于或等于线路工作电压。刀开关的额定电流应根据适用场合而定:用于控制三相异步电动机时,刀开关的额定电流应为线路工作电流的3~5倍;用于照明及电热电路时,刀开关的额定电流略大于线路工作电流。刀开关的极数要与电源的进线相数相等。

二、空气开关

空气开关也叫自动开关或低压断路器,常用作低压配电的总电源开关,也可用于不频繁手动接通和分断电路的场合。它与刀开关的最大区别在于,当电路发生短路、过载和欠电压故障时,空气开关能自动切断电路,即具有短路、过载和欠压保护功能。尽管各种空气开关形式各异,但其基本结构和动作原理都相同。空气开关一般由触头系统、灭弧系统、操纵机构和各种可供选择的脱扣机构(保护装置)等组成。空气开关的结构和电气符号如图3.12所示。

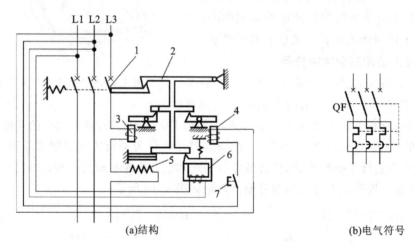

(a)结构   (b)电气符号

图3.12 空气开关的结构和电气符号

1—主触头;2—自由脱扣器;3—过电流脱扣器;4—分励脱扣器;
5—热脱扣器;6—欠压脱扣器;7—跳闸按钮

空气开关具有三对主触头,装有灭弧装置,依靠手动操作或电动合闸机构接通和分断主电路。主电路接通时,三对主触头处于闭合状态,脱扣机构将主触头锁在合闸位置上。当主电路因负载出现过载、短路或欠电压故障时,空气开关会在脱扣机构的作用下断开主触头,主电路相应断开。空气开关中的脱扣机构通常有以下四种。

1. 过电流脱扣器

过电流脱扣器的线圈与主电路串联。主电路正常工作时,线圈流过的电流所产生的电磁吸力不足以使衔铁吸合。当主电路发生短路故障或严重过载时,线圈产生的电磁吸力增大,使过电流脱扣器的衔铁吸合,从而撞击杠杆,使自由脱扣器动作,主触头断开主电路。

2. 欠压脱扣器

欠压脱扣器的线圈和电源并联。主电路正常工作时,欠压脱扣器的衔铁被吸合。当主电路欠压或失压时,欠压脱扣器的电磁吸力减小,衔铁在弹簧力的作用下撞击杠杆,使自由脱扣器动作,主触头断开主电路。

3. 热脱扣器

热脱扣器的热元件与主电路串联。当主电路过载一定时间后,热脱扣器的热元件发热,使双金属片向上弯曲,推动自由脱扣器动作,主触头断开主电路。跳闸后,需待双金属片冷却复位后才能再合闸。

4. 分励脱扣器

当需要远距离控制时,则需要采用分励脱扣器。分励脱扣器由分励电磁铁和一套机械装置组成。在正常工作时,其线圈是断电的。在需要远距离断开主电路时,按下跳闸按钮,使分励脱扣器的线圈通电,衔铁带动自由脱扣器动作,使主触头断开。分励脱扣器只用于远距离断电操作,不能用作电路保护。

在结构形式上,空气开关有框架式(万能式)和塑壳式(装置式)两大类,如图 3.13 所示。空气开关与隔离开关的区别在于,空气开关能在带负荷的情况下接通和断开电路,它相当于刀开关、熔断器、热继电器和欠电压继电器的组合,是一种既有手动开关作用又能自动进行欠压、失压、过载和短路保护的电器。

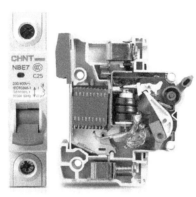

(a)框架式　　　　　　　　(b)塑壳式

图 3.13　空气开关

三、按钮

按钮是一种手动且可以自动复位的主令电器,结构简单,控制方便,在低压控制线路中得到广泛应用。

1. 按钮的结构

按钮主要由按钮帽、桥式动触头、静触头、复位弹簧和外壳等组成。按钮的外形与结构如图 3.14 所示。

2. 按钮的工作原理

我们知道,常开(NO)和常闭(NC)是指按钮未动作时触头的状态。当按下按钮时,常闭触头被断开,常开触头被接通;当松开按钮时,在复位弹簧的作用下触头复位,即常闭触头闭合,常开触头断开。

对于复合按钮来说,当按下按钮时,常闭触头首先断开,常开触头随后闭合;手指放开后,常开触头首先复位,常闭触头随后复位闭合。按钮的触头允许通过的电流很小,一般不

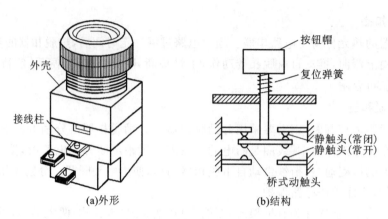

图 3.14　按钮的外形与结构

超过 5 A。

3. 按钮的分类

按钮的种类很多,如紧急式按钮、旋钮式按钮、指示灯式按钮和钥匙式按钮等。按钮实物示例图如图 3.15 所示。

紧急式按钮装有突出的、面积较大并以橘红色为标志色的蘑菇形按钮帽,以便于紧急操作。该按钮按动后将自锁为按动后的工作状态。

图 3.15　按钮实物示例图

旋钮式按钮装有可扳动的手柄式或钥匙式并可单一方向或可逆向旋转的按钮帽。该按钮可实现顺序控制、互逆式往复控制等功能。

指示灯式按钮在透明的按钮帽的内部装有指示灯,用以按动该按钮后的工作状态及控制信号是否发出或者接收的指示。

钥匙式按钮是根据重要或者安全的要求,必须用特制钥匙方可打开或者接通装置的按钮。

为了标明各个按钮的作用,避免误操作,通常将按钮帽做成不同的颜色以示区别,其颜色有红色、橘红色、绿色、黑色、黄色、蓝色和白色等。一般以橘红色表示紧急停止按钮,以红色表示停止按钮,以绿色表示启动按钮,以黄色表示信号控制按钮等。

另外,指示灯式按钮内可装入信号灯以显示信号;紧急式按钮的按钮帽呈蘑菇形,以便于紧急操作;旋钮式按钮通过旋转旋转手柄或插入钥匙并旋转来进行操作。

4. 按钮的图形和文字符号

按钮的图形和文字符号如图 3.16 所示。

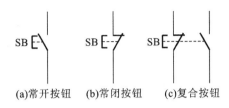

(a)常开按钮　(b)常闭按钮　(c)复合按钮

图 3.16　按钮的图形和文字符号

5. 按钮的型号

常用的按钮有 LA2、LA10、LA18、LA19 和 LA20 等系列。其中,LA18 系列由于结构是积木式,触头可根据需要拼装;LA19 系列是带灯按钮,除了有一对常开触头和一对常闭触头之外,还有一对触头用以给信号灯装置供电,按钮的透明塑料壳兼作灯罩。按钮的型号编制规则如图 3.17 所示。

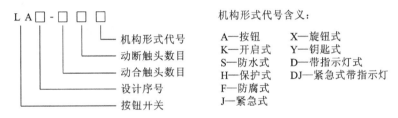

图 3.17　按钮的型号编制规则

四、行程开关

机电传动系统中,常常需要根据运动部件位置的变化来改变电动机的工作状态,即要求按行程进行自动控制,如工作台的往复运动、刀架的快速移动和自动循环控制等。通常使用行程开关来实现这一控制需求。

行程开关能将机械位移转变为电信号,再通过其他电器间接地控制运动部件的行程、位置或方向等。其工作原理与按钮类似,所不同的是其触头动作不是靠人力实现的,而是靠生产机械运动部件的机械力。除了能够实现控制需求之外,还可以利用行程开关实现机械运动部件运行到极限位置时的保护,此时行程开关被称为限位开关。

1. 行程开关的组成和工作原理

行程开关主要由顶杆、动断触头、动合触头和弹簧等组成。行程开关的外形和结构如图 3.18所示。

将行程开关安装在适当位置。当预装在生产机械运动部件上的撞块压下推杆时,行程开关的动断触头断开、动合触头闭合;当撞块离开推杆时,复位弹簧将推杆和触头复位。

行程开关按其结构可分为直动式、滚轮式、微动式和组合式。

直动式行程开关如图 3.18(a)所示。其结构和动作原理与按钮相同,主要区别是为了适应机械力的撞击,以及生产现场的恶劣环境,直动式行程开关使用了金属外壳,并采取了

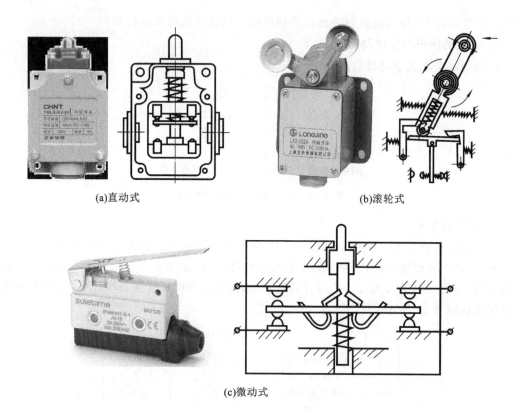

(a)直动式   (b)滚轮式

(c)微动式

图 3.18　行程开关的外形和结构

防水和防尘措施。

滚轮式行程开关如图 3.18(b)所示,当预装在生产机械运动部件上的撞块撞击带有滚轮的撞杆时,撞杆转向右边,带动凸轮转动,压下推杆,使行程开关中的触头迅速动作。当运动机械返回时,在复位弹簧的作用下,各部分动作部件复位。

微动式行程开关如图 3.18(c)所示。它的操作力和动作行程均很小。这种开关具有弯片式弹簧顺动机构,动作时推杆被压下,弹簧变形,储存能量;当推杆向下到达顶点位置时,弹簧连同动触头产生瞬时跳跃,以实现触头的动作。微动式行程开关具有触头动作灵敏、动作速度快的优点,其缺点是触头电流容量小、操作头的行程短和易损坏。

2. 行程开关的图形和文字符号

行程开关的图形和文字符号如图 3.19 所示。

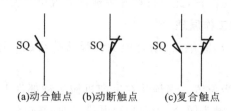

(a)动合触点　(b)动断触点　(c)复合触点

图 3.19　行程开关的图形和文字符号

3. 行程开关的型号

行程开关的型号编制规则如图 3.20 所示。

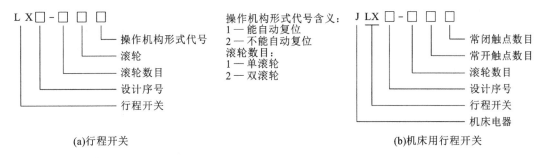

操作机构形式代号含义：
1——能自动复位
2——不能自动复位
滚轮数目：
1——单滚轮
2——双滚轮

(a)行程开关　　　　　　　　　　　　　(b)机床用行程开关

图 3.20　行程开关的型号编制规则

4. 行程开关的选用

选用时，应根据使用场合和控制对象确定行程开关的种类。例如，当机械运动速度不太快时，通常选用一般用途的行程开关；在机床行程通过路径上不宜装直动式行程开关，而应选用凸轮轴转动式行程开关；行程开关额定电压和额定电流则根据控制电路的电压和电流选用。

五、接近开关

接近开关在功能上与行程开关非常类似，但工作原理有着巨大的差异。它利用位置传感器对接近物体的敏感特性来达到控制开关通或断的目的，当物体接近接近开关的感应区域，接近开关就能无接触、无压力、无火花地迅速发出电气指令，准确反映出运动机构的位置和行程，即使用于一般的行程控制，其定位精度、操作频率、使用寿命、安装调整的方便性和对恶劣环境的适用能力，也是一般机械式行程开关无法比拟的。它具有工作可靠、寿命长、功耗低、操作频率高和对恶劣工作环境适应性强等特点。接近开关的外形图如图 3.21 所示。

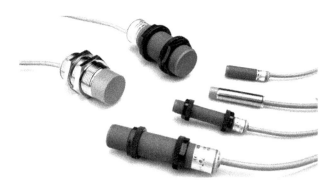

图 3.21　接近开关的外形图

1. 接近开关的分类

接近开关按工作原理一般分为电感式、电容式、霍尔式和光电式等类型。

（1）电感式接近开关。电感式接近开关的感应头是一个具有铁氧体磁芯的电感线圈，它只能用于检测金属体。振荡器在感应头表面产生一个交变磁场，当金属体接近感应头时，金属中产生的涡流吸收了振荡的能量，使振荡减弱以致停振，因而产生振荡和停振两种信号，这两种信号经整形放大器转换成二进制的开关信号，从而起到"开""关"的控制作用。通常把接近开关刚好动作时感应头与被检测金属体之间的距离称为动作距离。

（2）电容式接近开关。电容式接近开关的感应头是一个圆形平板电极，与振荡电路的地线形成一个分布电容，当有导体或其他介质接近感应头时，电容量增大而使振荡器停振，经整形放大器输出电信号。电容式接近开关既能检测金属体，又能检测非金属体和液体。

（3）霍尔式接近开关。霍尔元件是一种磁敏元件，当磁性物体移近霍尔式接近开关时，线圈铁芯的导磁性变小，线圈的电感量也减小，振荡器振荡，霍尔式接近开关由此识别附近有磁性物体存在，进而实现通或断动作。这种接近开关的检测对象必须是磁性物体。

（4）光电式接近开关。它是利用被检测物体对光束的遮挡或反射，由同步回路选通电路，从而检测有无物体的。其检测对象不限于金属体，所有能反射光线的物体均可被检测。光电式接近开关将输入电流在发射器上转换为光信号射出，接收器再根据接收到的光线的强弱或有无对目标物体进行探测。根据检测方式的不同，光电式接近开关又可分为对射式、反射式和漫反射式三种，如图 3.22 所示。

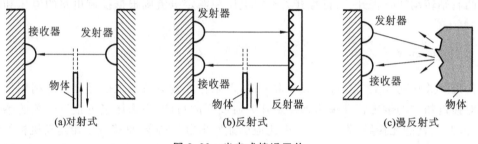

图 3.22　光电式接近开关

2.　接近开关的选用

对于不同材质的被检测物和不同的检测距离，应选用不同类型的接近开关，以使其在系统中具有高的性价比，为此在选型时应遵循以下原则。

（1）当被检测物为金属体时，应选用高频振荡型接近开关，该类型接近开关对铁镍、A3钢类金属体的检测较灵敏，对铝、黄铜和不锈钢类金属体，其检测灵敏度相对较低。

（2）当被检测物为非金属体时，如木材、纸张、塑料、玻璃和水等，应选用电容式接近开关。

（3）金属体和非金属体要进行远距离检测和控制时，应选用光电式接近开关。

（4）被检测物为金属体时，若检测灵敏度要求不高，可选用价格低廉的磁性接近开关或霍尔式接近开关。

3.1.3　接触器

接触器是一种频繁地接通或断开交直流主电路、大容量控制电路等大电流电路的自动切换电器。在功能上接触器具有自动切换功能、远距离操作功能及零压和欠压保护功能，但没有自动开关所具有的过载和短路保护功能。接触器具有生产方便、成本低等优点，主要用于控制电动机、电热设备、电焊机和电容器组等，是机电传动自动控制电路中使用较为广泛的一种低压电器。接触器按其所控制的电流种类可分为交流接触器和直流接触器两种。

一、交流接触器

1. 交流接触器的基本结构

交流接触器由电磁机构和触头系统两大部分组成,如图 3.23 所示。

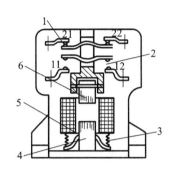

图 3.23　交流接触器

1—动断触头;2—动合触头;3—弹簧;4—静铁芯;5—线圈;6—衔铁(动铁芯)

可以把交流接触器理解为一个由电磁铁控制的多触头开关。线圈通电时,静铁芯被磁化,并把动铁芯向下吸引,使动断触头断开、动合触头闭合。线圈断电时,在弹簧的作用下,触头复位。

(1)电磁机构。交流接触器电磁机构由铁芯(两侧柱端部嵌有短路环)、衔铁、线圈、缓冲弹簧和反作用力弹簧等组成。衔铁的运动形式有拍合式和直动式两种。拍合式是衔铁绕轴转动,直动式是衔铁作直线运动,而且直动式又可分为正装直动式和倒装直动式(即触头在电磁机构的下方)两种。

(2)触头系统。交流接触器的触头有主触头和辅助触头之分。主触头截面积较大,主要为平面型,一般用于接通、断开电流较大的负荷电路即主电路。辅助触头用于接通、断开控制电路、信号电路等,其截面积较小,一般为球面型。交流接触器的主触头一般用得较多的是常开触头,辅助触头多数为常开触头和常闭触头。交流接触器的触头有桥式双断点和指式单断点等形式。

2. 交流接触器的表示方法

交流接触器在电气线路中的图形和文字符号如图 3.24 所示。其中三对主触头在切断具有较大感性负荷的电路时,动、静触头间会产生强烈的电弧,所以加装了灭弧装置,以减轻电弧对触头的烧蚀。灭弧装置在图形符号中也有所体现。辅助常开触头一般用于交流接触器的自锁,辅助常闭触头一般用于交流接触器的互锁。

图 3.23 所示的交流接触器是一个整体,但在图 3.24 中被分散成几个部分,这是交流接触器在电气原理图中的表达方式,分散的各部分用相同的文字符号表示。

3. 交流接触器的工作原理

交流接触器在实际应用中的工作原理如图 3.25 所示。线圈通电后产生磁场,使静铁芯产生电磁力吸合衔铁,图中的衔铁向左运动,带动与其连接的三对主触头和两对辅助触头同时动作,使三对主触头闭合,将电动机接入 AC 380 V 电网,电动机开始运转。线圈断电时,电磁力消失,衔铁在释放弹簧的作用下向右运动,使五对触头同时复位,主触头断开,电动机

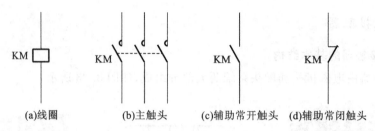

(a)线圈   (b)主触头   (c)辅助常开触头   (d)辅助常闭触头

图 3.24　交流接触器在电气线路中的图形和文字符号

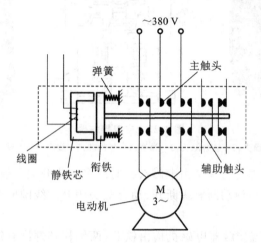

图 3.25　交流接触器在实际应用中的工作原理

断电停转。

  交流接触器以小电流控制大电流的关键在于,线圈的供电回路与电动机的供电回路是分离的,只要有足够的电磁力吸引衔铁即可。计算机控制系统的输出是一个弱电信号(标准TTL 是 5 V 直流电平),无法直接控制 380 V 供电的电动机,通过交流接触器这种弱电控制强电的方式,就能很好地解决控制问题。

二、直流接触器

  直流接触器的结构和工作原理基本上与交流接触器的相同。区别主要有:直流接触器主要用于电压 440 V 以下的直流电路;直流接触器触头电流和线圈电压为直流;直流接触器主触头多数采用滚动接触的指式触头,辅助触头则主要用点接触的桥式触头。静铁芯和衔铁是由整块钢或铸铁制成的,线圈制成长而薄的圆筒形。在制作时静铁芯与衔铁之间会垫有非磁性垫片,以保证衔铁可靠释放。直流接触器产生的电弧更难熄灭,因为没有自然过零点,所以直流接触器常采用磁吹灭弧装置。直流接触器的常见型号有 CZ0 系列,CZ0 系列可取代 CZ1、CZ2、CZ3 等系列。

三、接触器的选用

  接触器的选用要从线圈是交流线圈还是直流线圈,线圈的额定电压和电流,主触头的额定电压和电流,辅助触头的种类、数量和额定电流等多个方面考虑。另外,还要注意操作频率问题,交流接触器最高操作频率为 600 次/时,直流接触器的操作频率可高达 1 200 次/

时,如果交流负载动作频繁,则可选用采用直流线圈的接触器。

3.1.4　继电器

继电器是指一种根据外界输入信号,如电信号(电压、电流等)或者非电量(温度、时间、转速和压力等)的变化带动触头动作,来接通或断开所控制的电路或者电器,以实现自动控制和保护电路或电气设备的低压电器。

接触器将电动机的控制由手动变为自动,但还不能满足复杂生产工艺过程自动化的要求。例如钻孔组合机床,不仅要求工作台能自动地前进和后退,而且要求前进和后退的速度不同,能自动地减速和加速,继电器就是实现这种控制功能的重要器件。

继电器种类繁多,功能多样,用途广泛,分类方法多样。继电器常用的分类方法如图3.26所示。

其中,电磁式继电器因为具有结构简单、价格低廉及使用和维护方便等优点,在机电传动系统中得到了广泛应用,约有 90% 的继电器是电磁式的。电磁式继电器的工作原理与电磁式接触器极为相似,区别仅在于:电磁式接触器用于控制电动机的主电路,电流很大,所以要有带灭弧装置的主触头;电磁式继电器一般用于接通和断开控制电路,电流很小,所以触头和体积都很小,且触头没有主、辅之分。当且仅当电动机的功率很小时,才可用某些中间继电器来直接接通和断开电动机的主电路。

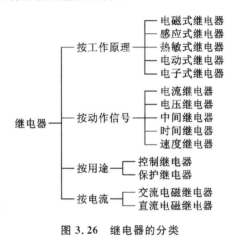

图 3.26　继电器的分类

一、中间继电器

中间继电器是一种在控制电路中起信号传递、放大、切换及逻辑控制等作用的电磁式继电器。它实际上也是电压继电器,是用来反映电压信号的元件,即触头的动作与线圈电压的大小有关。中间继电器的触头数多、触头容量较大(额定电流 $5\sim10$ A),主要作用有两个:一是当其他继电器的触头对数或触头容量不够时,利用中间继电器扩大其他继电器的触头对数或触头容量;二是作为转换控制信号的中间元件。

1. 中间继电器的工作原理

中间继电器的工作原理与接触器的基本相同,只是中间继电器的输入是线圈的通电或断电信号,输出为触头的动作。中间继电器的触头没有主、辅之分,各对触头允许通过的电流大小相同。中间继电器的外形和结构如图 3.27 所示。

2. 中间继电器的图形和文字符号

中间继电器的图形和文字符号如图 3.28 所示。

3. 中间继电器的型号编制规则

中间继电器的型号编制规则如图 3.29 所示。常用的中间继电器有 JZ7、JZ8、JZ14、JZ15 和 JZ17 等系列。

  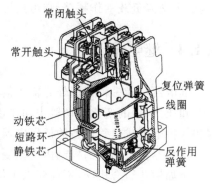

常闭触头
常开触头
复位弹簧
线圈
动铁芯
短路环
静铁芯
反作用弹簧

图 3.27　中间继电器的外形和结构

(a)线圈　　　(b)常开触头　　　(c)常闭触头

图 3.28　中间继电器的图形和文字符号

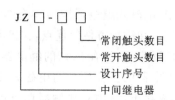

常闭触头数目
常开触头数目
设计序号
中间继电器

图 3.29　中间继电器的型号编制规则

二、时间继电器

时间继电器是一种按照所需的时间间隔实现触点延时接通或断开的控制元件。按其动作原理与构造不同,时间继电器可分为电磁式时间继电器、空气阻尼式时间继电器、电动式时间继电器和电子式时间继电器等,目前使用较多的是空气阻尼式时间继电器和电子式时间继电器两种。按照触点的动作时序,时间继电器通常分为通电延时型时间继电器和断电延时型时间继电器。通电延时型时间继电器是指接收输入信号后延时一定的时间,输出信号才发生变化;当输入信号消失后,输出信号立即复原。断电延时型时间继电器是指接收输入信号时,瞬时产生相应的输出信号;当输入信号消失后,输出信号要延时一定的时间才复原。

1. 空气阻尼式时间继电器

空气阻尼式时间继电器有通电延时型和断电延时型两种。它们都是由电磁机构、空气室、工作触头和传动机构四个部分组成的。延时范围较宽、结构简单、工作可靠、价格低廉和使用寿命长是空气阻尼式时间继电器的优点,它常用于延时精度要求不高的控制线路中。空气阻尼式时间继电器的结构如图 3.30 所示。

以图 3.30(a)为例,线圈通电,衔铁在电磁力的作用下吸合,活塞杆在塔形弹簧的作用下克服空气阻尼带动活塞和橡皮膜向上移动(橡皮膜下方空气室的空气变得稀薄,形成负压),其移动速度可以根据进气孔调节螺钉来调节。延时后,活塞杆通过杠杆机构触动微动式行程开关,使其触头动作起到通电延时功能。线圈断电后,电磁力消失,衔铁在弹簧拉力的作用下复原,橡皮膜下方空气室中的空气通过活塞肩部的单向阀迅速排出,使活塞杆、杠杆和微动式行程开关等迅速复位。

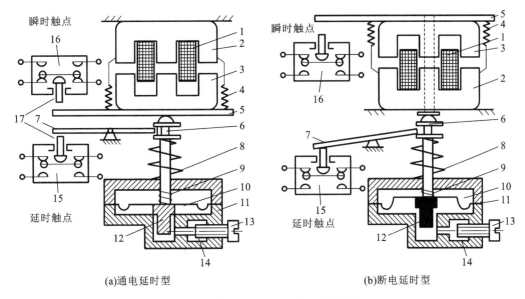

图 3.30　空气阻尼式时间继电器的结构

1—线圈；2—静铁芯；3—衔铁；4—反力弹簧；5—推板；6—活塞杆；7—杠杆；8—塔形弹簧；
9—弱弹簧；10—橡皮膜；11—空气室壁；12—活塞；13—调节螺钉；14—进气孔；15—微动式行程开关（延时）；
16—微动式行程开关（不延时）；17—顶杆

延时时间为从线圈得电到微动式行程开关触头动作这段时间。延时时间可通过调节螺钉以调节进气孔的气隙大小来控制。断电延时型的结构和工作原理与通电延时型的相似，只要将通电延时型的电磁机构倒置180°安装就可实现断电延时。

在延时过程中，线圈必须保持通电，一旦断电，衔铁将在弹簧拉力的作用下复位。因此，空气阻尼式时间继电器设计有两个瞬时动作的触头，用以自锁和互锁。

2．电子式时间继电器

目前常用的电子式时间继电器有晶体管式和数字式两种。晶体管式时间继电器工作时会先通过电阻对电容充电，等到电容上的电压值达到预定值时，驱动电路使执行继电器接通来实现延时输出。由于没有机械部件，所以晶体管式时间继电器有延时范围较宽、精度高、体积小、使用寿命长和工作可靠等优点，常用于延时精度要求高、延时时间较长的控制系统中。数字式时间继电器比晶体管式时间继电器的延时范围更宽，调节精度更高，适用于需要精确延时、延时时间长的控制系统中。电子式时间继电器的外形如图 3.31 所示。

3．时间继电器的图形和文字符号

时间继电器的图形和文字符号如图 3.32 所示。

4．时间继电器的型号编制规则

时间继电器的型号编制规则如图 3.33 所示。

三、电流继电器

电流继电器是用来反映电流信号的元件，其触头的动作与线圈电流大小有关。在控制电路中，将电流继电器与负载串联，用于检测电路中电流的变化，通过与电流设定值相比较

图 3.31 电子式时间继电器的外形

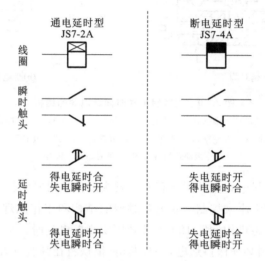

图 3.32 时间继电器的图形和文字符号

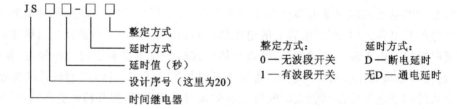

图 3.33 时间继电器的型号编制规则

来自动判断电流是否越限,进而做出相应动作以达到控制的目的。为了不影响电路正常工作,电流继电器线圈匝数少、导线粗、线圈阻抗小。

电流继电器分为欠电流继电器和过电流继电器两类。欠电流继电器的吸引电流为线圈额定电流的 $30\%\sim65\%$,释放电流为线圈额定电流的 $10\%\sim20\%$。因此,在电路正常工作时,衔铁是吸合的,只有当电流降低到某一整定值时,衔铁才释放,触点复位。过电流继电器在电路正常工作时不动作,当电流超过某一整定值时,触点才动作,其整定范围通常为额定电流的 $1.1\sim4$ 倍。

四、电压继电器

电压继电器是用来反映电压信号的元件,其触头的动作与线圈电压大小有关。在控制电路中,将电流继电器与负载并联,用于机电传动系统的电压保护和控制。

电压继电器的结构与电流继电器相似,不同的是电压继电器线圈是并联在电路中的,所以匝数多、导线细、阻抗大。

电压继电器是一种按电压值动作的继电器。电压继电器按动作电压值的不同,有过电压继电器、欠电压继电器和零电压继电器之分。其中过电压继电器在电压为额定电压的110%～115%以上时动作,欠电压继电器在电压为额定电压的40%～70%时动作。

五、速度继电器

速度继电器常用于三相异步电动机的反接制动控制线路中,它是根据电磁感应原理制成的,用于检测转速。

1. 速度继电器的结构和工作原理

速度继电器主要由转子、定子和触头三个部分组成。转子是一个圆柱形的永久磁铁;定子是一个鼠笼式的空心圆环,由硅钢片叠成,其上装有鼠笼式绕组。速度继电器的结构原理图如图 3.34 所示。

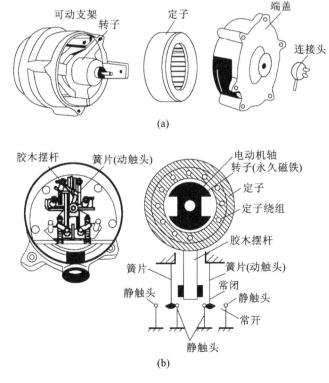

图 3.34　速度继电器的结构原理图

速度继电器的轴与电动机轴相连接。转子固定在轴上。装有鼠笼式绕组的定子与电动机轴同心且能独自偏摆,与转子有一气隙。当电动机轴转动时,转子跟着一起转动,鼠笼式绕组切割磁力线产生感应电动势和电流。此电流与转子磁场相互作用产生转矩,使定子柄随电动机轴的转动而偏摆,通过定子柄拨动触点,使继电器触点接通或断开。当电动机轴的转速下降到接近零速(约 100 r/min 时),定子产生的转矩减小,定子柄在动触点弹簧力的作用下回到原来的位置,对应的动触头也复位。所需转子的转速可以通过调节反力系统反作用力的大小来调节。

2. 速度继电器的图形和文字符号

速度继电器的图形和文字符号如图 3.35 所示。

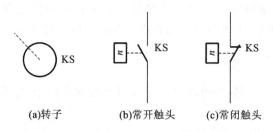

(a)转子   (b)常开触头   (c)常闭触头

图 3.35 速度继电器的图形和文字符号

3. 速度继电器的选用原则

根据电动机的额定转速来选择合适的速度继电器。安装时,速度继电器的轴应与电动机同轴相连,且确保两轴的中心线重合,以避免误差和振动。接线时,正方向的触头不能接错,否则不能起到在反接制动时接通和断开反向电源的作用;外壳应可靠接地。

3.1.5　保护电器

一、熔断器

熔断器俗称保险丝,是一种当电流超过规定值一定时间后,以它本身产生的热量使熔体熔化而分断电路的电器,广泛应用于低压配电系统及在用电设备中作短路和过电流保护。熔断器的结构形式很多,有瓷插式、螺旋式、无填料封闭管式和有填料封闭管式等。螺旋式熔断器的外形和结构如图 3.36 所示。

1. 熔断器的结构

熔断器一般由绝缘底座、熔体、熔断管、填料和导电部件组成,在电路中起短路和过电流保护的作用。应用时将熔断器的熔体串接在电路中,负载电流流经熔体,当电路发生短路或过电流故障时,通过熔体的电流使其发热,从而自行熔断而切断电路。

2. 熔断器的保护特性

额定电流和熔断电流是熔体的两个基本参数,只有通过熔体的电流大于其额定电流时熔体才会发热熔断,通过熔体的电流越大,熔体熔断越快。

从熔断器保护特性曲线(见图 3.37)可以看出,过载电流 I_{IN} 较小时,熔断耗时很长,所以熔断器只能用于短路保护而不能用于过载保护。关于熔体熔断的速度大致有如下规定:当流过熔体的电流为额定电流的 1.3 倍时,熔体应在 1 小时以上熔断;当流过熔体的电流为额定电流的 1.6 倍时,熔体应在 1 小时内熔断;当电流达到 2 倍额定电流时,熔体在 30～40

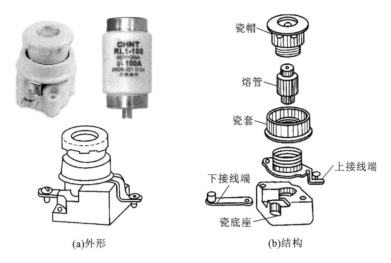

(a)外形　　　　　　　　(b)结构

图 3.36　螺旋式熔断器的外形和结构

秒内熔断;当达到 8~10 倍额定电流时,熔体应瞬间熔断。

3. 熔断器的图形和文字符号

熔断器的图形和文字符号如图 3.38 所示。

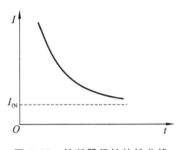

图 3.37　熔断器保护特性曲线

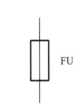

图 3.38　熔断器的符号

4. 熔断器型号的编制规则

熔断器型号示例如图 3.39 所示。

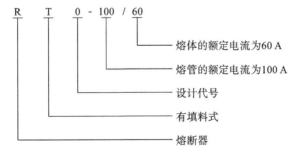

图 3.39　熔断器型号示例

熔断器型号包括类组代号、设计代号和规格代号等几个部分。例如:RC1A-60 为瓷插式熔断器,额定电流为 60 A,其中 A 为派生代号,表示改型设计;RL1-60/50 为螺旋式熔断器,熔断器额定电流为 60 A,所装熔体的额定电流为 50 A。

二、热继电器

热继电器是用于电动机或其他电气设备、电气线路的过载保护的保护电器。电动机在实际运行中,如拖动生产机械进行工作的过程中,若机械出现不正常的情况或电路异常使电动机过载,则电动机转速下降,电动机绕组中的电流增大,使电动机的绕组温度升高。若过载电流不大且过载的时间较短,电动机绕组不超过允许温升,这种过载是允许的。但若过载电流大,过载时间长,电动机绕组的温升就会超过允许值,使电动机绕组老化,缩短电动机的使用寿命,严重时甚至会烧毁电动机绕组。熔断器因为具有动作时间与过载电流成反比的特点,在这种情况下动作时间很长,热继电器与之形成互补。

1. 热继电器的结构和工作原理

热继电器的结构如图 3.40 所示。

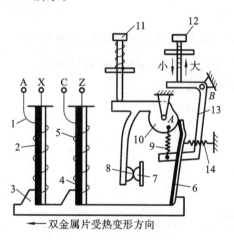

图 3.40　热继电器的结构

1,5—发热元件;2,4—双金属片;3—推杆;6—感温元件;7—静触点;8—动触点;
9,14—弹簧;10—凸轮;11—手动复位按钮;12—调节螺钉;13—拨杆

热继电器在对电动机进行过载保护时,将发热元件与电动机的定子绕组(AX、CZ)串联,将热继电器的常闭触头串联在交流接触器的电磁线圈的控制电路中,通过调节整定电流的调节螺钉,让拨杆与推杆保持适当距离不能接触,此时双金属片并没有弯曲。当电动机正常工作时,发热元件中有电流流过从而发热,双金属片受热后弯曲,推杆与拨杆轻轻接触,但是不会推动拨杆,热继电器的常闭触头处于闭合状态,交流接触器保持吸合,电动机继续正常运行。

若电动机出现过载情况,电动机绕组中电流增大,通过热继电器元件中的电流增大使双金属片温度升得更高,弯曲程度变大,推杆推动拨杆,人字形拨杆推动常闭触头使其断开,从而断开交流接触器线圈电路,切断电动机的电源,电动机停止工作而得到保护。

当环境温度发生变化时,由双金属片制成的感温元件发生与主电路中的双金属片同方向的变形弯曲,从而使拨杆与推杆之间的距离基本保持不变,保证热继电器动作的准确性,反之亦然。这种作用称温度补偿作用。

发热元件应串接在电动机的主回路中,辅助常闭触头串接在电动机的控制回路中。发热元件动作时,不是直接断开电动机的供电回路,而是通过断开常闭触点,进而控制其他电

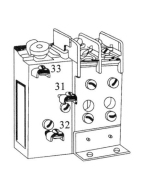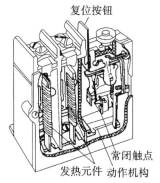

复位按钮

常闭触点
发热元件　动作机构

图 3.41　JR36 系列热继电器示意图

器断电,来实现对电动机的控制。

调节螺钉是常闭触头复位方式调节螺钉。电动机过载后,常闭触头断开,电动机断电停车后,热继电器双金属片冷却,按动手动复位按钮,动触头复位。为了避免在电动机故障未排除的情况下启动电动机,热继电器宜采用手动复位方式。

2. 热继电器的图形和文字符号

热继电器的图形和文字符号如图 3.42 所示。

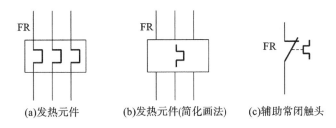

(a)发热元件　　(b)发热元件(简化画法)　　(c)辅助常闭触头

图 3.42　热继电器的图形和文字符号

3. 热继电器在使用中应注意的问题

(1) 应按照被保护电动机额定电流的 1.1~1.25 倍选取发热元件的额定电流。

(2) 热继电器的整定电流调节范围应为发热元件额定电流的 60%~100%。

(3) 热继电器安装完毕后需让整定电流值等于被保护电动机的额定电流。

(4) 安装时应注意热继电器的环境要求,热继电器工作环境温度与被保护设备的环境温度相差一般不应超过 15~25 ℃,以保证动作时不会受环境温度的影响造成误动作。

(5) 由于热惯性,当电路短路时,热继电器不能立即动作,因此热继电器不能作短路保护。同理,在电动机不频繁启动或短时过载时,需调节整定电流值,以使热继电器不会动作,这可避免电动机不必要的停车。

3.2　继电器-接触器基本控制线路

机电传动装置由电动机、传动机构和控制电动机的电气设备三个主要环节组成,目的是实现生产过程的自动控制,以便提高生产效率。继电器-接触器控制系统是控制系统中最基本的一种,具有结构简单、价格低廉等优点,在工业生产中具有广泛的应用。

3.2.1　电气控制线路基础

为了便于对生产机械电气控制系统进行设计、研究分析、安装、调试、使用和维修,需要将电气控制系统中各元件及其相互连接关系用国家标准规定的图形和文字符号表示出来,这就是电气控制系统图。常用的电气控制系统图有电气原理图、电气元件布置图和电气设备安装接线图。

一、常用电气图形符号和文字符号

在绘制电气控制系统图时,必须采用国家统一规定的图形符号和文字符号,不能采用旧符号和非标准符号,图形符号需要符合 GB/T 4728 有关电气图用图形符号的规定。文字符号参考 GB/T 20939—2007《技术产品及技术产品文件结构原则　字母代码　按项目用途和任务划分的主类和子类》。

二、电气原理图

电气原理图是为了便于阅读和分析线路,采用简明、清晰、易懂的原则,根据电气控制线路的工作原理来绘制的,反映的是各电气控制线路的工作原理及各电气元件的作用和相互关系。图中不反映各元件的实际安装位置和连线情况,包括所有电气元件的接线端子和导电部分。

电气原理图的最下方用数字给图区编号,最上方说明编号对应图区的电路或元件功能。在接触器的线圈下方,标出每一个主触头、辅助常开触头和辅助常闭触头所在的图区编号,中间用竖线隔开,未用的触头用"×"表示,如图 3.43 所示。

电气原理图由主电路、控制电路和辅助电路三个部分组成。

1. 主电路

主电路是指电气控制线路中有强电流通过的部分,主要包括由电动机及与它相连接的电气元件(如组合开关、热继电器的发热元件、接触器的主触头和熔断器等)所组成的电路。

2. 控制电路

控制电路是指由按钮、接触器、继电器的吸引线圈和辅助触头,以及热继电器的触头所构成的电路。它对主电路起着关键的控制作用。控制电路中通过的电流是弱电流,所以控制电路的组成都是弱电电器。

3. 辅助电路

照明电路、信号电路和保护电路都属于辅助电路。辅助电路中通过的电流同样是弱电流,所以也是由弱电电器构成的。电磁离合器控制电路、速度继电器电路和电磁吸盘的整流电路等附属电路也属于辅助电路。

电气原理图可以清楚地表明电路的功能,对于分析电路的工作原理十分有帮助。

三、电气原理图的绘制规则

一般来说,电气原理图的绘制要求层次分明,各电气元件及它们的触头的安排要合理,

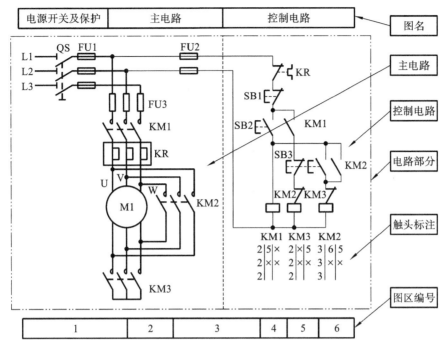

图 3.43　电气原理图

并应保证电气控制线路运行可靠,节省连接导线。具体规则如下。

（1）主电路用粗实线绘制在图面的左侧或上方,辅助电路用细实线绘制在图面的右侧或下方。无论是主电路、辅助电路还是其元件,均应按功能布置,尽可能按动作顺序排列。为了方便清楚因果次序,尤其是电路图和逻辑图,其布局顺序一般是从左到右、从上到下。

（2）在电气原理图中,同一电器的不同部分（如线圈、触头）分散在图中,为了表示是同一元件,要在电器的不同部分使用同一文字符号来标明。对于几个同类电器,在表示名称的文字符号后或下标加上一个数字序号,以资区别,如 KM1、KM2 等。

（3）所有电器的可动部分均以"自然"状态画出。所谓"自然"状态,是指各种电器在没有通电和没有外力作用时的状态。对于接触器、电磁式继电器等,"自然"状态是指其线圈未通电时的触头状态;而对于按钮、行程开关等,"自然"状态则是指其尚未被压合时的触头状态。

（4）电气原理图上应尽可能减少线条和避免线条交叉。各导线之间有电的联系时,在导线的交点处画一个实心圆点。根据图面布置的需要,可以将图形符号旋转90°、180°或45°绘制,即图面可以水平布置,可以垂直布置,也可以采用斜的交叉线。

四、电气设备安装接线图

各电气元件的安装位置是由机床的结构和工作要求决定的,所以为了便于安装接线、检查线路和排除故障,需要根据预先绘制的电气设备安装接线图进行操作。电气设备安装接线图反映各种电气设备在机械设备和电气控制柜中的实际安装位置和实际接线情况。例如,电动机要和被拖动的机械部件在一起,操作元件应放在操作方便的地方,行程开关应放在要取得信号的地方,一般电气元件应放在控制柜内。

在电气设备安装接线图中,各电气元件的位置均按照在安装底板(或电气控制箱、控制柜)中的实际安装位置绘出;在图中元件所占据的面积均按实际尺寸依照统一的比例绘制;一个元件的所有部件(如触头与线圈)要用虚线框框在一起,并在适当的位置标注元件的代号。绘制电气设备安装接线图时,不得违反安装规程,应注意以下几点。

(1)电气设备安装接线图中各电气元件的图形符号和文字符号必须与电气原理图完全一致,并符合国家标准。

(2)各电气元件凡是需要接线的部件端子都应绘出,并且一定要标注端子编号;各接线端子的编号必须与电气原理图上相应的线号一致;同一根导线上连接的所有端子的编号应相同。

(3)安装底板(或电气控制箱、控制柜)内外的电气元件之间的连线,应通过接线端子板进行连接。

(4)走向相同的相邻导线可以绘成一股线。绘制好的电气设备安装接线图应对照电气原理图仔细核对,防止错画、漏画,避免给制作线路和试车造成麻烦。

五、电气原理图的分析步骤

在分析控制线路图时,首先需要研究控制系统的工作原理,进而根据电气原理图来分析主电路、控制电路和保护电路等。

1. 熟悉工艺流程

分析控制电路前,首先要了解其基本结构、运动形式、加工工艺过程、操作方法和控制系统的基本要求等,然后根据控制电路及其有关说明来分析各个运动形式是如何实现的,弄清各电动机的安装部位、作用、规格和型号,初步掌握各种电器的安装部位、作用及各操纵手柄、开关、控制按钮的功能和操纵方法,并注意了解与机械、液压部分发生直接联系的各种电器,如行程开关、撞块、压力继电器、电磁离合器、电磁铁等的安装部位和作用。

2. 主电路分析

从主电路入手,根据每台电动机和电磁阀等执行电器的控制要求,去分析它们的控制内容。执行电器的控制内容包括启动、方向控制、调速和制动等。

例如:从主电路看机床用几台电动机来拖动,了解每台电动机的作用,这些电动机分别用哪些接触器或开关控制,有没有正反转控制,有没有电气制动;各电动机由哪个电器进行短路保护,由哪个电器进行过载保护,还有哪些保护设备;如果有速度继电器,应弄清楚它与哪台电动机有机械联系。

3. 控制电路分析

控制电路可以分为几个环节,每个环节一般主要控制一台电动机。根据主电路中每台电动机和电磁阀等执行器件的控制要求,逐一找出控制电路中的控制环节,利用基本环节的知识,按功能不同,划分出若干局部控制线路来进行分析。

将主电路中接触器的文字符号和控制电路中的相同文字符号一一对照,分清控制电路哪一部分电路控制哪一台电动机及如何控制,弄清楚各个电器线圈通电后它的触点会引起或影响哪些动作。分析联锁与保护环节的电气保护设备和电气联锁设置。

六、电气控制线路的设计要求

电气控制线路的设计方法一般有两种,即一般设计法和逻辑设计法。一般设计法又称经验设计法,是指根据生产工艺要求,利用各种典型的线路环节进行组合设计。这种设计方法比较简单,但要求电气设计人员必须熟悉大量的控制线路,具有丰富的设计经验,在设计过程中往往需要经过反复修改。

电气控制线路的设计要求主要有以下几个。

(1)应最大限度地了解生产机械和工艺对电气控制线路的要求。设计之前,电气设计人员要调查清楚生产要求、工艺要求、每一程序的工作情况和运动变化规律、所需要的保护措施,并对同类或相似产品进行调查、分析、综合,以作为具体设计电气控制线路的依据。

(2)根据工艺要求和工作程序,逐一画出运动部件或执行元件的控制电路。合理运用各控制原则,将成熟的常用环节组合应用于控制电路中,对需要保持元件状态的电路,要加自锁环节;对于电磁阀和电磁铁等无记忆功能的元件,应利用中间继电器进行记忆。

(3)根据控制要求将手动与自动选择环节、点动控制环节、各种保护环节等分别接入线路。

(4)完善、简化线路,去除多余线路和触头。电气控制线路在工作时,除必要的电器必须通电外,其余的尽量不通电以节约能源。应减少不必要的触头以简化线路,这样也可以提高电气控制线路的可靠性。在简化过程中,主要着眼于同类性质的合力,同时应注意触头的额定电流是否允许。

(5)选择电气元件,确定动作整定值。尽量减少电器的数量,采用标准件,并尽可能选用相同型号。应正确连接电器的线圈。在设计电气控制电路时,电器线圈的一端应统一接在电源的同一端,使所有电器的触头在电源的另一端,这样当电器的触头发生短路故障时,不致引起电源短路,同时安装接线也方便。

(6)在交流控制电路中不能串联接入两个电器的线圈。当两个交流线圈串联使用时,其中某一个至多只能得到一半的电源电压,由于电压与线圈阻抗成正比,两个电器的动作总是有先有后,不可能同时吸合。假如交流接触器 KM1 先吸合,由于 KM1 的磁路闭合,线圈的电感显著增加,因而在该线圈上的电压降也相应增大,从而使另一个接触器 KM2 的线圈电压达不到动作电压。因此,两个电器需要同时动作时,其线圈应该并联连接。

(7)在电气控制线路中充分考虑各种连锁(互锁和自锁)关系及各种必要的保护环节,以避免因误操作而发生事故。尽量避免许多电器依次动作才能接通另一个电器的控制电路,避免出现寄生电路。

(8)在电气控制线路中采用小容量继电器的触头来控制大容量接触器的线圈时,要核算继电器触头断开和接通容量是否足够。如果不够,必须加大接触器的容量或增加中间继电器,否则工作不可靠。

3.2.2 点动控制线路

点动是指在控制回路中,常开或常闭触头直接控制负载的启动和停止(状态转换),无状态保持。

在第 1 章的学习中,我们知道三相鼠笼式异步电动机的启动有两种方式,即直接启动和降压启动。使用刀开关实现的直接启动,动作顺序为:合上刀开关 QS,电动机接入电网运行;断开刀开关 QS,电动机停止运行。这种启动方式线路结构简单、经济,仅适于不频繁启动的小容量电动机,且不能实现远距离控制,更没有零压、欠压和过载保护。一般小型台钻和砂轮机都采用刀开关启动方式。用刀开关实现的直接启动如图 3.44(a)所示。

图 3.44(b)所示则是使用按钮和接触器实现的直接启动。左侧为电动机的动力回路,右侧为电动机的控制回路。动作顺序为:合上刀开关 QS→按下常开按钮 SB→接触器 KM 的线圈得电→其位于主回路的主触头闭合→电动机接入电网运行;松开常开按钮 SB→接触器 KM 的线圈断电→其位于主回路的主触头断开→电动机停止运行。

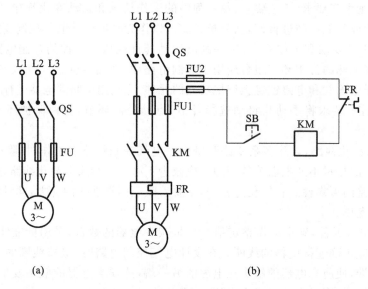

图 3.44 电动机的直接启动电气原理图

用一种更直观的方式来说明这个电路,如图 3.45 所示。合上闸刀→按下启动(常开)按钮→最左侧的电磁线圈得电→衔铁吸合向左运动→三对主触头闭合→电动机接入电网运行。松开启动按钮则电动机停转。

这种控制只能依靠人力来维持电动机的运转,一按(点)就动,一松(放)就停,它属于调试或维修状态下的一种间断性工作方式,也可以用于加工前的对刀。

3.2.3 单向连续运行控制线路

在图 3.45 的基础上,加入一个自保持触头,即形成电动机单向连续运行控制线路,如图 3.46 所示。

动作过程为:合上闸刀→按下启动(常开)按钮→最左侧的电磁线圈得电→衔铁吸合向左运动→三对主触头闭合→电动机接入电网运行。在三对主触头闭合的同时,接触器的辅助动合触头也闭合,此时即使松开启动按钮,电动机也不会停转,这种功能被称为自锁,也叫自保持,它是指电器利用自身的触头来使自己的线圈保持得电的功能。想要停止电动机,则按下停止(常闭)按钮→电磁线圈断电→衔铁失电向右运动→三对主触头和辅助动合触头均断开→电动机停止运行。

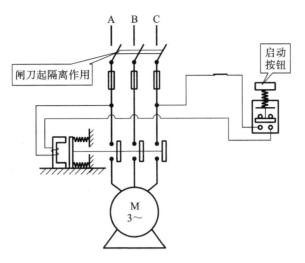

图 3.45　直接启动示意图

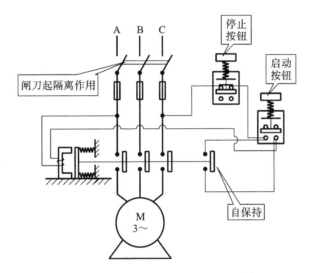

图 3.46　电动机单向连续运行控制线路

在图 3.46 的基础上,可得出电动机单向连续运行控制线路的电气原理图。这是一种最常用、最简单的控制线路,能实现对电动机的启动、停止的自动控制、远距离控制、频繁操作等,也称为启保停控制线路。

在图 3-47 中,主电路由三相隔离开关 QS、熔断器 FU1、接触器 KM 的常开主触头、热继电器 FR 的发热元件和电动机 M 组成。控制电路由启动按钮 SB1、停止按钮 SB2、接触器 KM 的线圈和常开辅助触头、热继电器 FR 的常闭触头构成。控制线路工作原理如下。

一、启动电动机

合上三相隔离开关 QS→按下启动按钮 SB1→控制电路中按触器 KM 的吸引线圈得电→KM 三对常开主触头闭合→电动机 M 接入电源,开始启动。

同时,与 SB1 并联的 KM 的常开辅助触头闭合,即使松手断开 SB1,因为自锁触头的作用,电动机 M 仍能继续启动,最后达到稳定运转。

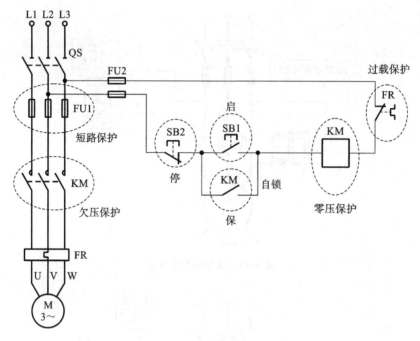

图 3.47　单向连续运行控制线路的电气原理图

二、停止电动机

按下停止按钮 SB2→接触器 KM 的线圈失电→KM 主触头、KM 辅助触头均断开→电动机 M 脱离电源，停止运转。这时，即使松开停止按钮 SB2，由于自锁触头断开，接触器 KM 线圈不会再通电，电动机 M 不会自行启动。只有再次按下启动按钮 SB1，电动机 M 方能再次启动运转。

三、线路保护环节

电动机 M 在运行过程中，除了按下停止按钮 SB2 之外，断开 QS、熔断器 FU 动作或最右侧的热继电器触头 FR 断开均能让其停止运行。这包含了四种保护功能。

1. 短路保护

短路保护通过主电路的熔断器 FU1 和控制电路中的熔断器 FU2 实现。短路时，通过它们的熔体熔断切开主电路。例如，FU2 断开，则接触器 KM 线圈失电，电动机 M 就停止运行。需要注意的是，主电路中三组熔断器如果在运行中断开一组，三相电动机会缺相运行，因此部分电路会安装缺相保护装置。

2. 过载保护

过载保护通过主电路中的热继电器 FR 的发热元件和装在控制电路中常闭触头 FR 实现。由于热继电器的热惯性比较大，即使发热元件上流过几倍额定电流的电流，热继电器也不会立即动作。因此，在电动机启动时间不太长的情况下，热继电器经得起电动机启动电流的冲击而不会动作。只有在电动机长期过载下 FR 才动作，断开控制电路，接触器 KM 失电，切断电动机主电路，电动机停转，实现过载保护。

3. 零(电)压保护

零(电)压保护也称零压(或失压)保护,是指当电源断电或电压严重降低时,接触器的线圈失电,电磁铁释放使主触点断开,电动机自动从电源切除停转。并且当电源重新恢复供电或电源电压恢复正常时,如果不重新按启动按钮,则电动机不能自行启动(因为用于自锁的常开触点已断开)。零(电)压保护可防止电源电压恢复时,电动机突然启动运转,造成设备和人身事故。

4. 欠(电)压保护

当线路电压降低到临界电压时,保护电器的动作,称为欠电压保护。欠(电)压保护的任务主要是防止设备因过载而烧毁。在这里,欠(电)压保护主要针对接触器,避免电动机同时启动而造成电压的严重下降,防止电压严重下降时电动机在重负载情况下的低压运行。

零压保护和欠压保护都是通过接触器 KM 的自锁触头来实现的。在电动机正常运行中,由于某种原因电网电压降低或消失,当线路电压降低到临界电压时,接触器线圈电压不足以吸合衔铁,从而接触器释放,自锁触头断开,同时主触头断开,切断电动机电源,电动机停转。如果电源电压恢复正常,由于自锁解除,电动机不会自行启动,避免了意外事故发生。只有操作人员再次按下 SB1 后,电动机才能启动。

四、点动和单向连续运行控制线路

在生产过程中,经常需要电动机既能点动运行,又能单向连续运行。图 3.48 所示的三种控制线路,既能控制电动机点动运行,又能控制电动机单向连续运行。

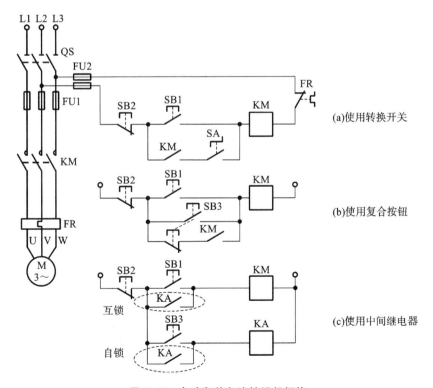

图 3.48　点动和单向连续运行切换

1. 使用转换开关

控制线路如图 3.48(a)所示。在单向连续运行控制线路中加装手动转换开关 SA,SA 闭合,为单向连续运行控制线路;SA 断开,为点动控制线路。该线路的缺点是操作复杂。

2. 使用复合按钮

控制线路如图 3.48(b)所示。在单向连续运行控制线路中加装复合按钮 SB3,按下 SB1 为单向连续运行,按下 SB3 为点动运行。该线路的缺点是动作不够可靠。

3. 使用中间继电器

控制线路如图 3.48(c)所示。在单向连续运行控制线路中加装中间继电器 KA,按下 SB1→KM 线圈得电→松开 SB1→KM 线圈失电→电动机点动运行;按下 SB3→KA 线圈得电→KA 两对触头同时闭合,实现自锁和互锁→KM 线圈得电并保持→电动机单向连续运行。

在这里,中间继电器 KA 的触头除了用于自锁以外,还用于互锁。互锁与自锁的概念恰好相反,它是指继电器或接触器将自身的常开或常闭触头接入对方的控制线路中,实现互相制约的关系。此处中间继电器 KA 的触头被接入 KM 的回路中,意味着只要 KA 线圈得电,即使按钮 SB1 没有按下,接触器 KM 线圈也能得电。

3.2.4　正反转控制线路

实际生产工程中往往要求运动部件能够实现正反两个方向的运动,比如说机床工作台的前进与后退、起重机吊钩的升与降、主轴的正反转等,虽然实现方式比较多,但是最简单的办法是利用电动机的正反转功能。通过学习电动机的基本知识可知,只要把三相交流电动机定子三相绕组任意两相调换,电动机定子相序即可改变,从而电动机就可以改变转动方向了。

一、基本的正反转控制线路

按照这一思路,可设计出电动机初步正反转控制线路如图 3.49 所示。

1. 主电路

由图可知,KM1 的主触头闭合,L1→U、L2→V、L3→W,电动机正转;KM2 的主触头闭合时,L1→W、L2→V、L3→U,电动机反转;当 KM1、KM2 同时闭合时,电源短路。

因此,主电路要求:正转时,KM1 的线圈得电;反转时,KM2 的线圈得电;任何时候都保证 KM1、KM2 的线圈不能同时得电。

2. 控制电路

当电路处于初始状态时,KM1、KM2 均失电,电动机脱离电网而静止;当操作者先按下按钮 SB1 时,接触器 KM1 的线圈得电,其动合主触头闭合,电动机正向启动运行;当操作者先按下按钮 SB2 时,接触器 KM2 的线圈得电,其主触头闭合,电动机反向启动运行。如果电动机已经在正转(或反转),要使电动机改为反转(或正转),必须先按停止按钮 SB3,再按反向(或正向)按钮。

3. 主要问题

电动机在正转过程中,接触器 KM1 主触头处于闭合状态,此时若按下按钮 SB2,接触器

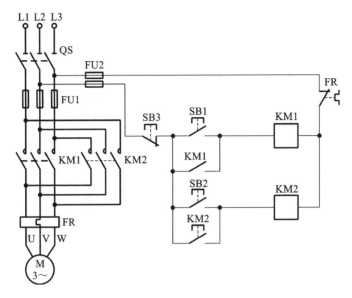

图 3.49　基本的正反转控制线路

KM2 线圈得电,其主触头将闭合,电源短路。反之亦然。

二、带有电气互锁的正反转控制线路

按照这一思路,可设计出电动机带有电气互锁的正反转控制线路。该线路的主电路与图 3.49 完全一样,这里只给出控制电路,如图 3.50 所示。

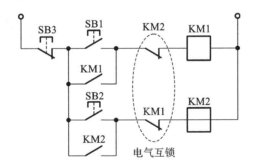

图 3.50　带有电气互锁的正反转控制线路控制电路

1. 启动正转

在停止的情况下,按下正转启动按钮 SB1,正转接触器 KM1 线圈得电并自锁,电动机正向运转;此时,串接在 KM2 线路中的 KM1 辅助常闭触头断开,即使按下反转启动按钮 SB2,反转接触器 KM2 线圈也无法得电,保证了 KM1 和 KM2 不能同时工作。

2. 启动反转

在停止的情况下,按下反转启动按钮 SB3,反转接触器 KM2 线圈得电并自锁,电动机反向运转;此时,串接在 KM1 线路中的 KM2 辅助常闭触头断开,即使按下正转启动按钮 SB1,正转接触器 KM1 线圈也无法得电,保证了 KM1 和 KM2 不能同时工作。

3. 互锁保护

接触器 KM1、KM2 回路中的辅助常闭触头 KM2、KM1 保证 KM1、KM2 两电器在任何时候都只能有一个得电。

4. 存在问题

（1）在实际中可能出现这样的情况，由于负载电路或大电流的长期作用，接触器的主触点被强烈的电弧"烧焊"在一起，或者接触器的机构失灵，使衔铁卡住，总是处在吸合状态，这都可能使触点不能断开，这时如果另一个接触器动作，就会造成电源短路事故。

（2）在停止状态下，若同时按 SB1 和 SB2，由于接触器触头动作的滞后性，接触器 KM1、KM2 的主触头有可能会在一瞬间同时接通。

（3）正反转不能直接切换，要切换正反转需要先按停止按钮 SB3，停止当前状态再启动。

三、双重互锁的正反转控制线路

双重互锁的正反转控制线路如图 3.51 所示。该线路具有电动机正反转控制、短路保护和过载保护等功能。

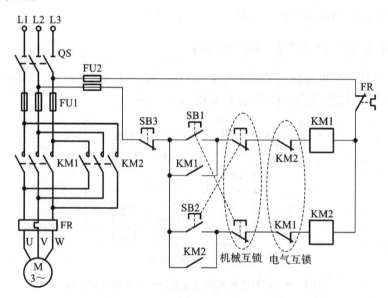

图 3.51 双重互锁的正反转控制线路

1. 机械互锁

在正向启动按钮 SB1 的支路上串接反向启动按钮 SB2 的常闭触头；同理，在反向启动按钮 SB2 的支路上串联了正向启动按钮 SB1 的常闭触头。其余则和图 3.50 的电气互锁相同，此处不再赘述。

2. 线路特点

该线路正反转切换时不需要使用停止按钮，切换功能由控制电路中的复合按钮实现。同时该线路还起到了互锁的效果。通常把复合按钮实现的互锁称为机械互锁，把接触器和继电器触头实现的互锁称为电气互锁。机械互锁不能替代电气互锁。

为了保证线路的可靠性,尤其是在和人民群众的生命财产安全有密切联系的机电系统中,往往要设置复杂的互锁作为安全保护措施。

四、转换开关控制的正反向控制线路

　　图 3.52 所示为一种最简单的转换开关控制的正反转控制线路。

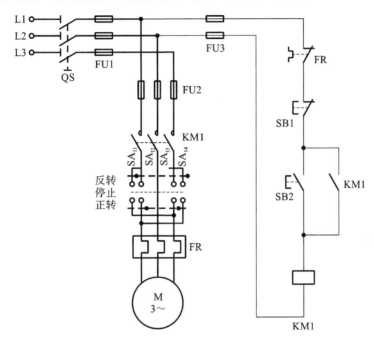

图 3.52　转换开关控制的正反转控制线路

　　图中,转换开关 SA1 的作用是方便切换 L1 和 L3 两相,L2 相不与 SA1 的触头相连。如果 SA_{12} 和 SA_{13} 常开触头同时闭合,电动机正转;当 SA_{11} 和 SA_{14} 常开触头同时闭合时,电动机相序反接,此时电动机反转;SA_{11}、SA_{12}、SA_{13}、SA_{14} 四个常开触头均断开后,电动机处于断电状态。需要特别指出的是,转换开关 SA 通常不适合于带负载进行切换,所以在合上隔离开关 QS 之前需要先通过 SA 选择正/反转。另外,还需要注意的是,这种电气控制原理只适合于 5.5 kW 以下的小容量电动机。

3.3　继电器-接触器的连锁控制

　　在机电传动中,常要求各种机械运动部件之间或生产机械之间,能够按照设定的先后顺序启动或停止,按照设定的控制关系运行。例如:车床主轴开始转动之前,要求油泵先输送润滑油,主轴停止运转之后油泵才能停止输送润滑油;在平面磨床上,砂轮工作中,电磁吸盘不允许失磁,等等。这些要求,本质上是连锁控制的要求,机电传动系统中有多种实现方法,其中最简单、最经济的是通过继电器-接触器控制系统的互锁来实现。

3.3.1 顺序启动控制线路

一、两台电动机 M1 和 M2 同时启动、同时停止

控制线路如图 3.53(a)所示。

1. 顺序启动过程

如图 3.53(a)所示,闭合电源闸刀 QS→按下启动按钮 SB1→接触器 KM1 线圈得电并自锁→KM1 主触头闭合→电动机 M1 启动并保持;同时,接触器 KM1 在电动机 M2 的控制电路中的辅助常开触头闭合→接触器 KM2 线圈得电→KM2 主触头闭合→电动机 M2 启动并保持。

2. 顺序停止过程

由图 3.53(a)可知,按下停止按钮 SB3→接触器 KM1 线圈失电→KM1 主触头和辅助触头均断开→电动机 M1 停止转动;同时,接触器 KM2 线圈失电→KM2 主触头断开→电动机 M2 停止转动。

二、两台电动机 M1 启动后 M2 才能启动,M2 可以单独停止

控制线路如图 3.53(b)所示。

1. 顺序启动过程

如图 3.53(b)所示,闭合电源闸刀 QS→按下启动按钮 SB1→接触器 KM1 线圈得电并自锁→KM1 主触头闭合→电动机 M1 启动并保持;同时,接触器 KM1 在电动机 M2 的控制电路中的辅助常开触头闭合,为 M2 启动创造必要条件。

按下启动按钮 SB2→接触器 KM2 线圈得电并自锁→KM2 主触头闭合→电动机 M2 启动并保持。在 KM1 的辅助常开触头没有闭合以前,按下启动按钮 SB2 是没有反应的。

2. 顺序停止过程

按下停止按钮 SB4→接触器 KM1 线圈失电→KM1 主触头和辅助触头均断开→电动机 M1 停止转动;同时,接触器 KM2 线圈失电→KM2 主触头断开→电动机 M2 停止转动。

3. 电动机 M2 单独停止过程

如果电动机 M2 想单独停止,可按下停止按钮 SB5→接触器 KM2 线圈失电→KM2 主触头断开→电动机 M2 停止转动。

此线路还可以扩展实现更多的电动机顺序启动控制(只需要继续向新添加的电动机回路串联互锁触头就可以实现)。

三、电动机 M1 启动后电动机 M2 才能启动,电动机 M2 停止后电动机 M1 才能停止(启动、停车都有互锁)

控制线路如图 3.54 所示。主电路与图 3.53 一致,故省略。

1. 顺序启动过程

按下启动按钮 SB1→接触器 KM1 线圈得电并自锁→KM1 主触头闭合→电动机 M1 启

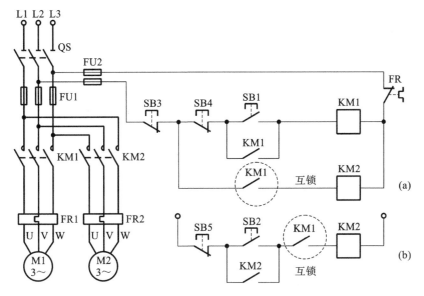

图 3.53　顺序启停电气控制原理图

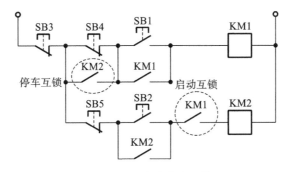

图 3.54　工作和停车互锁

动并保持。KM1 互锁触头闭合,按下启动按钮 SB2→接触器 KM2 线圈得电并自锁→KM2
主触头闭合→电动机 M2 启动并保持。

2. 电动机 M2 单独停止过程

按下停止按钮 SB5→接触器 KM2 线圈失电→KM2 主触头和自锁触头断开→电动机
M2 停止转动。

3. 电动机 M2、M1 顺序停止过程

在电动机 M2 停止之前,按下 SB4 是没有作用的。只有当 KM2 的互锁触头断开时,按
下停止按钮 SB4→接触器 KM1 线圈失电→KM1 主触头和辅助触头均断开→电动机 M1 停
止转动。

从以上分析可知,只有先启动电动机 M1 后,才能启动电动机 M2;只有先使电动机 M2
停止后,才能将电动机 M1 停止。顺序启动是先启动电动机接触器的辅助常开触头串联在
后启动电动机的控制电路中,顺序停止是先停止电动机接触器的辅助常开触头并联在后停
止电动机的停止按钮旁。

3.3.2 多地点控制线路

在实际生产中使用大型设备时,为了操作方便,常要求能在两个及两个以上的地点对其进行操作。例如,重型龙门刨床,有时在固定的操作台上控制,有时需要站在机床四周用悬挂按钮控制;有些场合,为了便于集中管理,由中央控制台进行控制,但每台设备调整检修时,又需要就地进行机旁控制等。

多地点控制的实现方法是停止按钮串联、启动按钮并联,并把它们分别安装在不同的操作地点,以便控制。多地点控制线路如图 3.55 所示。

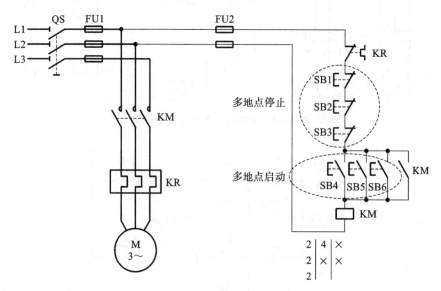

图 3.55 多地点控制线路

1. 启动过程

按下启动按钮 SB4、SB5、SB6 其中的任何一个,都能够使接触器 KM 线圈得电→KM 主触头、辅助动合触头闭合→接触器 KM 自锁→电动机 M 转动。

2. 停止过程

按下启动按钮 SB1、SB2、SB3 其中的任何一个,都能够使接触器 KM 线圈失电→KM 主触头、辅助动合触头断开→电动机 M 停止转动。

3.3.3 反接制动控制线路

一、线路设计思想

反接制动是通过改变电动机电源电压相序,使电动机迅速停止转动的一种电气制动方法。由于电源相序改变,定子绕组产生的旋转磁场方向也发生改变,即与原方向相反;而转子仍按原方向惯性旋转,于是在转子电路中产生与原方向相反的感应电流,根据载流导体在磁场中受力的原理可知,此时转子要受到一个与原转动方向相反的力矩的作用,从而使电动机转速迅速下降，实现制动。反接制动的关键是，当电动机转速接近零时，能自动地立即将电源切断，以免电动机反向启动。为此，采用按转速原则进行制动控制，即借助速度继电器来检测电动机速度变化，当制动到接近零速(100 r/min)时，由速度继电器自动切断电源。

改变电动机电源相序的反接制动，其优点是制动效果好；缺点是能量损耗大，由电网供给的电能和拖动系统的机械能全部都转化为电动机转子的热损耗。在反接制动时，转子与定子旋转磁场的相对速度接近于 2 倍同步转速，所以定子绕组中流过的反接制动电流相当于全电压直接启动时电流的 2 倍。为避免对电动机及机械传动系统的冲击过大，延长其使用寿命，一般在 10 kW 以上电动机的定子电路中串接对称电阻或不对称电阻，以限制制动转矩和制动电流，这个电阻称为反接制动电阻。

二、控制线路

反接制动控制线路分为单向反接制动控制线路和可逆反接制动控制线路。单向反接制动控制线路如图 3.56 所示。

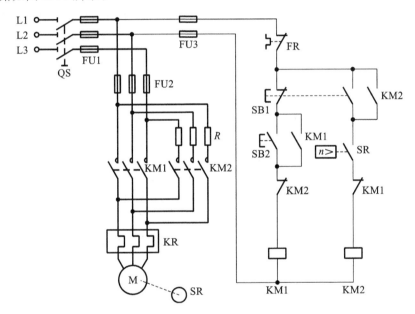

图 3.56　单向反接制动控制线路

电动机正向运行时，如果把电源反接，电动机转速将由正转急速下降到零。如果反接电源不及时切除，则电动机又要从零速反向启动运行。所以，我们必须在电动机制动到零速时，将反接电源切断，这样电动机才能真正停下来。控制线路是用速度继电器来"判断"电动机的停与转的。电动机与速度继电器的转子是同轴连接在一起的，电动机转动时速度继电器的动合触头闭合，电动机停止时动合触头打开。图 3.56 所示控制线路是 X62W 铣床主轴电动机的单向反接制动控制线路，它成熟、可靠地解决了 X62W 铣床主轴电动机反接制动问题。

三、工作过程

（1）按下启动按钮 SB2，接触器 KM1 线圈得电吸合，电动机启动运行。与此同时，KM2

支路中的 KM1 的辅助动断触头 KM1 断开,实现互锁。在电动机正向运行时,速度继电器 SR 的常开触头闭合,为反接制动接触器 KM2 线圈通电准备了条件。

(2) 当需制动停车时,按下停止按钮 SB1,接触器 KM1 线圈失电切断电动机三相电源。此时电动机的惯性转速仍然很高,SR 的常开触头仍闭合,接触器 KM2 线圈得电吸合,KM2 主触头闭合,电动机反接于电源,使定子绕组得到改变相序的电源,电动机进入串制动电阻 R 的反接制动状态。

(3) 当电动机转子的惯性转速接近零速(100 r/min)时,速度继电器 SR 的常开触头由闭合转为断开,接触器 KM2 线圈断电释放,制动结束。

3.3.4 电磁抱闸制动控制线路

电磁抱闸(见图 3.57)是一种依靠电信号动作的机械制动装置。利用它制动的优点是制动力矩大,制动迅速,安全可靠,停车准确;缺点是制动越快,冲击振动就越大,对机械设备不利。这种制动方法由于较简单,操作方便,所以在生产现场得到广泛应用。一般在电梯、吊车和卷扬机等升降机械上,应采用电磁抱闸断电制动方式;在机床等经常需要调整工件位置的机械设备上,应采用电磁抱闸通电制动方式。

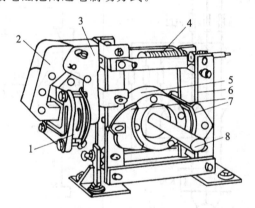

图 3.57 电磁抱闸

1—线圈;2—衔铁;3—铁芯;4—弹簧;5—闸轮;6—杠杆;7—闸瓦;8—轴

图 3.58 所示为电磁抱闸断电制动控制线路,电动机正常运行中,电磁抱闸处于松开状态。

该控制线路工作原理如下。

(1) 按下启动按钮 SB2,接触器 KM 线圈得电吸合。

(2) KM 线圈通电,将衔铁吸合,闸瓦和闸轮松开,电动机启动运行。

(3) 按下停止按钮 SB1,接触器 KM 失电复位,电动机脱离电源。

(4) KM 线圈失电,在弹簧的作用下衔铁向下移动,使制动闸紧紧地抱住制动轮,实现制动。

(5) 下次启动时从第(1)步重新开始。

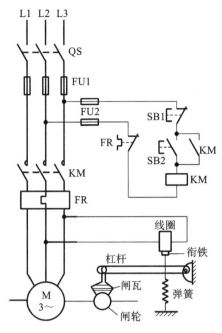

图 3.58 电磁抱闸断电制动控制线路

3.4 继电器-接触器的行程控制

在机电控制系统中,行程控制是极其普通和多见的。在继电器-接触器控制系统中,尚不能实现复杂的行程控制,但利用行程开关和电动机的正反转,仍然能用极低的成本实现自动化的功能。

3.4.1 极限位置的行程保护

机电系统中,生产机械运动部件往往有其动作范围,一旦超出范围,就有事故隐患。将行程开关安装在适当位置,当预装在生产机械运动部件上的撞块压下推杆时,行程开关的动断触头断开,动合触头闭合;当撞块离开推杆时,复位弹簧将推杆和触头复位,由此实现电路的切换。这种限位措施在生产中广泛用于各类机床和起重机械,用以进行终端限位保护。在电梯的控制电路中,这种限位措施还被用来实现开、关门,以及轿厢的上、下的位置保护。

极限位置的行程保护线路如图 3.59 所示。在一个正反转控制线路的基础上,加装了 SQ1 和 SQ2 两个行程开关。其中,SQ1 安装在正向运动的终点,SQ2 安装在反向运动的终点(原点)。

1. 正向运行

合上刀开关 QS→按下正向运行启动按钮 SB1→KM1 线圈得电并自锁→KM1 主触头闭合→电动机正向运行。

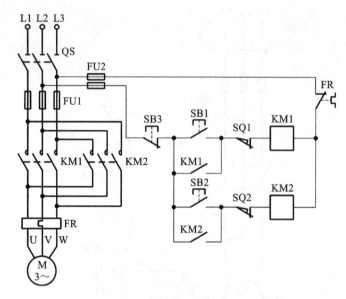

图 3.59　极限位置的行程保护线路

2. 正向停止

当电动机拖动的运动部件上的撞块,撞到安装在正向运动极限位置的行程开关 SQ1 时,接触器 KM1 线圈失电→KM1 主触头和自锁触头断开→电动机停止正向运行。操作人员无须参与,运动部件将自动停止。

3. 反向运行与反向停止

按下反向运行启动按钮 SB2→KM2 线圈得电并自锁→KM2 主触头闭合→电动机反向运行→运动部件运行到极限位置时 SQ2 被压下→KM2 线圈失电→KM2 主触头和自锁触头断开→运动部件停止运行。

合理选择行程开关安装的位置,就能保护生产机械不会因为超行程而损坏。

3.4.2　自动往复行程控制

在生产过程中,某些设备的工作台需要自动往复运行,如组合机床、龙门刨床和铣床等,此时电动机的旋转方向由工作台上的位置检测开关来切换。行程开关、光电开关或接近开关等是常用的位置检测开关。

自动往复行程控制是在行程保护控制的基础上,将行程开关改为复合式,即增加一组常开触头。正向运行停车的同时,自动启动反向运行;反之亦然。

一、控制需求

往复运动示意图如图 3.60 所示。工作台由电动机 M 拖动,行程开关 SQ1 和 SQ2 是复合式的,常开的触头用于切换运行方向,常闭的触头既用于在当前运行方向上的停止,又能作为极限位置的行程保护。将 SQ2 安装位置定义为终点,将 SQ1 安装位置定义为原点,将工作台向右的运动定义为正程,向左的运动定义为逆程,工作台在原点和终点之间往复运动。

图 3.60　往复运动示意图

二、连续循环运行控制

连续循环运行控制线路如图 3.61 所示。它实质上是在双重互锁正反转控制线路基础上,增加了行程开关。行程开关的常开触头并接在接触器常开辅助触头即自锁触头两端,构成又一条自锁电路;而行程开关的常闭触头串接于对方接触器线圈电路中,因此增加了一个互锁触头。

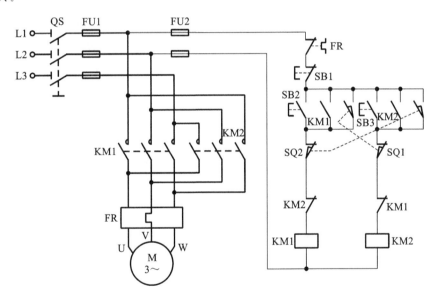

图 3.61　连续循环运行控制线路

1. 正程运动

合上刀开关 QS→闭合启动按钮 SB2→接触器 KM1 线圈得电并自锁→接触器 KM1 主触头闭合→电动机正转启动→工作台正程运动→到达终点位置,触碰行程开关 SQ2→KM1 线圈失电。

2. 逆程运动

在 KM1 线圈失电的同时,KM2 线圈得电并自锁→KM1 主触头断开,KM2 主触头闭合→电动机反向旋转→工作台逆程运动→到达原点位置,触碰行程开关 SQ1→KM2 线圈失电,KM1 线圈得电并自锁→KM2 主触头断开,KM1 主触头闭合→电动机正向旋转→工作台向右运动,直到碰到 SQ2,以此循环往复自动进行。

三、单次循环运行控制

将图 3.61 的接触器 KM1 支路中,与启动按钮 SB2 并联的 SQ1 常开触头去掉,则电路运行方式变为:

闭合 SB2→KM1 线圈得电并自锁→工作台向右运动→到达终点,SQ2 断开→KM1 线圈失电,KM2 线圈得电并自锁→工作台向左运动→到达原点,SQ1 断开→KM2 线圈失电→电动机停转→工作台停止在原点。直至下一次按下启动按钮 SB2。

单次循环也是机电系统中所需要的控制功能,适用于工步之间切换时的停留与等待。

四、连续循环运行控制的改进线路

图 3.61 中,假设工作台当前运行到终点位置,恰在此时电网断电;又或者,工作台当前运行到原点位置,恰在此时按下停止按钮 SB1 想要停止生产。

当工作台处于终点位置,行程开关 SQ2 处于动作状态,其常开触头闭合、常闭触头断开。此时电网断电,整个电路不动作,工作台也停止不动,但行程开关 SQ2 的触头在撞块的压力之下始终处于动作状态。这意味着一旦电网恢复供电,因为 SQ2 常开触头是闭合的,接触器 KM2 线圈将立刻得电,驱动工作台逆程运行。对原点的分析也能得出同样的结论,这与零压保护的要求是相悖的。也就是说,该电路存在问题:工作台运行到个极限位置时,不能停车。

改进后的连续循环运行控制电路如图 3.62 所示。加装中间继电器 KA,在工作台工作之前,需要先按下按钮 SB4 使 KA 线圈得电,KA 线圈得电后,其触头闭合并自锁;同时,KA 的自锁触头串接在工作台正反向运行的电路中,只要 KA 断电,则工作台无论处于哪个位置也不会自行启动。

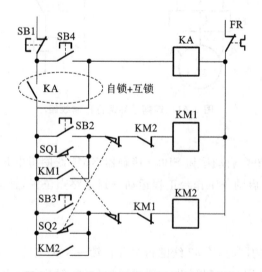

图 3.62 改进后的连续循环运行控制电路

3.4.3　行程控制设计实例

一、控制要求

某工作台结构图如图 3.63 所示,启动后要求:
(1) 运动部件 A 从位置 1 到位置 2;
(2) 运动部件 B 从位置 3 到位置 4;
(3) 运动部件 A 从位置 2 回到位置 1;
(4) 运动部件 B 从位置 4 回到位置 3。

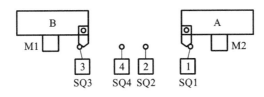

图 3.63　工作台结构图

二、设计步骤

(1) 根据动作顺序,设计控制电路;
(2) 检查有无互锁;
(3) 检查能否正确启动、停车。

三、线路设计

控制电路如图 3.64 所示,主电路图略。设置 KMAF 为运动部件 A 正转,KMAR 为运动部件 A 反转,KMBF 为运动部件 B 正转,KMBR 为运动部件 B 反转。

1. 运动部件 A 由位置 1 到位置 2

按下启动按钮 SB2→运动部件 A 正转,接触器 KMAF 线圈得电并自锁→KMAF 主触头闭合→运动部件 A 电动机正转启动→运动部件 A 由位置 1 到位置 2。

2. 运动部件 B 由位置 3 到位置 4

运动部件 A 到达位置 2,撞到行程开关 SQ2→SQ2 常闭触点断开→KMAF 线圈失电→运动部件 A 停止运动→SQ2 常开触点闭合→运动部件 B 反转接触器 KMBR 线圈得电并自锁→KMBR 主触头闭合→运动部件 B 电动机反转启动→运动部件 B 由位置 3 到位置 4。

3. 运动部件 A 由位置 2 到位置 1

运动部件 B 到达位置 4,撞到行程开关 SQ4→SQ4 常闭触点断开→KMBR 线圈失电→运动部件 B 停止运动→SQ4 常开触点闭合→运动部件 A 反转接触器 KMAR 线圈得电并自锁→KMAR 主触头闭合→运动部件 A 电动机反转启动→运动部件 A 由位置 2 到位置 1。

4. 运动部件 B 由位置 4 到位置 3

运动部件 A 到达位置 1,撞到行程开关 SQ1→SQ1 常闭触点断开→KMAR 线圈失电→

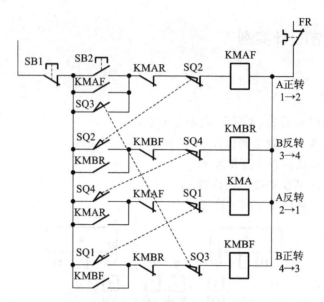

图 3.64 工作台行程控制电路

运动部件 A 停止运动→SQ1 常开触点闭合→运动部件 B 反转接触器 KMBF 线圈得电并自锁→KMBF 主触头闭合→运动部件 B 电动机正转启动→B 运动部件由位置 4 到位置 3。

5. 循环工作过程

运动部件 B 到达位置 3,撞到行程开关 SQ3,则从 1. 重新开始,循环往复。

四、改进设计

同图 3.61 一样,使用行程开关之后,产生的问题是在极限位置不能停止,解决方法同样是加装中间继电器,如图 3.65 所示。

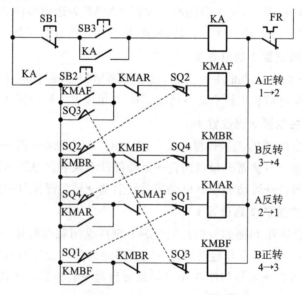

图 3.65 工作台行程控制改进后的控制电路

1. 启动过程

工作台启动之前,先按下按钮 SB3,中间继电器 KA 线圈得电并自锁,串接在工作台控制回路之前的辅助常开触头 KA 则互锁。之后,按下 SB2,正常开始工作台的自动循环运行。

2. 停止过程

按下按钮 SB1,中间继电器 KA 线圈失电,触头释放,一旦互锁触头 KA 断开,工作台整个控制电路就失电。

3.5　继电器-接触器的时间控制

电动机定时运转控制线路常用于机床润滑系统中及水箱补水、管道通风等。由于这种线路可以使电动机按设定的运转时间和间隔时间周而复始地运行,所以省去了操作人员。

3.5.1　顺序启动时间控制

在图 3.53 所介绍的电路中,加装时间继电器,如图 3.66 所示,即可实现按时间控制的顺序启动功能。

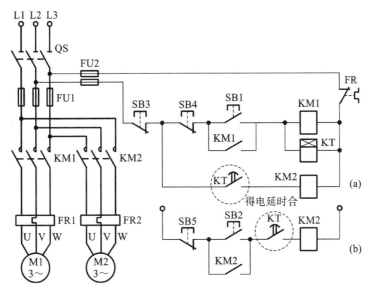

图 3.66　按时间控制的顺序启动

一、M1 先启动,经过一段时间之后 M2 自动启动,M1 和 M2 同时停止

1. 启动过程

如图 3.66(a)所示,闭合电源闸刀 QS→按下启动按钮 SB1→接触器 KM1 线圈得电并自锁→KM1 主触头闭合→电动机 M1 启动并保持;同时,得电延时型时间继电器 KT 的线圈得电→经过一段时间后其得电延时合的触头 KT 闭合→接触器 KM2 线圈得电→KM2 主触头闭合→电动机 M2 启动并保持。

2．停止过程

按下停止按钮 SB4→接触器 KM1 线圈失电→KM1 主触头和辅助触头均断开→电动机 M1 停止转动；同时，得电延时型时间继电器 KT 的线圈失电→触头 KT 瞬时断开→接触器 KM2 线圈失电→KM2 主触头断开→电动机 M2 停止转动

二、M1 先启动，经过一段时间之后 M2 才能启动，M2 可以单独停止

1．顺序启动过程

如图 3.66(b)所示，闭合电源闸刀 QS→按下启动按钮 SB1→接触器 KM1 线圈得电并自锁→KM1 主触头闭合→电动机 M1 启动并保持；同时，得电延时型时间继电器 KT 的线圈得电→经过一段时间后其得电延时合的触头 KT 闭合，为 M2 启动创造必要条件。

按下启动按钮 SB2→接触器 KM2 线圈得电并自锁→KM2 主触头闭合→电动机 M2 启动并保持。在得电延时合的触头 KT 没有闭合以前，按下启动按钮 SB2 是没有反应的。

2．顺序停止过程

按下停止按钮 SB4→接触器 KM1 线圈失电→KM1 主触头和辅助触头均断开→电动机 M1 停止转动；同时，得电延时型时间继电器 KT 的线圈失电→触头 KT 瞬时断开→接触器 KM2 线圈失电→KM2 主触头断开→电动机 M2 停止转动。

3.5.2　Y/△降压启动控制

一、设计思路

Y/△降压启动的设计思想是按时间原则控制启动过程，在启动时将电动机定子绕组接成星形，每相绕组承受的电压为电源的相电压(220 V)，减小了启动电流对电网的影响。而在其启动后期，其定子绕组则按预先整定的时间换接成三角形接法，每相绕组承受的电压为电源的线电压(380 V)，电动机进入正常运行。凡是正常运行时定子绕组接成三角形的鼠笼式异步电动机，均可采用这种线路。

二、线路设计

定子绕组接成 Y/△的降压启动控制线路如图 3.67 所示。
工作原理如下。

1．启动环节

合上刀开关 QS，按下启动按钮 SB2，接触器 KM1 线圈得电，电动机 M 接入电源。同时，得电延时型时间继电器 KT 线圈及接触器 KM3 线圈得电。

2．延时环节

接触器 KM3 线圈得电，其常开主触头闭合，电动机 M 定子绕组在星形连接下运行。KM3 的常闭辅助触头断开，保证了接触器 KM2 不得电。

3．切换环节

时间继电器 KT 的常开触头延时闭合、常闭触头延时断开，在星形接法下接触器 KM3

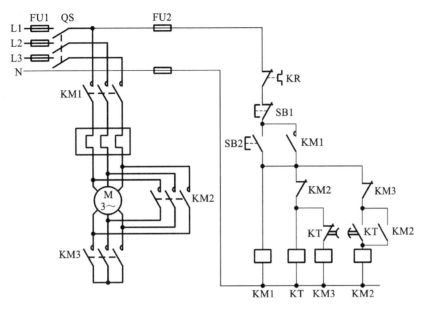

图 3.67　Y/△降压启动控制线路

线圈失电,其主触头断开而常闭辅助触头闭合。

4. 正常运行

接触器 KM2 线圈得电,其主触头闭合,使电动机 M 由星形启动切换为三角形运行。

5. 停止环节

按下停止按钮 SB1,各接触器线圈失电,主触头和辅助触头释放,电动机断电停车,辅助电路各元件均失电。等待下一次启动开始。

三、线路的保护

(1) Y/△降压启动的关键在于星形接法和三角形接法不允许同时接入线路,否则会造成电源短路。为避免这一问题,在 KM3 与 KM2 之间设有辅助常闭触头做电气互锁,防止它们同时动作造成短路。

(2) 线路转入三角形运行后,KM2 的常闭触头断开,切除时间继电器 KT、接触器 KM3,避免 KT、KM3 线圈长时间运行而空耗电能,延长其寿命。

(3) 当电动机出现异常过电流使热继电器 FR 或熔断器 FU 动作时,电动机均会停止运行。

Y/△降压启动控制线路操作简单、经济可靠,启动过程由接触器和时间继电器自动来完成,无须人工干预,且降压启动时间可调。

3.5.3　定子串电阻降压启动控制

在电动机启动过程中,常在三相定子电路中串接电阻来降低定子绕组上的电压,使电动机在降低了的电压下启动,以达到限制启动电流的目的。一旦电动机转速接近额定值,切除串联电阻,使电动机进入全电压正常运行。这种线路的设计思想,通常都是采用时间原则按时切除启动时串入的电阻(或电抗)以完成启动过程。在具体线路中可采用人工手动控制或时间继电器自动控制来加以实现。

定子串电阻降压启动控制线路如图 3.68 所示。电动机启动时在三相定子电路中串接电阻,使电动机定子绕组电压降低,启动后再将电阻短路,电动机仍然在正常电压下运行。这种启动方式由于不受电动机接线形式的限制且设备简单,所以在中小型机床中也有应用。机床中也常用这种串接电阻的方法限制点动调整时的启动电流。

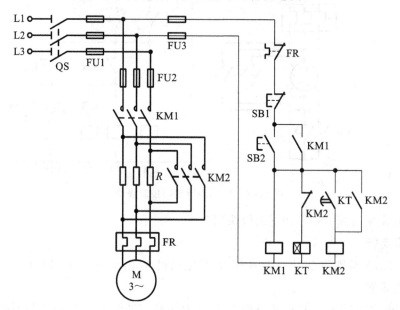

图 3.68　定子串电阻降压启动控制线路

控制线路的工作过程如下。

1. 启动环节

合上刀开关 QS,按下启动按钮 SB2,接触器 KM1 线圈得电,KM1 主触头闭合,电阻 R 和电动机 M 串接入电网。

2. 延时环节

接触器 KM1 辅助触头闭合,实现 KM1 自锁。得电延时型时间继电器 KT 的线圈得电,开始延时。

3. 正常运行

经过一段时间后,时间继电器 KT 的得电延时触头闭合,接触器 KM2 线圈得电并自锁,KM2 主触头闭合,短接电阻,电动机恢复正常运行。

4. 复位环节

接触器 KM2 线圈得电后,其辅助动断触头将时间继电器 KT 断电,则 KT 的得电延时闭合触头会瞬时断开,但由于 KM2 利用辅助常开触头自锁,不影响电动机的正常运行。

定子串电阻降压启动的优点是控制线路结构简单,成本低,动作可靠,提高了功率因数,有利于保证电网质量。但是,启动电流随定子电压成正比下降,而启动转矩则按电压下降比例的平方倍下降,同时每次启动都要消耗大量的电能,定子串电阻降压启动仅适用于要求启动平稳的中小容量电动机及启动不频繁的场合。大容量电动机多采用串电抗降压启动。

3.5.4 能耗制动控制

能耗制动是一种应用广泛的电气制动方法,在电动机断开三相电源停车的同时,将直流电源接入定子绕组,利用转子感应电流与静止磁场的作用产生制动转矩,当转速降至零时,电动机停转,再将直流电源切除,制动结束。这种制动方法实质上是把转子原来储存的机械能,转变成电能,又消耗在转子的制动上,所以称作能耗制动。

能耗制动控制有采用时间继电器控制和采用速度继电器控制两种形式。

一、按时间控制的能耗制动控制

按时间控制的能耗制动控制线路如图 3.69 所示。

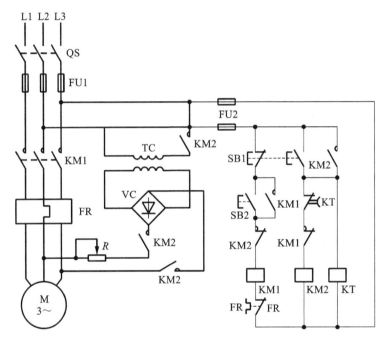

图 3.69 按时间控制的能耗制动控制线路

线路工作原理如下。

1. 启动环节

按下启动按钮 SB2,接触器 KM1 线圈得电,其主触头和辅助常开触头闭合,使电动机正常运行,接触器 KM2 和时间继电器 KT 不得电。

2. 停止环节

停止时,按下停止按钮 SB1,接触器 KM1 线圈失电,其主触头断开,电动机脱离三相交流电源。

3. 制动环节

此时,因接触器 KM1 的辅助常闭触头已经复位,接触器 KM2 与时间继电器 KT 线圈相继得电,接触器 KM2 主触头闭合,将经过整流后的直流电压通过电阻 R 接至电动机两相定子绕组上,使电动机制动。

4. 复位环节

当转子的惯性速度接近零时,时间继电器 KT 的常闭触头延时断开,使接触器 KM2 线圈和 KT 线圈相继失电,切断能耗制动的直流电源,线路停止工作。

制动作用的强弱与通入的直流电流的大小和电动机转速的快慢有关。在同样的转速下,电流越大,制动作用越强。一般取直流电流为电动机空载电流的 3~4 倍,过大会使定子过热。可通过改变 R 阻值来调节直流电流。

二、按速度控制的能耗制动控制

按速度控制的能耗制动控制线路如图 3.70 所示。

该线路与按时间控制的能耗制动控制线路基本相同,只是在控制电路中取消了时间继电器 KT 的线圈电路,而在电动机轴的伸出端安装了速度继电器 KS,并且用速度继电器 KS 的常开触头取代了时间继电器 KS 延时断开的常闭触头。

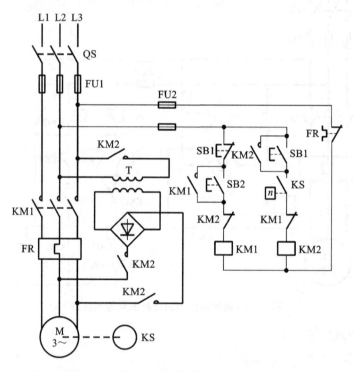

图 3.70 按速度控制的能耗制动控制线路

操作过程如下。

1. 启动环节

按下启动按钮 SB2,接触器 KM1 线圈得电,其主触头和辅助常开触头闭合,使电动机正常运行,接触器 KM2 不得电。但电动机开始转动后,速度继电器 KS 常开触头闭合,为制动做好准备。

2. 停止环节

按下停止按钮 SB1，KM1 线圈失电释放，切除电动机三相交流电源。

3. 制动环节

此时，转子的惯性速度仍然很高，速度继电器 KS 的常开触头仍闭合，接触器 KM2 得电，主触头闭合，接通整流器的输入/输出电路，向电动机定子绕组送入直流电流，电动机开始制动。

4. 复位环节

待转子转速接近零时，KS 常开触头断开复位，KM2 线圈断电，能耗制动结束。

3.5.5　时间控制设计实例

一、控制要求

设计图 3.71 所示的运料小车的控制线路，要求如下。

图 3.71　运料小车运料示意图

（1）小车启动后，前进到 A 地。
（2）小车到 A 地后停 2 分钟等待装料，然后自动走向 B 地。
（3）小车到 B 地后停 2 分钟等待卸料，然后自动走向 A 地。
（4）有过载和短路保护。
（5）小车可停在任意位置。

二、线路设计

时间控制的运料小车自动往复控制线路如图 3.72 所示，SQA、SQB 为 A、B 两地的行程开关，KTA、KTB 为两个得电延时型时间继电器，延时时长都是 2 分钟。

1. 正程运动

合上刀开关 QS→闭合启动按钮 SB1→接触器 KM1 线圈得电并自锁→接触器 KM1 主触头闭合→电动机正转启动→工作台正程运动→到达终点位置，触碰行程开关 SQA→SQA 常闭触头断开→KM1 线圈失电→电动机停止运转。

2. 延时装料

行程开关 SQA 常开触头闭合→得电延时型时间继电器 KTA 线圈得电并开始延时 2 分钟。

3. 逆程运动

2 分钟后时间继电器 KTA 得电延时合的触头闭合→接触器 KM2 线圈得电并自锁→接触器 KM2 主触头闭合→电动机反向旋转→工作台逆程运动→到达原点位置，触碰行程开关 SQB→SQB 常闭触头断开→KM2 线圈失电→电动机停止运转。

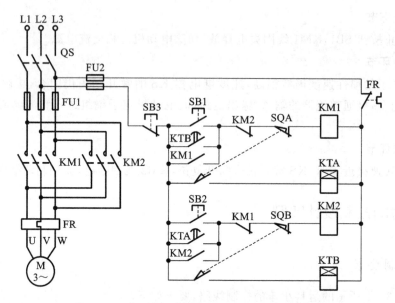

图 3.72　时间控制的运料小车自动往复控制线路

4. 延时卸料

行程开关 SQB 常开触头闭合→得电延时型时间继电器 KTA 线圈得电并开始延时 2 分钟。

5. 循环工作过程

2 分钟后时间继电器 KTB 得电延时合的触头闭合→接触器 KM1 线圈得电并自锁，进入下一个自动工作循环，从 1. 到 4.。

利用两个时间继电器、两个行程开关、两个接触器和若干附件，用极低的成本，就构建出一个能实现简单自动循环控制过程的生产设备，这正是继电器-接触器控制系统时至今日仍有广泛应用市场的根本原因。

3.6　机电液综合控制

在机电系统中，如组合机床等自动化设备，在对零件进行加工的过程中，需要自动顺序完成定位、夹紧、快进、工进和快退等工步操作。这种自动循环工作的控制线路按设备拖动方式的不同分为两类，一类为对电动机拖动的设备进行控制，另一类为对液压系统驱动的设备进行控制。这两类自动循环工作控制线路的分析方法相同，都是先分析动力线路即电动机主电路或液压油路，然后分析其电气控制电路。

组合机床一般采用多轴、多刀、多工序同时加工，以完成钻、扩、铰、镗、铣和攻丝等工序。其主要通用部件为单轴或多轴头和动力滑台。单轴或多轴头完成切削运动，而进给运动则由动力滑台来完成，以实现不同的工作循环。

为了实现这类设备的控制，通常需要借助机械、电气、液压的综合控制系统。机电液的综合控制技术被广泛地应用于组合机床、数控机床、自动化机床及自动生产线上。

3.6.1 液压传动基础

一、液压传动的构成

液压传动系统一般由液压元件(液压泵)、液压控制元件(各种液压阀)、液压执行元件(液压缸和液压马达等)、液压辅件(管道和蓄能器等)和液压油组成。其中液压泵是动力装置,液压缸和液压马达是执行机构,各种液压阀是控制调节装置。

二、电磁阀

电磁阀(electromagnetic valve)是用电磁控制的工业设备,是用来控制流体的自动化基础元件,属于执行器,并不限于液压、气动。在工业控制系统中,电磁阀用来调整介质的方向、流量、速度和其他参数。电磁阀可以配合不同的线路来实现预期的控制,而且控制的精度和灵活性都能够保证。电磁阀有很多种,不同的电磁阀在控制系统的不同位置发挥作用,最常用的电磁阀有单向阀、安全阀、方向控制阀和速度调节阀等。

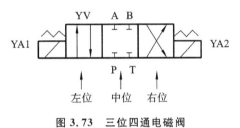

图 3.73 三位四通电磁阀

机电液综合控制中,一般采用电磁铁推动换向阀来改变液流的方向,电磁阀就是利用电磁铁推动滑阀移动来控制液流流动方向的。三位四通电磁阀如图 3.73 所示。

3.6.2 机械动力滑台控制

动力滑台用以实现进给运动,在动力滑台上安装动力头,可以完成钻、扩、铰、镗、倒角、车端面、铣削及攻丝等工序,也可在其上安装工件形成输送运动实现工作循环。动力滑台可以由电动机驱动,也可以由液压系统驱动,由电动机驱动的动力滑台称为机械动力滑台。

机械动力滑台由滑台、滑座和电动机(快进快退电动机和工进电动机)及传动装置三个部分组成,滑台的自动工作循环由机械传动和电气控制完成。

一、控制要求

机械动力滑台控制电气原理图如图 3.74 所示。KM4 为滑台上切削头主轴电动机控制用接触器,SA 为单独调整转换开关。正常工作时,只有等主轴电动机启动后,即 SA 置于"0"位、KM4 辅助常开触点闭合,M1 和 M2 电动机才能启动。当滑台需要单独调整时,可将 SA 置于"1"位。

主电路中,M1 为工进电动机,单向运转;M2 为快进快退电动机,需要正反向运转。为了在快进或快退到位后,能及时转换为工进或停于原位,需要对电动机 M2 进行制动。电动机 M2 的制动器 YB 为断电型电磁制动器(机械式制动)。

工进至终点时,若行程开关 SQ3 失灵,滑台就会越位至行程开关 SQ4 处,SQ4 受压,使

KM1 断电,从而使电动机 M1 停车,故 SQ4 起行程限位保护作用。此时,滑台若要退至原位,按下 SB2 即可,故 SB2 为手动调整快退按钮。当随机停电时,滑台停在中途,来电后可用 SB2 调至原位。

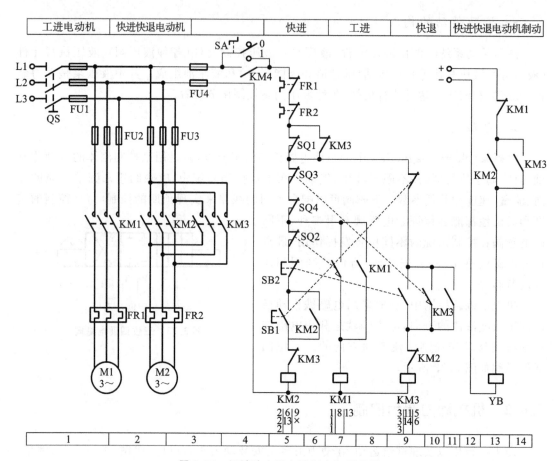

图 3.74　机械动力滑台控制电气原理图

二、工艺流程分析

工艺流程图如图 3.75 所示。图中的 SQ1、SQ2、SQ3 分别为原位、快进转工进和终点行程开关。

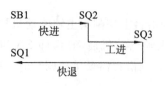

图 3.75　工艺流程图(一)

(1) 按下 SB1,快进快退电动机 M2 工作,滑台快进。

(2) 滑台到达快进结束点,SQ2 被压合,快进快退电动机 M2 停止工作,工进电动机 M1 开始工作,滑台由快进转工进。

(3) 滑台到达终点,SQ3 被压合,工进电动机 M1 停止工作,快进快退电动机 M2 开始反转,滑台快退。

(4) 滑台退回工位原位,SQ1 被压合,快进快退电动机 M2 反转停止,滑台停原位。

(5) YB 为快进快退电动机的制动器,SQ4 为行程限位保护开关。

三、控制线路分析

1. 快进

按下快进启动按钮 SB1,其常开触头闭合、常闭触头断开,为机械互锁→快进接触器 KM2 线圈得电→快进快退电动机 M2 开始正转→滑台快进。

2. 工进

滑台行至 SQ2 位置时,SQ2 常闭触头断开→KM2 线圈失电,触头释放→滑台停止快进→SQ2 常开触头闭合→工进接触器 KM1 线圈得电→滑台工进。

3. 快退

滑台行至 SQ3 位置时,SQ3 常闭触头断开→KM1 线圈失电,触头释放→滑台停止工进→SQ3 常开触头闭合→快退接触器 KM3 线圈得电→滑台快退→滑台行至原点时,SQ1 常闭触点断开→KM3 线圈失电→滑台停止,等待下一次循环。

4. 制动

制动器 YB 受 KM1、KM2、KM3 的控制,为断电制动。在快进转工进、工进转快退、快退停原位这三个切换点,制动器 YB 对快进快退电动机 M2 进行断电制动。

3.6.3　液压动力滑台控制

液压传动系统易获得较大的力矩,运动传递平稳均匀,调节控制方便,在组合机床、自动化机床、机械加工自动线和数控机床等中有着广泛的应用。

液压动力滑台与机械动力滑台的差别在于,液压动力滑台的动力来自液压泵,而机械动力滑台的动力来自电动机。它们都是由继电器-接触器控制系统进行控制的。

液压动力滑台由滑台、滑座和液压缸三个部分组成,液压缸拖动滑台在滑座上移动。

一、液压系统工作过程分析

在图 3.76 所示的液压传动系统中,YV1 为三位五通电磁阀,YV2 为二位二通电磁阀。

1. 滑台快进

当 YA1、YA3 通电时,YV1 和 YV2 电磁阀均处于左位。此时,进油路:液压泵→YV1 左位→液压缸无杆腔。回油路:液压有杆腔→YV1 左位→YV2 左位→液压缸无杆腔。

由于形成了差动连接,所以活塞杆快速右移,带动滑台快速前进。

2. 滑台工进

当 YA1 通电、YA3 不通电时,YV1 处于左位,YV2 处于右位。此时,进油路:液压泵→YV1 左位→液压缸无杆腔。回油路:液压有杆腔→YV1 左位→滤油器→调速阀→油箱。

回油路中接了调速阀 YV3,使滑台进行慢速右移的工进。工进速度可由调速阀 YV3 实现无级调速。

3. 滑台快退

当 YA2 通电、YA3 不通电时,YV1 处于右位,YV2 处于右位。此时,进油路:液压泵→YV1 右位→液压缸有杆腔。回油路:液压缸无杆腔→YV1 右位→油箱。

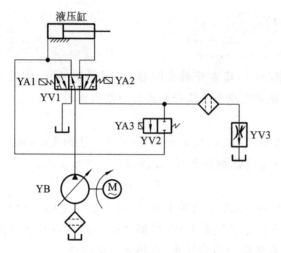

图 3.76　液压传动系统

油路的换向使得液压缸活塞左移,且回油无阻力,从而带动滑台快速退回。

4. 滑台停止

当 YA1、YA2、YA3 都不通电时,YV1 处于中位,YV2 处于右位,此时液压泵输出的油液经电磁阀 YV1 的中位流回油箱,滑台处于停止状态。

二、工艺流程分析

以上滑台运动与电磁阀 YA1、YA2、YA3 通、断电的关系如表 3.1 所示。电磁阀的电磁铁采用直流 24 V 电源。滑台的工作流程图如图 3.77 所示。

表 3.1　电磁阀动作表

动 力 头	电 磁 铁			转 换 主 令
	YA1	YA2	YA3	
快进	+	−	+	SB1
工进	+	−	−	SQ2
快退	−	+	−	SQ3
停留	−	−	−	SQ1

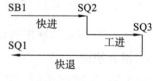

图 3.77　工作流程图(二)

三、控制线路设计

液压动力滑台控制电路如图 3.78 所示。由于电磁阀没有触头,不能实现自锁,所以控制电路中需要使用中间继电器。

1. 滑台位于原位

滑台位于原位、处于停止状态时,电磁阀 YA1、YA2、YA3 均为断电状态,行程开关 SQ1 被压下,其常开触点闭合、常闭触点断开。

2. 自动循环工作控制

在滑台处于原位、滑台上的撞块压下 SQ1 时,将转换开关 SA 扳到"自动"位置,然后按

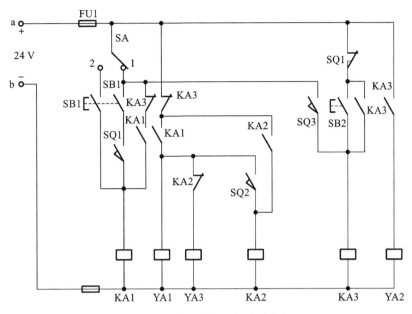

图 3.78 液压动力滑台控制电路

下启动按钮 SB1,滑台即自动按快进→工进→快退→原位停止的顺序进行工作。

3. 滑台的手动调整

滑台的手动调整控制功能用于滑台快速前移或快速返回原位的操作。

将转换开关 SA 扳到"手动"位置,按下按钮 SB1,KA1 线圈得电,从而 YA1、YA2 得电,滑台可向前快进。由于 KA1 线圈支路不能实现自锁,因而当松开 SB1 后,滑台停止。此功能可以实现滑台在前进方向上的点动调整。

4. 滑台的快速复位

在设备的实际使用中,调整过程中使滑台前移离开原位,或者在工作过程中突然停电,均使滑台不在原位,SQ1 不被压下,不能开始自动循环工作。此时按下 SB2,使 KA3 线圈得电并自锁,YA2 线圈通电,滑台快退,退到原位时,按下 SQ1,KA3 线圈断电,YA2 线圈断电,滑台停于原位。

习题与思考题

3.1 什么是自锁? 为什么说接触器自锁控制线路具有欠压和失压保护?

3.2 什么是互锁? 举例说明互锁的作用。

3.3 电动机启保停控制线路中,复合按钮已经起了互锁作用,为什么还要用接触器的常闭触头进行互锁控制?

3.4 图 3.79 中哪些能实现点动控制,哪些不能? 为什么?

3.5 图 3.80 所示的各控制电路是否正确? 为什么?

3.6 从接触器的结构特征上如何区分交流接触器和直流接触器? 为什么?

3.7 为什么交流电弧比直流电弧容易熄灭?

3.8 若交流电器的线圈误接入同电压的直流电源,或直流电器的线圈误接入同电压的

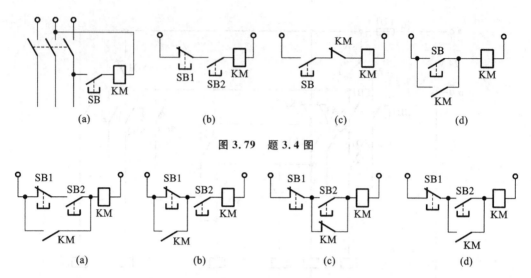

图 3.79 题 3.4 图

图 3.80 题 3.5 图

交流电源,会出现什么问题?

3.9 两个相同的 110 V 交流接触器线圈能否串接于 220 V 的交流电源上运行? 为什么? 若是直流接触器,情况又如何? 为什么?

3.10 继电器和接触器的区别主要是什么?

3.11 电动机中的短路保护、过电流保护和长期过载(热)保护有何区别?

3.12 为什么热继电器不能做短路保护而只能做长期过载保护? 而熔断器则相反,为什么?

3.13 为什么电动机要设有零电压和欠电压保护?

3.14 起重机上的电动机为什么不采用熔断器和热继电器做保护?

3.15 图 3.81 所示为机床自动间歇润滑控制线路,其中接触器 KM 为润滑油泵电动机启停用接触器,控制线路可使润滑油泵有规律地间歇工作。试分析此控制线路的工作原理,并说明开关 S 和按钮 SB 的作用。

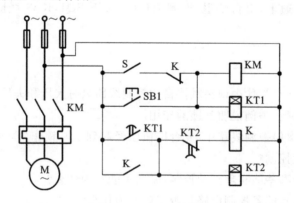

图 3.81 题 3.15 图

3.16 继电器-接触器控制电路如图 3.82 所示,分析该控制电路的功能。

3.17 电动机正反转控制电路如图 3.83 所示。

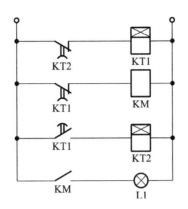

图 3.82　题 3.16 图

1. 若电动机正在反转,如何操作能使电动机进入正转状态?

2. 去掉 KM1、KM2 辅助动断触头,对控制电路有何影响?

3. 若要简化正反转切换过程,该如何修改控制电路? 图文说明。

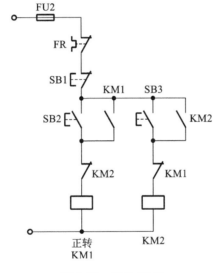

图 3.83　题 3.17 图

3.18　图 3.84 所示的三相异步电动机正反转控制线路有四个错误,请指出错误并提出修改意见。

3.19　设计两台电动机能同时启动和同时停止,并能分别启动和分别停止的控制线路电气原理图。

3.20　设计三台电动机 M1、M2、M3 的控制线路,要求按一定顺序启动:M1 启动后,M2 才能启动;M2 启动后,M3 才能启动;同时停车。

3.21　一台三相异步电动机启动和停止的要求是:当启动按钮按下后,电动机立即得电直接启动,并持续运行工作;当按下停止按钮后,需要等待 20 s 电动机才会停止运行。请设计满足上述要求的主电路和控制电路(电路需具有必要的保护措施)。

3.22　设计三台电动机 M1、M2、M3 的控制线路,要求 M1 启动 20 s 后,M2 自行启动,

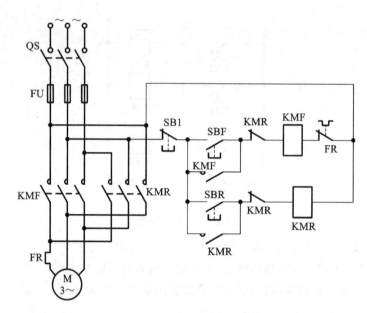

图 3.84　题 3.18 图

运行 5 s 后,M1 停转,同时 M3 启动,再运行 5 s 后,三台电动机全部停转。

3.23　设计三台电动机 M1、M2、M3 的控制线路,要求 M1 启动 10 s 后,M2 自行启动,在 M2 启动运行 20 s 后 M3 启动运行,在 M3 启动运行 30 s 后,M1 停止运行,M2 和 M3 继续运行直到发出总停指令。画出控制线路设计图(包含主电路和控制电路),并对电路做简要说明。

3.24　试设计一台异步电动机的控制线路。要求:

1. 能实现启停的两地控制;

2. 能实现点动调整;

3. 能实现单方向的行程保护;

4. 要有短路和长期过载保护。

3.25　试设计两台电动机 M1 和 M2 顺序启停的控制线路。要求:

1. M1 启动后,M2 立即自动启动;

2. M1 停止后,延时一段时间,M2 才自动停止;

3. M2 能点动调整工作;

4. 两台电动机均有短路和长期过载保护。

3.26　试设计一条自动运输线,有两台电动机 M1 和 M2,M1 拖动运输机,M2 拖动卸料机。要求:

1. M1 启动后,才允许 M2 启动;

2. M2 先停止,经一段时间后 M1 自动停止,M2 也可以单独停止;

3. 两台电动机均有短路和长期过载保护。

3.27　试设计一个工作台前进—退回的控制线路。工作台由电动机 M 拖动,行程开关 SQ1 和 SQ2 分别装在工作台的原位和终点。要求:

1. 能自动实现前进—后退—停在原位;

2. 工作台前进到达终点后,停 1 min 后,自动退回;

3. 工作台在前进中可以人为地使其立即后退到原位;

4. 有终端保护。

3.28　试设计某专用机械设备的电气控制线路,画出电气原理图,并制订电气元件明细表。该设备用于镗某一零件前、后孔,其加工工艺是:快进→工进→快进→工进→快退→停止。此设备采用三台电动机,其中 M1 为主运动电动机,容量为 4 kW;M2 为工进电动机,容量为 2.2 kW;M3 为快速移动电动机,容量为 0.75 kW。

设计要求如下。

1. 工作台除启动时采用按钮外,其他过程由行程开关自动控制,并能完成一次循环。为保证从快进到工进的准确定位,需采取制动措施;

2. 快速移动电动机要求有点动调整功能,但在加工时该功能不起作用。

3. 设置紧急按钮。

4. 应有短路、过载和限位等保护措施。

5. 画出行程开关与行程挡块配合的位置图,述说各行程开关在各行程的状态。

第*4*章 可编程控制器

前面一章中，通过继电器-接触器控制系统的学习，我们掌握了电动机启动、停止和换向的简单逻辑控制和顺序控制方法。在本章中，我们将借助可编程控制器，从机电设备的断续控制过渡到连续控制。

4.1 PLC 概述

现代机电系统的运动状态越发复杂，对控制系统的要求也越来越高，除了要具有强大的控制功能、丰富的 I/O 接口和很好的抗干扰能力之外，还要有较高的运行速度，能适应实时控制的需要。

可编程（逻辑）控制器（programmable (logic) controller，简称 PLC）的应用很好地实现了以上要求，使机电系统具备了逻辑控制、运动控制和过程控制的功能，工业生产能力大大提高。

为了使其生产和发展标准化，国际电工委员会（IEC）在 1987 年 2 月通过了对 PLC 的定义：可编程控制器是一种数字运算的电子系统，专为工业环境下的应用而设计。它采用可编程序的存储器，用来在内部存储执行逻辑运算、顺序控制、定时、计数和算术运算等操作的指令，并通过数字式、模拟式的输入和输出，控制各种类型的机械或生产过程。可编程控制器及其有关设备，都应按易于与工业控制系统连成一个整体、易于扩充的原则设计。

4.1.1 PLC 的产生与发展

一、PLC 的产生

可编程控制器问世于 1969 年，是美国汽车制造工业激烈竞争的结果。汽车每一次改型换代，都必须调整生产线设备的硬件逻辑控制关系，传统的继电器-接触器控制系统需要大量时间和人力才能完成，不能适应缩短换代周期的需要。为了适应市场竞争，美国通用汽车公司（General Motors，简称 GM）在 1968 年向社会公开招标，要求设计一个计算机控制系统来取代继电器-接触器控制系统，并提出了著名的"GM10 条"技术指标，具体内容如下：

（1）编程简单，可在现场修改程序；

（2）可靠性高于继电器-接触器控制装置；

（3）体积小于继电器-接触器控制装置；

（4）维护方便，最好是模块化结构；

（5）可将数据直接送入管理计算机；

（6）在成本上可与继电器-接触器控制装置竞争；

（7）输入可以是交流 115 V；

（8）输出为交流 115 V、2 A 以上，能直接驱动电磁阀等；

（9）在扩展时，原系统只需进行很小的变更；

（10）用户程序存储器容量至少能扩展到 4 KB。

这些要求，实际上提出了结合继电器-接触器控制系统简单易懂、应用广泛、价格便宜的优点与计算机控制系统功能强大、灵活性和扩展性好的优点，将继电器-接触器控制的硬件连线逻辑转变为计算机的软件逻辑的设想。随后，美国数字设备公司（DEC）根据这一设想，于 1969 年成功研制了世界上第一台 PLC（PDP-14）并将其应用在 GM 公司汽车自动装配线上。这种新型的工业控制装置以其可靠性高、通用灵活、体积小巧的优点，迅速在美国其他工业领域推广应用，当时主要用来取代继电器-接触器控制系统，实现逻辑控制和顺序控制。

二、PLC 的发展

随着微电子技术的发展，20 世纪 70 年代中期出现了微处理器和微型计算机，人们将微机技术应用到 PLC 中，使它能更多地发挥计算机的功能，不仅用程序逻辑取代硬件连线，还增加了运算、数据传送和处理等功能，并且能直接以阶梯图符号进行程序的编写。这项新技术的使用，使其真正成为一种电子计算机工业控制设备。这一时期的 PLC 称为第二代 PLC。

一般将 20 世纪 70 年代末到 80 年代中期的 PLC 称为第三代 PLC，它的特点是 CPU 采用 8 位或 16 位微处理器，存储器采用 EEPROM、EAROM、CMOSRAM 等。将 20 世纪 80 年代中期到 90 年代中期的 PLC 称为第四代 PLC，它的特点是 CPU 采用位片式微处理器芯片，处理速度高达微秒级。从 20 世纪 90 年代中期到今天的 PLC 称为第五代 PLC，这个时期的 PLC 全面使用 16 位和 32 位微处理器芯片，使 PLC 在概念、设计、性能价格比及应用等方面都取得了前所未有的突破。不仅控制功能增强、体积减小、成本下降、可靠性提高、编程和故障检测更为灵活方便，而且在模拟量 I/O 和 PID 控制、远程 I/O 和通信网络方面也有了长足发展，所有这些促使 PLC 应用于连续生产的过程控制系统。

现在已经出现采用个人计算机（采用嵌入式操作系统）与 PLC 结合架构的可编程自动化控制器（programmable automation controller，简称 PAC）。它能够通过数字或模拟 I/O 控制机器设备、制造处理流程及其他控制模块。PLC 越来越靠近传动控制过程，加速了向分布式控制系统（distributed control system，DCS）架构的转变。

PLC 实物图如图 4.1 所示。

三、PLC 的主要厂商

PLC 按地域可分成美国、欧洲和日本三个流派产品，它们各具特色。美国和欧洲的 PLC 技术是在相互隔离的情况下独立研发的，有明显的差异性。而日本的 PLC 技术是从

(a)三菱FX$_{3U}$ (b)西门子S7-200 Smart

图 4.1　PLC 实物图

美国引进的,对美国的 PLC 产品有一定的继承性,但日本主要发展中小型 PLC。日本三菱电机(Mitsubishi Electric)的 FX 系列是在中国内地市场上销量较大的小型 PLC;德国西门子(Siemens)则主要发展用于全集成自动化(totally integrated automation,简称 TIA)的中大型 PLC。除此之外,知名的 PLC 生产厂家还有美国的 A-B(Allen-Bradley)、GE(General Electric)、罗克韦尔(Rockwell),日本的欧姆龙(OMRON)、松下(Panasonic),法国的施耐德(Schneider),国内的和利时、浙大中控等。

4.1.2　PLC 与其他控制器对比

一、PLC 与传统的继电器-接触器控制系统的对比

(1) 逻辑功能和可靠性。继电器-接触器控制逻辑采用硬接线逻辑,接线复杂、体积大、功耗大、故障率高。要想改变控制功能,必须变更硬接线,灵活性差。PLC 采用软存储器逻辑,控制关系以程序方式存储,想改变控制关系只需要修改程序,因此灵活性和扩展性都很好。

(2) 系统成本和执行速度。继电器前期投入低,但是触头数量有限,每只仅有 4～8 对触头,无法重复使用,增加触头意味着增加成本。依靠触头的机械动作实现控制,工作频率低,可靠性不高,而且机械触头存在磨损问题。时间继电器存在定时精度不高、定时范围窄、时间调整困难等问题。PLC 前期投入高,采用寄存器单元虚拟出成千上万个可重复使用的触头,无须增加设备,不存在体积、寿命问题,触头动作速度在微秒级,可靠性高。PLC 使用半导体集成电路做定时器,用户在程序中设置从 1 ms 到数十天的定时值,精度高。

(3) 扩展性和通信功能。继电器-接触器控制系统不具备网络通信功能,更无法扩展高性能模块对模拟量进行处理,从而不能实现各种复杂控制功能。

从上面的比较可以看出,继电器-接触器控制系统在成本上占有一定优势,对于小规模的简单控制,继电器-接触器控制系统有其应用价值。反之,越是复杂的控制系统,PLC 就越有其应用价值。

二、PLC 与工业控制计算机的对比

(1) PLC 系统采用功能模块的结构形式,可进行单元组合。根据工艺过程的控制规模,选择合适的功能模块,可降低成本,工艺规模可通过增加功能模块进行扩展。而工业控制计

算机(industrial personal computer,简称 IPC)的组合性较差,它在硬件结构方面的突出优点是总线标准化程度高,产品兼容性强,具有大运算能力,具有开放标准的系统平台:低成本的显示技术和较强的组网能力。

(2) PLC 系统采用扫描方式工作,有利于顺序逻辑控制的实施,各个逻辑元素状态的先后次序与时间的对应关系较明确,此外,扫描周期也较一致。而 IPC 按用户程序指令,以中断方式工作。

(3) PLC 系统是分布式的,它可以作为下位机完成 DCS 的部分功能,而 IPC 控制属于典型的集中式控制。面对工业过程现场的恶劣环境,PLC 可以选择远程输入/输出单元。

(4) 对恶劣工业应用环境的适用性。PLC 系统在使用过程中产生的故障一般是由于电磁干扰,由 PLC 的外部开关、传感器和执行机构引起的。在恶劣环境下实现可靠控制正是 PLC 存在的意义,其平均无故障率时间间隔(MTBF)可达 100 万小时。IPC 虽然也是为工业现场应用环境而设计的,但可靠性略差,平均无故障时间间隔约 5 万小时。

(5) PLC 具有简单、直观的编程模式,易学、易懂、易维护,更适合工程技术人员。但是各 PLC 厂家之间的编程语言和程序不通用,更无法使用通用计算机的软件。IPC 可使用通用计算机的各种编程语言,也有专为 IPC 设计的开发系统可以直接使用,对于要求快速、实时性强、模型复杂工业对象的控制占有优势。

所以,在一些工业控制系统中,常常将两者结合起来,PLC 作为下位机进行现场控制,IPC 作为上位机进行信息处理,两者之间利用通信线路实现信息的传送和交换。

三、PLC 与单片机的对比

这是机电控制系统的初学者最容易提到的问题之一,虽然 PLC 在硬件结构上与单片机有很多重叠的地方,但两种控制器仍然有着巨大的差异。

(1) 开发周期不同。单片机系统的开发从硬件设计开始,研发人员首先需要通过选型、设计、制版和贴片,搭建出硬件系统,进而开发控制程序。当用户需求变更时,单片机系统的硬件和软件都需要重新设计,开发周期加长。PLC 没有硬件设计的环节,通过设备选型来组态硬件,直接进行程序设计。当用户需求变更时,通过增减相应的外部模块即可实现,系统开发周期大大缩短。

(2) 调试方式不同。单片机开发和调试,通常使用 C 语言进行设计,在集成环境下完成,并配合专门的硬件进行软件仿真,仿真常会受到硬件环境的限制,例如断点数量受限、无法查看程序堆栈、无法在运行时监控变量、难以记录程序流等。

PLC 采用简易直观、更贴近工程目标的语言,比如梯形图编程。近年来,随着 IEC 61131-3 标准的推广,越来越多的 PLC 支持多种编程语言,如类似 C 语言的 ST 语言、类似电路图的 CFC 语言,而调试手段更是灵活,可以通过多种介质,如串口线或网线进行程序下载及调试,因为采用软件调试,所以功能更加丰富,例如近乎无限的断点、运行时监控程序流及变量、变量值跟踪等。PLC 甚至把组态软件的功能也带进了编程环境,可以方便地制作上位机人机界面。

(3) 应用对象及环境不同。单片机系统适合大批量、功能无须逐台更改及调试的产品研发,尤其是在民用电子产品、小型化的智能仪器仪表上,有较好的市场价值。PLC 适用于单台套或批量小、项目具有特异性而需要进行程序调整的机电控制系统和工业装置。此外,当前对远程控制、集中控制和大数据交换的需求越来越大,PLC在网络通信方面有着更好的兼容性。

(4)可靠性不同。单片机的所有器件都不是工业级的,抗干扰性特别是抗电源干扰的能力很弱,在工业环境下应用时,电源、电磁、现场设备干扰会引起系统的不稳定,在长时间连续工作下的温升也比较严重。PLC针对工业环境下的应用而设计,可靠性、抗干扰能力、稳定性都非常优秀。

4.1.3　PLC的特点与应用领域

PLC发展到今天,已经完全超越了最初的逻辑控制和顺序控制的范围,具备信号处理、速度控制、位置控制、过程控制、通信与数据交换、高级语言编程等功能,成为自动化工程的核心设备,成为现代工业自动化的三大技术支柱(PLC、机器人、CAD/CAM)之一。尤其在CNC(computer number control,计算机数字控制)机床中,PLC成为连接上位控制器与现场器件的关键设备。

一、PLC的主要特点

(1)系统构建工作量小,易学易用、维护方便。PLC用存储逻辑代替接线逻辑,减少了控制设备外部的接线,缩短了控制系统设计周期,同时还减轻了日常维护工作量。在多品种、小批量的生产场合,PLC可快速切换工艺流程,提高了生产系统的柔性。

(2)实现了三电一体化。PLC将电控(逻辑控制)、电仪(过程控制)和电传(运动控制)集于一体,可以方便、灵活地组合成各种不同规模和要求的控制系统。

(3)可靠性高、抗干扰能力强。PLC的内部处理过程不依赖于机械触点,I/O接口采取了隔离、滤波等抗干扰技术。用户程序采用循环扫描的工作方式,也提高了抗干扰能力。

二、PLC的应用领域

可编程控制器既可用于开关量控制,又可用于模拟量控制;既可用于单机控制,又可用于组成多机控制系统;既可控制简单系统,又可控制复杂系统。它的应用十分广泛,大致归纳为如下几类。

(1)逻辑控制。可取代传统继电器-接触器控制系统和顺序控制器,既可用于单台设备的控制,也可用于多机群控及自动化流水线控制,如各种机床、自动电梯、装配生产线、电镀流水线、运输和检测线等。

(2)运动控制。利用运动控制模块,例如步进电机或伺服电机的定位模块,PLC可以实现对圆周运动或直线运动的控制,用于精密金属切削机床、机械手、机器人等设备。以六轴多关节机器人为例,一台PLC作为运动控制器,是机器人的大脑;每一关节配备一套伺服驱动器和伺服电机进行电气传动,配备减速机进行机械传动,电机内配备编码器对位移、扭矩等进行检测。

(3)过程控制。PLC利用模拟量I/O模块和内置的PID功能,实现对生产过程中的温度、压力、流量等连续变化的模拟量的闭环调节,在冶金、化工、热处理等领域有非常广泛的应用。

（4）数据处理。PLC 具有数学运算、数据传送、数据转换、排序、查表、位操作等功能，可以完成数据的采集、分析及处理，主要用于造纸、冶金、食品工业中。

（5）多级控制。利用通信模块实现多台 PLC 之间、PLC 与上位机的数据传输，实现车间级、工厂级的群控。

三、PLC 的抗干扰问题

PLC 的可靠性高、抗干扰能力强，但是生产环境过于恶劣，电磁干扰特别强烈或安装维护不当，仍然会导致设备的失控和误动作，使设备不能正常运行，因此应特别注意以下几个方面。

（1）电源的合理处理。抑制电网引入的干扰。PLC 对于电源线带来的干扰只有一定的抵制能力。在可靠性要求很高或电源干扰特别严重的环境中，可以安装一台带屏蔽层的变比为 1∶1 的隔离变压器，以减少设备与地之间的干扰。另外，还可以在电源输入端串接 LC 滤波电路。

（2）现场电磁干扰。这是较为常见也是较易影响系统可靠性的因素之一。电磁干扰会导致 I/O 信号工作异常，影响测量与控制精度，损坏 I/O 模块。因此，动力线、控制线以及 PLC 的电源线和 I/O 线应分别配线、分开走线。模拟信号的传送应采用屏蔽线，输出线应尽量远离高压线和动力线，避免并行。

（3）强电干扰。控制柜内的高压电器、大的电感性负载、混乱的布线都容易对 PLC 造成一定程度的干扰。因此，PLC 应远离强干扰源，如电焊机、大功率硅整流装置和大型动力设备，不能与高压电器安装在同一个开关柜内，其中的电感性负载如功率较大的继电器、接触器的线圈，应并联 RC 消弧电路。

（4）来自接地系统混乱时的干扰。接地正确，既能抑制电磁干扰的影响，又能抑制设备向外发出干扰；而接地错误，会引入严重的干扰信号，使 PLC 系统无法正常工作。良好的接地系统是保证 PLC 可靠工作的重要条件，完善接地系统是 PLC 控制系统抗电磁干扰的重要措施之一。

（5）变频器干扰。变频器启动及运行过程中产生谐波，对电网产生传导干扰，引起电网电压畸变，影响电网的供电质量；变频器的输出会产生较强的电磁辐射干扰，影响周边设备的正常工作。因此，可以加装隔离变压器，使用滤波器，在变频器到电动机之间增加交流电抗器。

4.2　PLC 的结构及工作原理

4.2.1　PLC 的结构

从前述 IEC 做出的定义可知，PLC 本质上是用于工业控制领域的专用计算机，因此采用了典型的计算机结构，主要由中央处理器（CPU）、存储器、输入/输出单元、电源、外部设备、扩展设备等组成，如图 4.2 所示。

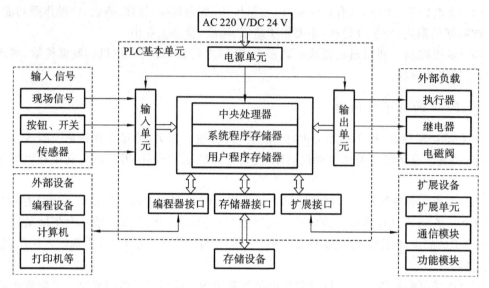

图 4.2　PLC硬件结构图

一、中央处理器

中央处理器(central processing unit,简称 CPU)是 PLC 的核心,它决定了控制系统的规模、PLC 的运行速度和处理的信息量、指令执行时间等。这些是决定 PLC 性能的关键指标,也和价格密切相关。它诊断 PLC 电源、内部电路的工作状态及编制程序中的语法错误;扫描现场输入装置的状态和数据,并将其存入输入状态表或数据存储器;从 RAM 中逐条读取用户程序,对照输入状态表和数据寄存器,对指令执行解释和运算,并用执行的结果更新输出状态表和数据寄存器的内容;再根据输出状态表和数据寄存器的内容,改写输出缓冲器,驱动输出接口电路的通/断,实现输出控制或与外部设备进行数据通信等。

PLC 常用的 CPU 有通用微处理器、单片机和 ARM 等,按其处理数据的位数可分为 8 位、16 位和 32 位,目前中大型 PLC 以 32 位单片机为主,中小型 PLC 以 16 位为主。

二、存储器

存储器包括系统程序存储器和用户程序存储器两个部分。

1. 系统程序存储器

系统程序存储器用于存放系统程序。系统程序是由 PLC 的制造厂家编写的,相当于计算机的操作系统平台。它实现系统初始化、系统诊断、硬件设备管理和监控、命令解释与执行、逻辑与数学运算及功能子程序调用管理等一系列功能。系统程序在使用的过程中不允许更改,所以由制造厂家将其固化在系统程序存储器中。

2. 用户程序存储器

用户程序存储器又分为两个区域。一个区域用于存放根据控制要求而编制的应用程序。为了便于读出、检查和修改,普遍采用 EEPROM(electrically-erasable programmable read-only memory,电子擦除式只读存储器)作为用户程序存储器,在写入用户程序时需要将存储器设置为可写入的状态。用户程序存储器的容量决定了用户程序的长度,不同的

PLC 用户程序存储器的容量也不同,这是 PLC 的性能指标之一。

另一个区域用于存放运行数据,主要包括 PLC 内部各类软元件(数据寄存器、变址寄存器、逻辑线圈、定时器、计数器和累加器等)的存储区。这些器件的状态都是由系统程序和用户程序的初始设置,以及运行过程中的情况确定的。其中的大部分存储器,在 PLC 系统断电后会自动清零。为满足控制需要,有部分存储器将数据存于 SRAM(static random-access memory,静态随机存储器)中,用锂电池作为后备电源,以保证 PLC 断电时维持其现有的状态,这部分在断电时可保存数据的存储器称为掉电保持数据区。

三、输入/输出单元

输入/输出单元也叫 I/O(input/output) 接口,是 PLC 与工业生产现场之间的连接部件。PLC 通过输入接口可以检测被控对象的各种数据,以这些数据作为 PLC 对被控对象进行控制的依据;同时 PLC 又通过输出接口将处理结果送给被控对象,以实现控制目的。根据其功能的不同,输入/输出电路可分为数字输入、数字输出、模拟量输入、模拟量输出、位置控制、通信等各种类型。输入/输出示意图如图 4.3 所示。

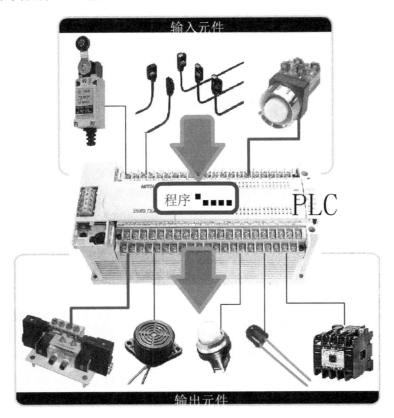

图 4.3　输入/输出示意图

为了保证程序执行的可靠性,消除干扰和抖动,PLC 进入运行(RUN)状态后,只有在输入采样阶段才依次读入各输入端子的状态和数据,在输出刷新阶段才将输出的状态和数据送至相应的外部设备。因此,它需要一定数量的存储单元以存放输入/输出端子的状态和数据,这些单元称为输入/输出寄存器。

一个数字量 I/O 占用输入/输出寄存器中的 1 个位(1 bit),一个模拟量 I/O 占用存储单元中的 1 个字(16 bit)。例如,一台 PLC 有 16 个数字量输入端子和 16 个数字量输出端子,这意味着其输入寄存器有 16 个位,控制系统通过扩展 I/O 模块的方式增加 I/O 端子时,相应地,输入/输出寄存器的数量也得到扩充。通常情况下,PLC 主机不配备模拟量的 I/O 模块,需要单独购买;而 PLC 主机所配备的数字量 I/O 端子的数量,则是 PLC 的关键性能指标。

在输入采样阶段,如果输入端子所连接的外部设备,例如按钮处于断开状态,则输入存储器中相对应的位被置为"0";如果处于闭合状态,则输入存储器中相对应的位被置为"1"。

根据程序运行结果,确定与输出端子相对应的输出寄存器的状态。如果输出寄存器中的位被程序置为"0",则在输出刷新阶段,与输出寄存器对应的输出端子断电,与之相连接的外部设备也断电。反之亦然。

1. 输入接口

输入接口(见图 4.4)是 PLC 与外部连接的输入通道。输入信号(如按钮、行程开关以及传感器输出的开关信号或模拟量)经过输入电路转换成中央控制单元能接收和处理的数字信号。输入接口采用了光电耦合电路,作用是实现 PLC 与现场的隔离,避免外部电路出现故障时外部强电损坏主机,提高了系统的抗干扰的能力,同时,将输入信号转换成标准 TTL 电平。

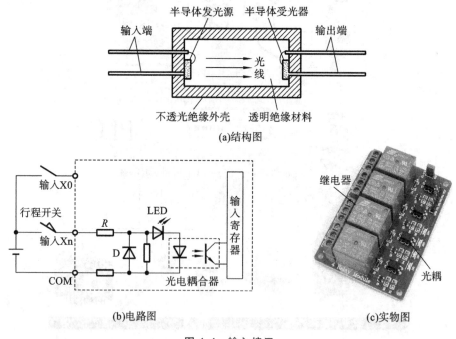

图 4.4 输入接口

在 4.4(b)中,R 是限流与分压电阻,D 是保护二极管。当现场行程开关闭合时,一个直流电压信号通过输入端子 Xn 送至光电耦合器,光电耦合器工作,信号被转换成标准 TTL 电平并被送入输入寄存器,同时 LED 输入指示灯亮,表示信号接通。PLC 输入接口通常是交、直流 5~24 V 输入。

2. 输出接口

输出接口是 PLC 向外部执行部件输出相应控制信号的通道。通过输出电路,PLC 可对外部执行部件(如接触器、电磁阀、继电器、指示灯、步进电机、伺服电机等)进行控制。根据驱动负载元件的不同,可将输出电路分为继电器输出电路、晶体管输出电路和晶闸管输出电路三种。为了避免外界强电信号侵入 PLC,输出接口也同样采用了光电耦合电路进行光电隔离。

(1) 继电器(relay)输出电路,如图 4.5 所示。当输出寄存器中的位被程序置为"1"时,在输出刷新阶段,内部电路输出 5 V 直流电压到内部继电器线圈,电磁力将继电器触头吸合,则负载得电,同时点亮 LED,表示该路输出端子有输出。当输出寄存器中的位被程序置为"0"时,继电器线圈失电,触头断开,则负载断电,同时 LED 熄灭,表示该路输出端子无输出。

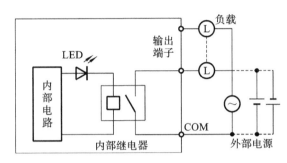

图 4.5　继电器输出电路

继电器输出形式是有触点的输出形式,既可以驱动交流负载,又可以驱动直流负载。它的优点是适用电压范围比较宽,导通压降小,承受瞬时过电压和过电流的能力强;缺点是动作速度较慢,动作次数(寿命)有一定的限制。继电器输出电路主要用于接通或断开开关频率较低的直流负载或交流负载回路,例如对三相异步电动机或液/气压传动系统的断续控制。

(2) 晶体管(transistor)输出电路,如图 4.6 所示。晶体管输出电路有两种,分别是NPN 型和 PNP 型。其工作原理是:当输出寄存器中的位被程序置为"1",则在输出刷新阶段,内部电路输出标准 TTL 电平,光电耦合器使三极管导通,负载得电,同时点亮 LED,表示该路输出端子有输出;反之同理。

晶体管输出形式为无触点的输出形式,主要用于接通或断开开关频率较高的直流电源负载。例如,使用 PLC 对步进电机进行控制时,需要输出高速脉冲信号,就必须使用晶体管输出型 PLC。实际使用中,晶体管输出型 PLC 外接继电器,也可以替代继电器输出型 PLC。

(3) 晶闸管(silicon controlled rectifier,SCR)输出电路,如图 4.7 所示。晶闸管输出与晶体管输出类似,区别在于光电耦合器的输出是作为晶闸管的触发信号。当输出寄存器中的位被程序置为"1",则在输出刷新阶段,内部电路输出标准 TTL 电平,光电耦合器输出触发脉冲信号到晶闸管的控制极,晶闸管导通,负载得电,同时输出指示灯 LED 点亮,表示该路输出端子接通;反之同理。这种输出形式为无触点的输出形式,用于接通或断开开关频率较高的交流电源负载。因输出电流大,晶闸管输出型 PLC 的带负载能力比晶体管输出型

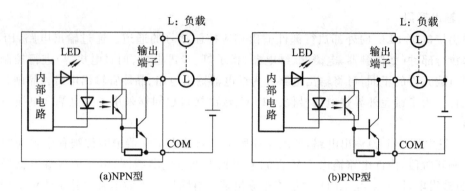

图4.6 晶体管输出电路

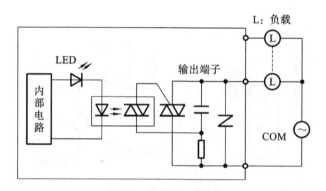

图4.7 晶闸管输出电路

PLC要强。

四、电源

电源是指能将交流电转换成中央控制单元、存储器、输入/输出接口等内部电路工作需要的直流的电源电路或电源模块。它能适应电网波动、温度变化的影响,具有一定的保护能力,以防止电压突变时损坏PLC。另外,电源部件内还装有备用电池(锂电池),以保证在断电时存放在RAM中的信息不致丢失。例如,FX$_{3U}$的额定电压为AC 100～240 V,而电压允许范围为AC 85～264 V,允许瞬时停电在10 ms内继续工作。一般来说,PLC的电源在用于内部电路工作的同时,还能做现场传感器的工作电源。通常PLC提供DC 24 V和AC 220 V两种供电型号,两者的区别主要是内部有没有直流开关稳压电源电路。用户可根据自身需求确定型号。

五、编程器与通信接口

编程器能够将用户编写的程序传送至PLC的用户程序存储器,也可以检查、修改和调试用户程序,监视用户程序的执行过程,显示PLC的状态、内部器件和系统的参数等。手持编程器体积小、简单便携、价格低廉,能够进行系统设置和内存监控,也能编辑、检索和修改程序,但只能用语句表形式进行联机编程,不够直观,适合小型PLC的现场调试。手持编程器与PLC主机的连接如图4.8所示,连接用接插件有圆形和方形等类型,在插入时必须认清方向。

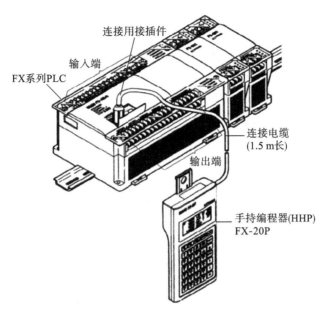

图 4.8　手持编程器与 PLC 主机的连接

　　目前 PLC 的生产厂家都提供了配合自身 PLC 使用的计算机编程软件,如西门子的 STEP 7(见图 4.9(a))和 PCS 7、三菱的 GX Works(见图 4.9(b))和 GX Developer。这些计算机编程软件使得 PLC 能够通过 RS-232/422/485 或 Ethernet 通信口与计算机联机。利用软件对 PLC 进行在线编程和监控,更加直观和方便,便于在线调试和查找故障,极大地减轻了开发和调试工作量。利用这些通信接口,还可以与其他 PLC、上位机、现场组态、人机界面或远程计算机连接,构成分散控制系统,实现多级管理。

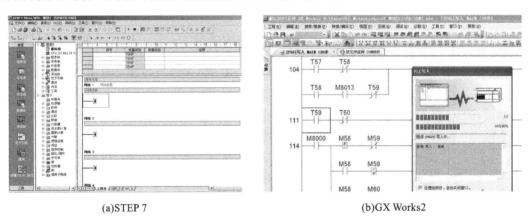

(a)STEP 7　　　　　　　　　　　　　(b)GX Works2

图 4.9　编程软件界面

4.2.2　PLC 的工作原理

　　PLC 是利用计算机技术对传统的硬件逻辑控制系统继电器-接触器控制系统进行"硬件

软化"的结果,通过执行反映控制要求的用户程序来完成控制任务。在运行方式上,PLC 的软件逻辑与继电器控制-接触器系统的硬件逻辑存在根本性的区别。

继电器-接触器控制系统的硬件逻辑采用的是并行工作方式,即如果一个继电器的线圈得电或失电,它的所有触点(无论是常开触点还是常闭触点,也无论其处于继电器线路的哪个位置上)都会立即同时动作;而 PLC 的软件逻辑是通过 CPU,按串行工作(分时操作)方式逐行扫描执行用户程序来实现的,即如果一个逻辑线圈被接通或断开,它的所有触点并不会立即动作,必须等扫描到该触点时才会动作。

一、扫描周期的简单理解

将 PLC 的工作过程简单理解为读输入、跑程序和写输出三个阶段。完成上述三个阶段称作一个扫描周期,如图 4.10 所示。在整个运行期间,PLC 以一定的扫描速度重复执行上述三个阶段。它首先将所有输入端子的状态一次性读入输入寄存器,然后从第一条指令开始逐条顺序运行用户程序,程序运行过程中所有的输出状态都被暂存在输出寄存器中,直到程序运行完毕,才会一次性地按照输出寄存器中的状态执行所有输出端子的动作。

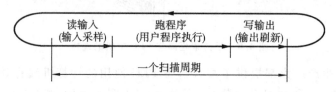

图 4.10　PLC 的扫描周期

由于每一个扫描周期只进行一次 I/O 刷新,所以系统存在输入、输出滞后现象。这对于一般的开关量控制系统不但不会造成影响,反而可以增强系统的抗干扰能力,这也是采取这种独特刷新方式的根本目的。但对于控制时间要求较严格、响应速度要求较快的系统,就需要精心编制程序,必要时采用一些特殊功能,以减少因扫描周期造成的响应滞后。

二、周期扫描流程

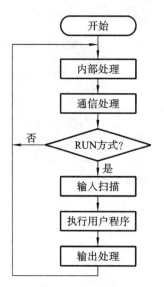

图 4.11　PLC 周期扫描流程

具体来讲,PLC 的 CPU 与各外部设备之间的信息交换、用户程序的执行、输入信号的采集、控制量的输出等操作都是按固定的顺序进行的,而且是执行一遍后再执行下一遍,以循环扫描方式进行。

正常状态下,从某一操作点开始,按顺序扫描各个操作流程,再返回到这一操作点的整个过程称为扫描周期,所用时间称为扫描周期时间。PLC 的周期扫描一般包括系统自检、外部设备服务、通信服务、输入采样、程序执行、输出刷新六个阶段。PLC 周期扫描流程如图 4.11 所示。

1. 系统自检阶段

CPU 要对系统的有关硬件进行自检,还要对运行监控定时器(watch dog timer,简称 WDT)进行检查和复位。WDT 通过时间设定来检测整个扫描周期是否有故障。

首先,由系统或用户对 WDT 定时器设定一个时间,这个时间与扫描周期时间相对应,略大于扫描周期时间,这个时间称为设定值;WDT 定时器还有一个记录当前值的寄存器,它从扫描周期开始计时,一个扫描周期完毕后,当前值寄存器记录的当前值就是这个扫描周期时间。运行正常时,扫描周期时间小于 WDT 定时器设定值。在 PLC 运行的整个过程中,WDT 定时器当前值与设定值不断地进行比较。进入系统自检阶段,意味着上一个扫描周期结束,此时检查监控定时器 WDT,若 WDT 定时器当前值小于设定值,则说明运行正常。在这种情况下,WDT 检查后,再对 WDT 定时器进行复位,当前值寄存器归零,开始下一周期的计时。

若由于某些原因,PLC 发生了故障,例如程序进入死循环,执行程序时间必然超时,这样,在 WDT 定时器当前值比设定值小时,循环扫描不会进入系统自检阶段,而最终会出现 WDT 定时器当前值大于设定值的情况,此时 WDT 发出警告,再配合其他检测信息,系统判断故障性质,若属偶然因素所致,系统能够自动排除,复位 WDT 定时器,循环扫描重新开始;否则,WDT 定时器发出故障信号,系统将自动停止执行用户程序,封锁硬件,切断输出,以保障设备和人身安全,并对外发出报警信号,等待处理。一般情况下,允许用户自行设定 WDT 定时器的时间,或者在 PLC 的指令系统提供了 WDT 复位指令。

2. 外部设备服务阶段

出于调试和监控的需要,在 PLC 运行时,经常要通过编程器、专用监控器或微机对运行状态进行监视,甚至强制改变某些存储器的值,或输出某些数据。这就需要 PLC 与外部设备(编程器、监控器、微机、外部存储器、打印机等)进行信息交换,这就是外部设备服务。外部设备服务的时间和次序是确定的,也在扫描周期时间内。

3. 通信服务阶段

当 PLC 不是用于单机控制而是形成控制网络时,PLC 与 PLC 之间、PLC 与上位机之间要进行信息和数据交换,也就是通过通信处理器(通信接口)进行通信联系。这个时间也固定在扫描周期时间内。在通信服务阶段,PLC 发出的信息和数据送到通信处理器,并从通信处理器中读取所需数据和信息。当数据交换完成或者通信服务时间到,服务就结束。PLC 运行不需要通信时,通信服务时间为零。

4. 输入采样阶段

我们知道,外部输入开关通/断状态的改变是随机的,这个改变信号随时地通过输入接口电路送到输入状态暂存器中,但不能随时地送到输入存储器中,必须在周期扫描执行到输入采样阶段时才能被送入。

5. 程序执行阶段

这个阶段执行用户程序。从第 0 步指令开始,程序被一行行执行,直到出现 END 指令,程序执行阶段结束。执行程序就要从各类存储器中读数据,进行所要求的运算和操作,向有关存储器中写入运算和操作的结果。程序执行过程中,前步指令得到的运算结果,可以马上被后步指令使用;但是后步指令得到的运算结果,在同一周期内无法被前步指令使用,但可以在下一周期被前步指令使用。

程序执行过程中,通过输出指令写到输出寄存器中的“0”和“1”是控制输出接口中的输出开关的,进而控制外部输出器件的通电或断电。可以随时刷新输出状态表,但是输出端子的状态不能实时被改变。

6. 输出刷新阶段

程序执行结束,PLC 会将输出寄存器中的内容——对应地送入输出锁存器中,同时驱动光电耦合器,刷新输出端子,使与 PLC 输出接口相连的执行器件的工作状态被刷新,实现 PLC 的控制目的。

4.2.3　PLC 的编程语言

由于 PLC 体系结构的封闭性,各厂家的 PLC 是互不兼容的,其编程语言也有较大差异。为了规范行业,1994 年 5 月 IEC 发布了 PLC 编程语言国际标准 IEC 61131,它由设备与测试要求、用户指南和通信、编程语言、通用信息、设备信息几个部分组成,其中的第 3 部分 IEC 611313-3 定义了五种标准编程语言,即梯形图、语句表、结构化文本、功能模块和顺序功能图。我国在 1995 年 11 月发布了 GB/T 15969.1/2/3/4 标准,与 IEC 61131-1/2/3/4 等同。IEC 61131-3 的最终目的是让 PLC 的用户能够在不更改软件设计的情况下更换 PLC 硬件,目前该标准不仅用于 PLC,还用于 DCS、IPC 和 CNC。

一、梯形图

梯形图(ladder programming,LAD)语言是 PLC 程序设计中较为常用的编程语言,它与继电器-接触器控制线路类似,编程人员几乎不必具备计算机应用的基础知识,不用考虑 PLC 内部的结构原理和硬件逻辑,只要有继电器-接触器控制线路的基础,就能在很短的时间内,掌握梯形图的使用和编程方法。梯形图基本结构形式及与继电器-接触器控制线路的对比如图所示。

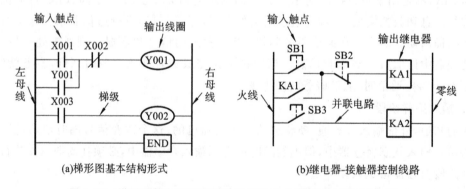

(a)梯形图基本结构形式　　　　　　(b)继电器-接触器控制线路

图 4.12　梯形图基本结构形式及与继电器-接触器控制线路的对比

梯形图中左右两边的两根竖线叫母线,可以理解为继电器-接触器控制系统中的电源线;中间的若干小横线和竖线组成的单元叫作梯级,每个梯级就是一个程序行;梯级与左、右母线构成类似于继电器-接触器控制系统中并联线路的关系,整体结构很像一级一级的梯子,这也是梯形图的由来。

梯形图的组成还包括触点、线圈和指令框。触点代表逻辑输入条件,如开关、按钮及内部条件等。线圈通常表示逻辑输出,常用来控制外部负载和内部标志位等。指令框表示定时、计数和数字运算等附加指令。PLC 在运行程序的时候,沿着梯级从左到右、自上而下顺序执行,读取触点的状态,控制线圈的状态。

二、语句表

语句表(instruction list,IL)与汇编语言类似,由操作码和操作数组成,操作码具有容易记忆、便于掌握的特点,也被称作指令助记符。语句表的模式比梯形图更简单,但编写复杂程序时不直观,可读性差,适合配合手持编程器,在现场进行程序调试和修改用。语句表编程语言与梯形图编程语言——对应,在 PLC 编程软件中可以相互转换。表 4.1 所示是与图4.12(b)所示的梯形图对应的语句表程序。

表 4.1　语句表程序

步序	指令助记符/操作码	操作元件号
0	LD	X001
1	OR	Y001
2	ANI	X002
3	OUT	Y001
4	LD	X003
5	OUT	Y002
6	END	

三、结构化文本

结构化文本(structured text,ST)编程与计算机编程接近,尤其类似 C 语言,可以看作是 PLC 的高级语言。用结构化文本来描述控制系统中各个变量的关系,适合编写复杂的算法,可以完成大型系统的控制运算,除错比梯形图要容易。运用结构化文本编程,需要工程设计人员有一定的计算机高级语言的知识和编程技巧,对工程设计人员要求较高。结构化文本程序直观性和操作性较差。结构化文本主要用于其他编程语言较难实现的用户程序编制。ST 程序示例如图 4.13 所示。

```
(*在生产线A~C中进行控制*)
  CASE 生产线 OF
      1: 开始开关 := TRUE; (*传送带移动*)
      2: 开始开关 := FALSE; (*传送带停止*)
      3: 开始开关 := TRUE; (*传送带停止 警告*)
      ELSE 警告指示灯 := TRUE;
  END_CASE;

  IF 开始开关 = TRUE THEN    (*传送带运转 处理100次*)
      FOR 处理次数 := 0
          TO 100
          BY 1 DO
          处理数 := 处理数 +1;
      END_FOR;
  END_IF;
```

图 4.13　ST 程序示例

四、顺序功能图

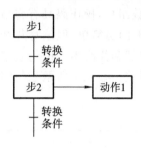

图 4.14 SFC 程序示例

顺序功能图(sequential function chart,SFC)又叫状态转移图,是为了满足顺序逻辑控制而设计的图形化编程语言,企业的编程技术人员可依据工艺流程分析的结论,快速编写出符合生产系统控制要求的顺序控制程序。在顺序控制程序中可以直观地看到设备的动作顺序,其规律性较强。SFC 程序示例如图 4.14 所示。

状态(步)、转换条件及驱动负载是 SFC 的三个要素。编程时将顺序流程动作的过程分成步和转换条件,根据转换条件对控制系统的功能流程顺序进行分配,使系统一步一步地按照顺序动作。每一步代表一个控制功能任务,用方框表示。在方框内含有用于完成相应控制功能任务的梯形图逻辑。

SFC 的特点是以功能为主线,根据转换条件对控制系统的功能流程顺序进行分配,条理清楚,简单直观,不涉及控制功能的具体技术,便于理解用户程序,用户程序扫描时间也大大缩短。它适用于系统规模校大、程序关系较复杂的场合。

五、功能块图

功能块图(function chart programming,FBD)是用一种类似于布尔代数的图形逻辑符号来表示控制逻辑的一种编程语言。它采用功能块的形式来表示逻辑运算关系。图 4.15 中的控制逻辑与图 4.12(b)是相同的。

功能块图是用图形化的方法,以功能模块为单元,描述控制功能。块的左侧是输入变量,右侧是输出变量,块与块用导线从左向右连接在一起。其优点是表达简练、逻辑关系清晰,使控制方案便于理解和分析。特别是控制规模较大、控制关系较复杂的系统,用它可将控制的关系较清楚地表示出来,可

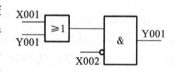

图 4.15 功能块图

以简化编程和缩短调试时间。但由于每种功能块需占用一定的程序内存,功能块的执行也需要一定的时间,因此功能块图一般只用在中大型 PLC 和 DCS 的编程和组态中。

4.2.4 PLC 的技术指标

(1)存储容量。存储容量是指用户程序存储器的容量。用户程序存储器的容量大,可以编制出复杂的程序。

(2)I/O 点数。输入/输出(I/O)点数是 PLC 可以接收的输入信号和输出信号的总和,是衡量 PLC 性能的重要指标。I/O 点数越多,外部可接的输入设备和输出设备就越多,控制规模就越大。

(3)扫描速度。扫描速度是指 PLC 执行用户程序的速度,是衡量 PLC 性能的重要指标。一般以扫描 1 KB 用户程序所需的时间来衡量扫描速度,通常以 ms/KB 为单位。PLC 用户手册一般给出执行各条指令所用的时间,可以通过比较不同 PLC 执行相同的操作所用的时间,来衡量 PLC 扫描速度的快慢。

（4）指令的功能与数量。指令的功能和数量也是衡量 PLC 性能的重要指标。编程指令的功能越强、数量越多，PLC 的处理能力和控制能力也越强，用户编程也越简单和方便，越容易完成复杂的控制任务。

（5）内部元件的种类与数量。在编制 PLC 程序时，需要用到大量的内部元件来存放变量、中间结果、保持数据、定时计数信息、模块设置信息和各种标志位等信息。这些元件的种类与数量越多，表示 PLC 的存储和处理各种信息的能力越强。

（6）特殊功能单元的种类和功能。特殊功能单元的种类和功能是衡量 PLC 性能的一个重要指标。近年来 PLC 生产厂商非常重视特殊功能单元的开发，特殊功能单元种类日益增多，功能越来越强，使 PLC 的控制功能日益扩大。

（7）可扩展能力。PLC 的可扩展能力包括 I/O 点数的扩展、存储容量的扩展、联网功能的扩展、各种功能模块的扩展等。在选择 PLC 时，经常需要考虑 PLC 的可扩展能力。

4.3　三菱 FX 系列 PLC

日本三菱公司自 1981 年推出 F 系列小型整体式 PLC 以来，其产品不断升级换代，目前最新的产品为 FX_{5U} 系列。FX 系列的 PLC 具有体积小、质量轻、抗干扰能力和带负载能力强、性价比高等特点，是我国内地销量较多的小型 PLC。

4.3.1　FX PLC 概述

一、FX 系列简介

FX 系列 PLC 包括 $FX_{0N/1S/1N/1NC/2N/2NC/3U/3UC/3G/3GA/5U}$ 的基本单元及扩展单元。它们的输入/输出点数和性能有所区别，但结构和工作原理是相同的；FX_{1N} 与 FX_{1NC}、FX_{2N} 与 FX_{2NC}、FX_{3U} 与 FX_{3UC} 的区别是前者的输入/输出采用接线端子，而后者则使用连接器。扩展单元有输入/输出混合扩展单元、输入专用扩展模块、输出专用扩展模块、模拟量测控扩展单元、电动机控制扩展单元等，以用于扩充基本单元的输入/输出点数或控制功能。

FX_{2N} 及以下产品目前均已停产，但由于故障率低、占有率广，在设备调试和维护时仍会遇到。$FX_{3U/3G}$ 是目前的主力机型，具有高速处理、可扩展大量特殊功能模块等特点，能为工厂自动化应用提供较大的灵活性和较强的控制能力。FX_{5U} 系列是最新机型，其运算速度、内存容量、性能及功能等都大幅提升，以系统总线速度为例，与 FX_{3U} 相比，提升了 150 倍左右。

二、FX 系列命名规则

为了满足用户不同的控制要求，产品不断更新换代，FX 系列 PLC 已有多种型号规格。受篇幅所限，下面仅介绍其基本单元的命名规则（见图 4.16），扩展单元的型号命名方法可以查阅对应的选型手册和编程手册。

$$FX_{\square\square}-\square\square\square\square-\square$$
$$(1)\quad(2)\ (3)(4)\ (5)$$

图 4.16　FX 基本单元的命名规则

（1）系列序号。如 0N、1S、1N、1NC、2N、2NC、3U、3UC、3G、5U 等。

（2）输入/输出总点数。此处所说的总点数，只针对数字量的 I/O 端子，不包括模拟量端子。FX 系列的基本单元除 FX$_{5U}$ 之外，没有集成过模拟量端子，通过扩展模拟量模块来实现模拟量的输入。

（3）基本单元与扩展单元的定义：M——基本单元（CPU 模块、主机），E——输入/输出混合扩展单元（模块），EX——输入专用扩展模块，EY——输出专用扩展模块。

（4）输出方式：R——继电器输出，T——晶体管输出，S——晶闸管输出。FX$_{1S/1N/3U/5U}$ 系列没有可控硅输出方式的型号。

（5）电源及输入类型：D——DC 电源（＋12～24 V），DC 输入＋24 V；A——AC 电源（100～240 V），AC 输入 100～120 V；001——AC 电源（100～240 V），DC 输入＋24 V；H——大电流输出扩展单元；S——独立端子扩展单元。

FX 系列主要型号的规格参数如表 4.2 所示。

表 4.2　FX 系列主要型号的规格参数对比

	FX$_{1N}$	FX$_{2N}$	FX$_{3U}$	FX$_{5U}$
电源规格	AC 电源型：AC 100～240 V；DC 电源型：12～24 V	AC 电源型：AC 100～240 V；DC 电源型：DC 24 V	AC 电源型：AC 100～240 V；DC 电源型：DC 24 V	AC 电源：AC 100～240 V；DC 电源型：DC 25 V
输入规格	DC 输入型：DC 24 V 5～7 mA 触点输入或 NPN 型晶体管输入	①DC 输入型：DC 24 V 5～7 mA 无电压触点输入，或 NPN 型晶体管输入；②AC 输入型：AC 100～120 V 电压输入	DC 输入型：DC 24 V 5～7 mA（无电压触点输入；漏型输入时，NPN 型开集电极晶体管输入；源型输入时，PNP 型开集电极输入）	DC 输入型：DC 24 V 5～8 mA（无电压触点输入；漏型输入时，NPN 型开集电极晶体管输入；源型输入时，PNP 型开集电极输入）
输出规格	①继电器输出型：2 A/1 点，8 A/1 点 COM 端子；②晶体管输出型：0.5 A/1 点，0.8 A/4 点	①继电器输出型：2 A/1 点，8 A/4 点 COM，8 A/8 点 COM，AC 250 V，DC 30 V 以下；②晶体管输出型：0.5 A/1 点（Y000、Y001 为 0.3 A/1 点），0.8 A/4 点 COM DC 5～30 V；③晶闸管输出：0.3 A/1 点，0.8 A/4 点 COM，AC 85～242 V	①继电器输出型：2 A/1 点，8 A/4 点 COM，8 A/8 点 COM，AC 250 V（对应 CE、UL/CUL 规格时为 240 V），DC 30 V 以下；②晶体管输出型：0.5 A/1 点、0.8 A/4 点、1.6 A/8 点 COM，DC 5～30 V	①继电器输出型：2 A/1 点、8 A/4 点 COM、8 A/8 点 COM，AC 250 V，DC 30 V 以下；②晶体管输出型：0.5 A/1 点、0.8 A/4 点、1.6 A/8 点 COM，DC 5～31 V

续表

	FX$_{1N}$	FX$_{2N}$	FX$_{3U}$	FX$_{5U}$
I/O 接口	基本单元 14/24/40/60 点,可利用数字量 I/O 模块扩展到 128 点	基本单元 16/32/48/64/80/128 点,可扩展到 256 点	基本单元 16/32/48/64/80/128 点,可扩展到 384 点	基本单元为 32/64/80 点,可扩展到 512 点
冲击电流	①AC 电源型:最大 15 A 5 ms 以下/AC 100 V;最大 25 A 5 ms 以下/AC 200 V; ②DC 电源型:最大 25 A 1 ms 以下/DC 24 V;最大 22 A 0.3 ms 以下/DC 12 V	AC 电源型:最大 40 A 5 ms 以下/AC 100 V,最大 60 A 5 ms 以下/AC 200 V	AC 电源型:最大 30 A 5 ms 以下/AC 100 V;最大 45 A 5 ms 以下/AC 200 V	AC 电源型:最大 30 A 5 ms 以下/AC 100 V;最大 45 A 5 ms 以下/AC 200 V

三、FX$_{5U}$技术特点

(1) 控制规模:32～256 点(CPU 单元:32/64/80 点),CC-Link、AnyWireASLINK 和 Bitty 包括远程 I/O 最大 512 点。高速化的系统总线。通信速度约为 FX$_{3U}$的 150 倍。

(2) 用户程序存储器:容量为 64 000 步,基本指令运算时间只有 34 ns。与之对比,FX$_{2N}$用户程序存储器容量为 16 000 步,基本指令运算时间为 80 ns。

(3) 内置模拟量输入/输出功能:FX$_{5U}$内置 12 位 2 通道模拟量输入、1 通道模拟量输出。在功能上,FX$_{5U}$相当于 FX$_{3U}$、FX$_{2N}$-2 AD、FX$_{2N}$-2DA 三者的集合。

(4) 设有 RUN/STOP/RESET 开关:在 FX$_{3U}$的基础上新增了 RESET 功能。在不需要关闭主电源的情况下可以重新启动,调试程序时效率更高。

(5) 内置 SD 卡插槽:最大 4 GB(SD/ SDHC 存储卡),利用 SD 卡可以非常方便地进行程序的升级和大量复制,提高了工作效率。

(6) 内置 RS-485 端口(带 MODBUS 功能)和 Ethernet 端口(10BASE-T/100BASE-TX),取消了 RS-422 端口。

(7) 内置高速计数器:最大 8CH 200 kHz 高速脉冲输入(FX5U-32M 为 6CH 200 kHz ＋2CH 10 kHz);

(8) 运动控制功能:FX$_{3U}$最大脉冲输出频率为 100 kHz,内置 3 轴控制;FX$_{5U}$最大脉冲输出频率为 200 kHz,独立 4 轴(2 轴同时启动的简易线性插补)控制。使用 FX$_5$-40SSC-S 可以很容易地实现同步控制、凸轮控制和速度/扭矩控制,这一功能以往只有 Q 系列的大型 PLC 和运动 CPU 才具有。三菱 FX$_{5U}$ PLC 及其扩展模块如图 4.17 所示。

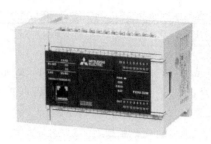

图 4.17　三菱 FX$_{5U}$ PLC 及其扩展模块

4.3.2　FX 的编程元件

　　PLC 通过程序的运行实施控制的过程,实质就是对存储器中数据进行操作或处理的过程。根据使用功能的不同,把存储器分为若干个区域和种类,这些由用户使用的每一个内部存储单元统称为软元件。各软元件有其不同的功能,有固定的地址。软元件的数量决定了PLC 的规模和数据处理能力,每一种 PLC 的软元件的数量是有限的。

　　为了方便理解,把 PLC 内部许多位地址空间的软元件定义为内部继电器(软继电器)。应注意把这种软继电器与传统电气控制电路中的继电器区别开来,所谓软继电器的线圈"通断"或"得电",事实上并非真的有线圈存在,这只是一个存储器的操作过程,实质就是其对应存储器位的置位与复位;在梯形图程序中调用软继电器的触头,实质就是对其所对应的存储器位的读操作,因此其触头可以无限次地使用。

　　每一个软元件都有唯一的地址,根据软元件的功能不同,PLC 内部的继电器分成几类,如输入/输出继电器、辅助继电器、定时器、计数器和状态继电器等。软元件的地址采用类型+编号的方式编排。三菱 FX 系列用 X、Y、M、T、C、S 来表示类型,用三位或四位的数字来表示编号。例如,软元件 M103 就表示编号为 103 的辅助继电器。编程时,用户只需要记住软元件的地址即可。三菱 FX$_{1N}$-40MR 外部接线如图 4.18 所示。

一、输入继电器

　　PLC 的每个输入端子都对应有一个输入继电器,它用于接收外部的开关量信号。输入继电器的状态只能由其对应的输入端子的状态决定,在程序中不能出现输入继电器线圈被驱动的情况。只有外部的开关信号接通 PLC 的相应输入端子的回路,对应的输入继电器的线圈才得电,在程序中其常开触头闭合、常闭触头断开。这些触头可以在编程时任意使用,使用数量和次数不受限制。

　　三菱 FX 系列输入继电器用"X"表示,采用八进制编号,编号范围为 X000～X007、X010～X017、X020～X027 等,可进行位、字节、字、双字操作。输入继电器的编号范围与 PLC 的主机型号对应,必须在实际点数范围内。未用的输入软元件的寄存器区可以作为辅助继电器或数据寄存器使用,但这只有在寄存器的整个字节的所有位都未占用的情况下才可行,否则会出现错误执行结果。如 FX$_{3U}$-16MR PLC 的主机没有 X020 输入端子,而 FX$_{3U}$-64MR则有。基本单元的输入继电器编号是固定不变的,扩展单元和扩展模块的输入继电器从基

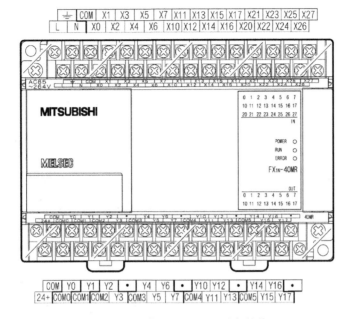

图 4.18　三菱 FX$_{1N}$-40MR 外部接线

本单元输入继电器最靠近的顺序开始编号。

如图 4.19 所示,输入信号、24 V 直流电压和输入继电器 X000 的线圈三者构成回路。开关闭合,电路接通,输入继电器 X000 的线圈"得电",虚线框的程序中,X000 的触点相应"闭合",现场信号的通/断由此被转化成内部软元件 X000 的置位与复位。

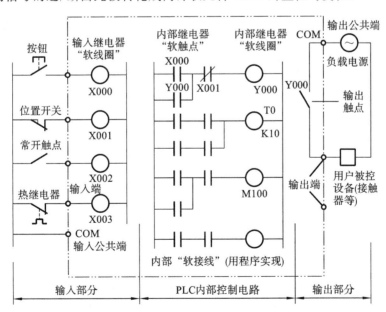

图 4.19　PLC 的内部等效继电器电路

二、输出继电器

每个 PLC 的输出端子都对应有一个输出继电器。当通过程序使输出继电器线圈"得电"时,PLC 上的输出端开关闭合,它可以作为控制外部负载的开关信号。同时在程序中其常开触头闭合、常闭触头断开。这些触头可以在编程时任意使用,使用次数不受限制。

三菱 FX 系列输出继电器用"Y"表示,采用八进制编号,编号范围为 Y000～Y007、Y010～Y017、Y020～Y027、Y030～Y037 等,可进行位、字节、字、双字操作。输出继电器的编号范围与 PLC 主机型号对应,实际输出点数不能超过这个数量,未用的可做他用,用法与输入继电器的相同。

如图 4.19 所示,程序中的 X000 触点"闭合",则输出软继电器 Y000 的线圈"得电",其所控制的处于输出回路中的触头闭合。外部电源、输出端子、负载、输出软元件构成的回路通电,负载动作。

三、辅助继电器

辅助继电器(M)的作用和继电器-接触器控制系统中的中间继电器相同,在 PLC 中没有 I/O 端子与之对应,因此辅助继电器的线圈不直接受输入信号的控制,其触头也不能直接驱动外部负载,所以辅助继电器只能用于内部逻辑运算。辅助继电器区属于位地址空间,可进行位、字节、字、双字操作。辅助继电器采用十进制编号,FX 系列 PLC 对辅助继电器的编号各不相同,此处仅以 FX_{3U} 为例说明。

(1)通用辅助继电器:M0～M499,共 500 点。若可编程控制器运行时电源突然中断,输出继电器和这些通用辅助继电器全部变为 0,即相当于线圈断电;当再次来电时,除了因外部输入信号驱动而变为 1 的外,其余的仍将保持 0 状态。

(2)可变功能辅助继电器:M500～M1023,共 524 点。可通过参数设置,将可变区改变为非保持用,即变为通用辅助继电器。某些控制系统要求记忆电源中断时继电器的状态,重新来电时恢复到断电前的状态,可变功能辅助继电器可保存数据,其保持的功能是利用 PLC 内部电路中的超级电容或锂电池来实现的,因此数据无法得以长期保持。

(3)断电保持辅助继电器:M1024～M7679,共 6 656 点。和使用电容或电池实现掉电保持的功能不同,这组继电器的掉电保持功能是将数据写入 SRAM 或 EEPROM 中,数据不仅断电以后不会丢失,即使时间长达数日甚至数月也不会丢失。

(4)特殊辅助继电器:M8000～M8511,共 512 个点。具有特殊功能或用于存储与系统的状态变量有关的控制参数和信息的辅助继电器,称为特殊辅助继电器。用户可以通过特殊辅助继电器与 PLC 进行沟通,如可以读取程序运行过程中的设备状态和运算结果信息,利用这些信息用程序实现一定的控制动作。用户也可通过直接设置某些特殊标志继电器位来使设备实现某种功能。部分特殊辅助继电器只能为系统状态字,只能读取其中的状态数据,不能改写,例如 M8000/8002/8011/8012/8013。

① M8000 为运行监控用特殊辅助继电器,PLC 运行时 M8000 自动接通并保持始终;

② M8002 为仅在运行开始瞬间接通的初始脉冲特殊辅助继电器;

③ M8011 为周期为 10 ms 的时钟脉冲特殊辅助继电器;

④ M8012 为周期为 100 ms 的时钟脉冲特殊辅助继电器;

⑤ M8013 为周期为 1 s 的时钟脉冲特殊辅助继电器;

⑥ M8033 为 PLC 停止时输出保持特殊辅助继电器；

⑦ M8034 为禁止全部输出特殊辅助继电器；

⑧ M8039 为定时扫描特殊辅助继电器。

其他常用的特殊辅助继电器的功能可以参见三菱 FX 编程手册。

四、定时器

定时器(T)是 PLC 中重要的编程元件之一,相当于继电器-接触器控制系统中的通电延时时间继电器。它由设定值寄存器、当前值寄存器及状态寄存器组成。定时器的设定值在程序中提前设定,存放在设定值寄存器中。定时器的输入条件满足时开始计时,当前值从 0 开始按一定的时间单位增加,在其当前值寄存器的值等于设定值寄存器的值时,定时器触点动作,此时它的常开触头闭合、常闭触头断开。利用定时器的触头就可以按照延时时间实现各种控制规律或动作。

设定值、当前值和定时器触点是定时器的三要素。不同的定时器其延时的最小时间间隔也不同,一般有 1 ms、10 ms 和 100 ms 三种,显然 1 ms 精度最高。定时器设定值可用常数 K 指定,也可以用数据寄存器 D 的内容作为设定值。表 4.3 所示为 FX_{3U} 定时器编号表。

表 4.3　FX_{3U} 定时器编号表

定时器类型	软元件编号	合计点数	延时时间
100 ms 一般型	T0～T191	192 点	0.1～3 276.7 s
100 ms 子程序、中断子程序用	T192～T199	8 点	0.1～3 276.7 s
10 ms 一般型	T200～T245	46 点	0.01～327.67 s
1 ms 累计型	T246～T249	4 点	0.001～32.767 s
100 ms 累计型	T250～T255	6 点	0.1～3,276.7 s
1 ms 一般型	T256～T511	256 点	0.001～32.767 s

图 4.20 所示为一般型定时器工作原理及时序图。在程序中将定时器 T200 的延时参数设定为 K123,K 表示延时参数是十进制数,查表 4.3 可知 T200 延时的时间间隔为 10 ms,将两项相乘可得延时时间,即延时时间为(123×10) ms＝1.23 s。当定时器线圈 T200 的驱动输入 X000 为 ON 时,T200 用当前值寄存器对 10 ms 的时钟脉冲进行加法运算,当当前值等于设定值 K123 时,定时器的输出触点动作。也就是说,输出触点在驱动线圈后的 1.23 s 后动作。当驱动输入 X000 断开,或停电时,定时器会被复位,并且输出触点也复位。

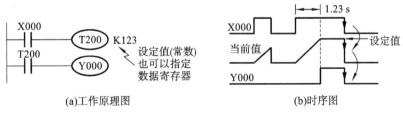

(a)工作原理图　　　　　　　　　(b)时序图

图 4.20　一般型定时器工作原理及时序图

图 4.21 所示为累计型定时器工作原理图及时序图。在程序中将定时器 T250 的延时参数设定为 K345,查表 4.3 可知 T250 为 100 ms 累计型,将两项相乘可得延时时间,即延时时间为(345×100) ms$=34.5$ s。当定时器线圈 T250 的驱动输入 X001 为 ON,T250 用当前值寄存器对 100 ms 的时钟脉冲进行加法运算,当当前值等于设定值 K345 时,定时器的输出触点动作。在计数过程中,即使出现输入 X001 变 OFF 或停电的情况,当再次运行时也能继续计数,直至其累计动作时间到 34.5 s,T250 触头闭合,Y001 线圈得电。

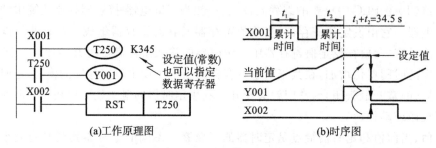

图 4.21　累计型定时器工作原理及时序图

累计型定时器与一般型定时器的主要区别就在于时间是否能够叠加并暂存当前值,在编程中要特别注意,累计型定时器的触头一旦动作,即使断开输入,也仍然保持动作,无法用常规方法关断,必须对定时器执行复位操作。例如,图 4.21 中复位输入 X002 为 ON 时,定时器会被复位,并且输出触点也复位。

五、计数器

计数器(C)的作用是对指定输入端子上的输入脉冲或其他继电器触点逻辑组合的脉冲进行计数。与定时器一样,计数器也有一个设定值寄存器、一个当前值寄存器和一个用来存储其输出触点状态的映像寄存器,这三个量也使用同一地址编号。当计数达到设定值时,计数器的触点动作。对作为计数的输入脉冲一般有一定的时间宽度要求,计数发生在输入脉冲的上升沿。所有计数器都有常开触点和常闭触点,触点在程序中的使用次数不受限制。

计数器按特性的不同可分为五种,即通用型 16 位加计数器、断电保持型 16 位加计数器、通用型 32 位增/减计数器、断电保持型 32 位增/减计数器和高速计数器。

如图 4.22 所示,通过计数输入 X011,每驱动一次 C0 线圈,计数器的当前值就会增加,

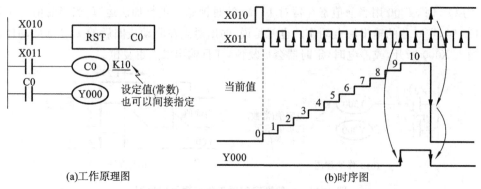

图 4.22　计数器工作原理及时序图

在第 10 次执行线圈指令的时候,输出触点动作。此后,即使计数输入 X011 动作,计数器的当前值也不会变化。当复位输入 X010 为 ON 时,执行 RST 指令,计数器的当前值变 0,输出触点也复位。和定时器一样,停电保持用计数器具备数据保持功能,不再赘述。

32 位增/减计数器是增计数还是减计数,是由特殊辅助继电器 M8200～M8234 设定的。特殊辅助继电器接通时为减计数,特殊辅助继电器断开时为增计数,默认为断开,即 C200～C234 可以通过 M8200～M8234 进行方向切换,使其变为减法计数器。可直接用常数 K 或间接用数据寄存器 D 的内容作为计数设定值。间接设定时,要用器件号紧连在一起的两个数据寄存器。FX$_{3U}$计数器编号表如表 4.4 所示。

表 4.4　FX$_{3U}$计数器编号表

计 数 器 类 型	软元件编号	合 计 点 数	计 数 长 度
一般用增计数(16 位,可变)	C0～C99	100 点	0～32 767
保持用增计数(16 位,可变)	C100～C199	100 点	
一般用双方向(32 位,可变)	C200～C219	20 点	−2 147 483 648～ +2 147 483 647
保持用双方向(32 位,可变)	C220～C234	15 点	
单相单计数的输入高速计数器 双方向(32 位)	C235～C245	—	
单相双计数的输入高速计数器 双方向(32 位)	C246～C250	—	
双相双计数的输入高速计数器 双方向(32 位)	C251～C255	—	

如图 4.23 所示,用 X014 作为计数输入,用 X012 切换方向,驱动 C200 计数器进行计数操作。当计数器的当前值由 −4 变为 −3(增大)时,其触点接通;当计数器的当前值由 −3 变为 −4(减小)时,其触点断开。

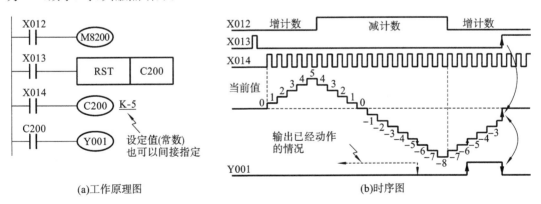

(a)工作原理图　　　　　　　　　　　　　　　　(b)时序图

图 4.23　32 位增/减计数器工作原理及时序图

高速计数器的工作原理与普通计数器的基本相同,它用于累计比主机扫描速率更快的高速脉冲。在三菱 FX$_{3U}$中,C235～C255 中最多可以使用 8 点保持用,高速计数器的当前值为双字(32 位)的整数,并且为只读值。

六、数据寄存器

在进行输入/输出处理、模拟量检测与控制、位置控制等场合,PLC需要用数据寄存器D来存储数据和参数。数据寄存器存储16位二进制数(见图4.24),最高位为符号位。一个16位数据/文件寄存器可以处理$-32\,768\sim+32\,767$范围内的数值,一般情况下,使用应用指令对数据寄存器的数值进行读出/写入。

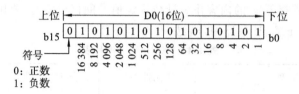

图 4.24 数据寄存器

可以根据需要将两个相邻数据寄存器合并组成一个32位的数据寄存器。32位数据寄存器的最高位也是符号位。32位数据寄存器的高16位编号大,低16位编号小。指定32位时,若指定了低16位为D0,则高16位自动为紧接着的大1的编号D1,即D1D0为32位数据寄存器。低16位既可指定奇数号,也可指定偶数号,但考虑到人机界面、显示模块、编程工具的监控功能等,建议低16位取偶数的编号。

表4.5所示为FX$_{3U}$数据寄存器编号表。一旦在一般数据寄存器中写入数据,只要不再写入其他数据,数据就不会变化。但是当PLC由运行到停止或断电时,该类数据寄存器的数据被清除为0。如果将特殊辅助继电器M8033置1,PLC由运行转向停止时,数据可以保持。

表 4.5 FX$_{3U}$数据寄存器编号表

数据寄存器类型	软元件编号	合 计 点 数
一般用(16位,可变)	D0～D199	200点
保持用(16位,可变)	D200～D511	312点
保持用(16位,固定)〈文件寄存器〉	D512～D7999〈D1000～D7999〉	7 488点〈7 000点〉
特殊用(16位×2)	D8000～D8511	512点
变址用(16位)	V0～V7,Z0～Z7	16点

断电保持/锁存寄存器D200～D7999共7 800点。断电保持/锁存寄存器有断电保持功能,PLC从运行状态进入停止状态时,断电保持寄存器的值保持不变。利用参数设定,可改变断电保持数据寄存器的范围。

特殊数据寄存器D8000～D8255共256点。这些数据寄存器供监视PLC中器件的运行方式用。其在电源接通时,写入初始值(先全部清0,然后由系统ROM安排写入初始值)。例如,D8000所存的警戒监视时钟的时间由系统ROM设定。若有改变,用传送指令将目的时间送入D8000。该值在PLC由RUN状态到STOP状态后保持不变。未定义的特殊数据寄存器,用户不能用。

文件寄存器 D1000～D7999 共 7 000 点。文件寄存器以 500 点为一个单位,外部设备可在文件寄存器中存取内容。文件寄存器实际上被设置为 PLC 的参数区。文件寄存器与锁存寄存器是重叠的,可保证数据不丢失。FX_{2N} 系列的文件寄存器可通过 BMOV(块传送)指令改写。

七、状态寄存器

状态寄存器(S)主要用于 SFC 编程,是构成状态转移图所需的重要软元件,与后续的步进梯形指令配合使用。当不用于步进梯形图指令的时候,可以在顺序控制程序中随意使用。三菱 FX_{3U} 系列 PLC 中状态寄存器软元件有下面几种。

（1）初始化状态寄存器:S0～S9,共 10 点,主要用于 SFC 程序的起始。

（2）通用状态寄存器:S10～S499,共 490 点。

（3）可变功能状态寄存器:S500～S899,共 400 点,通过参数可以更改保持/非保持的设定。保持用是将数据存于 SRAM 中,这部分在断电时可保存数据的存储器称为断电保持型存储器。

（4）信号报警状态寄存器:S900～S999,共 100 点,通过参数可以更改信号报警用/保持用的设定。

（5）保持用状态寄存器:S1000～S4095,共 3 096 点。

4.3.3　FX 的基本指令

基本指令可采用语句表和梯形图两种常用语言形式表示,每条指令语句由 1～3 个部分组成,分别是步序号、指令助记符(操作码)和目标器件区(操作元件数据区),其中步序号由编程软件自动管理。每条指令都有特定的功能和应用对象。

一、输入/输出指令

输入/输出指令包括 LD 指令、LDI 指令和 OUT 指令,把它们的梯形图表示形式、功能和操作元件以列表的形式加以说明,如表 4.6 所示。

表 4.6　输入/输出指令

符号、名称	功　能	梯形图表示形式	操 作 元 件	程　序　步
LD,取指令	常开触点 逻辑运算起始	┤├ ┤├ ─(Y001)	X,Y,M,T,C,S	1
LDI,取反指令	常闭触点 逻辑运算起始	┤/├ ┤├ ─(Y001)	X,Y,M,T,C,S	1
OUT,输出指令	线圈驱动	┤├ ┤├ ─(Y001)	Y,M,T,C,S	1～5

（1）LD(load)，取指令。如果梯形图的左母线或一个电路块开始的继电器触点为常开触点，则用 LD 指令。执行该指令需 1 个程序步。

（2）LDI(load inverse)，取反指令。如果左母线或一个电路块开始的继电器触点为常闭触点，则用 LDI 指令。执行该指令需 1 个程序步。

（3）OUT，输出指令。它是线圈驱动指令。对输入继电器 X 不能使用 OUT 指令，因为输入继电器的状态是由输入信号决定的。执行该指令时，若目标元件为 Y、通用辅助继电器 M、可变功能辅助继电器 M、继电保持辅助继电器 M，则需 1 个程序步；若目标元件为 S、特殊辅助继电器 M，则需 2 个程序步；若目标元件为 T，则需 3 个程序步；若目标元件为 16 位计数器 C，则需 3 个程序步；若目标元件为 32 位计数器 C，则需 5 个程序步。

输入/输出指令使用示例如图 4.25 所示，当 X000 触点闭合时，输出继电器 Y000 线圈得电；当 X001 触点断开时，中间继电器 M100 线圈得电，同时定时器 T0 开始延时，其延时值为（19×100）ms＝1.9 s，即 1.9 s 后定时器 T0 线圈得电，其触头闭合，输出继电器 Y1 线圈得电。

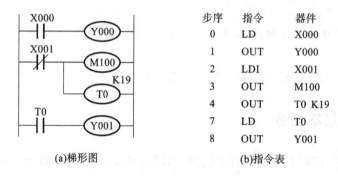

步序	指令	器件
0	LD	X000
1	OUT	Y000
2	LDI	X001
3	OUT	M100
4	OUT	T0 K19
7	LD	T0
8	OUT	Y001

(a)梯形图　　　　　　　　(b)指令表

图 4.25　输入/输出指令使用示例

输入/输入指令使用说明：

（1）由于 OUT 指令的功能是将内存中的内容输出到继电器，故它可视为一个梯级的结束。编程者可用 LD 指令开始下一个梯级的编程；

（2）在线圈并联时，OUT 指令可以连续使用若干次；

（3）对于定时器和计数器的线圈，使用 OUT 指令后，应设定常数 K。

二、串联/并联指令

串联/并联指令如表 4.7 所示。

表 4.7　串联/并联指令

符号、名称	功　能	梯形图表示形式	操 作 元 件	程序步
AND，与指令	常开触点串联	┤├─┤├─(Y005)	X,Y,M,S,T,C	1
ANI，与非指令	常闭触点串联	┤├─┤/├─(Y005)	X,Y,M,S,T,C	1

续表

符号、名称	功　　能	梯形图表示形式	操作元件	程序步
OR,或指令	常开触点并联	(Y005)	X,Y,M,S,T,C	1
ORI,或非指令	常闭触点并联	(Y005)	X,Y,M,S,T,C	1

(1) AND,与指令:用于串联单个常开触点,执行该指令需 1 个程序步。

(2) ANI(and inverse),与非指令:用于串联单个常闭触点,执行该指令需 1 个程序步。

(3) OR,或指令:用于并联单个常开触点,执行该指令需 1 个程序步。

(4) ORI(or inverse),或非指令:用于并联单个常闭触点,执行该指令需 1 个程序步。

在一个梯级中,串联或并联单个常开触点或单个常闭触点的数目没有限制。

串联指令使用示例如图 4.26(a)所示。只有当输入继电器 X002 和中间继电器 M101 的触点同时闭合时,输出继电器 Y003 线圈才会得电,其触点 Y003 闭合;此时若输入继电器 X003 处于断开状态,则中间继电器 M101 线圈得电;只有当 Y003 和 X003 触点断开,同时 T1 触点闭合时,输出继电器 Y004 线圈才会得电。显然,AND/ANI 指令可以连续使用,不受限制。并联指令使用示例如图 4.26(b)所示。当 X001 或 X002 触点闭合时,输出 Y000 接通;当 X003 断开或 X004 接通时,输出 Y001 接通,输出 Y000 和 Y001 之间没有关联。

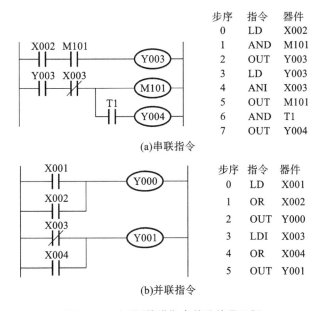

图 4.26 串联/并联指令单独使用示例

图 4.27 所示为同时使用串联和并联指令的使用示例。指令使用说明如下。

(1) AND 指令、ANI 指令是从该指令的步开始,与前面的 LD 指令、LDI 指令步进行串联,串联触点的数量不受限制,指令可以连续多次使用。

（2）OR 指令、ORI 指令是从该指令的步开始，与前面的 LD 指令、LDI 指令步进行并联，并联触点的数量不受限制，指令可以连续多次使用。

（3）OUT 指令之后，通过触点对其他线圈使用 OUT 指令，称为纵接输出。这种纵接输出如果顺序不错，可多次重复使用；如果顺序颠倒，就需要修改梯形，或者使用特殊指令解决。

（4）当继电器的常开触点或常闭触点与由其他继电器的触点组成的电路块串联时，也使用 AND 指令、ANI 指令；当继电器的常开触点或常闭触点与由其他继电器的触点组成的混联电路块并联时，也使用 OR 指令、ORI 指令。

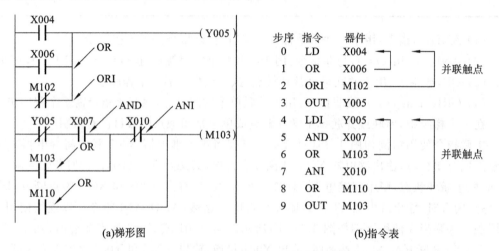

(a)梯形图　　　　　　　　　　　(b)指令表

图 4.27　串联/并联指令联合使用示例

三、串联块/并联块指令

电路块是指由几个触点按一定的方式连接的梯形图。由两个或两个以上的触点串联而成的电路块，称为串联电路块。由两个或两个以上的触点并联而成的电路块，称为并联电路块。触点混联而成的电路块称为混联电路块。

串联块/并联块指令如表 4.8 所示。

表 4.8　串联块/并联块指令

符号、名称	功　能	梯形图表示形式	操 作 元 件	程序步
ORB，并联块指令	串联电路的并联	┤├──┤├──（Y005）	无	1
ANB，串联块指令	并联电路的串联	┤├──┤├──（Y005）	无	1

串联电路块并联时，支路的起点以 LD 指令、LDI 指令开始，而支路的终点要用 ORB 指令。ORB 指令是一种独立指令，其后不带操作元件号，因此，ORB 指令不表示触点，可以看

成电路块之间的一段连接线。如需要将多个电路块并联,应在每个并联电路块之后使用一个 ORB 指令。用这种方法编程时,并联电路块的个数没有限制。串联块/并联块指令使用示例如图 4.28 所示。

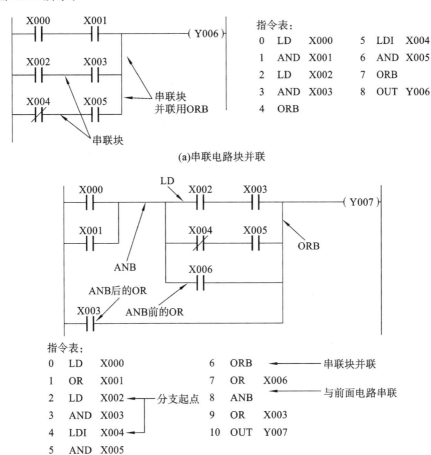

图 4.28　串联块/并联块指令使用示例

将分支电路(并联电路块)与前面的电路串联连接时使用 ANB 指令,各并联电路块的起点,使用 LD 指令、LDI 指令;与 ORB 指令一样,ANB 指令也不带操作元件号,如需要将多个电路块串联连接,应在每个串联电路块之后使用一个 ANB 指令。用这种方法编程时,串联电路块的个数没有限制。

四、置位/复位指令

置位/复位指令如表 4.9 所示。

表 4.9　置位/复位指令

符号、名称	功　能	梯形图表示形式	操 作 元 件	程序步
SET,置位指令	令元件自保持 ON	┤├──[SET Y000]	Y,M,S	1～2

续表

符号、名称	功　能	梯形图表示形式	操 作 元 件	程序步
RST，复位指令	令元件自保持 OFF 或清除数据寄存器的内容	⊢⊢─[RST Y000]	Y,M,S,C, D,V,Z,T	1～3

(1) SET，置位指令。该指令将使动作保持输出，其目标器件为 Y、M、S。

(2) RST(reset)复位指令。它是撤销动作保持(动作复位)或当前值及寄存器清零的指令。其目标器件为 Y、M、S、T、C、D、V、Z。

对于 SET 指令和 RST 指令，若目标元件为 Y、M，则需 1 个程序步；若目标元件为 S 及特殊辅助继电器 M、T 和 C，则需 2 个程序步；若目标元件为 D、V、Z，则需 3 个程序步。

置位/复位指令使用示例如图 4.29 所示。如果 SET 指令的条件发生 0→1 的跳变，即 X000 的常开触点闭合(为 1)，则 Y000 的线圈为 1(ON)并保持该状态，即使 X000 的常开触点断开，Y000 仍保持为 1 的状态，这称为置位功能。要解除置位，须使用 RST 指令。若 RST 指令的条件发生 0→1 的跳变，即 X001 的常开触点闭合(为 1)，则 Y000 的线圈被复位为 0(OFF)，即使 X001 的常开触点断开(为 0)，Y000 的线圈也保持该状态。对于辅助继电器 M、S，也是同样的应用方法。对于同一器件，SET 指令、RST 指令可多次使用，顺序也可随意，但最后执行的指令有效。

(a)梯形图	(b)指令表	(c)时序图

图 4.29　置位/复位指令使用示例

使用 RST 指令，可对数据寄存器 D、变址寄存器 V 和 Z 的内容清零，也能对计数器、累计型定时器的当前值及触点进行复位。图 4.30 中，X010 动作，计数器 C0 复位。

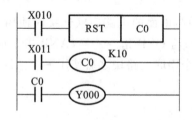

图 4.30　复位指令在计数器中的应用

五、上升沿与下降沿脉冲输出指令

PLS 指令、PLF 指令(见表 4.10)统称为脉冲输出指令或微分输出指令，它使目标元件输出脉宽为一个扫描周期的脉冲。PLS 指令和 PLF 指令的目标元件均为 Y 和除特殊辅助继电器以外的辅助继电器 M。

表 4.10 上升沿与下降沿脉冲输出指令

符号、名称	功　能	梯形图表示形式	操 作 元 件	程序步
PLS，上升沿脉冲输出指令	元件触点闭合时接通一个扫描周期	X000 ┤├ ─[PLS M0]	Y，M（除特殊辅助继电器）	1
PLF，下降沿脉冲输出指令	元件触点断开时接通一个扫描周期	X001 ┤├ ─[PLF M1]	Y，M（除特殊辅助继电器）	1

　　如图 4.31 所示，当 PLS 的输入条件 X000 触点由 OFF 变为 ON（上升沿）时，M0 输出一个扫描周期的脉冲。同样，当 PLF 的输入条件 X001 触点由 ON 变为 OFF（下降沿）时，M1 输出一个扫描周期的脉冲。

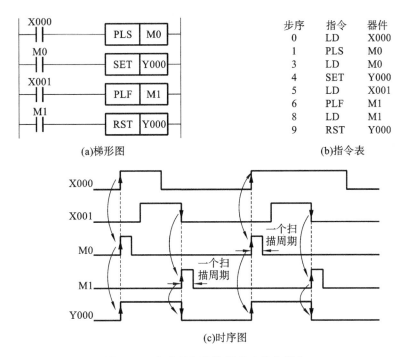

图 4.31 上升沿与下降沿脉冲输出指令

　　上升沿脉冲输出指令的使用示例如图 4.32 所示。无论是使用 OUT 指令、上升沿触点检测指令，还是使用上升沿脉冲输出指令，当 X000 从 OFF 变为 ON 时，M0 都只有一个扫描周期为 ON。

六、取脉冲上升沿与下降沿指令

　　取脉冲上升沿与下降沿指令如表 4.11 所示。

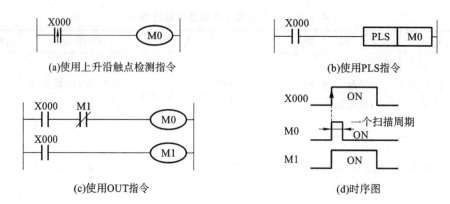

图 4.32　上升沿脉冲输出指令的使用示例

表 4.11　取脉冲上升沿与下降沿指令

符号、名称	功　　能	梯形图表示形式	操 作 元 件	程序步
LDP,取脉冲上升沿指令	检测到信号的上升沿时接通一个扫描周期	─││┤├── (M1)	X,Y,M,S,T,C	2
LDF,取脉冲下降沿指令	检测到信号的下降沿时接通一个扫描周期	─││┤├── (M1)	X,Y,M,S,T,C	2
ANDP,与脉冲上升沿指令	检测到位软元件上升沿信号时接通一个扫描周期	─┤├─││┤── (M1)	X,Y,M,S,T,C	2
ANDF,与脉冲下降沿指令	检测到位软元件下降沿信号时接通一个扫描周期	─┤├─││┤── (M1)	X,Y,M,S,T,C	2
ORP,或脉冲上升沿指令	检测到位软元件上升沿信号时接通一个扫描周期	─┤├── (M1)	X,Y,M,S,T,C	2
ORF,或脉冲下降沿指令	检测到位软元件下降沿信号时接通一个扫描周期	─┤├── (M1)	X,Y,M,S,T,C	2

（1）LDP 指令、ANDP 指令和 ORP 指令是进行上升沿检测的触点指令,仅在指定位软元件的上升沿（OFF→ON）时接通一个扫描周期。

（2）LDF 指令、ANDF 指令和 ORF 指令是进行下降沿检测的触点指令,仅在指定位软元件的下降沿（ON→OFF）时接通一个扫描周期。

如图 4.33 所示,当 X000（或 X001）由 OFF 变为 ON 或 X002 由 ON 变为 OFF 时,M0

或 M1 仅有一个扫描周期为 ON。

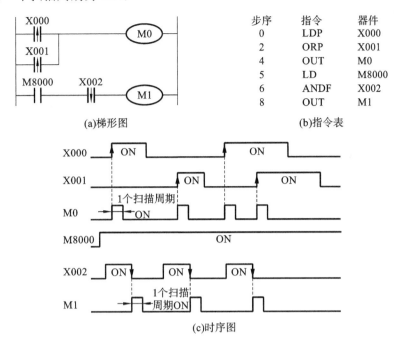

图 4.33　取脉冲上升沿与下降沿指令

七、栈操作指令

FX 系列 PLC 有 11 个栈存储器。用来存放运算中间结果的存储区域称为堆栈存储器。栈操作指令如表 4.12 所示。使用一次 MPS 指令就将此刻的运算结果送入堆栈的第一段，而将原来的第一层存储的数据移到堆栈的下一段。

表 4.12　栈操作指令

符号、名称	功　能	梯形图表示形式	程序步
MPS，进栈指令	将逻辑运算结果存入栈存储器		1
MRD，读栈指令	读出栈 1 号存储器结果		1
MPP，出栈指令	取出栈存储器结果并清除		1

（1）MRD 指令只用来读出堆栈最上段的最新数据，此时堆栈内的数据不移动。

（2）使用 MPP 指令，各数据向上一段移动，最上段的数据被读出，同时这个数据就从堆栈中清除。

栈操作指令的使用示例如图 4.34 所示。当公共条件 X003 闭合时，X004 闭合则 Y004 接通，X005 接通则 Y005 接通，X006 接通则 Y006 接通，X007 接通则 Y007 接通。

栈操作指令有以下特点：

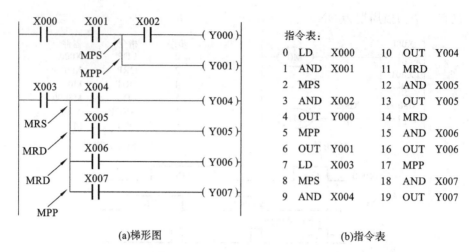

(a)梯形图　　　　　　　　(b)指令表

图 4.34　栈操作指令的使用示例

（1）MPS 指令、MRD 指令和 MPP 指令无操作元件；

（2）MPS 指令、MPP 指令可以重复使用，但是连续使用不能超过 11 次，且两者必须成对使用，缺一不可，MRD 指令有时可以不用；

（3）MRD 指令可多次使用，但在打印等方面有 24 行限制；

（4）最终输出电路以 MPP 指令代替 MRD 指令，读出存储并复位清零；

（5）若 MPS 指令、MRD 指令和 MPP 指令之后有单个常开触点或单个常闭触点串联，则应该使用 AND 指令或 ANI 指令；

（6）若 MPS 指令、MRD 指令和 MPP 指令之后有由触点组成的电路块串联，则应该使用 ANB 指令；若 MPS 指令、MRD 指令和 MPP 指令之后有由触点组成的电路块并联，则应该使用 ORB 指令；

（7）MPS 指令、MRD 指令和 MPP 指令之后若无触点串联，直接驱动线圈，则应该使用 OUT 指令；

（8）指令使用可以有多层堆栈。

图 4.35(a)所示是一层堆栈的使用示例，其中使用了 ANB 指令、ORB 指令；图 4.35(b)所示是四层堆栈的使用示例，也可以改用纵接输出的形式实现该梯形图的编程。

八、主控指令

在程序中常常会有这样的情况，多个线圈受一个触点或一组触点控制，这种控制称为主控。主控指令有两条，如表 4.13 所示。

表 4.13　主控指令

符号、名称	功　能	梯形图表示形式	操作元件	程序步
MC，主控指令	主控开始	┤├──[MC N1 Y或M]　N0 ┤├	Y，M（除特殊辅助继电器外）	3
MCR，主控复位指令	主控结束	──[MCR N0]	Y，M（除特殊辅助继电器外）	2

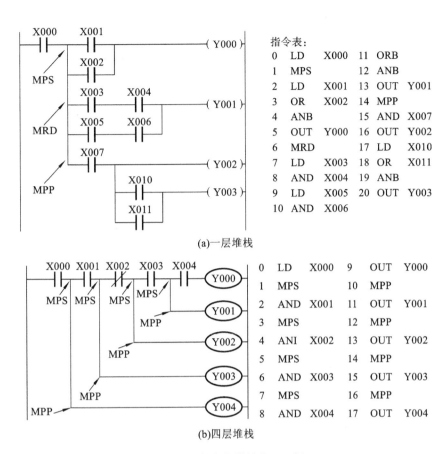

指令表：

0	LD	X000	11	ORB	
1	MPS		12	ANB	
2	LD	X001	13	OUT	Y001
3	OR	X002	14	MPP	
4	ANB		15	AND	X007
5	OUT	Y000	16	OUT	Y002
6	MRD		17	LD	X010
7	LD	X003	18	OR	X011
8	AND	X004	19	ANB	
9	LD	X005	20	OUT	Y003
10	AND	X006			

(a)一层堆栈

0	LD	X000	9	OUT	Y000
1	MPS		10	MPP	
2	AND	X001	11	OUT	Y001
3	MPS		12	MPP	
4	ANI	X002	13	OUT	Y002
5	MPS		14	MPP	
6	AND	X003	15	OUT	Y003
7	MPS		16	MPP	
8	AND	X004	17	OUT	Y004

(b)四层堆栈

图 4.35　复杂堆栈的使用示例

（1）MC 指令：主控开始，引出一条分支母线；

（2）MCR 指令：主控返回，使分支母线结束，回到原来的母线上。

如图 4.36（a）所示，如果不对程序进行修改，就无法编程，修改的方法是在每个线圈的控制电路中串入同样的触点，显然这占用了多个存储单元，如图 4.36（b）所示。应用主控指令就可以解决这一问题，如图 4.37 所示。使用 MC M100 的指令，将母线从 M100 的左侧转移到右侧，则 M100 所控制的程序段就能轻松编程。

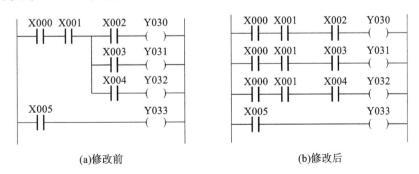

(a)修改前　　　　　　　　　　(b)修改后

图 4.36　未使用主控指令

主控指令具有以下特点。

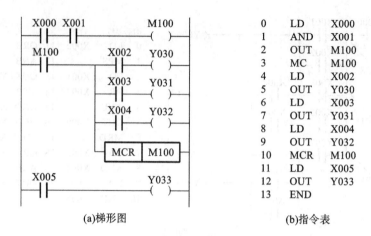

0	LD	X000	
1	AND	X001	
2	OUT	M100	
3	MC	M100	
4	LD	X002	
5	OUT	Y030	
6	LD	X003	
7	OUT	Y031	
8	LD	X004	
9	OUT	Y032	
10	MCR	M100	
11	LD	X005	
12	OUT	Y033	
13	END		

(a)梯形图　　　　　　　　　　(b)指令表

图 4.37　使用主控指令

（1）MC 指令、MCR 指令必须成对出现。

（2）分支母线上每一逻辑行编程时，都要用 LD 指令或 LDI 指令开始。执行主控指令 MC 指令后，左母线（LD、LDI 点）临时移到主控触点后，MCR 指令为将临时母线返回原母线的位置的指令。

（3）MC 指令的操作元件可以是继电器 Y 或辅助继电器 M（特殊辅助继电器除外）。

（4）MC 指令后，必须用 MCR 指令使临时左母线返回原来位置。

（5）MC/MCR 指令可以嵌套使用，即 MC 指令内可以再使用 MC 指令，但是必须使嵌套级编号从 N0 到 N7 按顺序增加，顺序不能颠倒，最多 8 次。而主控返回，嵌套级编号必须从大到小，即按 N7 到 N0 的顺序返回，不能颠倒，最后一定是 MCR N0 指令。

九、取反指令

取反指令（又称反转指令）如表 4.14 所示。

表 4.14　取反指令

符号、名称	功　能	梯形图表示形式	操 作 元 件	程序步
INV，取反指令	将指令之前的运算结果反转	X000 ─┤├─/─（Y000）	无	1

取反指令使用示例如图 4.38 所示。X0 接通，Y0 断开；X0 断开，Y0 接通。

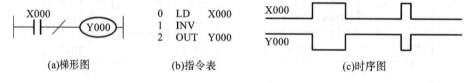

0	LD	X000
1	INV	
2	OUT	Y000

(a)梯形图　　　　　(b)指令表　　　　　(c)时序图

图 4.38　取反指令使用示例

取反指令使用说明：

（1）编写 INV 指令时，前面需有输入量，INV 指令不能直接与母线相连接，也不能像 OR 指令、ORI 指令等那样单独并联使用；

（2）可以多次使用，只是结果只有一个——通或断；

（3）INV 指令只对其前的逻辑关系取反。

十、空操作指令与结束指令

空操作指令与结束程序指令如表 4.15 所示。

表 4.15　空操作指令与结束程序指令

符号、名称	功　能	操作元件	程　序　步
NOP,空操作指令	空操作	无	1
END,结束程序指令	结束程序	无	1

（1）NOP 指令。

NOP 指令称为空操作指令，无任何操作元件。其主要功能是在调试程序时，取代一些不必要的指令，即删除由这些指令构成的程序行。另外，在程序中使用 NOP 指令，可延长扫描周期。在指令与指令之间加入空操作指令，PLC 会继续向下执行，就像没有加入 NOP 指令一样，但 NOP 指令占用程序空间。若在程序执行过程中事先加入一些空操作指令，当需要修改、增加指令时，可将 NOP 指令更改为需要的指令，这样可减少步序号的变动次数，但程序空间需要有足够的余量。需注意，将 NOP 指令修改为其他指令或将某些指令修改为 NOP 指令，会使梯形图结构发生变化，有时甚至出现错误，因此在最终程序中，应尽可能少用或不用该指令。

NOP 指令使用示例如图 4.39 所示。图 4.39（a）所示的梯形图 1 与图 4.39（b）所示的指令表 1 的执行结果完全相同，将 4.39 图（b）中的 NOP 指令改为图 4.39（d）中的 AND 指令，则相应的梯形图如图 4.39（c）所示，步序 3 之后的程序段步序号不受影响。

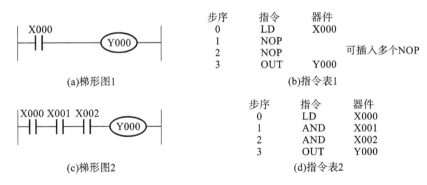

图 4.39　NOP 指令使用示例

NOP 指令主要用于程序调试。

（2）END 指令。

在程序结束处写上 END 指令，PLC 执行程序时，从用户程序存储器的第一行开始扫描至 END 指令就结束，并立即输出处理。若在程序结束处不写 END 指令，PLC 执行程序时，要把用户程序存储器完整扫描一遍才会输出处理。因此，使用 END 指令可缩短扫描周期。另外，在调试程序时，可以将 END 指令插在各程序段之后，分段检查各程序段的动作，确认无误后，再依次删去插入的 END 指令。

4.3.4 FX 的编程规则

尽管梯形图与继电器-接触器控制线路在结构形式、元件符号和逻辑控制功能方面很类似,但它们又不尽相同,梯形图有自己的编程原则。

(1) 输入寄存器用于接收外部输入信号,而不能由 PLC 内部的其他继电器的触头来驱动,因此梯形图中只出现输入寄存器的触头,而不出现其线圈。输出寄存器则输出程序执行的结果给外围输出设备,当梯形图中的输出寄存器线圈得电时,就有信号输出,但不是直接驱动输出设备,而要通过输出接口的继电器、晶体管或晶闸管才能驱动输出设备。

PLC 中所有继电器(输入/输出继电器、辅助寄存器、状态寄存器、计时器、计数器和特殊功能继电器等)的数目都是有限的,但是,当将继电器作为触点用的时候,它们的数目是没有限制的,即同一编号继电器的触点(常开或常闭)可以在同一程序里多次使用。

(2) 线圈右边无触点。梯形图每一行都是从左母线开始,线圈接在最右边。在继电器-接触器控制线路中,继电器的触点可以放在线圈的右边,但在梯形图中触点不允许放在线圈的右边(见图 4.40)。另外,梯形图中触点可以任意串联或并联,但线圈只能并联而不能串联。

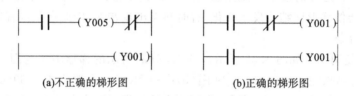

(a)不正确的梯形图   (b)正确的梯形图

图 4.40　线圈右边无触点

(3) 线圈不能直接与左母线相连,也就是说,线圈输出作为逻辑结果必须有条件。必要时,可以使用一个内部继电器的动断触点或内部特殊辅助继电器来实现。

(4) 尽可能避免双线圈输出。双线圈输出是指同一编号的继电器线圈在一段顺序控制程序中使用两次或两次以上。双线圈输出并不违反编程规则,但容易引起误操作,因为此时前面的输出无效,只有最后的输出才有效。但在含有跳转指令或步进指令的梯形图中,可以使用双线圈,因为对该线圈的驱动只有一次。

双线圈处理如图 4.41 所示。由于 Y000 存在双线圈输出,图 4.41(a)中第一行程序中的 Y000 实际上是无效的,解决方法是改为图 4.41(b)或图 4.41(c)。

(5) 触点应画在水平支路上,不能画在垂直支路上,如图 4.42 所示。

(6) 触点串并联原则为"左重右轻,上重下轻"。几条支路并联时,串联触点多的安排在上面,如图 4.43(a)所示;几个支路串联时,并联触点多的支路块安排在左面,如图 4.43(b)所示。

(7) 桥式电路的编程。当两个逻辑行之间互有牵连时,称为桥式电路,它可按图 4.44 所示的方法编程。

(8) 编程时应遵循化繁就简的原则,如前文中图 4.35(b)使用了堆栈指令编程;对梯形图进行翻转后,不改变逻辑关系,也无须使用 MPS 指令,如图 4.45 所示。

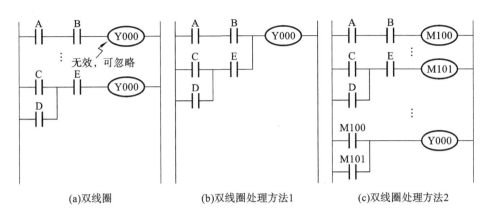

图 4.41　双线圈处理

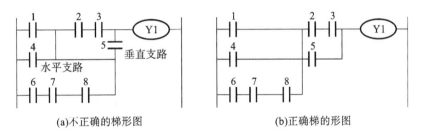

图 4.42　触点放置规则

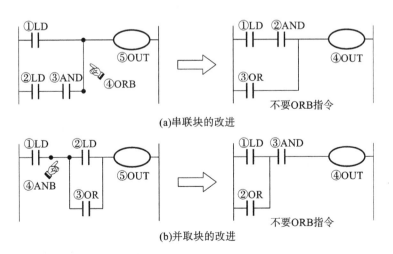

图 4.43　串联/并联块的优化改进

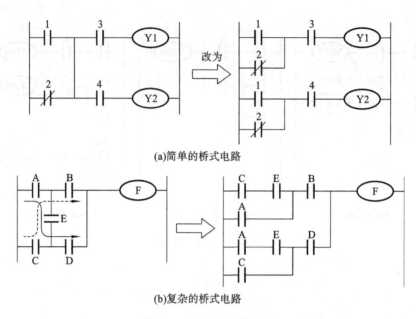

(a)简单的桥式电路

(b)复杂的桥式电路

图 4.44　桥式电路的编程

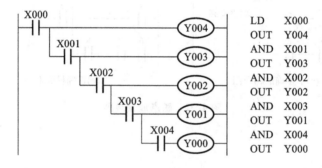

```
LD    X000
OUT   Y004
AND   X001
OUT   Y003
AND   X002
OUT   Y002
AND   X003
OUT   Y001
AND   X004
OUT   Y000
```

图 4.45　梯形图的优化

4.4　梯形图程序设计

梯形图程序的设计方法，包括转换设计法、经验设计法、逻辑设计法和步进顺控设计法。逻辑设计法是应用逻辑代数以逻辑组合的方法和形式设计程序。逻辑设计法的理论基础是逻辑函数，逻辑函数就是逻辑运算与、或、非的逻辑组合。因此，从本质上来说，PLC 梯形图程序就是与、或、非的逻辑组合，也可以用逻辑函数表达式来表示。

4.4.1　梯形图程序的转换设计法

转换设计法是将继电器-接触器控制线路转换成与原有功能相同的 PLC 内部的梯形图。原有的继电器-接触器控制系统经过验证，能够完成所要求的控制功能，而继电器-接触器控制线路又与梯形图极为相似，可以将继电器-接触器控制线路"翻译"成梯形图，即用

PLC 的外部硬件接线图和梯形图程序来实现继电器-接触器控制系统的功能。

这种设计方法一般不需要改动控制面板,保持了系统原有的外部特性,操作人员不需要重新适应。转换的步骤如下。

(1) 了解和熟悉被控设备的工艺过程和机械的动作情况,根据继电器-接触器控制线路分析和掌握控制系统的工作原理。

(2) 确定 PLC 的 I/O 分配表,作出 PLC 的外部接线图。必须在编程之前建立起 PLC 的输入/输出端子与现场元器件的一一对应关系。端子编号在一定范围内是自由的,但是一旦确立了对应关系,就不应轻易修改。编程时,按照端子号来建立现场设备的逻辑或控制关系,接线时也需要按照端子号来连接现场器件。

(3) 确定其他现场器件与软元件的对应关系。例如,继电器-接触器控制线路中的时间继电器与梯形图程序中的定时器之间的关系,继电器-接触器控制线路中的中间继电器与梯形图程序中的辅助继电器之间的关系。

(4) 根据上述对应关系画出梯形图。

一、电动机启保停控制梯形图程序

回顾图 3.47 所示的启保停控制线路电气原理图,SB1 为启动按钮,SB2 为停止按钮(用常闭触点),KM 为控制电动机的交流接触器。将其改造为 PLC 控制,首先建立 I/O 分配表,如表 4.16 所示。

表 4.16 启保停控制 I/O 分配表

PLC 输入端子	连接的 现场器件	用 途	PLC 输出端子	连接的 现场器件	用 途
X0	SB1	起动按钮	Y0	KM	接触器
X1	SB2	停止按钮			

分别将 SB1、SB2 接入 PLC 输入端 X0、X1,将 KM 接至输出端 Y0,作出 PLC 的外部接线图,如图 4.46(a)所示。电动机的动力回路在 PLC 改造的过程中不需要变动。对照 I/O 分配表,将图 4.46 的控制线路旋转 90°,再用 X0、X1、Y0 替换掉图上的 SB1、SB2、KM,程序设计完成,如图 4.46(b)所示。

按下按钮 SB1,PLC 输入端子 X0 动作,则输出继电器 Y0 线圈得电,输出端子 Y0 闭合,接触器 KM 线圈得电,主触头闭合,电动机开始运转。

在 PLC 控制中,停止按钮有两种处理方法,可以使用动合触点,也可以使用动断触点,程序也相应地有区别。在图 4.46(a)中,停止按钮 SB2 使用了动断触点,因此,在图 4.46(b)所示的梯形图程序中,X1 为动合触点。相反的,在图 4.46(c)中,停止按钮 SB2 使用了动合触点,因此,在图 4.46(d)所示的梯形图程序中,X1 为动断触点。

此外,在图 4.46(a)中热继电器 FR 的发热元件没有经过 PLC 主机;在图 4.46(c)中 FR 连接在 PLC 的输入端子 X3 上,对应地,图 4.46(d)所示的梯形图程序中出现了 X3 的动断触点。对比这两种方式,图 4.46(a)的处理更好,原因有两个:第一,节约了 PLC 的输入端子,I/O 端子的数量是决定 PLC 价格的关键因素;第二,当热继电器动作时,图 4.46(a)中 FR 的触点不经过 PLC 的处理,直接断开了 KM 的线圈,电动机会立刻停止,这种控制更加

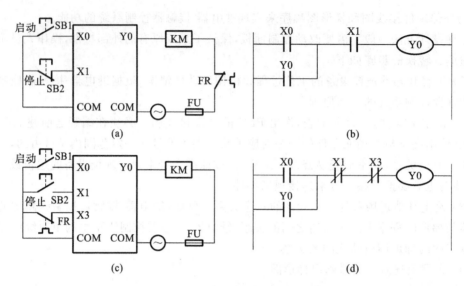

图 4.46　启保停控制梯形图程序设计

迅速、直接。

二、正反转控制梯形图程序

使用同样的方法将正反转控制线路转换为正反转梯形图程序。回顾图 3.49 所示的正反转控制线路,同样的,电动机的动力回路在 PLC 改造的过程中不需要变动。做出 I/O 分配表,如表 4.17 所示;外部接线图如图 4.47(a)所示。

表 4.17　正反转控制 I/O 分配表

PLC 输入端子	连接的 现场器件	用　途	PLC 输出端子	连接的 现场器件	用　途
X0	SB1	正转按钮	Y0	KM1	正转接触器
X1	SB2	反转按钮	Y1	KM2	反转接触器
X2	SB3	停止按钮			

正反转控制的关键在于短路保护,保证两个接触器不同时接通,否则将造成三相电源短路。因此,两个接触器之间应有互锁电路。采用 PLC 控制时,梯形图程序中也需要有互锁回路。

(1)输出点互锁。将输出继电器 Y0 的常闭触点串入输出继电器 Y1 的驱动回路中,将输出继电器 Y1 的常闭触点串入输出继电器 Y0 的驱动回路中,形成输出继电器常闭触点互锁,如图 4.47(b)所示。

(2)输出点和输入点均互锁。除了输出继电器常闭触点互锁之外,还将输入继电器 X0 的常闭触点串入输入继电器 X1 的驱动回路中,将输入继电器 X1 的常闭触点串入输入继电器 X0 的驱动回路中,形成输入继电器常闭触点互锁,如图 4.47(c)所示。

(3)基于 PLC 定时器的互锁。由于 PLC 输出锁存器中的变量是同时输出的,正反转切换时,有可能出现这样一种情况:一个接触器断开触点、电弧尚未熄灭时,另一个接触器的触点已闭合,使电源瞬时短路。为避免此种情况,在图 4.47(d)中增加了两个定时器 T0 和 T1,换向切换过程中要被切断的接触器瞬时开,而要被接通的接触器则延时合。

同时,将两个接触器的常闭触点相互串在对方的线圈供电回路中,构成硬件互锁电路,触点不经过 PLC 的处理,直接断开了线圈,这种控制更加迅速、直接,从根本上保证了系统工作的可靠性。

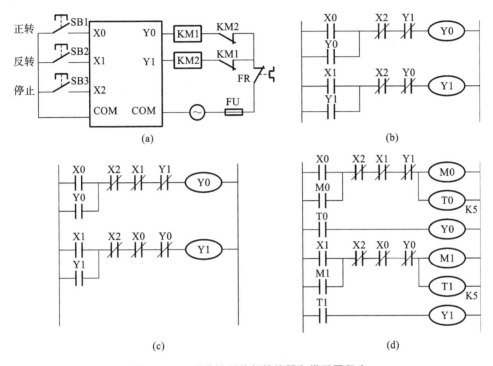

图 4.47　正反转控制外部接线图和梯形图程序

三、Y/△降压启动控制梯形图程序

同理,可将鼠笼式电动机 Y/△降压启动控制线路(主电路如图 4.48(a)所示)改造为梯形图程序。Y/△降压启动除了短路保护以外,还引入了定时器控制。I/O 分配表如表 4.18 所示,外部接线图如图 4.48(b)所示。

表 4.18　Y/△降压启动控制 I/O 分配表

PLC 输入端子	连接的 现场器件	用　途	PLC 输出端子	连接的 现场器件	用　途
X0	SB1	启动按钮	Y0	KM1	主接触器
X1	SB2	停止按钮	Y1	KM2	Y 接触器
			Y2	KM3	△接触器

按下 SB1,X0 为"1",使 Y0 和 Y2 为"1",KM1、KM3 线圈得电,电动机以 Y 形启动;同时 T0 开始延时,10 s 后 T0 输出为"1",其常闭触点断开,Y2 为"0",KM3 线圈断电;T0 的常开触点闭合,Y1 为"1",电动机转为△形运行。同时 Y1 常开触点闭合自锁,常闭触点断

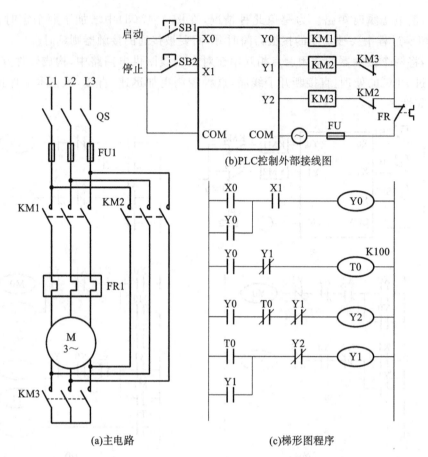

图 4.48 Y/△ 降压启动控制主电路及 Y/△ 降压启动 PLC 控制外部接线图和梯形图程序

开,将 T0 复位。图 4.48 所示的外部接线图中还设计了输出回路中的互锁措施。

四、注意事项

梯形图和继电器-接触器控制线路虽然表面上看起来差不多,实际上有本质的区别。使用转换设计法设计 PLC 的外部接线图和梯形图程序时,应注意以下问题。

(1)设置中间单元。在梯形图中,若多个线圈都受某一触点并串联电路的控制,为了简化电路,在梯形图中可以设置辅助继电器。

(2)I/O 端子的数量是决定 PLC 价格的关键因素,因此减少输入信号和输出信号的点数是降低硬件成本的主要措施。

(3)在继电器-接触器控制线路中,如果几个输入器件的触点的串并联电路总是作为一个整体出现,可以将它们作为 PLC 的一个输入信号,只占 PLC 的一个输入点。

(4)某些器件的触点如果在继电器电路图中只出现一次,并且与 PLC 输出端的负载串联(例如热继电器的常闭触点),不必将它们作为 PLC 的输入信号,可以将它们放在 PLC 外部的输出回路,仍与相应的外部负载串联。

(5)继电器-接触器控制系统中某些相对独立且比较简单的部分,可以用继电器电路或其他电路控制,这样同时减少了所需的 PLC 的输入点和输出点。

（6）设立外部联锁电路。为保证可靠性,程序中应设置互锁,PLC 外部也应设置互锁。如果在继电器电路中有接触器之间的联锁电路,在 PLC 的输出回路也应采用相同的联锁电路。

4.4.2　梯形图程序的经验设计法

经验设计法是沿用传统继电器-接触器控制系统电气原理图的设计方法,即在一些典型单元电路的基础上,根据被控对象对控制系统的具体要求,不断地修改和完善梯形图。有时需要多次反复调试和修改梯形图,最后才能得到较为满意的结果。经验设计法一般可用于较简单的梯形图程序设计。

一、电动机启保停控制梯形图程序设计

仍然以电动机启保停控制为例说明。图 4.49(a)所示是前文中用转换设计法设计的电动机启保停控制梯形图程序,设计思路来源于继电器-接触器控制系统,没有体现出 PLC 自身的特点。图 4.49(b)所示是用经验设计法设计的电动机启保停控制梯形图程序,X0 动作则 Y0 置位,直到 X1 使其复位,程序简单、直观、可靠,而这正是转换设计法的优势所在。

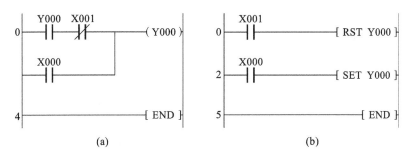

图 4.49　分别使用转换设计法和经验设计法设计的电动机启保停控制梯形图程序

二、两地点控制梯形图程序设计

1. 控制要求

按下地点 1 的启动按钮 SB1 或地点 2 的启动按钮 SB2,均可启动电动机。按下地点 1 的停止按钮 SB3 或地点 2 的停止按钮 SB4,均可停止电动机运行。

2. I/O 分配表和外部接线图

两地点控制 I/O 分配表如表 4.19 所示,外部接线图如图 4.50 所示。

表 4.19　两地点控制 I/O 分配表

PLC 输入端子	连接的 现场器件	用　途	PLC 输出端子	连接的 现场器件	用　途
X000	SB1	地点 1 启动	Y000	KM	电动机接触器
X001	SB2	地点 2 启动			
X002	SB3	地点 1 停止			
X003	SB4	地点 2 停止			

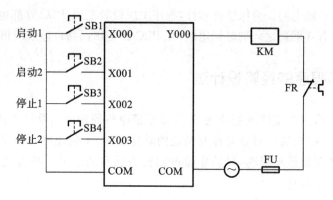

图 4.50　两地点控制外部接线图

3. 梯形图程序设计

设计了三种梯形图程序,如图 4.51 所示。

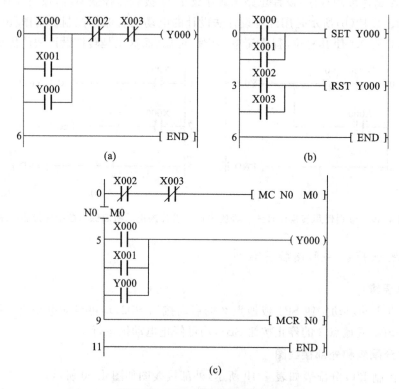

图 4.51　两地点控制梯形图程序

图 4.51(a)所示的梯形图程序使用了基于传统电气线路的程序设计思路;图 4.51(b)和图 4.51(c)所示的梯形图程序使用了带有 PLC 特点的程序设计思路。

三、两电动机顺序控制梯形图程序设计

1. 控制要求

电动机 M1 先启动(SB1),电动机 M2 才能启动(SB2)。

2. I/O 分配表和外部接线图

两电动机顺序控制 I/O 分配表如表 4.20 所示。外部接线图请读者自行作出,此处略。

表 4.20　两电动机顺序控制 I/O 分配表

PLC 输入端子	连接的 现场器件	用　途	PLC 输出端子	连接的 现场器件	用　途
X000	SB1	M1 启动	Y000	KM1	M1 接触器
X001	SB2	M2 启动	Y001	KM2	M2 接触器
X002	SB3	M1 停止			
X003	SB4	M2 停止			

3. 梯形图程序设计

设计了两种梯形图程序,如图 4.52 所示。

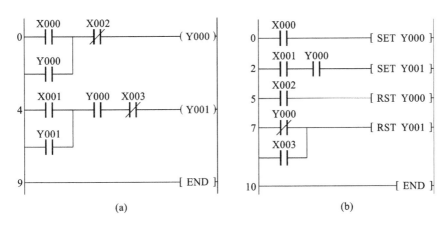

图 4.52　两电动机顺序控制梯形图程序

四、时间控制梯形图程序

时间控制主要用于延时、定时和脉冲控制,它可以用定时器、计数器和特殊辅助继电器来实现。

1. 得电延时合

得电延时合梯形图程序和时序图如图 4.53 所示。X000 得电 2 s 后,Y000 动作。

2. 失电延时开

失电延时开梯形图程序和时序图如图 4.54 所示。

3. 得电延时开,失电延时合

图 4.55(a)所示的程序中,Y000 得电之后延时 1 s 后断开,断开后延时 1 s 闭合,如此循环。如果将 Y000 输出端子连接到信号灯上,则实现闪烁功能。图 4.55(b)用特殊辅助继电器 M8013 实现完全一致的功能。

机电传动与控制技术

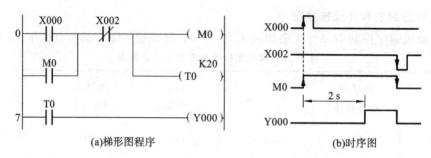

图 4.53 得电延时合梯形图程序和时序图

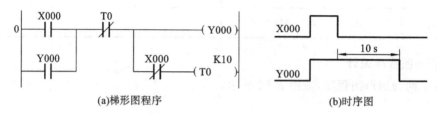

图 4.54 失电延时开梯形图程序和时序图

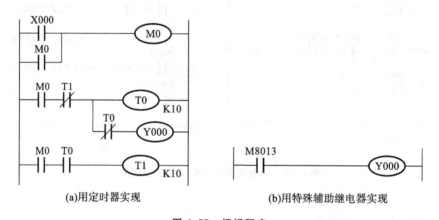

图 4.55 闪烁程序

五、三台电动机顺序启动控制梯形图程序设计

1. 控制要求

电动机 M1 启动 5 s 后电动机 M2 启动,电动机 M2 启动 5 s 后电动机 M3 启动;按下停止按钮,电动机无条件全部停止运行。

2. I/O 分配表和外部接线图

三台电动机顺序启动控制 I/O 分配表如表 4.21 所示。外部接线图请读者自行作出,此处略。

212

表 4.21　三台电动机顺序启动控制 I/O 分配表

PLC 输入端子	连接的现场器件	用　途	PLC 输出端子	连接的现场器件	用　途
X000	SB1	停止按钮	Y000	KM1	M1 接触器
X001	SB2	启动按钮	Y001	KM2	M2 接触器
			Y002	KM3	M3 接触器

3. 梯形图程序设计

设计了两种梯形图程序,如图 4.56 所示。

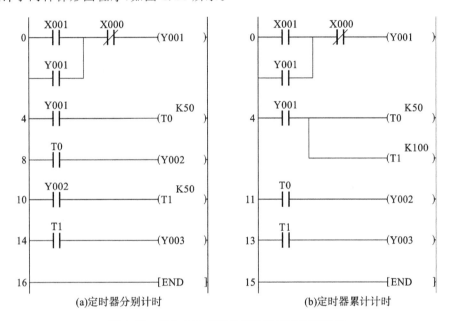

(a)定时器分别计时　　　　　(b)定时器累计计时

图 4.56　三台电动机顺序启动控制梯形图程序

六、钻孔动力头控制梯形图程序设计

1. 控制要求

钻孔动力头工艺流程图如图 4.57 所示。

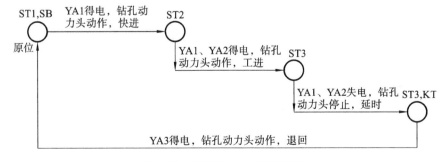

图 4.57　钻孔动力头工艺流程图

（1）钻孔动力头停在原位，ST1 被压合；

（2）按下 SB，电磁阀 YA1 得电，使钻孔动力头快进；

（3）钻孔动力头到达工位 2，ST2 被压合，使电磁阀 YA1、YA2 得电，钻孔动力头工进；

（4）钻孔动力头到达工位 3，ST3 被压合，使电磁阀 YA1、YA2 失电，钻孔动力头停止前进，工进延时 1 s，等待加工完成；

（5）延时时间到，电磁阀 YA3 得电，动力头退回。

动作顺序表如表 4.22 所示。

表 4.22　钻孔动力头动作顺序表

步　序	输入条件	输　出		
		YA1	YA2	YA3
原位	ST1	—	—	—
快进	ST1,SB	+	—	—
工进	ST2	+	+	—
延时	ST3,KT	—	—	+
退回	ST1	—	—	—

2. I/O 分配表和外部接线图

钻孔动力头控制 I/O 分配表如表 4.23 所示。

表 4.23　钻孔动力头控制 I/O 分配表

PLC 输入端子	连接的现场器件	用　途	PLC 输出端子	连接的现场器件	用　途
X000	ST1	原位	Y031	YA1	快进电磁阀
X001	ST2	快进到位	Y032	YA2	工进电磁阀
X002	ST3	工进到位	Y033	YA3	快退电磁阀
X003	SB	启动按钮			

钻孔动力头控制外部接线图如图 4.58 所示。

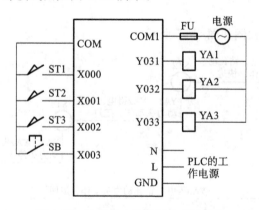

图 4.58　钻孔动力头控制外部接线图

3. 梯形图程序设计

设计的钻孔动力头控制梯形图程序如图 4.59 所示。

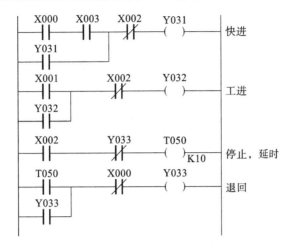

图 4.59　钻孔动力头控制梯形图程序

七、简单机械手控制梯形图程序设计

1. 控制要求

设计机械手的夹紧→正转→松开→反转控制梯形图程序。机械手由气压系统驱动,将电磁阀 YV1、YV2、YV3、YV4 通电,分别控制机械手夹紧、松开、正转、反转。YV1 通电后即使断电,只要 YV2 不通电,机械手也能维持夹紧;同理,YV2 通电后即使断电,只要 YV1 不通电,机械手也能维持松开。复位行程开关为 SQ1,夹紧到位压合行程开关为 SQ2,正转到位压合行程开关为 SQ3,松开到位压合行程开关为 SQ4。机械手的工作循环图如图 4.60 所示。

图 4.60　机械手工作循环图

2. I/O 端口分配

输入端设置了启动按钮和停止按钮;输出端除 YV1~YV4 的输出外,另设 4 个指示灯,以显示机械手的工作状态。I/O 端口分配如图 4.61 所示。

3. 梯形图程序设计

所设计的的机械手控制梯形图程序如图 4.62 所示。

当机械手处于原位时,移位的继电器应处于复位状态,同时复位行程开关 SQ1 压合,输入继电器 X002 为"1",程序使 M100 置"1"。

按下启动按钮,X000 为"1",产生移位信号,使 M101~M104 左移一位,M100 的 1 移入 M101,使 Y004 为"1",接通 YV1,执行夹紧动作;Y010 为"1",夹紧指示灯 HL1 亮;M100 为 0。

夹紧到位,SQ2 被压下,X003 为"1",产生移位信号,M100 的"0"移入 M101,使 Y004 为

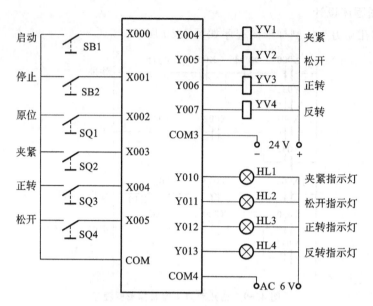

图 4.61 机械手外部接线图

"0",YV1 失电,同时原 M101 的"1"移到 M102,使 Y006 为"1",YV3 得电,执行正转动作;Y012 为"1",正转指示灯 HL3 亮;同时 M102 为"1",使 Y010 继续为"1",夹紧指示灯 HL1 继续亮;M100 为"0"。

正转到位,SQ3 被压下,X004 为"1",产生移位信号,M101 的"0"移到 M102,原 M102 的"1"移到 M103。M102 为"0",使 Y006 为"0",YV3 失电,正转指示灯 HL3 熄灭,Y010 为"0",夹紧指示灯 HL1 熄灭;M103 为"1",使 Y005 为"1",YV2 得电,执行松开动作;Y011 为"1",松开指示灯 HL2 亮;M100 为"0"。

松开到位,SQ4 被压下,X005 为"1",产生移位信号,M102 的"0"移到 M103,原 M103 的"1"移到 M104。M103 为"0",使 Y005 为"0",YV2 失电。M104 为"1",使 Y007 为"1",YV4 得电,执行反转动作;Y011 继续为"1",松开指示灯 HL2 继续亮;Y013 为"1",反转指示灯 HL4 亮;M100 为"0"。

当反转到原位,SQ1 被压下,X002 为"1",使 M100～M104 复位,各指示灯熄灭,机械手处于原位。若再次按下启动按钮,即可重复上述步进控制。

八、交通信号灯控制梯形图程序设计

1. 控制要求

交通信号灯控制时序图如图 4.63 所示。

SB 为启动按钮,1R、1G、1Y 对应十字路口东西向信号灯的红灯、绿灯、黄灯;2R、2G、2Y 对应十字路口南北向信号灯的红灯、绿灯、黄灯。

红灯 1R、2R 交替亮 60 s;绿灯 1G、2G 3 s 闪烁 3 次。可用定时器产生周期脉冲信号电路来实现。

2. 外部接线图

交通信号灯控制外部接线图如图 4.64 所示。

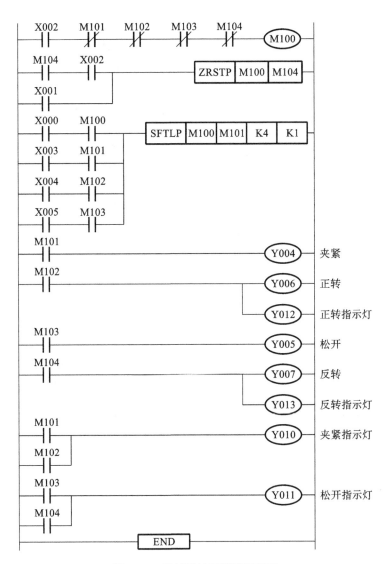

图 4.62　机械手控制梯形图程序

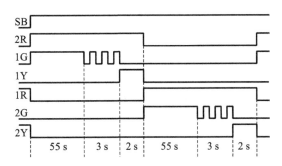

图 4.63　交通信号灯控制时序图

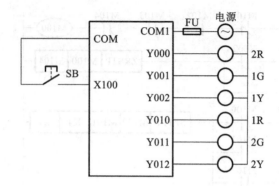

图 4.64　交通信号灯控制外部接线图

3. 梯形图程序设计

东西向程序段和南北向程序段除了 T050 的触点不同之外,其余部分是完全一致的,如图 4.65 所示。

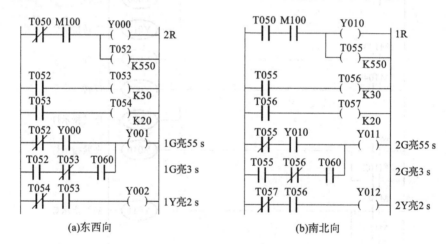

图 4.65　交通信号灯控制梯形图程序

4.4.3　PLC 系统开发的一般步骤

一、工艺流程分析

首先,必须详细分析控制过程和控制要求,全面、清楚地掌握具体的控制任务,确定被控系统必须完成的动作及完成这些动作的顺序,画出工艺流程图和动作顺序表。必须了解哪些是输入量,用什么传感器等来反映和传送输入信号;哪些是输出量(被控量),用什么执行元件或设备接收 PLC 送出的信号。

二、I/O 点数估算与 PLC 选型

PLC 选型,主要取决于设备对 I/O 点的需求量和控制过程的难易程度。估算 PLC 需要的各种类型的输入/输出点数,并据此估算出用户的存储容量,是系统设计中的重要环节。

1. I/O 点的估算

准确地统计出被控设备对输入点、输出点的总需求量，分析输入点、输出点的信号类型。一般情况下，PLC 对开关量的处理要比对模拟量的处理简单、方便得多，也更为可靠。因此，在工艺允许的情况下，常常把相应的模拟量与一个或多个门槛值进行比较，使模拟量变为一个或多个开关量，对开关量进行处理、控制。考虑到在实际安装、调试和应用中，还可能会发现一些估算中未预见到的因素，要根据实际情况增加一些输入信号、输出信号。因此，要按估算数再增加 15%～20% 的 I/O 点数裕量，以备将来调整、扩充使用。

2. 存储容量的估算

用户程序占用内存的多少与多种因素有关。例如，输入点、输出点的数量和类型，输入量与输出量之间关系的复杂程度，需要进行运算的次数，处理量的多少，程序结构的优劣等，都与内存容量有关。因此，在用户程序编写、调试好以前，很难估算出 PLC 所应配置的存储容量。一般只能根据输入、输出的点数及其类型，控制的繁简程度加以估算。一般粗略的估计方法是：（输入点数＋输出点数）×（10～12）＝指令语句数。在按上述数据估算后，通常再增加 15%～20% 的备用量，然后将其作为选择 PLC 内存容量的依据。

3. PLC 选型

一般机械设备的单机自动控制，多属简单的顺序控制，只要选用具有逻辑运算、定时和计数等基本功能的小型 PLC 就可以了。如果控制任务复杂，包含了数值计算、模拟信号处理等内容，就必须选用具有数值计算功能、模/数转换功能和数/模转换功能的中型 PLC。对于过程控制来说，还必须考虑 PLC 的速度。PLC 采用顺序扫描方式工作，它不可能可靠地接收持续时间小于扫描周期的信号。例如，为了确保不漏检传送带上的产品，PLC 的扫描周期必须小于 30 ms。这样的速度不是所有的 PLC 都能达到的。在某些要求高速响应的场合，可以考虑扩充高速计数模块和中断处理模块等。

4. 扩展模块选型

扩展模块直接与被控设备相连，主要考虑其工作电压、工作电流和抗干扰能力。

三、编制 I/O 分配表

一般在工业现场，各输入接点和输出设备都有各自的代号，PLC 内的 I/O 继电器也有编号。为了方便程序设计、现场调试和查找故障，要编制一个已确定下来的现场输入/输出信号的代号和分配到 PLC 内与其相连的输入/输出继电器或器件的编号的对照表，简称 I/O 分配表。另外，还要确定需要的定时器和计数器等的数量。这些都是硬件设计和绘制梯形图的主要依据。

四、外部接线图设计

对照 I/O 分配表，作出 PLC 外部接线图。一方面，外部接线图可提供给现场人员，供其安装、调试、维护使用；另一方面，程序设计人员对照外部接线图来设计程序，思路会更清晰，不仅可加快设计速度，而且不易出错。

五、梯形图程序设计

根据工艺流程，结合 I/O 分配表和外部接线图，设计梯形图程序。

（1）若控制系统关系比较复杂,可将其分解成若干个子系统,编写相应的子程序段,最后使用一段主程序对子程序段逐一调用。

（2）PLC 的运行是以扫描的方式进行的,一定要遵照自上而下的顺序原则来编制梯形图,否则就会出错（因为程序顺序不同,其结果是不一样的）。

（3）用好软件的调试与仿真功能,以检查程序设计和程序输入是否正确,进行系统模拟调试和完善程序。三菱 GX Works2 及以后版本均提供了调试与仿真功能,可模拟输入信号,观察程序执行情况和相应的输出动作是否正确,如有问题可及时修改,修改好后再进行调试、修改程序,直至完全正确。

六、安装和调试

在进行梯形图程序设计的同时,进行硬件系统的安装连线。待软件调试无误,对整个控制系统进行现场调试和试运行,对故障进行处理,最终交付。

4.4.4 梯形图实例

一、工艺流程分析

卧式双面铰孔组合机床主要用于大中型箱体类和轴类零件的加工。系统控制要求如下。

自动调试时,必须确保选择开关置于自动调试工作模式下,首先是人工上料,并保证工件安放正确无误,然后按下启动按钮 SB。同时,电磁阀 YV1 得电,工件被夹紧,夹紧过程需 2 s 时间;2 s 后 YV3 得电,滑台向右移动,同时 KM1 得电,右主轴启动。当滑台移动到达右端时,压下右限位开关 SQ2,YV3 失电,滑台停在右端;2 s 后,KM1 失电,右主轴停止;同时 YV4 得电,滑台向左移动,KM2 得电,左主轴启动。当滑台到达左端时,压下左限位开关 SQ3,YV4 失电,滑台停止向左移动,2 s 后,KM2 失电,左主轴停止,同时 YV3 得电,滑台向右移动,当滑台压下中位行程开关 SQ1 时,YV3 失电,滑台停止向右移动,同时 YV2 得电,液压夹紧机构松开,延时 2 s 松开到位,一个循环结束。若要重新调试,则只需要再次人工上料,按下启动按钮 SB,即可重复上述动作。

卧式双面铰孔组合机床工艺流程图如图 4.66 所示。

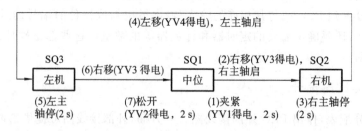

图 4.66 卧式双面铰孔组合机床工艺流程图

液压动力滑台在自动调试开始时应位于中位（SQ1）,在图中 SQ2 为右限位开关,SQ3 为左限位开关,滑台的向左和向右移动、夹具的夹紧和松开均由电磁阀控制,而且均采用液压缸控制。其中,YV1 控制液压夹紧机构的夹紧,YV2 控制夹紧机构的松开,YV3 控制滑台的向右移动,YV4 控制滑台的向左移动,KM1 和 KM2 分别控制右主轴和左主轴的启停。可得卧式双面铰孔组合机床动作顺序表如表 4.24 所示。

表 4.24　卧式双面铰孔组合机床动作顺序表

步　序	输入条件	输 出 状 态					
		夹紧 YV1	右移 YV3	右主轴 KM1	左移 YV4	左主轴 KM2	松开 YV2
中位	SQ1	−	−	−	−	−	−
夹紧	SB	+	−	−	−	−	−
右移右主轴	KT	+	+	+	−	−	−
右主轴缓停	SQ2	+	−	+	−	−	−
左移左主轴	KT	+	−	−	+	+	−
左主轴缓停	SQ3	+	−	−	−	+	−
滑台右移	KT	+	+	+	−	−	−
松开	SQ1	−	−	−	−	−	+

二、PLC 选型

（1）I/O 点数估算。共有 4 个输入点、6 个输出点,共 10 个输入/输出点,取输入点数为 5,输出点数为 10。

（2）存储器容量估算:取值为 8 KB。

（3）控制功能的选择:用于单机小规模生产,选择具有普通运算功能的 PLC。

决定选用三菱 FX_{2N}-16MR 型 PLC。

三、I/O 分配表和外部接线图设计

卧式双面铰孔组合机床 I/O 分配表如表 4.25 所示。

表 4.25　卧式双面铰孔组合机床 I/O 分配表

现场器件		内部地址	说　明
输入	SB	X000	启动按钮
	SQ1	X001	中位限位开关
	SQ2	X002	右限位开关
	SQ3	X003	左限位开关
输出	YV1	Y000	夹紧电磁阀
	YV2	Y001	松开电磁阀
	YV3	Y002	右移电磁阀
	YV4	Y003	左移电磁阀
	KM1	Y004	右主轴继电器
	KM2	Y005	左主轴继电器

卧式双面铰孔组合机床外部接线图如图 4.67 所示。

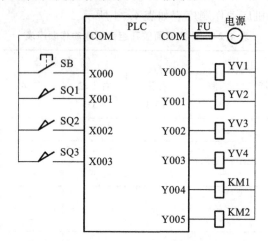

图 4.67　卧式双面铰孔组合机床外部接线图

四、程序流程图

卧式双面铰孔组合机床程序流程图如图 4.68 所示。

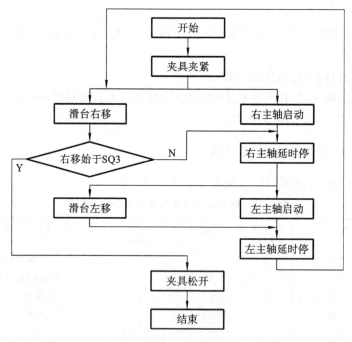

图 4.68　卧式双面铰孔组合机床程序流程图

五、梯形图程序设计

所设计的卧式双面铰孔组合机床梯形图程序如图 4.69 所示。

（1）按下启动按钮 SB，输入继电器 X000 常开触点动作，由于 Y001 的常闭触点未动作，因此，输出继电器 Y000 线圈得电并自锁，开始夹紧过程。

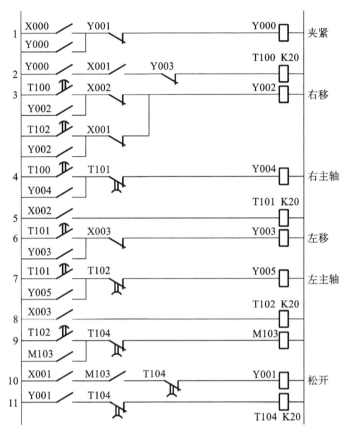

图 4.69　卧式双面铰孔组合机床梯形图程序

（2）第二行 Y000 的常开触点也动作，此时滑台处于中位，SQ1 处于动作状态，即 X001 的常开触点是闭合的，所以定时器 T100 线圈得电，开始计时。

（3）2 s 后，定时器 T100 的常开触点闭合，则 Y002 和 Y004 线圈得电并自锁，滑台开始右移，同时右主轴启动。

（4）当滑台右移到位，压下右限位开关 SQ2，第三行 X002 常闭触点动作，右移继电器 Y002 线圈失电，滑台停止右移。同时，第五行的常开触点闭合，定时器 T101 线圈得电，开始计时。2 s 后，第四行 T101 常闭触点失电断开，Y004 线圈失电，右主轴停止。同时，第六行和第七行的时间继电器 T101 的常开触点闭合，使继电器 Y003 和 Y005 线圈得电，滑台开始左移、左主轴旋转。当滑台离开 SQ2 位置之后，X002 复位，T101 复位。

（5）当滑台左移到位，压下左限位开关 SQ3，第六行 X003 常闭触点动作，左移继电器 Y003 线圈失电，滑台停止左移。同时，第八行的常开触点闭合，定时器 T102 线圈得电，开始计时。2 s 后，第七行 T102 常闭触点失电断开，Y005 线圈失电，左主轴停止。同时，第三行的时间继电器 T102 常开触点闭合，滑台开始右移。

（6）当滑台右移到位，压下中位限位开关 SQ1，第三行 X001 常闭触点动作，Y002 线圈失电，滑台停止右移。同时，Y001 线圈得电，第一行 Y001 常闭触点断开，Y000 线圈失电复位，夹紧停止，夹具松开。第十一行 Y001 的常开触点得电闭合，定时器 T104 线圈得电开始计时。2 s 后第十行和第十一行的 T104 常闭触点断开，继电器 Y001 线圈失电，松开停止，各个触点均失电复位,循环结束。

4.5 顺序功能图(SFC)程序设计

SFC是用图形符号和文字表述相结合的方法,全面描述控制系统(含电气、液压、气动和机械控制系统)或系统某些部分的控制过程、功能和特性的一种通用语言。

4.5.1 SFC基础

一、SFC的组成

在SFC中,把一个过程循环分解成若干个清晰的连续阶段,称为步(step),步与步之间由"转换"分隔。当两步之间的转换条件满足,并实现转换,上一步的活动结束,而下一步的活动开始。一个过程循环分的步越多,对过程的描述就越精确。

SFC示例如图4.70所示。

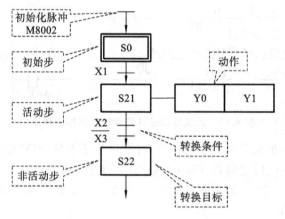

图4.70 SFC示例

1. 步

将控制系统的一个工作周期,划分为若干个依次顺序相连的工作阶段,这些阶段称为步。步用矩形框和文字表示。步有两种状态:一个步可以是活动的,称为活动步;也可以是非活动的,称为非活动步或停止步。一系列的活动步决定控制过程的状态。

2. 初始步

初始步(initial step)是控制过程开始阶段的步,用双线矩形框表示。每一个SFC程序至少有一个初始步。

3. 活动步

当系统正处于某一步所在的阶段时,该步处于活动状态,称该步为活动步。步处于活动状态时,相应的动作被执行。

4. 有向连线

步与步之间用有向连线连接,在有向连线上用一个或多个小短线表示一个或多个转换。当条件得到满足时,转换得以实现,即上一步的动作结束而下一步的动作开始,因此不会出现步的动作重叠情况。为了确保控制严格地按照顺序执行,步与步之间必须有转换条件。

5. 转换与转换条件

转换用与有向连线垂直的小短线来表示,转换将相邻两步隔开。步的活动状态的进展是由转换的实现来完成的,并与过程的进展相对应。

使系统由当前步进入下一步的信号称为转换条件,即转换旁边的符号表示转换的条件。转换条件可以是外部的输入信号,如按钮、限位开关的接通/断开等;也可以是 PLC 内部产生的信号,如定时器、计数器常开触点的接通等;还可以是若干信号的与、或、非逻辑组合。

6. 动作

在 SFC 中,动作(action)用矩形框和文字表示,与对应步的符号相连。一个步被激活,能引起一个或几个动作或命令,即该步的动作被执行。若某步为非活动步,对应的动作返回到该步活动之前的状态。对应活动步的所有动作被执行,活动步的动作可以是动作的开始、继续或结束。若有几个动作与同一步相连,这些动作的符号可水平布置,也可垂直布置。

二、SFC 编程元件

在三菱 FX 系列 PLC 中,将状态寄存器 S 用于 SFC 编程。其中:

(1) S0～S9 用于初始状态。将指令表逆转换为 SFC 程序时需要识别初始状态,将S0～S9以外的状态寄存器用于初始状态则不能执行逆转换。

(2) S10～S19 用于在多运行模式中返回原点。

(3) S20～S899 用于一般状态,其中 S500～S899 具有掉电保持功能。要注意,在编程时,初始状态以外的状态必须通过其他状态来驱动。

(4) S900～S999 用于报警功能。

当 S 不用于 SFC 编程时,可当辅助继电器使用,即可使用 LD、LDI、AND、ANI、OR、ORI、SET、RST 和 OUT 等指令,此时触点使用通用的触点符号。

4.5.2　STL 基础

一、STL 的组成

步进梯形指令(step ladder instruction,STL)是由 PLC 生产厂家设计的,用于编制 SFC程序的梯形图指令。SFC 是一种编程语言,应用到梯形图编程时,依靠 STL 来实现。三菱FX 系列 PLC 的 STL 指令只有两条,即 STL(步进指令)和 RET(步进返回指令)。

(1) STL 在梯形图上体现为从主母线上引出的状态接点。STL 指令有建立子母线的功能,以使该状态的所有操作均在子母线上进行,如图 4.71 所示。

由图 4.71 可见,在 SFC 中,状态有状态任务(Y0)、状态转移方向(S22)和状态转移条件(X1)三个要素。其中,状态转移方向和状态转移条件是必不可少的,而状态任务则视具

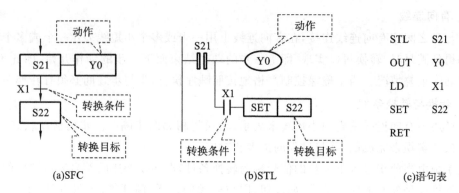

图 4.71　SFC 与 STL 表达方式的对比

体情况而定,可能不进行实际输出。首先,使用 STL 指令将 S21 变成当前状态;然后,进行本次状态任务 OUT Y0;最后,如果满足转移条件 X1,使用 SET 指令将状态转移到下一个状态 S22。

(2) RET 没有操作元件。当 STL 指令执行完毕时,RET 使子母线返回到原来主母线的位置,以便非状态程序的操作在主母线上完成,防止出现逻辑错误。在每条 STL 指令后面,不必都加一条 RET 指令,只需在最后接一条 RET 指令。

二、STL 的特点

(1) 与 STL 触点相连的触点应使用 LD 指令或 LDI 指令,即 LD 点移到 STL 触点的右侧,直到出现下一条 STL 指令或出现 RET 指令,LD 点返回左侧母线。各个 STL 触点驱动的电路一般放在一起,最后一个电路结束时一定要使用 RET 指令。

(2) STL 触点可以直接驱动或通过别的触点驱动 Y、M、S、T 等元件的线圈,STL 触点也可以使 Y、M、S 等元件置位或复位。

(3) STL 触点断开时,CPU 不执行它驱动的电路块,即 CPU 只执行活动步对应的程序。在没有并行序列时,任何时候只有一个活动步,因此大大缩短了扫描周期。

(4) 并行流程或选择流程中每一分支状态的支路数不能超过 8 条,总的支路数不能超过 16 条。

(5) STL 指令只能用于状态寄存器,在没有并行序列时,一个状态寄存器的 STL 触点在梯形图中只能出现一次。

(6) STL 触点驱动的电路块中不能使用 MC 指令和 MCR 指令,但是可以使用 CJP 指令和 EJP 指令。

(7) 与普通的辅助继电器一样,对状态寄存器可以使用 LD、LDI、AND、ANI、OR、ORI、SET、RST、OUT 等指令,这时状态寄存器触点的画法与普通触点的画法相同。

(8) 步号(状态号)不能重复使用,但是在不同的状态之间,可对同样的输出软元件进行编程,即使用 STL 指令时允许双线圈输出。如图 4.72(a)所示,S21 或 S22 接通时,Y002 被输出。与输出线圈一样,也可以在不同状态间对定时器线圈进行编程,但是在相邻状态中则不能。如果在相邻状态下对定时器线圈进行编程,则工序转移时定时器线圈不会断开,当前值不能复位,如图 4.72(b)所示。

(9) 在状态转移瞬间(一个扫描周期),由于相邻两个状态同时接通,对有互锁要求的输

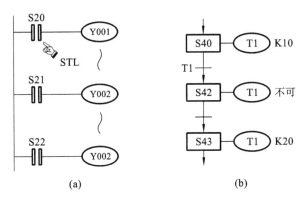

图 4.72　软元件的重复使用

出,除应在程序中采取互锁措施外,在硬件上也应采取互锁措施。其实现方法如图 4.73 所示。

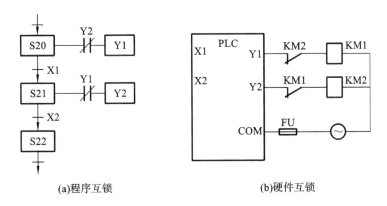

(a)程序互锁　　　　　　　　　　(b)硬件互锁

图 4.73　程序互锁和硬件互锁

4.5.3　单流程结构编程

单流程结构是顺序控制中较为常见的一种结构。其结构特点是,程序顺着工步走,步步为序地向后执行,中间没有任何分支。转换实现的条件是,该转换所有的前级步都是活动步,相应的转换条件得到满足。转换实现应完成的操作是,使所有由有向连线与相应转换符号相连的后续步都变为活动步,使得所有有向连线与相应转换符号相连的前级步都变为非活动步。

一、钻孔动力头控制 SFC 程序设计

在第 4.4.2 小节中论述了钻孔动力头控制的梯形图程序设计过程,图 4.74 所示为钻孔动力头控制 SFC 程序,将它与图 4.59 对比,可明显比对出二者程序设计上的差异,SFC 程序更加简单、直观。

二、电动机循环正反转控制 SFC 程序设计

下面以电动机循环正反转控制为例,论述单流程结构 SFC 程序设计过程。

1. 控制要求

实现电动机循环正反转控制。电动机具体工作流程为：电动机正转 3 s，暂停 2 s，反转 3 s，暂停 2 s，如此循环 5 个周期，然后自动停止；运行中，可按停止按钮停止。

分析以上控制要求，不难得出结论：电动机循环正反转控制实际上是一个顺序控制，整个控制过程可分为 6 步，即复位、正转、暂停、反转、暂停和计数。每一步分别完成以下动作：初始复位、停止复位、热保护复位，正转、延时，暂停、延时，反转、延时，暂停、延时，计数。各步之间只要条件成立就可以转移到下一步。因此，可以很容易作出工艺流程图，如图 4.75 所示。

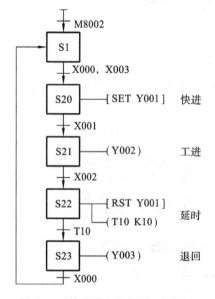

图 4.74　钻孔动力头控制 SFC 程序

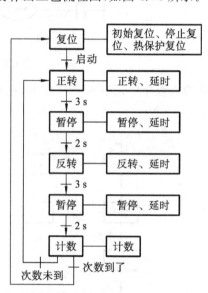

图 4.75　电动机循环正反转控制
工艺流程图

2. I/O 分配表和外部接线图

电动机循环正反转控制 I/O 分配表如表 4.26 所示。

表 4.26　电动机循环正反转控制 I/O 分配表

PLC 输入端子	连接的现场器件	用　　途	PLC 输出端子	连接的现场器件	用　　途
X0	SB	停止按钮	Y1	KM1	正转接触器
X1	SB1	启动按钮	Y2	KM2	反转接触器
X2	FR	热继电器			

电动机循环正反转控制外部接线图如图 4.76 所示。

3. SFC 程序设计

用状态寄存器 S 指代工艺流程图中的每一个状态，分配为：复位——S0，正转——S20，暂停——S21，反转——S22，暂停——S23，计数——S24。然后用 PLC 的线圈指令或功能指令指代工艺流程图中的每个阶段要完成的工作，用 PLC 的触点指代工艺流程图中的各个阶段之间的转换条件，可得 SFC 程序如图 4.77 所示。

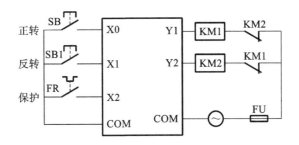

图 4.76　电动机循环正反转控制外部接线图

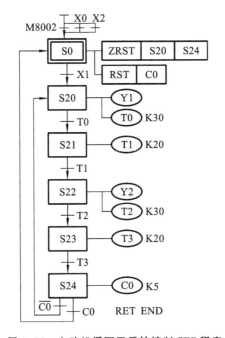

图 4.77　电动机循环正反转控制 SFC 程序

三、搬运机械手控制 SFC 程序设计

1. 控制要求

夹紧后,延时 3 s 再上升,保证可靠夹紧;松开后,延时 2 s 再上升,保证可靠松开,如图 4.78 所示。

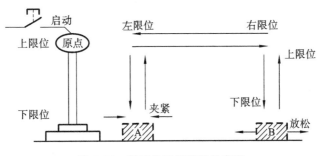

图 4.78　搬运机械手控制示意图

动作顺序表如表 4.27 所示。

表 4.27　搬运机械手动作顺序表

步　序	输入条件	下降 YA1	夹紧 YA2	上升 YA3	右移 YA4	左移 YA5	灯 HL
原点	ST2,ST4	—	—	—	—	—	+
下降	SB1	+	—	—	—	—	—
夹紧	ST1	—	+	—	—	—	—
上升	KT1	—	+	+	—	—	—
右移	ST2	—	—	—	+	—	—
下降	ST3	+	+	—	—	—	—
松开	ST1	—	—	—	—	—	—
上升	KT2	—	—	+	—	—	—
左移	ST2	—	—	—	—	+	—
原点	ST2,ST4	—	—	—	—	—	+

2. I/O 分配表

搬运机械手控制 I/O 分配表如表 4.28 所示。

表 4.28　搬运机械手控制 I/O 分配表

PLC 输入端子	连接的现场器件	用　途	PLC 输出端子	连接的现场器件	用　途
ST1	X001	下限位	YA1	Y001	下降驱动
ST2	X002	上限位	YA2	Y002	夹紧驱动
ST3	X003	右限位	YA3	Y003	上升驱动
ST4	X004	左限位	YA4	Y004	右行驱动
SB	X005	启动按钮	YA5	Y005	左行驱动

3. SFC 程序设计

所设计的搬运机械手控制 SFC 程序如图 4.79 所示。

4.5.4　选择型分支编程

在生产实际中,有多条路径,而只能选择其中一条路径来执行的分支方式称为选择型分支。每条分支都有各自的转换条件,转换条件只能标在水平线之下,选择的开始称为分支,选择的结束称为分支的汇合,如图 4.80 所示。

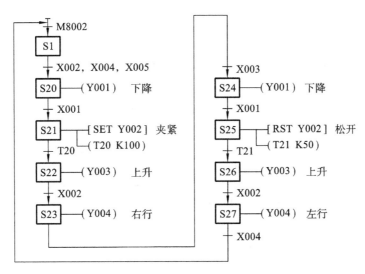

图 4.79 搬运机械手控制 SFC 程序

当步 S20 为活动步时，后面出现了 3 条支路可供选择，若转换条件 X000 先满足，则按 S20→S21→S22→S50 的路线进展；若转换条件 X010 先满足，则按 S20→S31→S32→S50 的路线进展；若转换条件 X020 先满足，则按 S20→S41→S42→S50 的路线进展。X000、X010 和 X020 不能同时接通，S50 能够被 S22、S32 或 S42 中的任意一个驱动，但是一旦进入某一条分支，其他两条分支的转移条件就不起作用了。

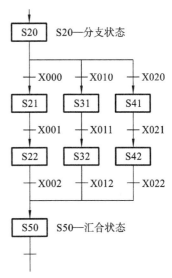

图 4.80 选择型分支 SFC 程序

一、电动机正反转控制的选择型分支编程

电动机正反转控制属于典型的选择型分支控制，如图 4.81 所示。

启动后进入 S0 步，如果按下 X001，则选择 S20 分支，Y001 动作，电动机正转；如果按下 X002，则选择 S30 分支，Y002 动作，电动机反转。

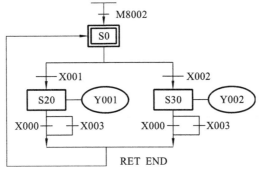

图 4.81 电动机正反转控制的 SFC 程序

二、大小球分检装置控制 SFC 程序设计

下面以大小球分检装置控制为例,论述选择型分支 SFC 程序的设计过程。

1. 控制要求

图 4.82 所示为大小球分检装置控制示意图。如果电磁铁吸住大的金属球,则将其送到装大金属球的箱里;如果电磁铁吸住小的金属球,则将其送到装小金属球的箱里。

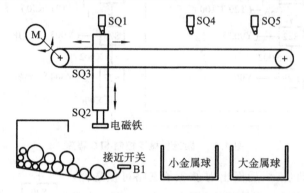

图 4.82 大小球分检装置控制示意图

工艺流程分析:传送机的机械手臂的上升、下降运动由一台电动机驱动,机械手臂的左行、右行运动由另一台电动机驱动;机械手臂停在原位时,按下启动按钮,机械手臂下降到装有大、小金属球的箱中,如果压合下限行程开关 SQ2,电磁铁线圈通电后,将吸住小金属球,然后机械手臂上升,右行到行程开关 SQ4 位置,机械手臂下降,将小金属球放进装小金属球的箱中,接着,机械手臂回到原位。如果机械手臂由原位下降后未碰到下限行程开关 SQ2,则电磁铁吸住的是大金属球,机械手臂随后将大金属球放到装大金属球的箱中。

2. I/O 分配表和外部接线图

大小球分检装置控制 I/O 分配表如表 4.29 所示。

表 4.29 大小球分检装置控制 I/O 分配表

PLC 输入端子	连接的现场器件	用 途	PLC 输入端子	连接的现场器件	用 途
X0	SB1	启动按钮	Y0	HL	指示灯
X1	SQ1	球箱行程开关	Y1	KM1	接触器(上升)
X2	SQ2	下限行程开关	Y2	KM2	接触器(下降)
X3	SQ3	上限行程开关	Y3	KM3	接触器(左移)
X4	SQ4	小金属球行程开关	Y4	KM4	接触器(右移)
X5	SQ5	大金属球行程开关	Y5	YA	电磁铁
X6	B1	接近开关			

大小球分检装置控制外部接线图如图 4.83 所示。

3. SFC 程序设计

所设计的大小球分检装置控制 SFC 程序如图 4.84 所示。

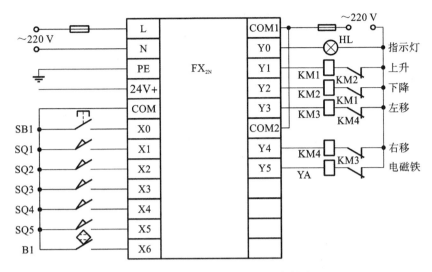

图 4.83　大小球分检装置控制外部接线图

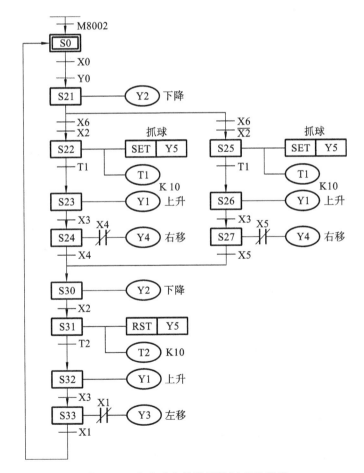

图 4.84　大小球分检装置控制 SFC 程序

当行程开关 SQ1 和 SQ3 被压合,机械手臂电磁铁线圈未通电(Y5 常闭触点保持闭合

233

状态)且球箱(指装有大、小金属球的箱)中存在金属球(接近开关动作、X6常开闭合时,指示灯HL亮)时,机械手臂所处的位置为分检系统的机械原点。按下启动按钮,机械手臂开始下降,由定时器T0控制下降时间,完成动作转换。为保证机械手臂抓住和松开金属球,采用定时器T1控制抓球时间,定时器T2控制放球时间。电磁铁线圈通电后产生的电磁吸力将金属球吸住,机械手臂完成抓球动作;线圈失电后,电磁吸力消失,金属球在重力的作用下而下坠,机械手臂完成放球动作。为保证电磁铁在机械手臂运行中始终通电,采用SET指令控制电磁铁线圈得电,采用RST指令使电磁铁线圈失电。

由此可见,该SFC程序有两条选择型分支,分别是大金属球流程开始步S22和小金属球流程开始步S25,根据X2的状态,选择执行其中的一个流程。在S21状态被激活后,驱动负载,同时延时1 s,如果SQ2检测到"机械手臂处于下限位"(即X2=ON),程序判断机械手臂抓住的是小金属球,选择执行小金属球流程;如果SQ2检测不到"机械手臂处于下限位"(即X2=OFF),程序判断机械手臂抓住的是大金属球,选择执行大金属球流程。两个分支的选择条件(X2=ON或X2=OFF)具有唯一性。

4.5.5 并行型分支编程

由两个及以上的分支程序组成的、必须同时执行各分支程序的程序称为并行型分支程序。它有等待功能,只有在各条分支程序都执行后,才会继续往下执行。并行型分支的转移条件在线上,如图4.85所示。

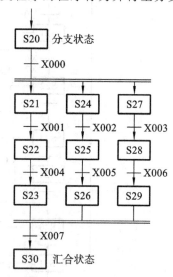

图4.85 并行型分支程序

当S20动作时,若X000接通,则S21、S24、S27同时动作,各分支流程开始动作。当各流程动作全部结束时,若X007接通,则汇合状态S30开始动作,转移时S23、S26、S29全部变为非活动步。这种汇合,有时又被称为等待汇合,因为先完成的流程要等所有流程动作结束后,再汇合,继续动作。如果当前的活动步是S23、S26和S28,即使X007接通,也不会汇合到S30,必须等S29取代S28成为活动步,然后S23、S26、S29全部变为非活动步S30才会动作。

下面以钻床钻孔的PLC控制程序为例说明。图4.86(a)所示为钻床钻孔SFC程序,图4.86(b)所示为STL指令梯形图程序,它们的功能一致。

分别由S22~S24和S25~S27组成的两个序列是并行工作的,设计梯形图时应保证它们同时开始工作和同时结束工作,即两个序列的第一步S22和S25应同时变为活动步,两个序列的最后一步S24和S27应同时变为非活动步。

并行序列的分支的处理是很简单的,当步S21是活动步,且X1为ON时,步S22和S25同时变为活动步,两个序列同时开始工作。在梯形图中,用由S21的STL触点和X1的常开触点组成的串联电路来控制SET指令,对S22和S25同时置位,系统程序将前级步S21变为非活动步。

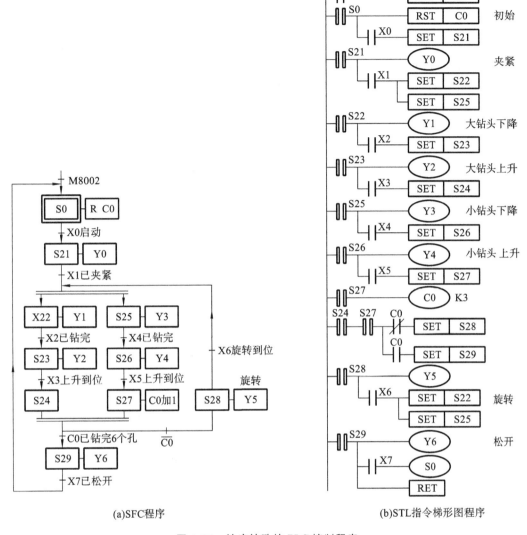

(a)SFC程序　　　　　　　　　　(b)STL指令梯形图程序

图 4.86　钻床钻孔的 PLC 控制程序

并行序列合并处的转换有两个前级步 S24 和 S27,当它们均为活动步并且转换条件满足时,将实现并行序列的合并。未钻完 3 对孔时,C0 的常闭触点闭合,转换条件 C0 满足,将转换到步 S28,即该转换的后续步 S28 变为活动步,系统程序自动地将该转换的前级步 S24 和 S27 同时变为非活动步。在梯形图中,用由 S24 和 S27 的 STL 触点和 C0 的常闭触点组成的串联电路使 S28 置位。钻完 3 对孔时,C0 的常开触点闭合,转换条件 C0 满足,将转换到步 S29。在梯形图中,用由 S24 和 S27 的 STL 触点和 C0 的常开触点组成的串联电路使 S29 置位。

如果不涉及并行序列的合并,同一状态的 STL 触点只能在梯形图中使用一次。串联的 STL 触点的个数不能超过 8 个,也就是说,一个并行序列中的序列数不能超过 8 个。

4.5.6 跳转的编程

直接转移到下方的状态以及转移到流程外的状态,称为跳转。用"∟—"表示要转移的目标状态。转移到上方的状态称为重复,同样使用"∟—"表示要转移的目标状态。在 SFC 程序中,使用 RST 指令执行复位操作,也使用"∟—"表示要复位的目标状态。流程内重复和跳转的编程示例如图 4.87 所示,向流程外跳转和复位的编程示例如图 4.88 所示。

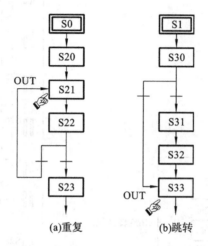

图 4.87 流程内重复和跳转的编程示例

跳转时不能使用 SET 的指令,必须使用 OUT 的指令。若具有多个初始状态,将各初始状态分成程序块后,再进行编程。进行程序块分离后编制的 SFC 程序之间也可以转移。此外,在不同的块中编制的程序的状态,可以作为内部梯形图的状态和转移条件的触点。

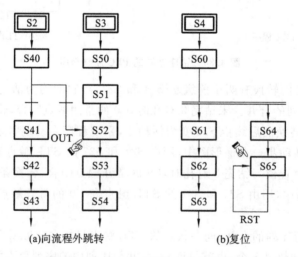

图 4.88 向流程外跳转和复位的编程示例

4.5.7　SFC 程序实例

这里以双面镗孔组合机床双面镗孔控制为例来介绍。

一、工艺流程分析

采用三台电动机进行拖动，M1、M2 为左、右主轴动力头电动机，M3 为液压动力滑台电动机，M1、M2、M3 分别对应 KM1、KM2、KM3 交流接触器。液压动力滑台采用 Y100L2-4型 3.0 kW 电动机；主轴采用 Y90L2-4 型 1.5 kW 电动机。SB4 为左主轴动力头手动按钮，SB5 为右主轴动力头手动按钮，SB1 为液压动力滑台电动机选择开关。通过选择开关 SA进行点动和自动（工作方式）选择。在自动工作方式下，采用人工下料，按下电动机启动按钮SB，夹紧电磁阀 YV1 通电工作，工件被夹紧，左、右主轴动力头电动机分别启动，电磁阀YV3、YV5 通电工作，左、右滑台分别快进，快进过程中分别压下原位行程开关 SQ1、SQ2，自动转为工进，同时启动左、右动力箱开始加工，工序完成，左、右滑台到终点分别压下滑台终点行程开关 SQ3、SQ4，左、右滑台停止，左、右主轴分别延时 2 s 停止，电磁阀 YV4、YV6得电，左、右滑台快退回原位，压下左、右行程开关 SQ1、SQ2，电磁阀 YV4、YV6 失电，左、右滑台停止，电磁阀 YV2 通电，延时 2 s 后夹具松开，工件松开，工作循环结束。其中液压动力滑台的运动和工件的夹紧与放松均用液压传动系统实现。左、右主轴动力头的工作示意图如图 4.89 所示。

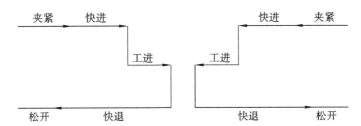

图 4.89　双面镗孔组合机床左、右主轴动力头的工作示意图

液压动力滑台在自动调试开始时应位于中位，滑台的向左、向右移动及夹具的夹紧和松开均由电磁阀控制，而且均采用液压缸控制。其中，YV1 控制液压夹紧机构的夹紧，YV2控制液压夹紧机构的松开，YV3 控制滑台的向右移动，YV4 控制滑台的向左移动，KA1 和KA2 分别控制右主轴和左主轴的启停。由此可得双面镗孔组合机床左、右主轴动力头动作顺序表如表 4.30 所示。

表 4.30　双面镗孔组合机床左、右主轴动力头动作顺序表

电 磁 阀	动　作					
	夹紧	左进	左退	右进	右退	松开
YV1	＋	＋	＋	＋	＋	－
YV2	－	－	－	－	－	＋
YV3	－	＋	－	－	－	－

续表

电 磁 阀	动 作					
	夹紧	左进	左退	右进	右退	松开
YV4	—	—	+	—	—	—
YV5	—	—	—	+	—	—
YV6	—	—	—	—	+	—

二、PLC 选型

（1）I/O 点数估算。按钮 10 个，选择开关 1 个，行程开关 4 个，压力继电器 1 个，共需要 16 个输入点。执行器件有交流接触器 KM1、KM2、KM3，电磁阀 YV1、YV2、YV3、YV4、YV5、YV6，需占用 9 个输出点。

（2）机床照明电压为 AC 24 V，液压电压阀电压为 DC 24 V，PLC 大电源电压为 AC 220 V。

（3）控制功能的选择：用于单机小规模生产，选择具有普通运算功能的 PLC。

决定选用三菱 FX_{2N}-48MR 型 PLC。

三、I/O 分配表和外部接线图

双面镗孔组合机床双面镗孔控制 I/O 分配表如表 4.31 所示，外部接线图如图 4.90 所示。

表 4.31 双面镗孔组合机床双面镗孔控制 I/O 分配表

PLC 输入端子	连接的现场器件	用 途	PLC 输入端子	连接的现场器件	用 途
X0	SB0	总停按钮	Y0	YV3	左滑台前进电磁阀
X1	SB	电动机启动按钮	Y1	YV5	右滑台前进电磁阀
X2	SB1	液压泵启动按钮	Y2	YV1	工件夹紧电磁阀
X3	SB2	滑台快进按钮	Y3	YV2	工件放松电磁阀
X4	SB3	滑台快退按钮	Y4	YV4	左滑台后退电磁阀
X5	SB4	左主轴动力头手动按钮	Y5	YV6	右滑台后退电磁阀
X6	SB5	右主轴动力头手动按钮	Y10	KM2	左主轴动力头接触器
X7	SB6	工件夹紧按钮	Y11	KM3	右主轴动力头接触器
X10	SB7	工件放松按钮	Y12	KM1	液压泵接触器
X11	SB8	照明按钮	Y13	L	灯泡
X15/X16	SA	点动/自动选择开关			
X12	SQ1	原位行程开关			
X13	SQ2	原位行程开关			
X14	SQ3	滑台终点行程开关			
X17	SQ4	滑台终点行程开关			
X18	KP1	压力继电器			

外部接线图如图 4.90 所示。

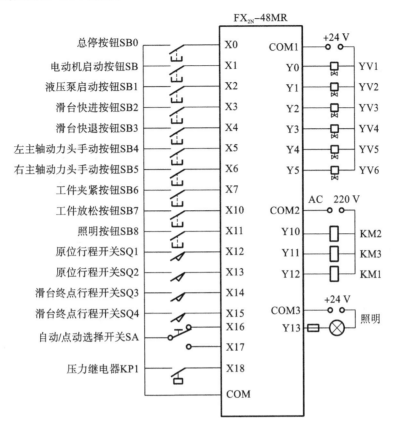

图 4.90　双面镗孔组合机床双面镗孔控制外部接线图

四、程序流程图

双面镗孔组合机床双面镗孔控制为典型的顺序控制。在自动工作方式下,按下电动机启动按钮 SB→人工送料→工件夹紧→左、右主轴动力头电动机 M1、M2 启动→左、右滑台开始前进→滑台运动到终点时停止,左、右主轴动力头电动机停止→通过时间延时继电器延时 2 s 后,左、右滑台开始后退→当滑台后退至原位时,滑台停止运动,通过延时继电器延时 2 s 后,工件自动松开。然后人工送料,进入下一个循环。双面镗孔组合机床双面镗孔控制程序流程图如图 4.91 所示。

五、SFC 程序设计

双面镗孔组合机床双面镗孔控制 SFC 程序如图 4.92 所示。

系统通电后,初始状态寄存器 S0 被激活,当按下电动机启动按钮 SB 后,压下行程开关 SQ1、SQ2,状态寄存器 S20 被激活,输出电磁阀 YV1 得电置位,工件被夹紧,同时左、右主轴动力头电动机 M2、M3 开始转动,输出电磁阀 YV3、YV5 得电,左、右滑台开始前进,当左、右滑台运动至终点时,压下行程开关 SQ3、SQ4,状态寄存器 S21 启动,左、右主轴动力头电动机停止转动,输出电磁阀 YV3、YV5 失电,左、右滑台停止运动,定时器 T0 开始计时,

239

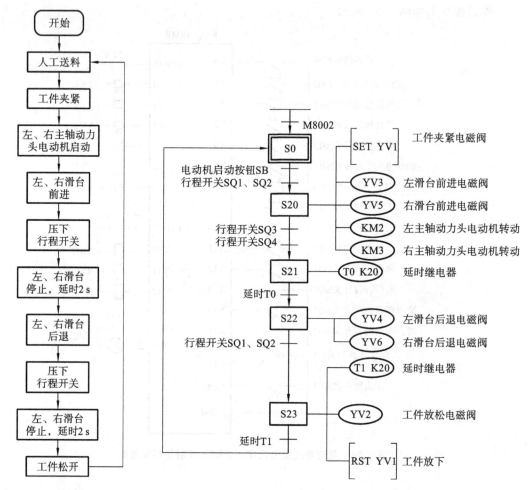

图 4.91 双面镗孔组合机床
双面镗孔控制程序
流程图

图 4.92 双面镗孔组合机床双面镗孔控制 SFC 程序

计时时间为 2 s。当时间继电器延时 2 s 后,状态寄存器 S22 被激活,电磁阀 YV4、YV6 同时得电,左、右滑台开始后退。当左、右滑台分别快退至原位时,压下行程开关 SQ1、SQ2,状态寄存器 S23 被激活,电磁阀 YV4、YV6 同时失电,左、右滑台停止后退,电磁阀 YV2 得电,电磁阀 YV1 复位,工件松开,计时器开始工作,计时 2 s。时间继电器 T1 开始计时,延时 2 s,系统自动回到初始状态 S0。

4.6 应用指令程序设计

FX$_{3U}$ 系列 PLC 有 13 类 27 条基本逻辑指令,已经能解决大部分逻辑控制和顺序控制问题。但是,过程控制、运动控制和通信处理领域对 PLC 有大量的数学计算和数据处理要求,为逻辑控制而设计的基本指令系统无法胜任,这就是应用指令(也称功能指令)存在的意义。在 FX$_{3U}$ 中,主要应用指令分类情况如下:

（1）程序控制指令（FNC 00～FNC 09）；

（2）传送与比较指令（FNC 10～FNC 19）；

（3）算术和逻辑运算指令（FNC 20～FNC 29）；

（4）循环与移位指令（FNC 30～FNC 39）；

（5）数据处理指令（FNC 40～FNC 49）；

（6）高速处理指令（FNC 50～FNC 59）；

（7）方便指令（FNC 60～FNC 69）；

（8）外部设备 I/O 指令（FNC 70～FNC 79）；

（9）外部设备 SER（选项设备）指令（FNC 80～FNC 89）；

（10）运算和数据处理指令（FNC 90～FNC 249）。

因篇幅所限，本节只介绍常用的应用指令，其他的可参考 FX$_{3U}$编程手册。

4.6.1　应用指令基础

一、应用指令的表现形式

如图 4.93 所示，应用指令用操作码＋操作数的形式表示。极少数应用指令仅有操作码，没有操作数。应用指令的指令段通常占 1 个程序步，16 位操作数占 2 步，32 位操作数占 4 步。

图 4.93　应用指令

MEAN：应用指令，作用是取平均值，它在 FX 系列 PLC 中的功能编号是 FNC 45。换而言之，应用指令 FNC 45 的助记符是 MEAN。

[S]：源（source）操作数。内容不随指令执行而变化的操作数称为源操作数。在可变址修改软元件编号的情况下，源操作数用加上了"."符号的[S.]表示。源操作数的数量多时，以[S1.]、[S2.]等表示。

[D.]：目标（destination）操作数。内容随指令执行而改变的操作数被称作目标操作数。可做变址修饰时，目标操作数用加上了"."符号的[D.]表示。目标操作数数量多时，以[D1.]、[D2.]等表示。

[n.]：其他操作数，既不做源操作数，又不做目标操作数，常用来表示常数或者作为源操作数或目标操作数的补充说明。它可用十进制的 K、十六进制的 H 和数据寄存器 D 来表示。在需要表示多个这一类的操作数时，可用[n1]、[n2]等表示；若具有变址功能，则用加上"."的符号[n.]表示。此外，其他操作数还可用[m]来表示。

二、16 位和 32 位应用指令

应用指令中，源操作数和目的操作数的位长可以是 16 位或 32 位（二进制位），如图4.94所示。

在第一行中，MOV（FNC 12）是传送指令，作用是将数据寄存器 D10 中的内容传送到 D12 中。

在第二行中，在传送指令 MOV 的前面添加了[D]

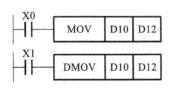

图 4.94　16 位和 32 位应用指令

的符号,这表示要进行 32 位数据操作。因此,虽然操作数显示的仍是将数据寄存器 D10 中的内容传送到 D12 中,但操作的结果变成了将数据寄存器(D11,D10)的内容传送到(D13,D12)中,因为数据寄存器是 16 位长度,D10 自身无法提供 32 位数据,要传送成为 32 位数据给 D12,需要 2 个 16 位数据寄存器连在一起。因此,D10 占 2 个位置 D10 和 D11,接收的寄存器也占 2 个位置 D12 和 D13。

指定软元件可以使用偶数,也可以使用奇数。该号码与紧接其后的软元件(T、C、D 等的字软元件)组合使用。为了避免混乱,建议在 32 位应用指令的操作数中指定低位软元件使用偶数号码。32 位计数器(C200～C255)由于本身就是 32 位的,所以不能使用 16 位的应用指令。

三、连续执行型与脉冲执行型指令

在指令中,没有 P(pulse)符号表示连续执行型指令,有 P 符号表示脉冲执行型(上升沿有效)指令,如图 4.95 所示。

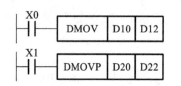

图 4.95　连续执行型与脉冲执行型指令

在第一行中,DMOV 是连续执行型指令,若 X0 为"1",则在 PLC 的每个工作周期都执行,进行移位操作。因此,在 PLC 的每个工作周期,目的操作数的内容都改变。

在第二行中,DMOVP 是脉冲执行型指令,它只有在 X1 从"0"变"1"的脉冲上升沿执行一次,在其他时刻即使 X1 为"1"也不执行。如果不需要每个工作周期都执行指令,使用脉冲执行型指令可缩短处理时间。

四、位软元件和字软元件

(1)只处理 ON/OFF 状态的软元件称为位软元件,如 X、Y、M、S 等;处理数值的软元件称为字软元件,如 T、C、D 等。一个字软元件由 16 位二进制数组成。

(2)每 4 个相邻的位软元件组合成一个单元使用,组成的这个单元也可以处理数值,通常的表示方法是 Kn 加上首软元件号,其中 n 为单元数。进行 16 位数据处理时,n 取值为 1～4;进行 32 位数据处理时,n 取值为 1～8。被组合位软元件的首地址可以是任意的,但为了避免混乱,建议从软元件号为 0 的位软元件开始组合(如 X0,X10,X20,…),这时这些数据的表达形式为 KnX0,KnY0,KnM0,…。

例如:K2X0 表示由 X0 开始的 2 个单元共 8 位,由输入继电器 X000～X007 组成,其中 X007 为高位,X000 为低位;K4M0 表示 M0～M15 组成的 4 位十进制数,M15 为高位,M0 为低位。又例如,K8S0 表示由 S0～S31 组成的 8 位十进制数。但是,若在 32 位运算中采用数据 K4Y0,则将该数据的高 16 位看作"0",低 16 位为 K4Y0。

(3)当一个 16 位的数据传送到 K1M0、K2M0、K3M0 时,只能传送低位数据,较高位数据不传送。32 位数据传送时也一样。在做 16 位数据操作时,参与操作的位软元件不足 16 位时,高位(不足部分)均做"0"处理,这就意味着只能处理正数(符号位为"0")。32 位数据操作也一样。

五、变址寄存器

FX$_{3U}$有 16 个 16 位的变址寄存器,分别是 V0～V7 和 Z0～Z7。在传送与比较指令中,变址寄存器 V 和 Z 用来修改操作对象的软元件号。在循环程序中常使用变址寄存器。

进行 32 位运算时,常以 V 和 Z 自动组对的方式使用 V 和 Z,V 和 Z 分别组成(V0,Z0),(V1,Z1),…,(V7,Z7)。V 为高 16 位,Z 为低 16 位,这时变址指令只需指定 Z,Z 就能代表 V 和 Z 的组合。

4.6.2　比较指令

一、比较指令

比较指令 CMP(compare)的功能编号为 FNC 10,功能是将源操作数[S1.]和[S2.]的数据进行比较,将比较的结果送到目标操作数[D.]中,并且占用 3 个连续单元。比较指令的简单使用示例如图 4.96 所示。X0＝1 时,将 100 这个十进制数与 C10 这个计数器中的当前值进行比较,如果 C10 中的值比 100 小,则 M0＝1;以此类推。

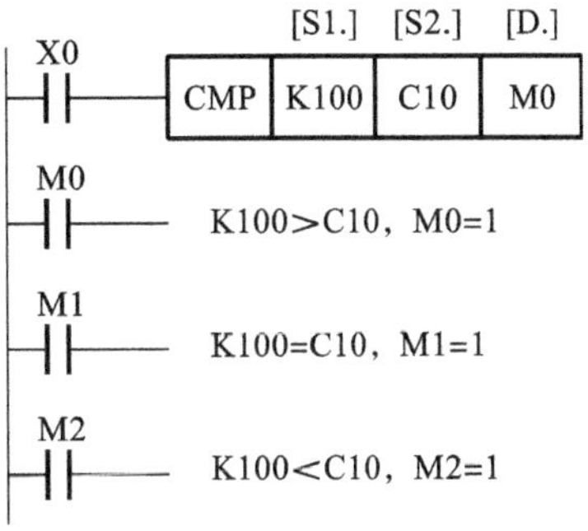

CMP 指令的使用注意事项如下。

(1) CMP 指令是按代数形式进行大小比较,如－10＜2;所有源操作数均按二进制数处理。

图 4.96　比较指令的简单使用示例

(2) 若指令中操作数不全、软元件超出范围、软元件地址不对,则程序出错。

(3) 当不执行 CMP 指令时,目标操作数中的比较结果保持不执行 CMP 指令前的状态。

(4) 如要在不执行 CMP 指令时清除比较结果,则需使用 RST 指令或 ZRST 指令。

(5) 源操作数可以取任意的数据格式,目标操作数可以取 Y、M 和 S。

(6) CMP(P)指令占 7 个程序步,DCMP(P)指令占 13 个程序步。

(7) 对于 32 位操作数的比较指令 DCMP,[S1.]操作数为([S1.]＋1,[S1.]),[S2.]操作数为([S2.]＋1,[S2.]),目标操作数仍包括[D.]、([D.]＋1)、([D.]＋2)三个软元件。

二、区间比较指令

区间比较指令 ZCP(zone compare)的功能编号为 FNC 11,功能是将一个源操作数[S.]中的数据与另两个源操作数[S1.]和[S2.]中的数值进行比较,然后将比较结果传送到目标操作数[D.]为首地址的 3 个连续的软元件中。区间比较指令的简单使用示例如图 4.97 所示。

区间比较指令的使用注意事项如下。

(1) 按代数形式进行大小比较。

(2) [S1.]中的数据不能大于[S2.]中的数据,如果[S1.]中的数据大于[S2.]中的数据,则[S2.]中的数据被看作与[S1.]中的数据一样大。

（3）源操作数可以取所有数据格式,而目标操作数可取 Y、M、S。

（4）ZCP(P)指令占 7 个程序步,DZCP(P)指令占 13 个程序步

三、比较指令应用实例

1. 控制要求

设计一个由 PLC 控制的密码锁,设置 4 位密码 8251。将数字开关拨到 8 时按一下确认键,依次分别在拨到 2、5、1 时按一下确认键,最终电磁锁 Y0 得电,开锁 2 s,之后复位。

2. 外部接线图

密码锁外部接线图如图 4.98 所示。

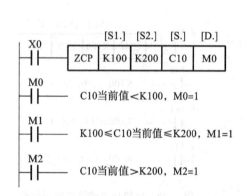

图 4.97　区间比较指令的简单使用示例

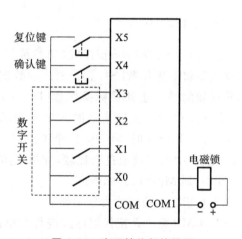

图 4.98　密码锁外部接线图

由 X0～X3 构成一个数字开关,键盘输入为十进制数 0～9,数字开关将其转换为二进制 BCD 码送给 PLC,PLC 内部再使用 KnYm 的数据格式将其转换回十进制数进行比较。

编制的程序如图 4.99 所示。

用户首先在数字键盘上按下"8"时,十进制数 8 通过 PLC 输入点 X0～X3,被转换为 BCD 码并送入 PLC 的 K1X0 字软元件地址中。按下确认键,X4＝1,K8 与 K1X0 进行比较,由于比较值相等,M1 等于"1"且保持为"1"。用户此时在数字键盘按下"2",同理,K2 与 K1X0 的比较值也相等,M4 等于"1"且保持为"1"。如此继续,最终 8、2、5、1 四个数字全部比较完成,则 M10＝1,Y0＝1,电磁阀得电,锁芯打开。2 s 后,T0＝1,区间复位指令 ZRST 将从 M0 到 M11 的 12 个中间继电器全部复位。

4.6.3　传送指令

一、传送指令

传送指令 MOV(move)的功能编号为 FNC 12,功能是将源操作数[S.]中的内容传送到目标操作数[D.]中。MOV 指令在图 4.94 和 4.95 中已经做过介绍,此处不再赘述。

传送指令的使用注意事项如下:

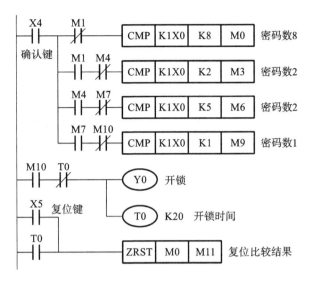

图 4.99　密码锁程序

（1）源操作数可以取所有数据格式，而目标操作数可取 KnY、KnM、KnS、T、C、D、V、Z。

（2）MOV(P)指令占 5 个程序步，DMOV(P)指令占 9 个程序步。

（3）32 位数据传送中，指令中给出低 16 位的地址，高 16 位地址为该地址＋1。如图 4. 94 中，D10 中的数据为低 16 位，则高 16 位在 D11 中。

二、移位传送指令

移位传送指令 SMOV(shift move)的功能编号为 FNC 13，该指令的功能是将[S.]中的 16 位二进制数据以 BCD 的形式按位传送到[D.]指定的位置。移位传送指令的简单使用示例如图 4.100 所示。

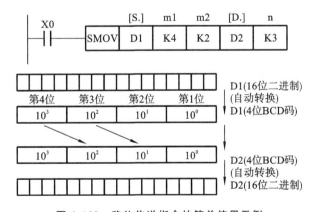

图 4.100　移位传送指令的简单使用示例

移位传送指令的使用注意事项如下。

（1）数据寄存器 D 只能存放二进制数，所以 SMOV 指令只是在传送的过程中以 BCD 码的方式传送，而到达指定目标[D.]后仍以二进制数存放。

（2）BCD 码值超过 9999 时会出错。

（3）源操作数可以取所有数据格式,而目标操作数可取 KnY、KnM、KnS、T、C、D、V、Z。

（4）SMOV(P)指令只有 16 位运算,占 11 个程序步。

三、多点传送指令

多点传送指令 FMOV(fill move)的功能编号为 FNC 17,该指令的功能是将源操作数中的数据传送到指定目标开始的 n 个文件中,传送后 n 个文件中的数据完全相同。多点传送指令的简单使用示例如图 4.101 所示。

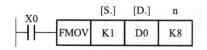

图 4.101　多点传送指令的简单使用示例

多点传送指令的使用注意事项如下。

（1）如果软元件号超过允许的范围,数据仅传送到允许的范围。

（2）源操作数可以取所有数据格式,目标操作数可以取 KnY、KnM、KnS、T、C、D、V 和 Z,其中 n≤512。

（3）FMOV(P)指令占 7 个程序步,DFMOV(P)指令占 13 个程序步。

四、取反传送指令

取反传送指令 CML(complement)的功能编号为 FNC 14,该指令的功能是将源操作数[S.]中的各位二进制数取反(0→1,1→0),按位传送到目标操作数[D.]中。取反传送指令的简单使用示例如图 4.102 所示。

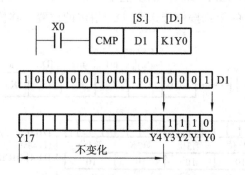

图 4.102　取反传送指令的简单使用示例

取反传送指令的使用注意事项如下。

（1）源操作数可以取所有数据格式,而目标操作数可取 KnY、KnM、KnS、T、C、D、V、Z。

（2）如果源操作数为常数 K,该数据会自动转换为二进制数。

（3）CML(P)指令占 5 个程序步,DCML(P)指令占 9 个程序步。

五、传送指令应用实例

1. 定时器和计数器当前值的读出

梯形图和指令表如图 4.103 所示。

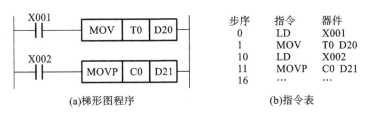

图 4.103 定时器和计数器当前值的读出梯形图程序和指令表

若 X001 为"1",则在 PLC 的每个工作周期,都将 T0 的当前值传送给 D20,当前值不受影响;当 X002 从"0"变为"1"时,C0 的当前值传送给 D21,当前值也不受影响。

2. 用传送指令实现八人抢答

用传送指令实现八人抢答,要求 8 个指示灯 Y0～Y7 对应 8 个抢答按钮 X0～X7,在主持人按下开始按钮 X10 后,才可以抢答,先按按钮者的灯亮,同时蜂鸣器 Y10 响。

用传送指令实现八人抢答的程序如图 4.104 所示。

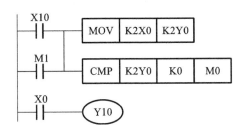

图 4.104 用传送指令实现八人抢答的程序

这段程序充分体现了应用指令编程简单、易懂的特点。抢答开始,X10=1,MOV 指令将 X0～X7 的状态一一对应地输出到 Y0～Y7。此时,只要 X0～X7 中有一个按钮被按下,抢答者的灯就点亮,同时 K2Y0 的值就大于"0",K2Y0 和"0"进行比较时的结果就必然是 M0=1,于是有 Y10=1,蜂鸣器响。

4.6.4 跳转指令

条件跳转指令 CJ(conditional jump)的功能编号为 FNC 00,操作数的指针标号为 P0～P127,其中 P63 即 END 所在步序,无须再标号。CJ 指令和 CJP 指令都占 3 个程序步,指针标号占 1 个程序步。跳转指令的简单使用示例如图 4.105 所示。

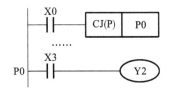

图 4.105 跳转指令的简单
使用示例

指针 P(point)用于分支和跳转步序。在梯形图中,指针放在左侧母线的左边,当 CJ 指令条件满足时,跳转到相应的标号处。使用 SFC 编程时,程序的最后一步就是跳转指令,跳转对象多为初始步。

使用跳转指令应注意以下几点。

(1) 在一个程序中,一个指针标号只能出现一次,否则程序会出错。但是,在同一个程序中两条跳转指令可以使用相同的指针标号。

(2) 指针标号一般在 CJ 指令之后,但也可出现在跳转指令之前。

(3) 跳转执行期间,即使被跳过程序的驱动条件改变,其线圈(或结果)也仍保持跳转前的状态,因为跳转期间没有执行这段程序。

(4) 如果跳转开始时定时器和计数器已在工作,则跳转执行期间它们将停止工作,即 T 和 C 的当前值保持不变,直到跳转条件不满足后又继续工作(T 和 C 分别接着以前的数值继续计时和计数)。但定时器 T192~T199 和高速计数器 C235~C255 在跳转后将继续动作,接点也动作。

4.6.5 区间复位指令

区间复位指令 ZRST(zone reset)用于将[D1.]与[D2.]指定软元件号范围内的同类软

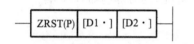

图 4.106 区间复位指令的简单使用示例

元件成批复位,功能编号为 FNC 40,目标软元件可为 Y、M 和 S(位软元件)以及 T、C 和 D(字软元件)。执行该指令需 5 个程序步。区间复位指令的简单使用示例如图 4.106 所示。

一、区间复位指令使用注意事项

(1) [D1.]和[D2.]应指定为同一类软元件,且[D1.]的编号应小于[D2.]的编号。当[D1.]的编号大于[D2.]的编号时,只复位[D1.]指定的软元件。

(2) [D1.]和[D2.]可同时指定为 32 位,但不能一个指定为 16 位、另一个指定为 32 位。

(3) 对单个软元件复位,使用 RST 复位指令。

二、区间复位指令应用示例

区间复位指令应用示例如图 4.107 所示。

由于 M8002 只在 PLC 运行程序后的第一个工作周期输出为"1"的初始化脉冲,故成批复位 M100~M200(位软元件)只有一次;在 X001 从"0"变为"1"时(上升沿),成批复位 C235~C255(字软元件),即这些计数器的当前值清零,输出触点复位。

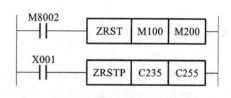

图 4.107 区间复位指令应用示例

4.6.6 算术运算指令

一、加法指令

加法指令 ADD(addition)的功能编号为 FNC 20,该指令将指定的源软元件中的二进制数相加,结果送到指定的目标软元件。加法指令的简单使用示例如图 4.108 所示。

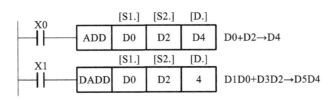

图 4.108　加法指令的简单使用示例

二、减法指令

减法指令 SUB(subtration)的功能编号为 FNC 21,该指令将指定的源软元件中的二进制数相减,结果送到指定的目标软元件。减法指令的简单使用示例如图 4.109 所示。

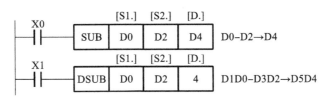

图 4.109　减法指令的简单使用示例

三、加法/减法指令的使用注意事项

(1)上述指令用于进行代数加、减运算,如 5+(−8)=−3;每个操作数的最高位为符号位,最高位为"0"是正数,为"1"则是负数。

(2)16 位运算时,操作数的数据范围为 −32 768～+32 767;32 位运算时,数据范围为 −2 147 483 648～+2 147 483 647。

(3)运算结果为"0"时,零标志置位(M8020＝1);运算结果大于 +32 767(或 +2 147 483 647)时,进位标志置位(M8022＝1);运算结果小于 −32 768(或 −2 147 483 648)时,借位标志置位(M8021＝1)。

(4)数据为有符号的二进制数,当源操作数为常数时,会自动转换为二进制数。

(5)源操作数可取所有数据格式,目标操作数可取 KnY、KnM、KnS、T、C、D、V 和 Z。

(6)SUB(P)指令占 7 个程序步,DSUB(P)指令占 13 个程序步。

四、乘法指令

乘法指令 MUL(multiplication)的功能编号为 FNC 22,该指令将指定源软元件中的二进制数相乘,结果送到指令的目标软元件中。乘法指令的简单使用示例如图 4.110 所示。

五、除法指令

除法指令 DIV(division)的功能编号为 FNC 23,该指令将源操作数[S1.]中的数据除以[S2.]中的数据,商送到目标软元件[D.]中,余数送到[D.]的下一软元件。其中[S1.]中的数据为被除数,[S2.]中的数据为除数。除法指令的简单使用示例如图 4.111 所示。

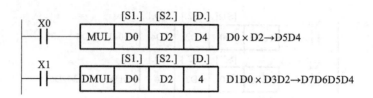

图 4.110 乘法指令的简单使用示例

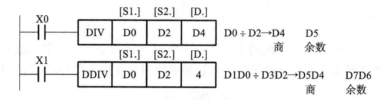

图 4.111 除法指令的简单使用示例

六、乘法/除法指令的使用注意事项

（1）上述指令用于进行代数乘、除运算，且数据的最高位为符号位。

（2）当源操作数为常数时，会自动转换为二进制数。

（3）除数为"0"时，发生运算错误，不能执行指令。当被除数或除数有一个为负数时，商为负数；当被除数为负数时，余数也为负数。

（4）在除法运算中，若将位软元件指定[D.]，则无法得到余数。

（5）数据为有符号的二进制数，最高位为符号位（为"0"是正数，为"1"是负数）。

（6）源操作数可取所有数据格式，目标操作数可取 KnY、KnM、KnS、T、C、D、V 和 Z。Z 只有在 16 位乘法时可用，32 位乘法不可用。

（7）DIV(P)指令占 7 个程序步，DDIV(P)指令占 13 个程序步。

（8）如果目标位软元件的位数小于运算结果的倍数，只能保存运算结果的低位。

4.6.7 移位指令

移位指令的格式如图 4.112 所示。

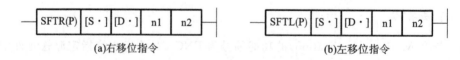

图 4.112 移位指令的格式

移位指令使位软元件中的状态（"0"或"1"）成组地向右或向左移动。n1 为目的操作数的位数，n2 表示目的操作数要右移或左移 n2 位，源操作数为右移或左移后要填入的数，它也是 n2 位。

一、左移位指令

左移位指令 SFTL(shift left)的功能编号为 FNC 35，该指令使位软元件中的状态成组地向左移动,由 n1 指定位软元件的长度,n2 指定移动的位数,一般 n2≤n1≤1 024。左移位指令的简单使用示例如图 4.113 所示。

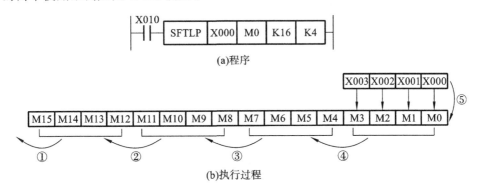

图 4.113 左移位指令的简单使用示例

二、右移位指令

右移位指令 SFTR(shift right)的功能编号为 FNC 34,该指令使位软元件中的状态成组地向右移动,由 n1 指定位软元件的长度,n2 指定移动的位数,一般 n2≤n1≤1 024。右移位指令的简单使用示例如图 4.114 所示。

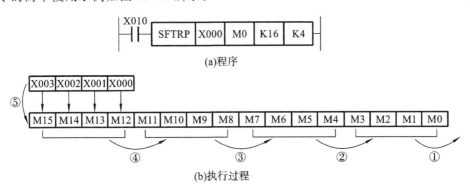

图 4.114 右移位指令的简单使用示例

三、移位指令的使用注意事项

(1) SFTL(P)指令、SFTR(P)指令的源操作数[S.]可为 X、Y、M 和 S,目的操作数[D.]可为 Y、M 和 S。

(2) SFTL(P)指令、SFTR(P)指令是 16 位运算,占 9 个程序步。

(3) 如果采用连续执行型指令,每个扫描周期都移动 n2 位。

四、移位指令应用实例

1. 控制要求

四台水泵轮流运行,分别由四台三相异步电动机 M1～M4 驱动。正常要求是两台运行、两台备用。为了避免备用水泵因长时间不用而锈蚀等问题,要求四台水泵中两台运行,并每隔八小时切换一次,使四台水泵轮流运行。四台水泵动作循环表如表 4.32 所示。

表 4.32　四台水泵动作循环表

Y3	Y2	Y1	Y0	M0	
0	0	0	0	1	
0	0	0	1	1	
0	0	1	1	0	
1	1	0	0	1	循环
1	0	0	1	1	
0	0	1	1	0	

2. 外部接线图

四台水泵控制的外部接线图如图 4.115 所示。

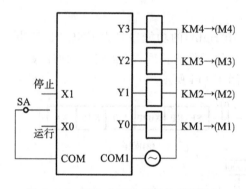

图 4.115　四台水泵控制的外部接线图

3. 程序设计

设计的四台水泵控制的程序如图 4.116 所示。

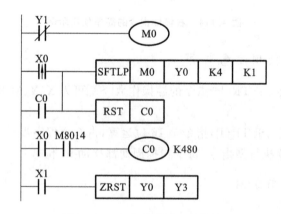

图 4.116　四台水泵控制的程序

4.6.8 循环指令

一、循环右移指令

循环右移指令 ROR(rotation right)的功能编号为 FNC 30,该指令将源操作数[D.]的 16 位中的 n 位循环右移。循环右移指令的简单使用示例如图 4.117 所示。

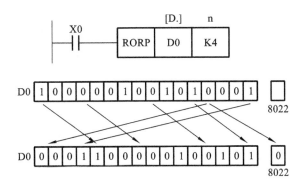

图 4.117 循环右移指令的简单使用示例

二、循环左移指令

循环左移指令 ROL(rotation left)的功能编号为 FNC 31,该指令将源操作数[D.]的 16 位中的 n 位循环左移。循环左移指令的简单使用示例如图 4.118 所示。

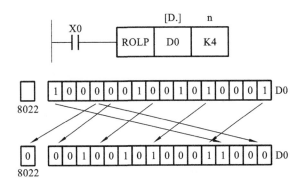

图 4.118 循环左移指令的简单使用示例

三、循环指令的使用注意事项

(1) 16 位指令和 32 位指令中的 n 应分别小于 16 和 32。

(2) 循环指令的目标操作数可取 KnY、KnM、KnS、T、C、D、V 和 Z。

(3) ROR(P)指令和 ROL(P)指令分别占 5 个程序步,DROR(P)指令和 DROL(P)指令分别占 9 个程序步。

四、循环指令应用实例

1. 控制要求

按 1～2 相激磁方式控制一个四相步进电动机。可正反转控制,每步为 1 s。电动机运行时,指示灯亮。控制时序如图 4.119 所示。

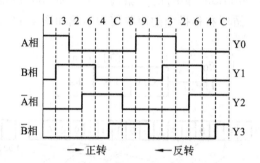

图 4.119　四相步进电动机控制时序图

2. 程序设计

所设计的程序如图 4.120 所示。

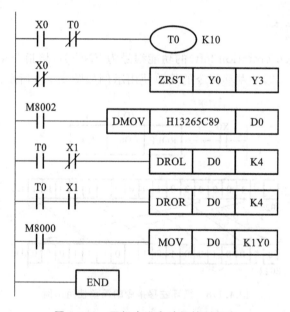

图 4.120　四相步进电动机控制程序

程序开始运行时,在 M8002 的作用下,将产生 1～2 相激励波形值 H13264C89 初始值并传送到 32 位数据寄存器 D1D0 中。当 X0＝1 时,四相步进电动机开始工作。此时,若 X1＝0,D1D0 每 1 s 左移 4 位;若 X1＝1 时,D1D0 每 1 s 右移 4 位(反转)。持续地将 D0 中的低 4 位传送到 Y3～Y0,以驱动四相步进电动机。当 X0＝0 时,四相步进电动机停止运行。

4.6.9　应用指令程序实例

一、点灯控制

1. 控制要求

有 8 盏灯,当 SB1 按下时全部点亮,当 SB2 按下时奇数灯点亮,当 SB3 按下时偶数灯点亮,当 SB4 按下时全部熄灭。

2. 外部接线图

点灯控制外部接线图如图 4.121 所示。

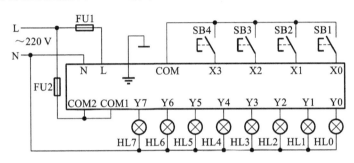

图 4.121　点灯控制外部接线图

3. 程序设计

已知 MOV 指令是将源操作数［S.］中的内容传送到目标操作数［D.］中,其中［S.］、［D.］中的内容均是 16 位数。由 16 位数到二进制数的转换关系可知:

$(0000)_{16}=(0000\ 0000\ 0000\ 0000)_2$:表示所有灯全灭;

$(00FF)_{16}=(0000\ 0000\ 1111\ 1111)_2$:表示所有灯全亮;

$(00AA)_{16}=(0000\ 0000\ 1010\ 1010)_2$:表示奇数灯点亮;

$(0055)_{16}=(0000\ 0000\ 0101\ 0101)_2$:表示偶数灯点亮。

因此,程序设计如图 4.122 所示,K2Y000 表示由 Y000 开始到 Y007。

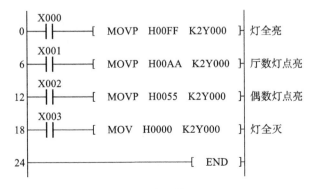

图 4.122　点灯控制程序

二、电磁炉加热的 PLC 控制

1. 控制要求

电磁炉有四个加热线圈,功率分别为 0.5 kW、1 kW、1.5 kW 和 2 kW。现在要求当按下功率选择按钮时增加一个挡位,最低挡 0.5 kW,最高挡 3.5 kW,每次增加 0.5 kW,到达最高挡后再次按下功率选择按钮,则电磁炉停止工作。不论在哪个挡位,只要按下停止按钮,电磁炉都将停止工作。根据题目要求可列出电磁炉功率选择表如表 4.33 所示。

表 4.33　电磁炉功率选择表

输出功率/kW	字软元件 K1M0				按 SB1 次数
	M3	M2	M1	M0	
0	0	0	0	0	0
0.5	0	0	0	1	1
1	0	0	1	0	2
1.5	0	0	1	1	3
2	0	1	0	0	4
2.5	0	1	0	1	5
3	0	1	1	0	6
3.5	0	1	1	1	7
0	1	0	0	0	8

2. 外部接线图

电磁炉控制的外部接线图如图 4.123 所示。

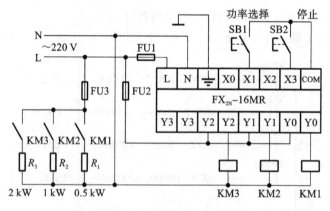

图 4.123　电磁炉控制的外部接线图

3. 程序设计

根据电磁炉功率选择表,使用加法指令设计程序如图 4.124 所示。

三、走马灯的 PLC 控制

1. 控制要求

某灯光牌有 24 盏灯,当按下启动按钮 SB0 时,灯以正反序每 0.1 s 轮流点亮。按下停止按钮 SB1,灯光牌停止工作。

2. I/O 分析

根据题目要求,可设 SB0 对应 X0,SB1 对应 X1。24 盏灯分别对应输出 Y0 ~ Y7、Y10 ~ Y17、Y20 ~ Y27。

3. 程序设计

运用循环指令设计程序如图 4.125 所示。

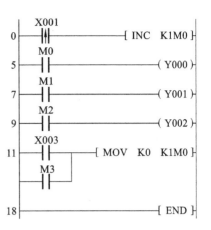

图 4.124　电磁炉控制程序

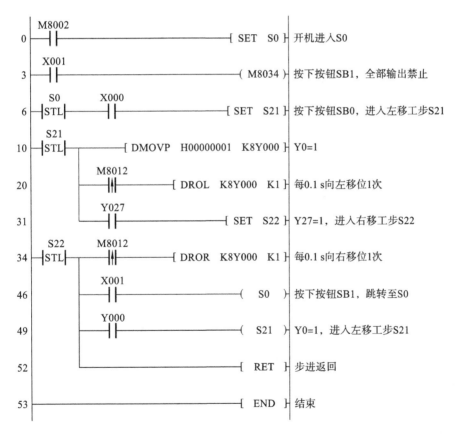

图 4.125　走马灯控制程序

4.7　三种编程方式的对比

1. 控制要求

有四台电动机需要启动,为了降低线路启动电流,需要使电动机依次启动,启动时间间隔为 10 s。操作员可通过一个开关来控制这四个电动机的启停。

2. 外部接线图

四台电动机顺序启动控制外部接线图如图 4.126 所示。

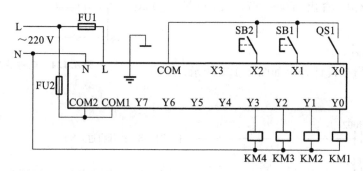

图 4.126　四台电动机顺序启动控制外部接线图

3. 梯形图编程

编制四台电动机顺序启动控制梯形图程序如图 4.127 所示。

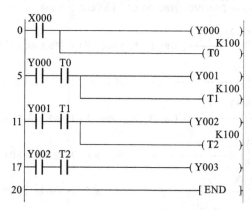

图 4.127　四台电动机顺序启动控制梯形图程序

4. 顺序功能图编程

编制四台电动机顺序启动控制 SFC 程序如图 4.128 所示。

5. 应用指令编程

使用应用指令编制四台电动机顺序启动控制程序如图 4.129 所示。

四台电动机顺序启动控制并不复杂,使用三种编程方式中的任一种,都能很好地解决控制问题。但是它们之间还是有明显区别的,对比梯形图程序与 SFC 程序可以直观地看到,SFC 程序更易读、条理性更好。在 SFC 程序中,由于定时器 T0 可以复用,每一步除了动作

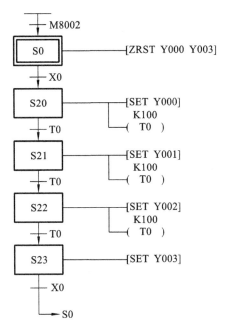

图 4.128　四台电动机顺序启动控制 SFC 程序

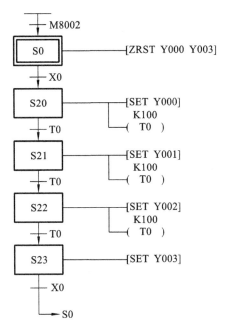

图 4.129　四台电动机顺序启动控制应用指令程序

不同,其余部分可以直接复制粘贴,这在批量操作时工作效率较高。

再将 SFC 程序与应用指令程序做对比。对应用指令程序,当电动机数量增加时:使用循环移位的功能指令,配合 16 位的数据寄存器 D,可以控制 8 台电动机的通断;使用 32 位寄存器则可控制 16 台电动机的通断,修改常闭触点 Y003 就能设置循环结束点。可见,应用指令程序比 SFC 程序又方便许多。

显然,使用应用指令编程能够提高效率,但这并不是其核心功能,应用指令是为了解决复杂逻辑关系和数学计算而设计的。在本例中,由于环境的变化,电动机启动电流的震荡时间事实上是变量而不是定值,因此要求电动机的启动时间间隔可调。

6. 设计的扩展

为了解决变量的编程,增加两个时间设置按钮,启动前,操作员可通过按钮 2 和按钮 3 对启动时间间隔进行设置。按一下按钮 2,设定时间增加 5 s;按一下按钮 3,设定时间减少

5 s。最大时间间隔为 30 s,最小时间间隔为 5 s,系统默认的初始时间间隔为 10 s。

这种控制要求,单纯使用梯形图编程很难实现,使用 SFC 编程也难以满足要求,但是使用应用指令就很容易实现,程序如图 4.130 所示。

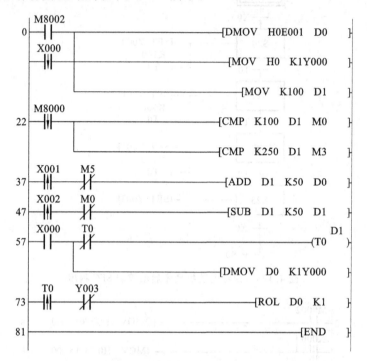

图 4.130　可设置时间间隔的四台电动机启动控制应用指令程序

此应用指令程序运用传送指令对系统进行复位和赋初值,运用比较指令设置时间上、下限,运用加法/减法指令调整定时值,运用左循环位移指令使电动机依次启动。合理运用应用指令,能够有效提高编程效率、降低编程难度。

4.8　SWOD5C-FXTRN-BEG-C 软件

FX 系列 PLC 提供了一套用于 PLC 教学和培训的 SWOD5C-FXTRN-BEG-C 软件,利用它可进行仿真编程和仿真运行。该软件既能够编制梯形图程序,也能够将梯形图程序转换成指令表程序,模拟写到 PLC 主机,并模拟仿真 PLC 控制现场机械设备运行。

4.8.1　软件界面

启动 SWOD5C-FXTRN-BEG-C 软件,进入仿真软件程序首页。对于该软件的学习,分为 A~F 共六个学习阶段,A-1、A-2 介绍 PLC 的基础知识,此处从略,请读者自行学习。从 A-3 开始可以进行编程和仿真培训练习。编程仿真界面如图 4.131 所示。

编程仿真界面的上侧为现场仿真区,下侧分为编程区、模拟 PLC 和模拟控制室。

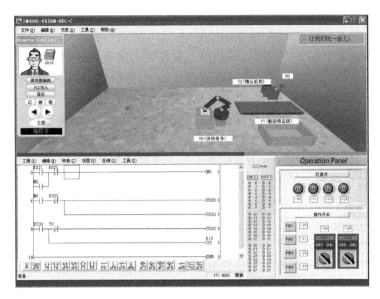

图 4.131　编程仿真界面

一、现场仿真区

现场仿真区位于编程仿真界面的上半部分,左起依次为远程控制画面、培训辅导提示画面和现场工艺仿真画面。单击远程控制画面的教师图像,可关闭或打开培训辅导提示画面。通过现场仿真区"编辑"菜单下的"I/O 清单"选项,显示该练习项目的现场工艺过程和工艺条件的 I/O 配置说明(需仔细阅读、正确运用)。通过现场仿真区"工具"菜单下的"选项",可选择仿真背景为"简易画面",节省计算机系统资源;还可调整仿真设备运行速度。

远程控制画面的功能按钮自上而下依次为:

(1)梯形图编辑——将仿真状态转为编程状态,可以开始编程。

(2)PLC 写入——将转换完成的用户程序,写入模拟的 PLC 主机。用户程序写入 PLC 后,方可进行仿真操作,此时不可编程。

(3)复位——将仿真运行的程序和仿真界面复位到初始状态。

(4)正、俯、侧——选择现场工艺仿真画面的视图方向。

(5)◀、▶——选择基础知识的上一画面和下一画面。

(6)主要——返回程序首页。

(7)"编程/运行"显示窗——显示仿真编程界面当前状态。

现场工艺仿真画面给出的 X 的位置,实际是该位置的传感器,连接到 PLC 的某个输入接口 X;给出的 Y 的位置,实际是该位置的执行部件被 PLC 的某个输出接口 Y 所驱动。这里也以 X 或 Y 的位置替代说明传感器或执行部件的位置。

现场工艺仿真画面中的机器人、推杆和分拣器的运行方式为点动工作、自动复位。现场工艺仿真画面中的光电传感器开关通光分断,遮光接通。在某个仿真练习界面下,可根据该界面给定的工艺条件和工艺过程,编制 PLC 梯形图程序,并将其写入模拟 PLC 主机,以仿真驱动现场设备运行。也可不考虑给定的现场工艺过程,仅利用其工艺条件,编制梯形图程序,以灯光、响铃等显示运行结果。

二、编程区

编程仿真界面下半部分的左侧为编程区。编程区上方有操作菜单,其中"工程"菜单相当于其他应用程序的"文件"菜单。只有在编程状态下,才能使用"工程"菜单进行打开、保存等操作。

编程区两侧的垂直线是左、右母线,左、右母线之间为编程区。编程区中的光标,可用鼠标左键单击移动,也可用键盘的四个方向键移动。光标所在位置,是放置、删除元件等操作的位置。编程区下方是符号栏,可用鼠标单击等方法取用各元件符号。

仿真运行时,梯形图上不论是触点还是线圈,显示为蓝色都表示该器件接通。

三、模拟 PLC

编程区右侧为一台具有 48 个 I/O 点的模拟 PLC。模拟 PLC 左侧一列发光二极管显示各个输入接口状态,右侧一列发光二极管显示各个输出接口状态。

四、模拟控制室

编程仿真界面最右侧是模拟控制室。模拟控制室上方是信号灯显示屏,下方是开关操作屏。各指示灯已按照标识 Y 连接到模拟 PLC 的输出接口,开关也按照标识 X 连接到模拟 PLC 的输入接口。

开关操作屏上的 PB 为自复位式常开按钮;SW 为自锁式转换开关,其面板的"OFF ON"指其常开触点分断或接通。受软件反应灵敏度所限,为了保证可靠动作,各自锁式转换开关的闭合时间应不小于 0.5 s。

4.8.2 编程方式与符号栏

用鼠标单击"梯形图编辑"按钮进入编程状态。该软件只能利用梯形图编程,并通过单击界面左下角"转换程序"按钮或 F4 热键,将梯形图程序转换成语句表,以便写入模拟 PLC 主机。但是该软件不能用语句表编程,也不能显示语句表。

在编程区的左、右母线之间编制梯形图,编程区下方显示可用鼠标左键单击或编程热键调用的元件符号栏,如图 4.132 所示。

图 4.132　元件符号栏和编程热键

常用元件符号的意义说明如下:

："转换程序"按钮,将梯形图转换成语句表(F4 为其热键);

：放置常开触点;

：并联常开触点;

：放置常闭触点;

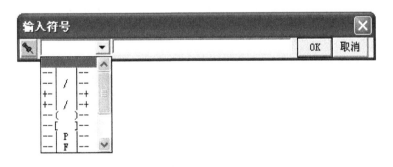

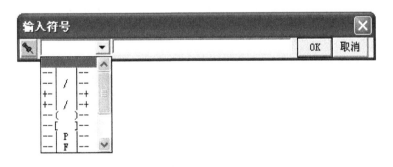 并联常闭触点；

放置线圈；

：放置指令；

：放置水平线段；

放置垂直线段于光标的左下角；

：删除水平线段；

：删除光标左下角的垂直线段；

：放置上升沿有效触点；

：放置下降沿有效触点。

元件符号下方的 F5～F9 等字母和数字，分别对应键盘上的 F5～F9，大写字母"F"前的小写字母"s"表示 Shift＋；"c"表示 Ctrl＋；"a"表示 Alt＋。

4.8.3　梯形图编辑

一、元件和指令放置方法

梯形图编程时，采用鼠标法、热键法和指令法均可调用、放置元件。

（1）鼠标法。移动光标到预定位置，鼠标左键单击编程仿真界面下方的某个触点、线圈或指令等符号，弹出元件对话框，如图 4.133 所示。输入元件标号、参数或指令，即可在光标所在位置放置元件或指令。

图 4.133　元件对话框

（2）热键法。点按编程热键，也会弹出元件对话框，其他同上。

（3）指令法。如果对编程指令助记符及其含义比较熟悉，利用键盘直接输入指令和参数，可快速放置元件和指令。例如：输入"LD　X1"，将在左母线加载一个 X1 常开触点；输入"ANDF　X2"，将串联一个下降沿有效触点 X2；输入"OUT　T1　K100"，将一个 10 s 计时器的线圈连接到右母线。线段只能使用鼠标法或者热键法放置，而且竖线段将放置在光标的左下角。步进接点只能使用指令法放置。

二、梯形图编辑

（1）删除元件。点按键盘上的 Del 键，删除光标处元件；点按键盘上的回退键，删除光标前面的元件。线段只能使用鼠标法或者热键法删除，而且应使要删除的竖线段在光标左下角。

（2）修改元件。以鼠标左键双击某元件，弹出元件对话框，选择元件、输入元件标号，可对该元件进行修改编辑。

（3）右键菜单。单击鼠标右键，弹出右键菜单如图 4.133 所示，可对光标处进行撤销、剪切、复制、粘贴、行插入和行删除等操作。

4.8.4 文件操作

（1）程序转换。鼠标左键单击"转换程序"按钮，进行程序转换。此时如果编程区某部分显示为黄色，表示这部分编程有误，需查找原因予以解决。

（2）保存程序。鼠标左键单击"工程""保存"，选择存盘路径和文件名存盘。

（3）程序调用。鼠标左键单击"工程""打开工程"，选择路径和文件名，调入原有程序。

（4）程序写入。鼠标左键单击"PLC 写入"，将程序写入模拟 PLC 主机，即可进行仿真试运行，并根据运行结果调试、修改程序。

4.9 GX Works2 软件

GX Works2 软件是三菱推出的三菱综合 PLC 编程软件，是专用于 PLC 设计、调试和维护的编程工具。GX Works2 软件界面如图 4.134 所示。与传统的 GX Developer 软件相比，它提高了功能和操作性能，变得更加容易使用。

图 4.134 GX Works2 软件界面

使用 GX Works2 创建程序的一般步骤如下：

（1）启动 GX Works2，创建新的简单工程，或者打开已存在的简单工程；

（2）对参数进行设置；

（3）对全局标签进行定义，对局部标签进行定义；

（4）对各程序部件的程序进行编辑；

（5）进行程序转换，进行编译；

（6）将计算机与可编程控制器的 CPU 相连接，对连接目标进行设置；

（7）将参数写入到可编程控制器的 CPU 中，将程序写入到可编程控制器的 CPU 中；

（8）对顺序控制程序的执行状态、软元件的内容进行监视并执行动作确认，对可编程控制器的 CPU 的出错状况进行确认；

（9）对程序、参数进行打印；

（10）对工程进行保存，编程结束。

一、编写梯形图程序

（1）进入新建的工程，选择一个常开触点并将其放到起始位置。

（2）将常开触点设为 X0。

（3）选择线圈，设为 Y0，如图 4.135 所示，线圈会自动放置在最右端。

图 4.135　线圈选择

（4）创建并联触点，设为 Y0，如图 4.136 所示。对比 SWOD5C-FXTRN-BEG-C 可发现，这里的快捷键和 SWOD5C-FXTRN-BEG-C 中的快捷键是一样的。

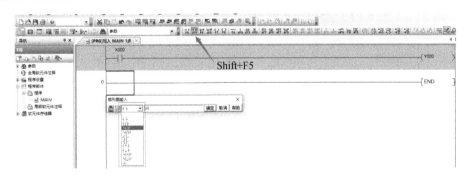

图 4.136　创建并联触点

（5）转换程序并进行模拟，如图 4.137 所示。

（6）模拟一个自锁电路，如图 4.138 所示。

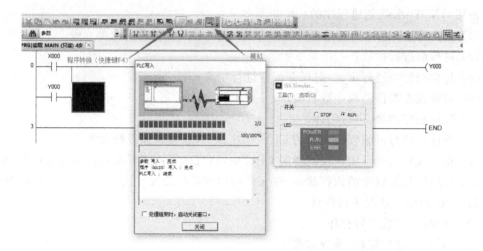

图 4.137　转换程序并进行模拟

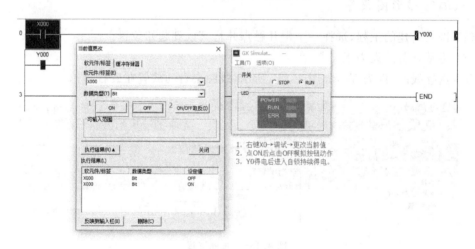

图 4.138　模拟自锁电路

（7）设置串联常闭触点 X1。

（8）得到一个开关电路，如图 4.139 所示。

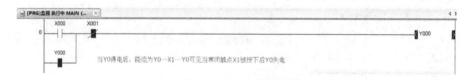

图 4.139　开关电路

（9）将常闭触点 X1 替换为定时器 T0 触点，类型依然为常闭，如图 4.140 所示。

（10）得到一个定时电路，如图 4.141 所示。

二、编写 SFC 程序

（1）新建工程时选择 SFC，第一个块选择梯形图块，如图 4.142 所示。

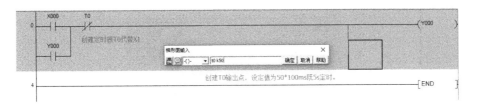

图 4.140　触点替换

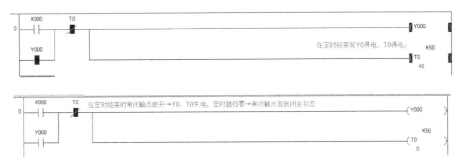

图 4.141　定时电路

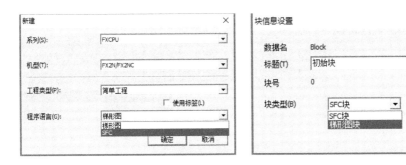

图 4.142　SFC 程序创建

（2）用 SET 指令使 S0 得电，如图 4.143 所示。

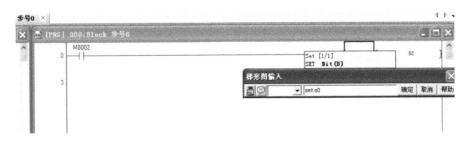

图 4.143　用 SET 指令使 S0 得电

（3）新建块，如图 4.144 所示，新建的数据块选择 SFC。

（4）输入初始步，在右边对话框内输入程序，一定要有时间或状态设置，并按 F4 编译，如图 4.145 所示。

（5）输入转换条件，注意要以 TRAN 结尾（可直接在光标位置按字母 T，软件会自动选择到 TRAN），按 F4 编译。转换条件设置如图 4.146 所示。

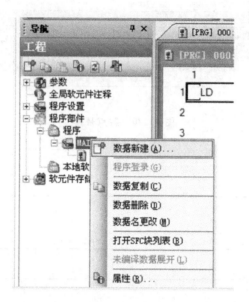

图 4.144　新建块

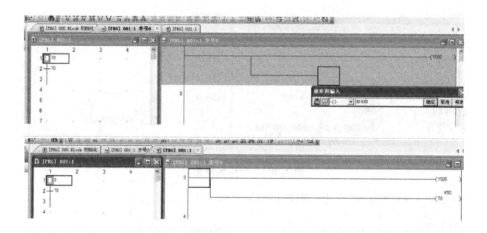

图 4.145　初始步编译

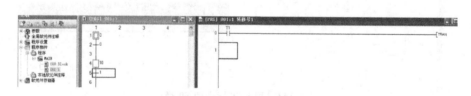

图 4.146　转换条件设置

（6）输入跳转符号，图 4.147 中的"0"为要跳转到的步号。编译完后对应的跳转步方框内会出现个小黑点。

（7）转换程序并进行仿真（见图 4.148），方框为蓝色的步为当前步。

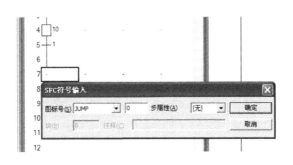

图 4.147　跳转指令

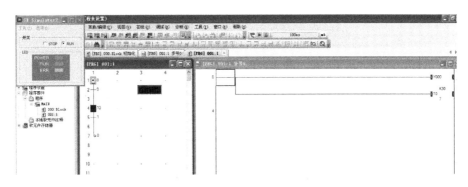

图 4.148　转换程序并仿真

三、SFC 程序转换为梯形图程序

（1）鼠标单击"工程"菜单，选择"工程类型更改"，弹出"工程类型更改"对话框，在该对话框选择"更改程序语言类型"，如图 4.149 所示。

图 4.149　更改程序类型

（2）将 SFC 图变为等效梯形图，如图 4.150 所示。

四、计算机和 PLC 的连接

笔记本电脑与 PLC 的连线示意图如图 4.151 所示。

（1）在导航窗口的视窗选择区域中单击"Connection Destination"（连接目标）时，将显示连接目标视窗。

（2）对连接目标视窗的当前连接目标"Connection1"进行双击时，将显示连接目标设置画面。

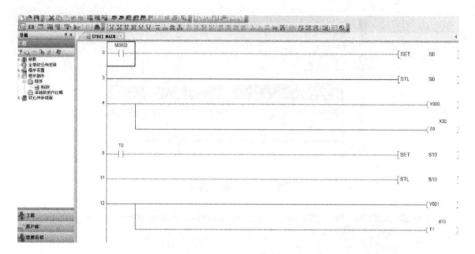

图 4.150　等效梯形图

图 4.151　笔记本电脑与 PLC 的连线示意图

（3）双击"serial USB"进行串口设置，根据数据线的类型选择 USB 模式或 RS-232C 串口模式，如图 4.152 所示。

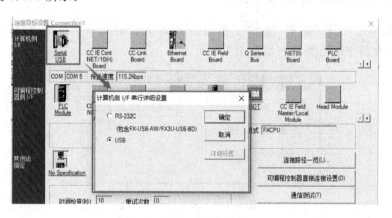

图 4.152　端口选择

（4）进行通信测试，测试通过，可进行程序的下载或上传。

（5）将编写好的工程写入 PLC 中。选择"Online"（在线）、"Write to PLC"（PLC 写入）菜单后，将显示在线数据操作画面。通过单击"PLC 写入"按钮，也可显示在线数据操作画面。在在线数据操作画面中对对象模块、工程进行设置。设置后，单击"执行"按钮，开始写入程序。

写入程序示意图如图 4.153 所示。

Symbolic Information：在对象存储器中选择"Program Memory/Device Memory"（程序

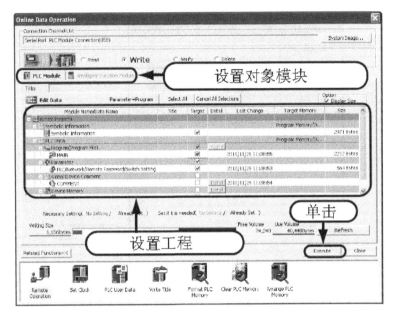

图 4.153　写入程序示意图

存储器/(源代码信息)软元件存储器),将源代码信息勾选为对象。如果进行了勾选,PLC
数据的程序(程序文件)、MAIN 的对象栏变为灰色。源代码信息中包含有程序文件及变量等。

　　PLC Data(PLC 数据):在对象存储器中选择"Program Memory/Device Memory"(程序存储器/软元件存储器)后,将参数的可编程控制器/网络/远程口令/开关设置勾选为对象。对全局软元件注释、软元件存储器不进行勾选。

　　写入过程中将显示如图 4.154 所示的画面。写入结束时将显示"Write to PLC:Completed"(PLC 写入:结束)。如果单击"Close"按钮,PLC 写入画面将被关闭。

六、程序监控

　　(1) 在导航窗口的视窗选择区域中单击"Project"(工程),将显示工程视窗。

　　(2) 如果对工程视窗的"POU"(程序部件)→"Program"(程序)→"POU_01"→"Program"(程序本体)进行双击,将显示 POU_01"PRG"程序本体"ST"画面。

　　(3) 如果选择"Online"(在线)→"Monitor"(监视)→"Start Monitoring"(监视开始)菜单,POU_01"PRG"程序"ST"画面将处于监视状态。通过单击(监视开始)也可将 POU_01[PRG]程序[ST]画面置为监视状态。

　　(4) 将可编程控制器的 CPU 置于 RUN 状态。将可编程控制器的 CPU 的 RUN/STOP 开关置于 RUN 侧。

　　程序监控说明如图 4.155 所示。

习题与思考题

　　4.1　PLC 由哪几个主要部分组成? 各部分的作用是什么?

　　4.2　输入/输出接口电路中的光电耦合器的作用是什么?

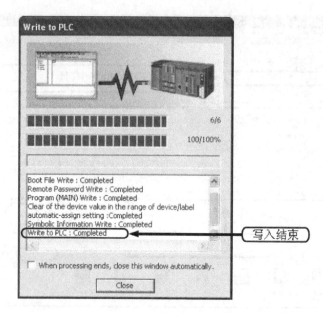

图 4.154　程序写入

关于监视状态

　　在工作窗口监视的执行过程中，对监视状态进行显示。
　　当所有的监视均停止时，监视状态将变为隐藏状态。
　　在监视状态中，对可编程控制器 CPU、模拟器的扫描时间、RUN/STOP 状态等进行显示。

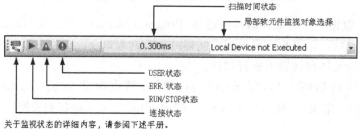

关于监视状态的详细内容，请参阅下述手册。

　　☞　GX Works2 Version 1 操作手册（公共篇）

关于监视状态显示

● **当前值的 10 进制 /16 进制数的显示切换**

　　当前值的 10 进制 /16 进制数的显示切换可以通过下述操作进行。

将当前值切换为 10 进制数的操作

选择［Online（在线）］ → ［Monitor（监视）］ → ［Change Value Format(Decimal)（当前值显示切换（10 进制））］菜单。

将当前值切换为 16 进制数的操作

选择［Online（在线）］ → ［Monitor（监视）］ → ［Change Value Format(Hexadecimal)（当前值显示切换（16 进制））］菜单。

图 4.155　程序监控说明

4.3　何谓扫描周期？试简述的工作过程。

4.4　PLC 有哪些主要特点？

4.5　什么是 PLC？PLC 与继电器-接触器控制系统相比，在控制方式上有何显著区别？

4.6　PLC 常用哪几种存储器？它们各有什么特点？分别用于存储哪些种类的信息？

4.7　I/O 模块有几种类型？各有何特点？各适用于哪些场合？

4.8　查找资料,分别说明西门子 S7-200 SMART 系列、S7-1200 系列,三菱 FX$_{3U}$系列、FX$_{5U}$系列 PLC 的主要性能特点。

4.9　PLC 常用的编程语言有哪些?

4.10　简述 FX$_{5U}$系列 PLC 中,晶体管输出和继电器输出 CPU 主要区别。

4.11　写出图 4.156 所示梯形图程序的指令表。

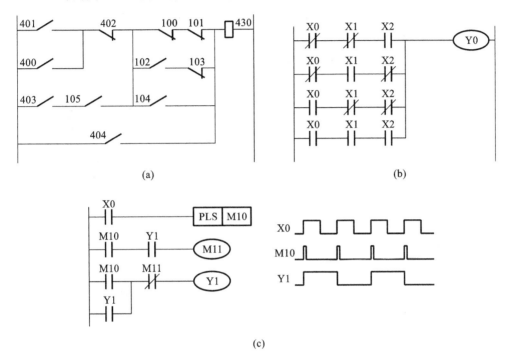

(a)　　　　　　　　　　　(b)

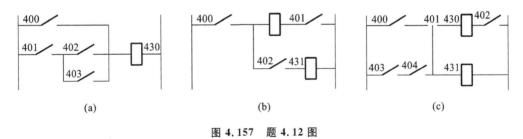

(c)

图 4.156　题 4.11 图

4.12　简化或改正图 4.157 所示梯形图程序,并写出改正后的指令表。

(a)　　　　　　　(b)　　　　　　　(c)

图 4.157　题 4.12 图

4.13　在程序末了,使用或不使用 END 指令是否有区别? 为什么?

4.14　设计一个控制鼓风机和引风机的程序。要求:开机时首先启动引风机,引风机指示灯亮,10 s 后自动启动鼓风机,鼓风机指示灯亮;停机时,鼓风机和引风机同时停止。

4.15　利用 PLC 实现三台电动机顺序启动、反序停止控制。已知三台电动机顺序启动、反序停止控制线路如图 4.158 所示。

4.16　试用 PLC 设计出习题 3.20 的控制程序。

4.17　试用 PLC 设计出习题 3.23 的控制程序。

4.18　试用 PLC 设计出习题 3.25 的控制程序。

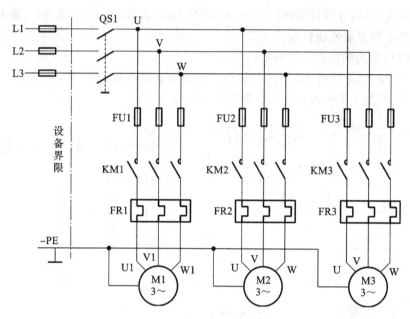

图 4.158

4.19 试用 PLC 设计出习题 3.27 的控制程序。

4.20 试用 PLC 设计出习题 3.28 的控制程序。

4.21 试用 PLC 的一个 8 位移位寄存器实现循环移位输出,具体要求是:

1. 实现一个亮灯循环移位;

2. 实现两个连续亮灯循环移位;

3. 实现一个亮灯一个灭灯循环移位。

4.22 设计 PLC 控制汽车转向灯的梯形图程序。具体要求是:汽车驾驶台上有一个开关,它有三个位置,分别控制左闪灯亮、右闪灯亮和关灯。

1. 当开关扳到 S1 位置时,左闪灯亮(要求亮、灭时间各 1 s);

2. 当开关扳到 S2 位置时,右闪灯亮(要求亮、灭时间各 1 s);

3. 当开关扳到 S0 位置时,关断左、右闪灯;

4. 当司机开灯后忘了关灯,则过 1.5 min 后自动停止闪灯。

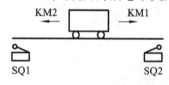

图 4.159 题 4.23 图

4.23 试用 PLC 实现小车自动往返运动控制。要求:小车有左启动和右启动两个启动按钮,按下其中一个启动按钮后,要求下车会自动往返于两个限位开关 SQ1 和 SQ2 间(见图 4.159),往返 10 次后小车自动停止,往返间,如果按下停止按钮,小车立即停止。

4.24 某工作台需要在一定距离内往返运动,如图 4.160 所示。采用 FX_{5U} 系列 PLC 控制,写出 I/O 分配表,画出 PLC 控制系统的 I/O 接线图和相应的梯形图。

4.25 试用 PLC 按行程原则设计机械手的夹紧—正转—放松—反转—回原位的控制程序。

4.26 一条由三段传送带组成的自动线,用于传输发动机缸体,电动机 M1、M2、M3 分别用于驱动三段传送带,传感器(采用接近开关)S1、S2、S3 用来检测发动机缸体的位置。接

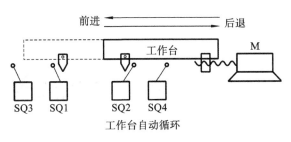

图 4.160　题 4.24 图

近开关安放在两段传送带相邻的地方,一旦发动机缸体进入接近开关的检测范围,PLC 便发出一个输出信号,启动下一段传送带的电动机;当发动机缸体移出检测范围时,定时器开始计时,20 s 后,上一段传送带的电动机便停止运行,即只有载有发动机缸体的传送带在运行,而未载有发动机缸体的传送带则停止运行,以达到节能要求,试用 FX$_{5U}$ 系列 PLC 实现上述要求的自动控制。

4.27　设计一条用 PLC 控制的自动装卸线。电动机 M1 驱动料车加料,电动机 M2 驱动料车升降,电动机 M3 驱动料车卸料。装卸线操作过程是:

1. 料车在原位,显示原位状态,按启动按钮,自动装卸线开始工作;

2. 加料定时 5 s,加料结束;

3. 延时 1 s,料车上升;

4. 上升到位,料车自动停止移动;

5. 延时 1 s,料车自动卸料;

6. 卸料 10 s,料车复位并下降;

7. 下降到原位,料车自动停止移动。

第 *5* 章　机电系统的计算机控制

在前面几章中,我们已经理解机电系统的运动状态变化主要是通过控制电动机的运行状态来实现的,并且通过对继电器-接触器和 PLC 的学习,掌握了机电传动系统的两种典型控制技术,即断续控制和连续控制。

机电控制系统的自动化包含三个层次,从下往上依次是基础自动化、过程自动化和管理自动化。当前,用于跟踪环境和过程监测变量的传感器的数量不断增长,工厂通过将 PLC 靠近传动控制过程,加速了向分布式控制架构的转变。利用工业控制网络对生产现场进行有效的监控和管理,满足实现机电系统设备集散化、数据集成化、网络智能化的控制需求,构成自感知、自适应、自诊断、自决策、自修复的闭环,实现机器智能和人类智能的融合,计算机控制技术是达到这一要求的必然途径。

5.1　机电系统的计算机控制

机电系统的计算机控制技术是以机电系统为对象,包含电力电子技术、微电子技术、计算机技术和传感器技术等多学科的机电一体化技术。计算机控制技术涉及检测、计算机、通信、自动控制和微电子等多方面的知识,是多学科的综合应用过程,不仅要求工程人员具备计算机硬件、软件的知识与硬件、软件的设计能力,还要求工程人员掌握生产过程的工艺性能及被测参数的测量方法,以及被控对象的动态特性、静态特性等。

5.1.1　计算机控制技术

一、计算机控制系统的组成

计算机控制系统一般由传感器、控制器、过程控制通道和被控对象所构成,控制方式有模拟(量)控制和数字(量)控制两种,如图 5.1 所示。

控制器是指用于控制的计算机,是整个系统的核心。根据使用要求,主机可以是 DSP、单片机、PLC 和工业 PC 等。它主要完成数据和程序的存取、程序的执行、控制外部设备和过程通道中的设备等工作,实现对被控对象的控制,实现人机对话和网络通信。

过程控制通道是在控制器与被控对象之间进行信息交换的通道。根据信号方向和形

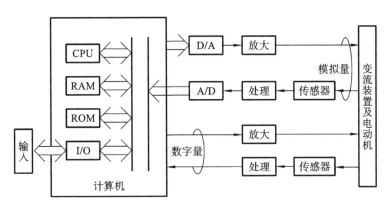

图 5.1　计算机控制系统框图

式,过程控制通道可分为模拟量输入通道、模拟量输出通道、数字量输入通道和数字量输出通道。

在机电系统计算机控制中,计算机输入/输出信号有许多种。

(1)输入信号:用于频率或转速设定的运行指令;用于闭环控制和过流、过压保护的电动机电流、电压反馈量;用于转速、位置闭环控制的电动机转速、转角信号;用于缺相或瞬时停电保护的交流电源电压采样信号等。

(2)输出信号:变流装置功率半导体元件的触发信号;用于控制输出电压、电流的频率、幅值和相位信号;系统的运行和故障状态指示信号;上位机或系统的通信信号等。

在计算机控制系统中,电动机和变流装置属于被控对象,计算机起控制器的作用,利用过程控制通道对输入信号进行处理,并按照设定的控制规律输出数字控制信号。输出的数字信号,一部分经放大后直接驱动变流装置的数字脉冲触发部件;一部分经过 D/A 转换成为模拟信号,放大后对电动机有关参数进行调节控制。

二、计算机控制系统的控制流程

1. 信息的获取

计算机通过外部设备获取被控对象的实时信息和输入指令性信息。输入信号可以是数字信号或模拟信号,必要时需进行信号转换。

2. 信息的处理

根据预先编好的程序,对从外部设备获取的信息进行分析处理。

3. 信息的输出

计算机将最终处理完的信息通过外部设备送到被控对象处,通过显示、记录或打印等操作输出其处理或获取信息的情况。同样,输出信号也可以是数字信号或模拟信号,必要时需进行信号转换。

三、机电系统采用计算机控制的优越性

1. 逻辑控制功能灵活

计算机控制系统可以代替模拟电路、数字电路和继电器-接触器控制电路实现逻辑控

制,具有较强的逻辑判断、记忆功能,控制灵活迅速,工作准确可靠。

计算机控制系统的控制功能是由软件来实现的,若要改变控制规律,一般不必改变系统的硬件结构,而只要改变软件的编制就能方便、灵活地实现多种控制。计算机控制系统通用性强、灵活性大、功能易于扩展和修改,在控制上具备很好的柔性。各个硬件模块可以在系统总线上相互连接和进行扩充,即使是已构成的系统,需要时也可以在系统总线上加以扩展。

2. 运算、调节和控制功能强大

计算机具有很强的数值运算能力、丰富的逻辑判断功能,再加上计算机控制系统强大的存储能力,计算机控制系统可以进行分析、判断,实现复杂的控制策略,从而可获得较高的控制质量。

计算机控制系统可以利用软件实现较复杂的控制规律,如矢量变换控制、转矩直接控制、模糊控制和神经元网络控制等。同时它还具备实时处理控制过程中随机发生的各种事件的能力。

3. 存储能力强

计算机控制系统中存储器的容量很大,存储时间也几乎不受限制,这使得系统可以存储各种过程信息,不仅可以采集现场的信息,而且可以保存过去的信息,可以存放各种数据和表格,以便采用查表的方法解决各种非线性函数、误差补偿函数、单值和双位函数的运算等问题。

4. 具有高精度的稳态调整性能

由于使用计算机进行控制,计算机控制系统能够获得高精度的稳态调速特性。此外,数字控制避免了模拟电子器件易受温度、电源电压和时间等因素影响的固有缺陷,使控制系统具有良好的稳定性。

5. 系统可靠性高

机电系统采用计算机控制,由软件替代硬件实现功率开关器件的触发控制、反馈信号的检测和调节、非线性的闭环调节控制、过程的诊断和保护等,从而减少了元器件的数目,简化了系统的硬件结构,提高了系统工作的可靠性。

计算机控制系统可以对电源的瞬时停电、失压、过载,电动机的过流、过压、过载,晶闸管的过热及工作状态进行保护或干预,使之安全运行。

6. 故障监测和实时诊断功能

计算机控制系统可以实现开机自诊断、在线诊断和离线诊断。

开机自诊断是在开机运行前由计算机执行一段诊断程序,检查主电路是否缺相、短路,熔断器是否完好,计算机自身各部分是否正常等,确认无误后才允许控制系统运行。

在线诊断是在系统运行中,对过程的各种参数进行监测,发现参数越限就报警,使保护机构动作,甚至做到自恢复。计算机控制系统还可对系统的某些部位进行巡回检测,根据检测所得信息,判断发生故障的性质和位置,预测可能发生的故障,以便维护人员及时处理,避免事故的发生和恶化。在某些关键部位或设备损坏时,系统可以自动切除损坏部件或设备,并将备用部件或设备投入运行。

离线诊断是在故障定位困难的情况下,首先封锁驱动信号,冻结故障发展,同时进行测试推理,操作人员可以有选择地输出有关信息并进行详细分析和诊断。控制系统采用计算机故障诊断技术可有效地提高整个系统运行的可靠性。

7. 抗干扰能力强

计算机控制系统的干扰通常来自电源和现场连接的输入/输出电路。电源通常采用电源滤波器和必要的屏蔽接地措施,输入/输出电路一般采用光电隔离器进行隔离,因此计算机控制系统的抗干扰能力可以得到充分保证。

5.1.2　机电系统的控制器

一、机电系统常用的控制器

针对不同的被控对象和不同的控制要求,机电系统所采用的控制方式不同,选用的控制器也不相同。按照控制器的功能和结构特点,可以将机电控制系统分为单片机控制系统、工业计算机控制系统、可编程控制器控制系统和总线式计算机控制系统等。下面介绍控制系统较常用的几种控制器。

1. 数字信号处理器

数字信号处理器(digital signal processing,DSP)是指面向信号处理任务的实时处理应用而设计的一类特殊的微处理芯片,它在信号处理系统中承担按规定的算法完成信号处理的任务。

DSP 是一种专门用于处理数字信号的微处理器,适合用来做高速重复运算,如做数字滤波或快速傅立叶分析、数据图像处理等。DSP 内部设有硬件乘法器,可高速执行乘法运算,而且乘法器与算术逻辑单元(ALU)是并行工作的,其运算速度极快。由于具有灵活的位操作指令、数据块传送能力、大型程序和数据的存储器地址空间,以及灵活的存储器地址的布局变换等,DSP 被广泛应用于高性能交流调速、交流伺服系统的数字控制。

DSP 作为面向信号处理任务和计算密集型任务的器件,既可以单独应用,又可以和其他的处理器或多个 DSP 一起,构成多处理器系统,因此,与专用的信号处理器相比,DSP 的使用更灵活,适应性更强。但就某些专用性能的实时处理功能而言,DSP 不如专用信号处理器性能高。DSP 的信号处理系统设计与常规的处理器系统设计相似。DSP 的信号处理系统结构简单、设计规范,在硬件组成上通常只需加上所需的存储器芯片和必需的接口电路,软件设计通常使用汇编语言。大多数 DSP 的硬件组成及软件开发、支持工具和手段齐全,应用软件丰富,能给用户带来较大的方便。

目前,专为电动机控制而设计的 DSP 产品具有高速的实时算术运算能力,又集成了电动机控制所需的外围部件,其性能价格比较高,使用者只需外加较少硬件就能构成高性能的电动机调速控制系统。

2. 单片机

用于电动机控制的单片机,在设计时有意削弱了其计算功能,加强了其控制功能,减少了存储容量,调整了接口配置,打破了按逻辑功能划分的传统做法。不求规模,力争小而全,因而它体积小、功能强、价格便宜、通用性强,特别适用于简单的电动机控制系统,或者在复杂电动机控制系统中作为前级信息处理电路或局部功能控制器,故又称微控制器。

3. 工业控制计算机

工业控制计算机(industrial personal computer,IPC)简称工控机,是采用总线结构,对生产过程及其机电设备、工艺装备进行检测与控制的工具的总称。工控机具有重要的计算机属性和特征,如具有计算机 CPU、硬盘、内存、外部设备及接口,并有操作系统、控制网络和协议、计算能力及友好的人机界面。工控行业的产品和技术非常特殊,工控机属于中间产品,工控行业为其他各行业提供可靠、嵌入式、智能化的工业计算机。

IPC 对工业生产过程进行实时在线检测与控制,快速响应工作状况的变化,及时进行采集和输出调节,能与工业现场的各种外部设备、板卡相连,以完成控制任务。

4. 分布式控制系统

分布式控制系统(distributed control system,DCS)是高性能、高质量、低成本、配置灵活的分散控制系统系列产品,可以构成各种独立的控制系统、分散控制系统 DCS、监控和数据采集系统(SCADA),能满足各种工业领域对过程控制和信息管理的需求。系统的模块化设计、合理的软硬件功能配置和易于扩展的能力,使其能广泛用于各种大、中、小型电站的分散型控制,发电厂自动化系统的改造,以及钢铁、石化、造纸和水泥等工业生产过程控制。

5. 现场总线控制系统

现场总线控制系统(fieldbus control system,FCS)是全数字串行、双向通信系统。系统内测量和控制设备如探头、激励器和控制器可相互连接、监测和控制。在工厂网络的分级中,它既作为过程控制(如 PLC、LC 等)和应用智能仪表(如变频器、阀门、条码阅读器等)的局部网,又具有在网络上分布控制应用的内嵌功能。由于其具有广阔的应用前景,众多国外有实力的厂家竞相投入力量,进行产品开发。现今,国际上已知的现场总线类型有四十余种,比较典型的现场总线有 FF、ProfiBUS、LonWorks、CAN、HART 和 CC-Link 等。

除此之外,常用的控制器还有 PLC,由于在前面的章节已经对 PLC 进行了专门的学习,此处不再赘述。各种控制器的对比如表 5.1 所示。

表 5.1　控制器的对比表

比较项目	控制器			
	单片机	PLC	DCS/FCS	IPC
控制系统的组成	自行开发 (非标准化)	可按使用要求选购 相应的产品	可按使用要求选购 相应的产品	标准化系统, 选购外部产品
系统功能	简单的逻辑控制 或模拟量控制	逻辑控制、过程 控制、运动控制	逻辑控制、过程 控制、运动控制	功能完善,软件 丰富,速度快
通信功能	RS-232	RS-232/RS-485/ USB/Ethernet	RS-232/RS-485	RS-232
程序语言	汇编语言	梯形图或 高级语言	专用语言或 高级语言	高级语言或 工业组态软件
硬件制作工作量	多	很少	少	少
软件开发工作量	很多	很少	较多	较多

续表

比 较 项 目	控 制 器			
	单片机	PLC	DCS/FCS	IPC
执行速度	快	很快	很快	稍慢
输出带负载能力	差	强	强	较强
抗干扰能力	较差	很好	很好	好
可靠性	较差	很好	很好	好
环境适应性	较差	很好	很好	一般
价格	最低	高	很高	很高
应用场合	智能仪器、单机简单控制	一般规模的工业现场控制	中、大规模的工业现场控制	较大规模的工业现场控制

二、各种控制器所构成的机电系统对比

采用以上控制器构建的典型机电系统结构如下。

(1) PLC+触摸屏。这是最简单的系统构成形式,具有结构简单、成本低、开发周期短和可靠性高的特点,目前国产触摸屏售价已经非常低廉,并且适配各生产厂商的 PLC 通信协议。但是这种系统功能有限,不能满足复杂控制系统的监控要求。

(2) 现场 PLC+上位 IPC。如图 5.2(a)所示,这种形式可以利用 IPC 的特点开发出复杂的监控界面,可以利用工业控制网络对生产现场进行有效的监控和管理,满足设备集散化、数据集成化、网络智能化的控制需求,还能够应对当前基于大数据分析、云计算的智能制造的需要。缺点是软、硬件投入都很大,需要购买 IPC 和通用组态软件,现场 PLC 和上位IPC 都要进行编程。

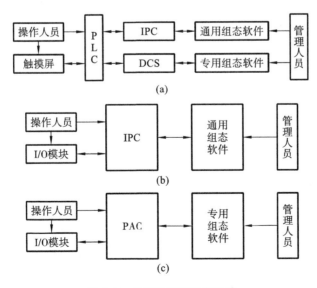

图 5.2　几种典型的机电系统

（3）现场 PLC＋上位 DCS 控制器。如图 5.2(a)所示，这种形式主要是为了构成分布式控制系统，实现车间级的生产自动化。系统使用集散控制系统厂商或 PLC 厂商提供的专用组态软件（如 WinCC）开发监控程序，这些软件功能强大、可靠性高，但受到设备厂家的限制，通用性差。

（4）PC-based 系统。如图 5.3(b)所示，这种形式与"现场 PLC＋上位 IPC"的主要差别在于现场控制取消了 PLC，由 IPC 直接完成，相对来说成本要低一些，但 IPC 需要外接 I/O 模块。它的优点和缺点与"现场 PLC＋上位 IPC"也类似。这是目前机电控制系统的一个发展方向。

（5）可编程自动化控制器（programmable automation controller，PAC）系统。如图 5.3 (c)所示，PAC 在 PLC 和 IPC 之间，PAC 系统既有 PLC 小型化、可靠性高、能直接用于现场控制的特点，又有 IPC 能够使用高级语言（如 C 语言）编程的特点，灵活性高，系统投资低，能适用于各种系统，但是开发工作量大。

5.1.3　数字控制器的设计

控制器的控制规律设计是计算机控制系统设计的关键。在一般的模拟控制系统中，控制器的控制规律是由模拟硬件电路实现的，要改变控制规律就要更改模拟硬件电路。而在微型计算机控制系统中，控制规律是用软件实现的，计算机执行预定的控制程序，就能实现对被控参数的控制。因此，要改变控制规律，只要改变控制程序就可以了，这就使控制系统的设计更加灵活、方便。特别是可以利用计算机强大的计算、逻辑判断、记忆、信息传递能力，实现更为复杂的控制，如非线性控制、逻辑控制、自适应控制、自学习控制和智能控制等。计算机控制系统设计则是指在给定系统性能指标的条件下，设计出控制器的控制规律和相应的数字控制算法。

数字控制器的设计分为连续化设计和离散化设计两种。数字控制器的连续化设计是忽略控制回路中所有的零阶保持器和采样器，采用连续控制系统的设计方法，得到连续控制器（模拟控制器），然后通过某种近似，将连续控制器离散化为数字控制器；数字控制器的离散化设计是直接应用采样控制理论设计出满足控制指标的数字控制器。

一、基本概念

（1）采样工程上，被控对象的连续信号、计算机接收和处理的离散信号（数字信号）需要通过 A/D 转换器、D/A 转换器得到。把连续信号转换成离散信号的过程称为采样过程，这一过程是通过采样器（采样开关器）来实现的。

（2）将离散的采样信号恢复为连续信号的装置称为保持器。零阶保持器是把前一个采样时刻 nT 的采样保持到下一个采样时刻$(n+1)T$ 的元件。它可以消除采样信号中的干扰信号，是计算机控制系统的基本元件之一。

（3）拉普拉斯变换是线性连续控制系统分析和设计的主要数学工具，而 Z 变换则是线性离散控制系统分析和设计的主要数学工具。

（4）在线性连续控制系统中，微分方程和传递函数是描述连续控制系统运动的数学模型。同样，在线性离散控制系统中，差分方程和脉冲传递函数则是描述离散控制系统运动的数学模型。

二、数字控制器的设计

（1）数字控制器的连续化设计。数字控制器的连续化设计是指近似地将连续控制器离散化为数字控制器，由计算机来实现。数字控制器的连续化设计内容包括：①设计假想的连续控制器；②选择采样周期 T；③离散化；④设计计算机实现的控制算法；⑤校验。数字控制器的连续化设计是立足于连续控制系统控制器的设计，在计算机上进行数字模拟来实现的。在被控对象的特性不太清楚时，可充分利用成熟的连续化设计技术，把设计移植到计算机上予以实现。

（2）数字控制器的离散化设计。出于控制任务需要，当所选择的采样周期比较长或对控制质量要求比较高时，必须从被控对象的特性出发，直接根据计算机控制理论（如采样控制理论）来设计数字控制器，这种方法称为离散化设计方法。离散化设计技术比连续化设计技术更具有普遍意义，它完全根据采样控制系统的特点进行分析和综合，并导出相应的控制规律和算法。数字控制器的离散化设计内容包括：①根据控制系统性能指标要求和其他约束条件，确定所需闭环的脉冲传递函数 $\Phi(z)$；②求广义对象的脉冲传递函数 $G(z)$；③求数字控制器的脉冲传递函数 $D(z)$；④根据 $D(z)$ 求取控制算法的递推计算公式。

不论是按连续控制系统进行控制系统设计，还是按离散控制系统进行控制系统设计，都可采用基于经典控制理论的常规控制策略或基于现代控制理论的先进控制策略，采用哪种控制策略往往与被控对象的过程特点、得到的数学模型及对系统的控制精度要求有关，与采用哪种方法无直接关系。

三、数字 PID 控制

PID 是 proportional（比例）、integral（积分）和 differential（微分）三者的缩写。在过程控制中，按误差信号的比例、积分和微分进行控制的调节器简称 PID 调节器，它是技术成熟、应用较为广泛的一种调节器。

（1）控制算法。控制算法建立在控制对象的数学模型（描述各输入量与各输出量之间的数学关系）上。控制算法直接影响控制系统的调节品质，是决定整个系统性能的关键。

由于控制系统种类繁多，所以控制算法也各不相同，每个控制系统都有一个特定的控制规律，并且有相应的控制算法。例如，在数控机床中，常用的控制算法有逐点比较法和数字积分法；在直接数字控制系统中，常用的控制算法有 PID 控制算法及其改进算法；在位置数字随动系统中，常用的控制算法有实现最少拍控制的控制算法。另外，还有模糊控制算法、最优控制算法和自适应控制算法等控制算法。在进行系统设计时，究竟选择哪一种控制算法，主要取决于系统的特性和要求达到的控制性能指标。

在确定控制算法时，注意所选定的控制算法应能满足控制速度、控制精度和系统稳定性的要求。

（2）数字 PID 控制算法。由于具有参数整定方便、结构（如 PI 结构、PD 结构、PID 结构）改变灵活、控制效果较佳的优点，PID 控制获得了广泛的应用。特别是当被控对象的结构和参数不能被完全掌握，或得不到精确的数学模型时，采用 PID 控制可以获得良好的控制效果。

在计算机控制系统中,数字 PID 控制器是指用计算机软件按 PID 控制规律编制的应用程序,因此数字 PID 控制器也称数字 PID 控制算法。

5.2 工控机

IPC 主要用于机电控制系统中测量、控制、数据采集等工作中,处理来自生产现场的输入信号,再根据控制要求将处理结果输出到执行机构,去控制生产过程,同时对生产进行监督和管理。IPC 实物图如图 5.3 所示。

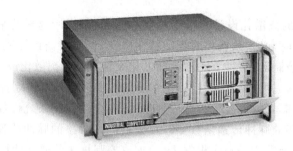

图 5.3 IPC 实物图

5.2.1 IPC 概述

一、IPC 的硬件组成

工控机的硬件由计算机基本系统和过程 I/O 系统组成。计算机基本系统由系统总线、主机(模)板、存储器板、人机接口板、显示器和打印机等通用外部设备组成。过程 I/O 系统由输入信号调理板、A/D 转换器、D/A 转换器和输出信号调理板等组成。IPC 的硬件组成如图 5.4 所示。

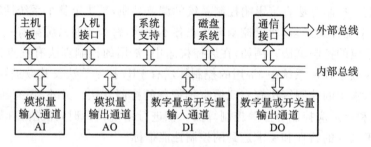

图 5.4 IPC 的硬件组成

1. 主机板

与普通 PC 机不同,为了保证工业应用中的可靠性,IPC 的主机板采用了无源底板＋CPU 卡的结构,如图 5.5 所示。

CPU 卡由中央处理器(CPU)、存储器(RAM、ROM)和 I/O 接口等部件组成,其作用是将采集到的实时信息按照预定程序进行必要的数值计算、逻辑判断、数据处理,及时选择控制策略并将结果输出到工业过程。芯片采用工业级芯片,并且是一体化(all-in-one)主板,易于更换。

无源底板基于模块化的设计思想,以总线结构形式设计成多插槽形式。无源底板一般为六层结构,中间分别为地层和电源层,可以有效减弱底板上逻辑信号的相互干扰和降低电源阻抗,可插接各种板卡,包括 CPU 卡、显示卡、控制卡和 I/O 卡等。这种结构一是提高了系统的可扩展性,二是板卡插拔方便,简化了查错过程,降低了工控机宕机的概率,缩短了工业现场维护时间,并使升级更简便,使系统更高效。

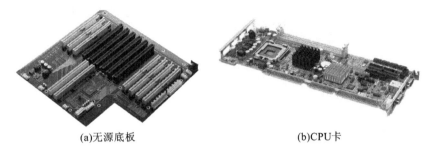

(a)无源底板　　　　　　　　　　(b)CPU 卡

图 5.5　IPC 主机板

2. 系统总线

系统总线可分为内部总线和外部总线。内部总线是 IPC 内部各组成部分之间进行信息传送的公共通道,是一组信号线的集合。常用的内部总线有 ISA 总线、PCI 总线和 STD 总线。外部总线是 IPC 与其他计算机和智能设备进行信息传送的公共通道。常用的外部总线有 RS-232C 串行总线、RS-485 通信总线和 IEEE-488 并行总线。

3. I/O 接口

输入/输出接口是 IPC 和外部设备或生产过程之间进行信号传送和变换的连接通道。输入/输出接口包括模拟量输入通道(AI)、模拟量输出通道(AO)、数字量或开关量输入通道(DI)和数字量或开关量输出通道(DO)。输入通道的作用是对生产过程中的信号变换成主机能够接收和识别的代码;输出通道的作用是将主机输出的控制命令和数据进行变换,作为执行机构或电气开关的控制信号。

4. 人机接口

人机接口包括显示器、键盘、打印机和专用操作显示台等,用于在操作员与计算机之间进行信息交换。人机接口既可用于显示工业生产过程的状况,也可用于修改运行参数。

5. 通信接口

通信接口是 IPC 与其他计算机和智能设备进行信息传送的通道。常用的通信接口有 RS-232C、RS-485、Ethernet 和 CAN 等。为方便主机系统集成,USB 总线接口技术日益受到重视。

6. 输入/输出模板

输入/输出模板是工控机和生产过程之间进行信号传送和变换的连接通道,包括模拟量输入通道(AI)、模拟量输出通道(AO)、数字量或开关量输入通道(DI)和数字量或开关量输出通道(DO)。

7. 系统支持

(1) 监控定时器,俗称"看门狗"(watchdog):当系统因干扰或软故障等原因出现异常时,能够使系统自动恢复运行,提高了系统的可靠性。

(2) 电源掉电监测:当工业现场出现电源掉电故障时,可及时发现并保护当时的重要数据和计算机各寄存器的状态。一旦上电,IPC 能从断电处继续运行。

(3) 后备存储器:watchdog 和电源掉电监测功能均需要靠后备存储器来保存重要数据。为保护数据不丢失,系统存储器工作期间,后备存储器应处于上锁状态,以备在系统掉电后保证所存数据不丢失。

(4) 实时日历时钟:实际控制系统中通常有事件驱动和时间驱动能力,IPC 可在某时刻自动设置某些控制功能,可自动记录某个动作的发生时间,而且实时时钟在掉电后仍能正常工作。

8. 磁盘系统

可以用半导体虚拟磁盘,也可以配通用的软磁盘和硬磁盘或采用 USB 磁盘。

二、IPC 的软件

1. 系统软件

系统软件用来管理 IPC 的资源,并以简便的形式向用户提供服务,包括实时多任务操作系统、引导程序、调度执行程序,如美国 Intel 公司的 iRMX86 实时多任务操作系统。除了实时多任务操作系统以外,也常使用 MS-DOS,特别是 Windows 软件。

2. 工具软件

工具软件是技术人员从事软件开发工作的辅助软件,包括编译程序、编辑程序、调试程序和诊断程序等。

3. 应用软件

应用软件是系统设计人员针对某个生产过程而编制的控制和管理程序,通常包括过程输入/输出程序、过程控制程序、人机接口程序、打印显示程序和公共子程序等。

三、IPC 的特点

IPC 应用于工业现场,而工业现场环境恶劣,具有强振、多尘、高电磁干扰等特点,且须连续作业。因此,IPC 具有如下特点。

(1) 具有完善的输入/输出通道,包括模拟量输入/输出通道、数字量或开关量输入/输出通道。系统扩充性和开放性好,这是计算机控制系统有效发挥其控制功能的重要特性。

(2) 可靠性高,实时性好,对环境适应性强,系统有一定的冗余性,以满足工业生产现场的要求。采用全钢结构专用机箱,辅以 CPU 卡压条、过滤网、双正压风扇、EMI 弹片等,解决工业现场存在的重压、振动、灰尘、散热、温度和电磁干扰等问题,具有较高的防磁、防尘、防冲击的能力。IPC 主板设计独特,无故障运行时间长,具有看门狗功能,能在系统出现故障时迅速报警,并在无人干预的情况下使系统自动恢复运行。采用抗干扰专用电源,具有防浪涌、过压过流保护功能和良好的电磁兼容性,电源的平均无故障时间可达 250 000 小时。

(3) 具有控制软件功能强大、人机交互方便、画面丰富、能实时在线检测与控制,能快速响应工作状况的变化等性能;具有系统组态和系统生成功能;具有历史趋势记录和显示功能;具有丰富的控制算法;具有远程通信功能,支持多种国际标准通信协议,能与工业现场的各种设备通信。

（4）运算速度快,运算能力强,能实现复杂的控制算法。这是计算机控制系统的优势之一,现有的多种智能控制算法大多可以在计算机控制系统中实现。

（5）IPC 的软、硬件兼容性和冗余性好,支持各种操作系统、多种编程语言、多任务操作系统,可充分利用商用 PC 所积累的软、硬件资源。计算机控制系统的软件部分既可使用高级语言(如 VB、VC)自行开发,也能使用工业组态软件进行二次开发,从而缩短了开发周期,提高了可靠性。

5.2.2　IPC 的总线结构

在 IPC 中,构成系统的各类插件板之间的互联和通信通过系统总线来完成。这里的系统总线是指系统插件板交换信息的板级总线,它是一种标准化的总线电路,提供通用的电平信号来实现各种电路信号的传送,所以又称内总线或底板总线。系统总线为系统内的各功能插件板提供标准的连接。它的重要表现形式是总线插槽,通常所说的 IPC 总线一般指系统总线这一级,如 ISA 总线、PCI 总线和 VXI 总线等。

一、内部总线

内部总线是指微机内部各功能模块间进行通信的总线,也称为系统总线。它是构成完整微机系统的内部信息枢纽。工业控制计算机采用内部总线母板结构,母板上各插槽的引脚都连接在一起,组成系统的多功能模板插入接口插槽,由内部总线完成系统内各模板之间的信息传送,从而构成完整的计算机系统。各种型号的计算机都有自身的内部总线。目前,工控领域应用较多的内部总线有 STD 总线、ISA 总线和 PCI 总线。

1. ISA 总线

ISA(industry standard architecture)总线即 PC/AT 总线,总线插槽有一长一短 2 个插口,长插口有 62 个引脚,以 A31～A1 和 B31～B1 表示,分别列于插槽的两面;短插口有 36 个引脚,以 C18～C1 和 D18～D1 表示,也分别列于插槽的两面。ISA 总线插槽如图 5.6 所示。

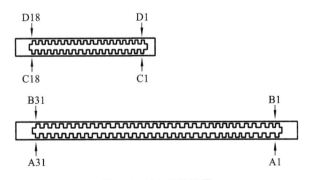

图 5.6　ISA 总线插槽

2. PCI 总线

PCI(peripheral component interconnect,外围部件互连)总线是介于 CPU 芯片级总线与系统总线之间的一级总线。外部设备通过局部总线与 CPU 的数据传输率得以大大提高。PCI 总线支持 64 位数据传送、多总线主控模块和线性猝发读写和并发工作方式。PCI 总线引脚及功能如图 5.7 所示。

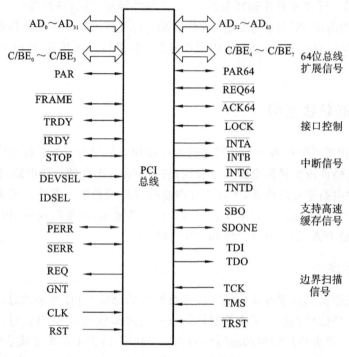

图 5.7 PCI 总线引脚及功能

PCI 总线的主要特点如下。

(1) PCI 总线时钟为 33 MHz,与 CPU 时钟无关,总线带宽为 32 位,可扩充到 64 位。

(2) PCI 总线数据传输率高:最大数据传输率为 133 MB/s(266 MB/s),能提高硬盘、网络界面卡的性能;能充分发挥影像、图形和各种高速外部设备的性能。

(3) PCI 总线采用数据线和地址线复用结构,减少了总线引脚数,从而节省了线路空间,降低了设计成本。

二、外部总线

外部总线是指用于计算机与计算机之间或计算机与其他智能外部设备之间的通信线路。常用的外部总线有 IEEE-488 并行总线、RS-232C 串行总线和 RS-485 通信总线。

三、其他总线

除了以上两种 IPC 中的主要总线之外,还有用以连接芯片内部各个逻辑单元的片内总线、芯片间或器件间的片总线及 CPU 与高速外部设备之间的局部总线等,此处略。

5.2.3　IPC 的接口技术

一、接口的定义

接口(interface)也译作界面。人类与计算机等信息机器或人类与程序之间的接口称为用户界面;计算机等信息机器硬件组件间的接口叫作硬件接口;计算机等信息机器软件组件间的接口叫作软件接口。

接口技术即不同电路或设备之间的连接技术。对于 IPC 而言,它意味着连接工控机主控(主机板)CPU 系统与外部设备之间的部件,完成主控 CPU 系统与各个外部设备系统的信息传送。

在 IPC 中,接口直接连接到工控机底板总线,作为同其他组件连接的主要连接点。系统的三个重要部件——处理器、内存和输入/输出设备,也利用总线来传送信号。总线是一种内部结构,工控机的各个子系统通过总线相连接,外部设备通过相应的接口系统再与总线相连接,从而形成了工控机的硬件系统。依照其功能,总线分为控制总线(CB)、数据总线(DB)和地址总线(AB)。工控机的总线接口如图 5.8 所示。

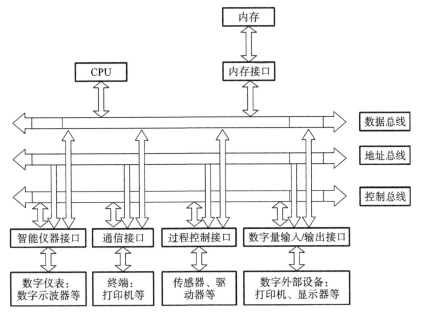

图 5.8　工控机的总线接口

二、接口的功能

接口的功能主要包括以下两个。

(1) 作为计算机与外部设备传递数据的中转站,缓冲数据,负责数据的格式转换,解决匹配问题。

(2) 提供外部设备工作所需的控制逻辑与信号,包括控制端口和外部设备之间的数据传送,如设备的选择、同步等时序控制、中断与 DMA 的请求与批准。

具体来说,IPC 的接口具备寻址、输入/输出、数据转换、通信、数据缓冲、中断管理、错误检测、时序控制、复位和可编程等功能。

三、接口的种类

IPC 中的接口有电子式、电磁式和机械式三种。I/O 设备的工作速度一般比 CPU 的工作速度低得多,且处理的数据种类也与 CPU 不完全相同,因此,CPU 与外部设备不能直接相连,必须通过 I/O 接口进行协调和转换。I/O 接口从某方面看是一个很小的存在于外部设备上的外内存。本书以较为典型的 RS-232 接口和 RS-485 接口来说明 IPC 的接口。

1. RS-232 接口

RS-232 接口被广泛用于计算机与外部设备连接,常使用的型号为 DB-25 的 25 芯插头座。部分外部设备在连接时因为不使用对方的传送控制信号,只需三条接口线(发送数据、接收数据和信号地),所以采用 DB-9 的 9 芯插头座(见图 5.9),传输线采用屏蔽双绞线。

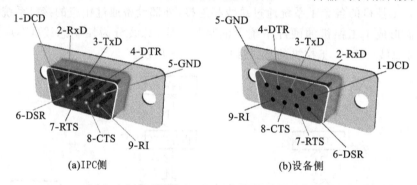

图 5.9 RS-232 接口

RS-232 接口具有以下几个特点。

(1) RS-232 接口传输电平信号,使用一根信号线和一根信号返回线构成共地的传输形式,由于共地传输容易产生共模干扰,所以抗噪声干扰性弱。信号电平值较高(信号"1"为 -3 V 至 -15 V,信号"0"为 3 至 15 V),易损坏接口电路的芯片,又因为与 TTL 电平(0,<0.8 V;1,>2.0 V)不兼容,所以需要使用电平转换电路才能与 TTL 电路连接。

(2) RS-232 接口传输距离有限,最大传输距离标准值为 15 m,实际上只能用于 25 米左右的信号传送。

(3) RS-232 接口在总线上只允许连接 1 个收发器,不支持多站收发。

(4) RS-232 接口可以采用三芯双绞线、三芯屏蔽线等。

(5) RS-232 接口数据传输速率较低,最大数据传输率为 19 200 B/s。

2. RS-485 接口

针对 RS-232 接口标准的局限性,提出了 RS-422 和 RS-485 接口标准,RS-422 接口目前已趋于淘汰,RS-485 接口的应用越来越广。目前的计算机系统基本没有 RS-485 接口,但利用 USB 转 RS-485 的转换器可以实现连接。

(1) RS-485 接口传输差分信号,传输线通常使用双绞线,有极强的抗共模干扰能力。逻辑"1"以两线间的电压差为 $2\sim6$ V 表示;逻辑"0"以两线间的电压差为 $-6\sim-2$ V 表示。

接口信号电平比 RS-232 接口的低,不易损坏接口电路的芯片,且该电平与 TTL 电平兼容,可方便与 TTL 电路连接。

（2）RS-485 最大传输距离标准值为 120 m,实际上可达 3 000 m。如果利用中继器连接,则还可以更远。

（3）RS-485 接口在总线上允许连接多达 128 个收发设备（每个有一个唯一的地址）,即具有多站通信能力,这样用户可以利用单一的 RS-485 接口方便地建立起设备网络。它与 RS-232 接口在通信方式方面的对比如图 5.10 所示。

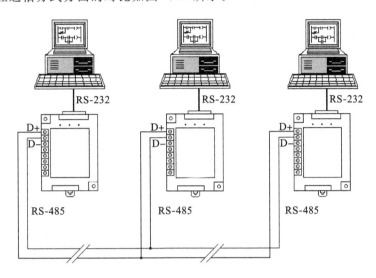

图 5.10　RS-232 接口与 RS-485 接口在通信方式方面的对比

（4）RS-485 接口可以采用两芯双绞线、两芯屏蔽线等。

（5）RS-485 接口的最大数据传输速率为 10 MB/s。

5.2.4　IPC 的主要类型

一、盒式工业控制计算机

盒式工业控制计算机（BOX-PC）体积小,质量轻,可以挂在工厂中车间的墙壁上,或固定于机床的附壁上,适合工厂环境中的小型数据采集控制使用,如研华公司的 UNO-3200 等。

二、工业化平板计算机

这里所说的工业化平板计算机（touch panel computers）与生活中所使用的平板电脑不同,它是将 IPC 主机、触摸屏式显示器、电源、软盘驱动器和串行接口集中为一体的工业 PC 机,同样具有体积小巧、质量轻的特点,是一种紧凑型的 IPC 机,非常适于做机电一体化的控制器,如研华公司的 TPC-1770 等。

三、PCI 总线工业控制计算机

PCI 总线工业控制计算机（PCI BUS-IPC）由 Intel 酷睿处理器和 PCI 总线构成。其主机速度及主机与外部设备(显示及磁盘数据交换)间的交换速度很快,适用于操作员站、系统服务器和节点工作站。这是目前应用较多的一种IPC,以研华公司的IPC-610为典型。

四、工业级工作站

工业级工作站(industrial workstation)是一种将主机、显示器和操作面板集成一体的IPC机,可用于监控、控制站场合。

五、基于网络的平板计算机

基于网络的平板计算机(Web operator panel)是一种将主机、显示器和操作面板集成一体的IPC机,具有Web服务器和Ethernet通信功能,如研华公司的WebOP-2121等。

六、嵌入式工业计算机

嵌入式工业计算机只有主机,体积紧凑,无风扇,无软线连接,低功耗,可靠性高,使用嵌入式操作系统。

5.3 PC-based 系统

PC-based系统可以理解为基于PC/IPC的计算机控制系统。它有两种组成形式,一种是基于板卡的集中式采集,一种是基于分布式I/O模块的分布式采集。两者的主要区别是使用数据采集卡还是使用分布式采集模块。PC-based系统结构图如图5.11所示。

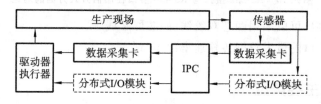

图 5.11 PC-based 系统结构图

随着技术的进步,由IPC、I/O装置、监控装置、控制网络组成的PC-based系统得到了迅速普及,IPC不断向微型化、分散化、个性化和专用化的方向发展,PC-based系统不断向网络化、集成化、综合化和智能化的方向发展。

5.3.1 输入/输出信号

工业生产过程实现计算机控制的前提是,必须将工业生产过程的工艺参数、工况逻辑和设备运行状况等物理量经过传感器或变送器转变为计算机可以识别的电信号(电压信号或电流信号)或逻辑量。传感器和变送器输出的信号有多种规格,其中毫伏(mV)信号、0~5 V电压信号、1~5 V电压信号、0~10 mA电流信号、4~20 mA电流信号和电阻信号是计算机控制系统经常用到的信号规格。在实际工程中,通常将这些信号分为模拟信号、开关量信号和脉冲信号三类。

针对某个生产过程设计一套计算机控制系统,必须了解输入/输出信号的规格、接线方式、精度等级、量程范围、线性关系和工程量换算等诸多要素。

一、模拟信号

许多来自现场的检测信号都是模拟信号,如液位、压力、温度、位置、pH 酸碱度、电压和电流等,通常都是将现场待检测的物理量通过传感器转换为电压或电流信号;许多执行装置所需的控制信号也是模拟信号,如调节阀、电动机、电力电子的功率器件等的控制信号。

模拟信号是指随时间连续变化的信号,这些信号在规定的一段连续时间内,其幅值为连续值,即从一个量变到下一个量时中间没有间断。

模拟信号有两种类型,一种是由各种传感器获得的低电平信号;另一种是由仪器、变送器输出的 4～20 mA 的电流信号或 1～5 V 的电压信号。这些模拟信号经过采样和 A/D 转换输入计算机后,常常要进行数据正确性判断、标度变换和线性化等处理。

模拟信号非常便于传送,但它对干扰信号很敏感,容易使传送中的信号的幅值或相位发生畸变。因此,有时还要对模拟信号做零漂修正、数字滤波等处理。

模拟量输出信号可以直接控制过程设备,而过程又可以对模拟信号进行反馈。闭环 PID 控制系统采取的就是这种形式。模拟量输出还可以用来产生波形,这种情况下 D/A 转换器就成了一个函数发生器。

模拟信号的常用规格有电压信号和电流信号。

(1) 电压信号包括 0～5 V 电压信号、±5 V 电压信号、±10 V 电压信号、0～10 V 电压信号和 1～5 V 电压信号,使用时需要注意匹配。其中 1～5 V 电压信号规格通常用于计算机控制系统的过程控制通道。工程量的量程下限值对应的电压信号为 1 V,工程量上限值对应的电压信号为 5 V,整个工程量的变化范围与 4 V 的电压变化范围相对应。过程控制通道也可输出 1～5 V 电压信号,用以控制执行机构。

(2) 电流信号主要是 4～20 mA 电流信号,通常用做过程控制通道和变送器之间的传输信号。工程量或变送器的量程下限值对应的电流信号为 4 mA,量程上限值对应的电流信号为 20 mA,整个工程量的变化范围与 16 mA 的电流变化范围相对应。过程控制通道也可以输出 4～20 mA 的电流信号,用以控制执行机构。

有的传感器的输出信号是毫伏级的电压信号,如 K 分度热电偶在 1 000 ℃时输出信号为 41.296 mV。这些信号要经过变送器转换成标准信号(4～20 mA),再送给过程控制通道。热电阻传感器的输出信号是电阻值,一般要经过变送器转换为标准信号(4～20 mA),再送到过程控制通道。

对于采用 4～20 mA 电流信号的系统,只需采用 250 Ω 电阻就可将其变换为 1～5 V 直流电压信号。

有必要说明的是,以上两种标准都不包括零值在内,这是为了避免和断电或断线的情况混淆,使信息的传送更为确切;这样也同时把晶体管器件的起始非线性段避开了,使信号值与被测参数的大小之间更接近线性关系,所以受到国际的推荐,得以普遍采用。

当计算机控制系统输出的模拟信号需要传输较远的距离时,一般采用电流信号而不是电压信号,这是因为电流信号在一个回路中不会衰减,抗干扰能力比电压信号好。当计算机控制系统输出的模拟信号需要传输给多台其他仪器仪表或被控对象时,一般采用直流电压信号而不是直流电流信号。

二、开关量信号

有许多的现场设备往往只对应于两种状态。例如,按钮和行程开关的闭合和断开、马达的启动和停止、指示灯的亮和灭、仪器仪表的 BCD 码、继电器或接触器的释放和吸合、晶闸管的通和断及阀门的打开和关闭等,可以用开关输出信号去控制开关输入信号或者对开关输入信号进行检测。

开关量信号是指在有限的离散瞬时上取值间断的信号。在二进制系统中,开关量信号由有限字长的数字组成,其中每位数字不是"0"就是"1"。开关量信号的特点是,它只代表某个瞬时的量值,是不连续的信号。开关量信号的处理主要是监测开关器件的状态变化。

开关量信号反映了生产过程、设备运行的现行状态、逻辑关系和动作顺序。例如,行程开关可以指示出某个部件是否达到规定的位置,如果已经到位,则行程开关接通,并向工控机系统输入 1 个开关量信号。又例如,工控机系统欲输出报警信号,则可以输出 1 个开关量信号,通过继电器或接触器驱动报警设备,发出声光报警。如果开关量信号的幅值为 TTL/CMOS 电平,又将这一组开关量信号称为数字信号。

开关量输入信号有触点输入和电平输入两种方式。触点又有常开和常闭之分,其逻辑关系正好相反,犹如数字电路中的正逻辑和负逻辑。工控机系统实际上是按电平进行逻辑运算和处理的,因此工控机系统必须为输入触点提供电源,将触点输入转换为电平输入。开关量输出信号有触点输出和电平输出两种方式。输出触点也有常开和常闭之分。

数字信号或开关量信号输入计算机后,常常需要进行码制转换的处理,如将 BCD 码转换成 ASCII 码,以便显示数字信号。

对于开关量输出信号,可以分为两种形式,一种是电压输出,另一种是继电器输出。电压输出一般是通过晶体管的通断来直接对外部提供电压信号,继电器输出则是通过继电器触点的通断来提供信号。电压输出方式的速度比较快且外部接线简单,但带负载能力弱;继电器输出方式则与之相反。对于电压输出,又可分为直流电压输出和交流电压输出,相应的电压幅值可以为 5 V、12 V、24 V 和 48 V 等。

三、脉冲信号

脉冲信号和电平形式的开关量类似,当开关量按一定频率变化时,则该开关量就可以视为脉冲量,也就是说脉冲量具有周期性。

测量频率、转速等参数的传感器都是以脉冲频率的方式反映被测值的,有一些测流量的传感器或变送器,也以脉冲频率为输出信号。在运动控制中,编码器送出的信号也是脉冲量信号,根据脉冲的数目,可以获得电动机角位移和转速的信息。另外,也可以通过输出脉冲来控制步进电机的转角或速度。

脉冲量信号通常有 TTL 电平、CMOS 电平、24 V 直流电平和任意电平等几种规格。实际上,数据采集卡的逻辑部件都是 TTL/CMOS 规格,其中的过程控制通道将不同幅值的脉冲量信号转换成了 TTL/CMOS 电平。

脉冲量通道或脉冲输入/输出板卡对脉冲量的上升时间和下降时间有一定的要求,对于上升时间和下降时间较长的脉冲量信号,必须增加整形电路,改善脉冲量信号的边沿,以确保脉冲量通道能有效识别所输入的脉冲量信号。

5.3.2　数据采集与传输

　　机电系统采用计算机对生产现场的设备进行控制,首先要将各种测量的参数读入计算机,计算机要将处理后的结果输出,以控制生产过程。比如一个温控系统,当温度达到一定的时候,我们要停止加温设备的运行。又比如一个风机自动调节系统,计算机要时刻通过调节风机的变频器来控制管道中的压力。

　　在 PC-based 系统中,为了实现以上功能,除了 IPC 主板机外,还应配备各种用途的数据采集部件,连接计算机与工业生产被控对象,进行必要的信息传送和变换。

一、数据采集卡

　　数据采集(data acquisition,DAQ),是指将被测对象的各种参量通过各种传感器做适当转换后,再经过信号调理、采样、量化、编码和传输等步骤传递到控制器的过程。数据采集卡即实现数据采集功能的计算机设备,通过 PCI、USB、RS-485、RS-232、Ethernet 等总线接入计算机。

二、模拟量 I/O

1. 模拟量输入的主要指标
　　(1) 输入信号量程:所能转换的电压(电流)范围有 $0\sim200$ mV、$0\sim5$ V、$0\sim10$ V、±2.5 V、±5 V、110 V、$0\sim10$ mA 和 $4\sim20$ mA 等多种。

　　(2) 分辨率:基准电压与 $2n-1$ 的比值,其中 n 为 A/D 转换的位数,有 8 位、10 位、12 位、16 位之分。分辨率越高,转换时对模拟输入信号变化的反应就越灵敏。

　　(3) 精度:A/D 转换器实际输出电压与理论值之间的误差,有绝对精度和相对精度两种表示法。通常采用数字量的最低有效位作为度量精度的单位,如 $\pm\frac{1}{2}$ LSB。

　　(4) 输入信号类型:电压或电流型;单端输入或差分输入。

　　(5) 输入通道数:单端/差分通道数,与扩充板连接后可扩充通道数。

　　(6) 转换速率:30 000 采样点/秒,50 000 采样点/秒,或更高。

　　(7) 可编程增益:1~1 000 增益系数编程选择。

2. 模拟量输出的主要指标
　　(1) 分辨率:基准电压与 $2n-1$ 的比值。

　　(2) 稳定时间:又称转换速率,是指 D/A 转换器中代码有满度值的变化时,输出达到稳定(一般稳定到与 $\pm\frac{1}{2}$ 最低位值相当的模拟量范围内)所需的时间,一般为几十个毫微秒到几个毫微秒。

　　(3) 输出电平:不同型号的 D/A 转换器的输出电平相差较大,一般为 $5\sim10$ V,也有一些高压输出型为 $24\sim30$ V;电流输出型为 $4\sim20$ mA,有的高达 3 A。

　　(4) 输入编码:如二进制 BCD 码、双极性时的符号数值码、补码、偏移二进制码等。

研华公司的 USB 接口型模拟量 I/O 模块 USB-4622 如图 5.12 所示。

三、数字量 I/O

数字量 I/O 实现工业现场的各类开关信号的输入/输出控制,分为非隔离型和隔离型两种。隔离型一般采用光电隔离方法,少数采用磁电隔离方法。

DI 模块将被控对象的数字信号或开关状态信号送给计算机,或把双值逻辑的开关量变换为计算机可接收的数字量。DO 模块把计算机输出的数字信号传送给开关型的执行机构,控制它们的通断等。典型的数字量 I/O 模块有研华公司的 PCI-722 等。

下面以 PCI-1710HG 多功能卡(见图 5.13)做详细说明。

PCI-1710HG 多功能卡是一款 PCI 总线数据多功能采集卡,包含 5 种最常用的测量和控制功能:16 路单端或 8 路差分模拟量输入、12 位 A/D 转换、2 路 12 位模拟量输出、16 路数字量输入、16 路数字量输出及计数器/定时器功能。

图 5.12 USB-4622

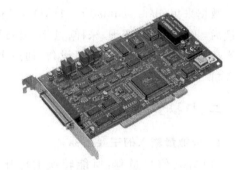

图 5.13 PCI-1710 HG 多功能卡

PCI-1710HG 多功能卡的主要特性如下。

(1)单端或差分混合的模拟量输入。PCI-1710HG 多功能卡有一个自动通道/增益扫描电路。该电路能代替软件控制采样期间多路开关的切换。卡上的 SRAM 存储了每个通道的增益值等。这种设计能让人们对不同通道使用不同的增益,并可自由组合单端和差分输入来完成多通道的高速采样(可达 100 kHz)。

(2)卡上 FIFO 寄存器。PCI-1710HG 多功能卡上有一个 FIFO(先入先出)寄存器,它能缓存 4 KB 的 A/D 采样值。当 FIFO 寄存器半满时,PCI-1710HG 多功能卡会产生一个中断。

(3)卡上可编程计数器。PCI-1710HG 多功能卡提供了可编程的计数器——计数器芯片 8254 或与 8254 兼容的芯片,用于为 A/D 转换提供触发脉冲。卡上可编程计数器包含 3 个 16 位的 10 MHz 时钟的计数器。

用 PCI-1710HG 多功能卡组成的控制系统如图 5.14 所示。它可以在总体成本较低的情况下,提供一个中小规模的机电控制系统所要求的大部分功能。

四、通信模块

通信模块(网关)是为实现设备之间的数据交换而设计的外围模块,有智能型和非智能型两种。通信方式有很多种,比较典型的有 USB/RS-485、RS-232/RS-485、RS-485/CAN、RS-485/Ethernet 几种。网关是连接现场设备、IPC、PLC、DCS、Web 和远程计算机之间的重要桥梁。

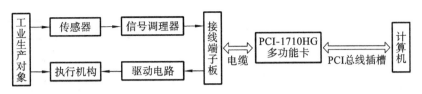

图 5.14 基于 PCI-1710HG 的控制系统

五、其他 I/O

除了以上几种,还有脉冲量输入卡、脉冲量输出卡、运动控制卡及同时具备以上几种功能的多功能卡等。常用的数据采集卡用途对照表如表 5.2 所示。

表 5.2 部分数据采集卡用途对照表

输入/输出信息来源及用途	信息种类	相应的接口模块
来自现场设备运行状态的模拟电信号(温度、压力、位移、速度、流量等)	模拟量输入	模拟量输入模块
执行机构的控制执行、记录等(模拟电流/电压)	模拟量输入	模拟量输入模块
限位开关状态、数字装置的输出数码、接点通断状态、"0""1"电平变化	数字量输入	数字量输入模块
执行机构的驱动执行、报警显示蜂鸣器及其他(数字量)	数字量输出	数字量输出模块
流量计算、电功率计算、速度测量、长度测量等脉冲形式输入信号	脉冲量输入	脉冲计数/处理模块
操作中断、事故中断、报警中断及其他需要中断的输入信号	中断输入	中断控制模块
前进驱动机构的驱动控制信号输出	间断信号输出	步进电动机控制模块
串行/并行通信信号	通信收发信号	通信模块
远距离输入/输出模拟(数字)信号	模/数远端信息	远程 I/O 模块

5.3.3 PC-based 集中式控制系统

各种计算机控制系统中,使用数据采集模块是成本最低的,它充分利用了计算机的硬件和软件资源。PC-based 集中式控制系统的组成如图 5.15 所示,可分为硬件和软件两大部分。

一、PC-based 集中式控制系统的硬件

1. 传感器

传感器的作用是把非电物理量(如温度、压力和速度等)转换成电压信号或电流信号。例如,使用热电偶可以获得随着温度变化而变化的电压信号,转速传感器可以把转速转换为

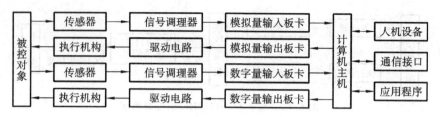

图 5.15　PC-based 集中式控制系统的组成

电脉冲信号。

2. 信号调理器

信号调理器(电路)的作用是对传感器输出的电信号进行加工和处理,将其转换成便于输送、显示和记录的电信号(电压或电流)。常见的信号调理电路有电桥电路、调制/解调电路、滤波电路、放大电路、线性化电路、A/D 转换电路和隔离电路等。

例如,传感器输出信号是微弱的,就需要用放大电路将微弱信号加以放大,以满足过程控制通道的要求;为了与计算机接口方便,需要用 A/D 转换电路将模拟信号变换成数字信号等。

输出的是规范化的标准信号(如 $4\sim20$ mA、$1\sim5$ V 等)的信号调理电路称为变送器。在工业控制领域,常常将传感器与变送器做成一体,统称为变送器。变送器输出的标准信号一般送往智能仪表或计算机系统。

3. I/O 模块

应用 IPC 对工业现场进行控制,首先要采集各种被测量,计算机对这些被测量进行一系列处理后,将结果数据输出。计算机输出的数字量还必须转换成可对生产过程进行控制的量。因此,构成一个工业控制系统,除了需要 IPC 主机外,还需要配备各种用途的 I/O 模块。

4. 执行机构

执行机构的作用是接收计算机发出的控制信号,并把它转换成动作,使被控对象按预先规定的要求进行调整,保证其正常运行,即控制生产过程。

常用的执行机构有各种电动、液动和气动开关,电液伺服阀,交直流电动机,步进电机,各种有触点和无触点开关,电磁阀等。在系统设计中,需根据系统的要求来选择执行机构。

5. 驱动电路

要想驱动执行机构,必须具有较大的输出功率,即向执行机构提供大电流、高电压驱动信号,以带动其动作。另一方面,由于各种执行机构的动作原理不尽相同,有的用电动,有的用气动或用液动,如何使计算机输出的信号与之匹配,也是执行机构必须解决的重要问题。因此,为了实现与执行机构的功率配合,一般都要在计算机输出板卡与执行机构之间配置驱动电路。

6. IPC

IPC 是整个计算机控制系统的核心。它对由过程输入通道发送来的工业对象的生产工况参数,按照人们预先安排的程序自动地进行信息处理、分析和计算,并做出相应的控制决策或调节,以信息的形式通过过程输出通道,及时发出控制命令,实现良好的人机联系。

7. 外部设备

外部设备主要是为了扩大计算机主机的功能而配置的。它用来显示、存储、打印和记录各种数据,包括输入设备、输出设备和存储设备。常用的外部设备有打印机、记录仪、图形显示器(CRT)、外部存储器(软盘、硬盘和光盘等)、记录仪和声光报警器等。

8. 人机联系设备

操作台是人机对话的纽带。计算机向生产过程的操作人员显示系统运行状态和运行参数,发出报警信号;生产过程的操作人员通过操作台向计算机输入和修改控制参数,发出各种操作命令;程序员使用操作台检查程序;维修人员利用操作台判断故障等。

9. 网络通信接口

对于复杂的生产过程,通过网络通信接口可构成网络集成式计算机控制系统。系统采用多台计算机分别执行不同的控制功能,既能同时控制分布在不同区域的多台设备,又能实现管理功能。

数据采集硬件要根据具体的应用场合并考虑到现有的技术资源进行选择。

二、PC-based 集中式控制系统的软件

软件使 PC 和数据采集硬件形成了一个完整的数据采集、分析和显示系统。没有软件,数据采集硬件是毫无用处的;使用比较差的软件,数据采集硬件也几乎无法工作。

大部分数据采集应用实例都使用了驱动软件。软件层中的驱动软件可以直接对数据采集硬件寄存器进行编程,管理数据采集硬件的操作并把它和处理器中断,将 DMA 和内存这样的计算机资源结合在一起。驱动软件隐藏了复杂的硬件底层编程细节,为用户提供了容易理解的接口。

随着数据采集硬件、计算机和软件复杂程度的增加,好的驱动软件就显得尤为重要。合适的驱动软件可以最佳地结合灵活性和高性能,同时还能极大地缩短开发数据采集程序所需的时间。

为了开发出用于测量和控制的高质量数据采集系统,用户必须了解组成系统的各个部分。在数据采集系统的所有组成部分中,软件是最重要的。这是由于插入式数据采集设备没有显示功能,软件是用户和系统的唯一接口。软件提供了系统的所有信息,用户也需要通过它来控制系统。软件把传感器、信号调理器、数据采集硬件和数据分析硬件集成为一个完整的多功能数据采集系统。

组态软件 KingView(即组态王)是目前国内具有自主知识产权、市场占有率相对较高的组态软件。组态王运行于 Microsoft Windows 9x/NT/XP 平台,主要特点是:支持真正客户/服务器和 Internet/Intranet 浏览器技术,适应各种规模的网络系统,支持分布式网络开发;可直接插入第三方 ActiveX 控件;可以导入/导出 ODBC 数据库;既是 OPC 客户,又是 OPC 服务器;允许 Visual Basic、Visual C++直接访问等。

组态王的应用领域几乎囊括了大多数行业的工业控制,它采用了多线程、COM 组件等新技术,实现了实时多任务,运行可靠。

三、PC-based 集中式控制系统的特点

随着计算机和总线技术的发展,越来越多的科学家和工程师采用基于 PC 的数据采集系统来完成实验室研究和工业控制中的测试测量任务。

PC-based 集中式控制系统的基本特点是,I/O 模块与计算机的系统总线相连,这些 I/O

模块往往按照某种标准由第三方批量生产,开发者或用户可以直接在市场上购买,也可以由开发者自行制作。一块板卡的点数(指测控信号的数量)少则几点,多则可达 24 点、32 点甚至更多。

5.3.4　PC-based 分布式控制系统

集中式控制系统需要在现场进行数据采集、处理和控制,实时性高,但它满足不了远端访问的需求,而且传感器输出的微弱的电压信号或电流信号也很容易受现场干扰。分布式控制系统较好地解决了这一问题,它对现场设备进行数据采集,将模拟信号转换为数字信号,经由现场总线上传至 IPC,进行数据处理后,对现场设备进行控制。

为了达到这一目的,要求现场设备满足以下几个条件:

(1) 高可靠性,能在现场稳定运行;

(2) 自身要有信号处理电路,能够进行传感器信号的预处理;

(3) 自身要有处理器,能实现 A/D 和 D/A 的转换;

(4) 内置看门狗,可以自动复位模块,减少维护需求;

(5) 要能实现多种通信功能,尤其是与 RS-485 网络的通信。

研华公司的 ADAM-4000 系列分布式 I/O 模块(又称亚当模块),是基于多种通信协议的工业控制模块,可用于工业场合远距离高速传输和接收数据,较好地实现了以上功能,其外形如图 5.16 所示。

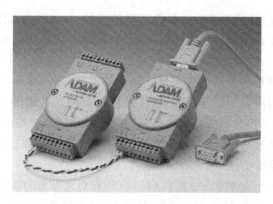

图 5.16　ADAM-4000 系列分布式 I/O 模块的外形

ADAM-4000 系列分布式 I/O 模块主要包括 AI 模块 ADAM-4017、AO 模块 ADAM-4021、DI/DO 模块 ADAM-4050 和 RS-232/485 转换模块 ADAM4520 等。

PC-based 分布式控制系统如图 5.17 所示。

5.3.5　PC-based 运动控制技术

运动控制(motion control)是指使用伺服机构(例如液压泵或电机等)来控制机器的位置和速度,即在一定条件下,将预定的控制方案、指令转变成期望的机械运动,实现机械运动精确的位置控制、速度控制或转矩控制。

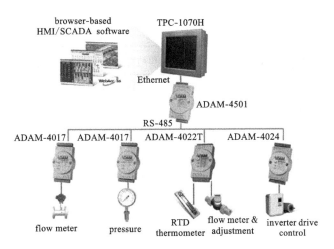

图 5.17　PC-based 分布式控制系统

一个典型的运动控制系统通常具有如下功能：点位控制，实现点到点的运动轨迹和运动过程中的速度控制；电子齿轮（或电子凸轮）控制，即实现从动轴位置在机械上跟随主动轴位置的变化而变化的控制。电子凸轮比电子齿轮更复杂一些，它使得主动轴和从动轴之间的随动关系曲线是一个函数。

PC-based 运动控制技术主要应用于机器人（包括机器人系统集成）、激光设备和半导体设备等行业。近年来，受益于下游行业，特别是机器人、激光设备、半导体设备行业的高速增长，PC-based 运动控制技术发展迅速，预计未来四年，PC-based 运动控制器产品市场仍将保持 10% 以上的增长率，并在 2021 年突破 50 亿元。

PC-based 运动控制产品在价格上较数控系统有明显的优势；在功能上，相对于 PLC 而言，可以实现更为复杂的运动控制。同时，OEM 厂商在购买产品后，可以利用 PC-based 厂商提供的底层函数库进行灵活的二次开发和编程。在编程语言上，除传统的 PLC 语言外，PC-based 运动控制产品还为开发者提供 C♯、C＋＋和 basic 等丰富的计算机语言。

一、PC-Based 运动控制系统的组成

PC-Based 运动控制系统有两种组成形式，即闭环和开环。它主要由上位计算机、运动控制器、驱动器或放大器、反馈元件和传动机构等组成，如图 5.18 所示。

（1）上位计算机：一般为 IPC，部分场合也可以直接使用 PC 机来降低成本，当然，可靠性也相应降低。

（2）运动控制器：专用运动控制器或开放式结构运动控制器，用以生成轨迹点（期望输出）和构成位置反馈闭环。许多运动控制器还可以在内部构成一个速度闭环。

（3）驱动器或放大器：全数字式驱动器，用以将来自运动控制器的控制信号（通常是速度或扭矩信号）转换为更高功率的电流信号或电压信号。智能化驱动器可以自身闭合位置环和速度环，以获得更精确的控制。

（4）执行器：如液压泵、气缸、线性执行器、步进电机或交直流伺服电机等，用以输出运动。

（5）反馈元件：位置（角度、位移）反馈元件、速度反馈元件，如光电编码器、旋转变压器

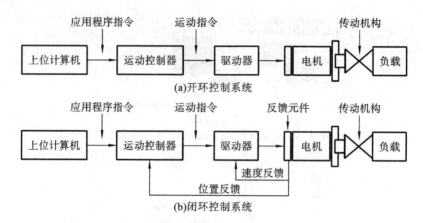

图 5.18　PC-based 运动控制系统框图

或霍尔效应传感器等,用以反馈执行器的位置到位置控制器,以实现位置闭环控制。

(6)传动机构:用以将执行器的运动形式转换为期望的运动形式,它包括齿轮箱、减速机、轴、滚珠丝杠、齿形带、联轴器以及线性轴承和旋转轴承等。

二、运动控制系统的发展

运动控制系统大体经历了模拟电路、微控制器、通用计算机、专用运动控制芯片、可编程逻辑器件和数字信号处理器(DSP)等几个发展阶段,如表 5.3 所示。

表 5.3　运动控制系统的发展

发展阶段	技术介绍	优　点	缺　点
模拟电路	采用运算放大器等分立元件,以模拟电路硬件连线方式构成	响应速度快、精度较高、带宽较大	环境对元器件影响大、可靠性较低、维护性差
微控制器	将 CPU、RAM 和 ROM 等集成在芯片上	集成度高、速度快、抗干扰能力强、功耗低	处理速度和能力有限、编程难度大
通用计算机	由控制软件、配合与计算机进行信号交换的通信接口板和驱动电机的电路板构成	运算能力强、编程方便	系统体积过大,难以用于工业现场
专用运动控制芯片	实现电机控制所需的各种逻辑功能做在一块集成电路中,软件设计工作减少到最小程度	响应速度快、集成度高	软件固化后扩展性差
可编程逻辑器件	将运动控制算法下载到可编程逻辑器件上,以硬件方式实现	容易编程、通用性强、可扩展	难以实现较复杂的运动控制
数字信号处理器(DSP)	既集成了数字信号处理能力,又集成了电机控制系统所必需的输入/输出、A/D 转换、事件捕捉等外部设备的能力	上位机专注人机界面、输入/输出等功能,运动插补、速度控制则由 DSP 实现	不适合小型系统,系统维护复杂

1. 采用单片机系统来实现运动控制

由单片机芯片、外围扩展芯片和外围电路组成单片机系统。采取"位置控制"方式时,通过单片机的 I/O 接口发数字脉冲信号来控制执行机构行走;采取"速度控制"方式时,需加 D/A 转换模块输出模拟信号实现控制。优点在于成本较低,但由于一般单片机 I/O 接口产生脉冲频率不高,对于分辨率高的执行机构,尤其是对于控制伺服电机来说,存在速度达不到、控制精度受限等缺点。

2. 采用专业运动控制 PLC 来实现运动控制

目前,许多品牌的 PLC 都能选配定位控制模块。有些 PLC 的 CPU 单元本身就具有运动控制功能,包括脉冲输出功能、模拟量输出功能等。使用这种 PLC 来做运动控制系统的上位控制时,可以同时利用 PLC 的 I/O 接口功能,可谓一举两得。PLC 循环扫描的工作方式决定了它进行上位控制的实时性能不是很高,要受 PLC 每步扫描时间的限制,而且控制执行机构进行复杂轨迹的动作就不太容易实现。虽说有的 PLC 已经有直线插补和圆弧插补功能,但由于其本身的脉冲输出频率也是有限的(一般为 10～200 kHz),对于诸如伺服电机高速高精度多轴联动和高速插补等动作,实现起来仍然较为困难。这种方案主要适用于运动过程比较简单、运动轨迹固定的设备,如送料设备、自动焊机等。

3. 采用专用数控系统来实现运动控制

专用的数控系统一般都是针对专用设备或专用行业而设计、开发、生产的,如专用车床数控系统、专用铣床数控系统、专用切割机数控系统等。它集成了计算机的核心部件、输入/输出外部设备及为专门应用而开发的软件。在这方面,国外知名品牌的产品在我国制造行业中早已占据领地,如西门子、法那克、法格等。当然,这种专用数控系统之所以能够大规模、广泛地得以采用,是因为其功能丰富,性能稳定、可靠。但为之付出的代价就是高成本。因此,专用数控系统主要适合控制要求较高且产品档次较高的数控设备生产厂家和使用者使用。

4. 采用 PC-based 系统来实现运动控制

其中又有两种类型。

(1) 采用 PC＋运动控制卡的方案。随着 IPC 的发展,采用 PC＋运动控制卡作为上位控制的方案是运动控制系统的一个主要发展趋势。这种方案可充分利用计算机资源,适用于运动过程、运动轨迹都比较复杂,且柔性较强的机器和设备。伺服卡的脉冲输出频率较高(可达几兆赫兹的频率),能够满足对伺服电机的控制,也适用于控制步进电机。

(2) 完全基于 PC 的运动控制系统。仅使用 CPU 而不借助外部的控制器来控制伺服驱动器。CPU 处理所有运动控制的信号和运算,而连接 IPC 和伺服驱动器的接口卡只是一种用来传送信号的现场总线卡,如 SERCOS 卡、ProfiBUS 卡、CANopen 卡。这种方案能用于复杂运动的高端系统,功能强大。但它受到处理器性能的制约,可靠性也有一定问题。

三、PC-based 运动控制技术的应用优势

在大族激光的工厂,工程师和工人们合作,将固高 GT 系列的运动控制卡装入他们生产的激光焊接设备中,这款 PC-based 运动控制卡,搭配工控机和伺服电机,能够灵活地控制设备完成各种焊接动作。作为激光行业 OEM 龙头企业,大族激光每年生产中小型激光设备

10 000 台以上,采购 PC-based 运动控制产品超过 10 000 个。不仅是在激光行业,随着中国制造的产业升级,PC-based 运动控制产品也在雕刻机、机器人等行业逐渐普及。

在机器人系统集成行业,面对电子行业的订单时,系统集成商更倾向于采用 PC-based 运动控制解决方案。主要原因有以下四个:

(1)电子行业的系统集成一般用于电子产品的小尺寸零件贴合或安装,这类集成后的设备往往需要控制多个工作台完成较为复杂的运动;

(2)这类设备多数需要集成机器视觉系统,采用运动控制卡的解决方案,通过在工控机内加装 PCI 接口或 PCI-E 接口的视觉采集卡可以更加方便地进行系统集成;

(3)由于开发周期短,采用计算机语言编程效率更高;

(4)受限于有限的预算。

四、运动控制卡

运动控制卡是实现 PC-based 运动控制的核心,是一种基于 IPC、用于各种运动控制场合(包括位移、速度、加速度等)的上位控制单元(运动控制器)。它有基于 PCI 总线、基于 PCI-E 总线和基于 USB 总线等多种类型,并非是狭义上的计算机内部的插卡。

运动控制卡与 PC 机构成主从式控制结构,采用专业运动控制芯片或高速 DSP 作为运动控制核心,通过控制步进电机或伺服电机,可以同时实现对 1~8 个轴的运动控制。运动控制卡可以完成运动控制过程中的所有细节工作,包括脉冲和方向信号的输出、自动升降速的处理、原点和限位等信号的检测等。

高性能的多轴运动控制卡支持插补功能,如线性、圆形和弧形的 2D 和 3D 插补。插补功能对于数控机床的控制十分重要。一个零件的轮廓往往是复杂多样的,有直线、圆弧,也可能是任意曲线、样条线等,数控机床的刀具一般是不能以曲线的实际轮廓去走刀的,而是近似地以若干条很小的直线去走刀。插补方法是指以微小的直线段逼近实际轮廓曲线(即如果不是直线,也用逼近的方式把曲线分解为一段段直线去逼近)。

确定质点空间位置需要三个坐标,而确定刚体在空间的位置则需要六个坐标。一个运动控制系统可以控制的坐标个数,称为该运动控制系统的轴数。一个运动控制系统可以同时控制运动的坐标个数称为该运动控制系统可联动的轴数。实现插补功能时,需要多轴联动,各轴的运动轨迹需要保持一定的函数关系,例如直线、圆弧、抛物线和正弦曲线等。数控机床中涉及两轴联动、三轴联动和五轴联动等。

研华公司的 PCI-1285(见图 5.19)是一款八轴运动控制卡,可实现龙门控制、主从跟随、速度前瞻、螺旋差补、电子凸轮、电子齿轮、切向跟随、高速比较触发、同步启停、八轴直线插补、两组两轴圆弧插补、一组三轴螺旋插补、背隙补偿、迭加运动、位置锁定、T/S 曲线加/减速度等功能。

PCI-1285 脉冲输出高达 5 Mpps/轴,支持半死循环状态下的龙门控制。PCI-1285 在运动控制中的应用如图 5.20 所示。

图 5.19 PCI-1285

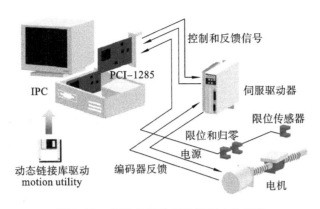

图 5.20　PCI-1285 在运动控制中的应用

五、PC-based 运动控制在点胶设备中的应用

（1）行业状况。全自动点胶机装置广泛应用于半导体、电子零部件、LCD 制造等领域。传统自动点胶机在点胶的过程中路径单一，编程复杂，精度不高，完成一张 PCB 板点胶需要大量的时间，且点胶质量一般。高速点胶机可以实现快速、精准移动，量的控制也十分精准，是点胶机的发展方向。点胶机的应用范围在不断地扩大，生产技术也在不断地创新。

（2）需求分析。首要需求是八轴直线插补、圆弧插补；连续运动轨迹时能够实现 DI/DO 信号，要实现精确定位。

（3）系统描述。如图 5.21 所示，使用 IPC 和 PCI-1285 构成 PC-based 运动控制系统，CCD 工业相机信号通过 USB 端子送到 IPC，现场传感器和电磁阀则通过 PCI-1285 与 IPC 通信，现场 6 台伺服电机和 2 台步进电机均通过 PCI-1285 进行控制，使用 VC 开发控制程序。

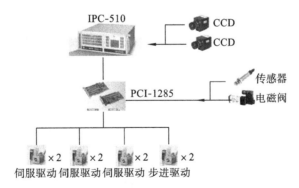

图 5.21　PC-based 运动控制在点胶设备中的应用

5.4　组态软件

大多数控制系统中，仅仅依靠 PLC 进行控制是不够的，很多时候需要一个监控界面对工艺过程和参数进行监控，组态软件应运而生。

5.4.1 组态软件概述

一、组态软件的定义

组态(configure)是指操作人员根据应用对象和控制任务的要求,配置(包括对象的定义、制作和编辑,对象状态特征参数的设定等)用户应用软件的过程。组态时,操作人员通过类似"搭积木"的简单方式来完成自己所需要的软件功能,不需要考虑硬件,也不需要编写复杂的计算机程序。

组态软件指数据采集与过程控制的专用软件,它们是在自动控制系统监控层一级的软件平台和开发环境,能以灵活多样的组态方式(而不是编程方式)提供良好的用户开发界面和简捷的使用方法,它解决了控制系统通用性问题。其预设置的各种软件模块可以非常容易地实现和完成监控层的各项功能,并能同时支持各种硬件厂家的计算机和I/O产品,与高可靠的工控机和网络系统结合,可向控制层和管理层提供软硬件的全部接口,进行系统集成。

组态软件是完成系统硬件与软件沟通、建立现场与监控层沟通的人机界面的软件平台,用户无须了解复杂的计算机编程的知识,就可以快速完成一个稳定、成熟并且具备专业水准的计算机监控系统的开发工作。

二、组态软件的组成

(1)系统开发环境(或称组态环境):用户在组态环境中完成动画设计、设备连接、编写控制流程、编制打印报表等全部组态工作,组态结果保存在实时数据库中。系统开发一般在PC上进行。

(2)系统运行环境:将目标应用程序(用户的组态结果)投入现场实时运行,完成对生产设备和生产过程的控制。目标应用程序一般在触摸屏、平板电脑、IPC上运行。

三、组态软件的特点

(1)延续性和可扩充性。用通用组态软件开发的应用程序,当现场(包括硬件设备或系统结构)或用户需求发生改变时,不需做很多修改就可方便地完成软件的更新和升级。

(2)封装性(易学易用)。通用组态软件所能完成的功能都用一种方便用户使用的方法包装起来,用户不需要掌握太多的编程语言技术(甚至不需要编程技术)。

(3)通用性。每个用户根据工程实际情况,利用通用组态软件提供的底层设备(PLC、智能仪表、智能模块、板卡和变频器等)的I/O驱动程序、开放式的数据库和画面制作工具,就能完成一个具有动画效果,具有实时数据处理功能、历史数据和曲线并存功能、多媒体功能和网络功能的工程,不受行业限制。

四、组态软件的功能

组态软件在保持软件平台的执行代码不变的基础上,通过改变软件配置信息(包括图形文件、硬件配置文件和实时数据库等)来对计算机硬件和软件资源进行配置,快速生成面向具体任务的计算机监控系统软件。

（1）强大的界面显示组态功能。目前，工控组态软件大都运行于 Windows 环境下，充分利用 Windows 的图形功能完善、界面美观的特点，通过可视化的风格界面、丰富的工具栏，开发人员可以直接进入开发状态，节省时间。丰富的图形控件和工况图库，既提供所需的组件，又是界面制作向导。工控组态软件提供给开发人员丰富的作图工具，开发人员可随心所欲地绘制出各种工业界面，并可任意编辑，从而从繁重的界面设计中解放出来。另外，丰富的动画连接方式，如隐含、闪烁、移动等，使界面生动、直观。

（2）良好的开放性。良好的开放性是指组态软件能与多种通信协议互联，支持多种硬件设备。开放性是衡量一个组态软件好坏的重要指标。

（3）组态软件向下能与低层的数据采集设备通信，向上能与管理层通信，实现了上位机与下位机的双向通信。

（4）丰富的功能模块。组态软件提供丰富的控制功能库，满足了用户的测控要求和现场要求。利用各种功能模块，完成实时监控产生功能报表显示历史曲线、实时曲线、提醒报警等功能，使系统具有良好的人机界面，易于操作，系统既可适用于单机集中式控制、DCS 分布式控制，也可用于带远程通信能力的远程测控。

（5）强大的数据库。组态软件配有实时数据库，可存储各种数据，如模拟量、离散量、字符型数据等，实现与外部设备的数据交换。

（6）可编程的命令语言。组态软件有可编程的命令语言，使用户可根据自己的需要编写程序，增强了图形界面。

（7）周密的系统安全防范。组态软件赋予不同的操作者不同的操作权限，保证了整个系统的运行安全、可靠。

（8）仿真功能。组态软件提供强大的仿真功能，使系统可进行并行设计，从而缩短开发周期。

五、组态软件的分类

随着工业控制系统应用的深入，在面临规模更大、控制更复杂的控制系统时，人们逐渐意识到原有的上位机编程的开发方式的不足，因此组态软件逐渐得到推广。它一般有三类。

1. 触摸屏监控

这种方法成本低、开发周期短、可靠性高、监控实现容易，但是功能有限，不能满足复杂控制系统的监控要求。

2. 专用软件监控

专用软件主要由一些集散控制系统厂商和 PLC 厂商专门为自己的系统开发，例如西门子公司的 WinCC 提供类 C 语言的脚本，包括一个调试环境，内嵌 OPC 支持，并可对分布式控制系统进行组态。罗克韦尔公司的 RSView、GE 公司的 CIMPLICITY 与之类似。这些软件功能强大、可靠性高，但受到设备厂家的限制，通用性差。

使用高级语言（如 VC++或 Delphi）开发的监控系统，灵活性高、投资低、能适用于各种系统，但是开发工作量大、系统可靠性难保证，除了对技术人员的经验和技术水平的要求较高外，还必须购买通信协议软件，在系统资金投资有限、技术人员水平较高的情况下可以采用此方法。

3. 通用组态软件

由软件厂商提供的通用组态软件编制的监控软件,功能强大、灵活性好、可靠性高,在复杂控制系统中得到了广泛的应用,但是成本较高。国外产品有 Wonderware 公司的 InTouch、Intellution 公司的 iFiX 等,国内产品有昆仑通态公司的 MCGS、力控公司的 ForceControl、亚控公司的组态王(KingView)等。

5.4.2　KingView 程序设计

组态王是亚控公司面向中小型自动化市场的产品,能连接国内主流的绝大多数 PLC、智能仪表、板卡、模块和变频器等外部设备,目前较新的版本是 6.60 SP2,依照系统规模,对单机版点数 128 点、256 点、512 点授权(硬件加密狗),在未授权的情况下仅能以 64 点以下规模运行 2 个小时。

KingView 软件由工程管理器、开发环境和运行环境三个部分构成,其中工程管理器和开发环境对应软件设计人员,运行环境对应现场操作人员。

一、建立新工程

工程管理器是组态王软件的核心部分和管理开发系统,它将画面制作系统中已设计的图形画面、命令语言、设备驱动程序管理、配方管理和数据报告等工程资源进行集中管理,并在一个窗口中进行树形结构排列。工程管理器的主要功能包括新建、删除工程,对工程重命名,搜索组态王工程,修改工程属性,工程备份、恢复,数据词典的导入/导出,切换开发或运行环境等。建立新工程的操作如图 5.22 所示。

图 5.22　建立新工程的操作

(1) 在工程管理器中选择菜单"文件""新建工程"或单击快捷工具栏"新建"命令,出现新建工程向导之一———"欢迎使用本向导"对话框。

(2) 单击"下一步"按钮,出现新建工程向导之二———"选择工程所在路径"对话框。选择或指定工程所在路径。如果用户需要更改工程路径,单击"浏览"按钮。如果路径或文件夹不存在,则会自动创建以此名称命名的文件夹。

(3) 单击"下一步"按钮,出现新建工程向导之三———"工程名称和描述"对话框。

(4) 在"工程名称和描述"对话框中输入工程名称(必须)和工程的解释文字(可选)。

(5) 单击"完成"按钮,新工程建立,单击"是"按钮,确认将新建的工程设为组态王当前工程,此时组态王工程管理器中出现新建的工程,如图 5.23 所示。

(6) 组态王的当前工程是指直接进入开发或运行所指定的工程。双击工程或选中工程后单击"开发",就可以进入工程开发界面。

图 5.23　选择将新建的工程设为组态王当前工程

双击新建的工程名,出现"加密狗未找到提示"对话框,选择"忽略"项,出现进入演示方式提示对话框,如图 5.24 所示,单击"确定"按钮,进入开发环境。

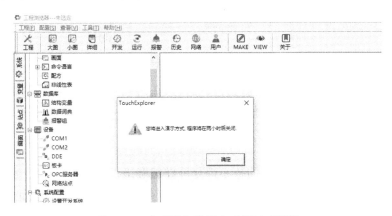

图 5.24　出现进入演示方式提示对话框

二、连接设备

进入开发环境后,首先要连接设备,以和实际的硬件设备进行通信,识别报文,采集硬件

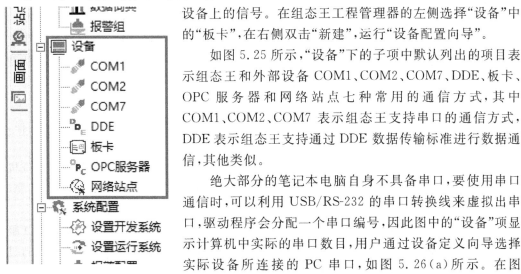

图 5.25　连接设备

设备上的信号。在组态王工程管理器的左侧选择"设备"中的"板卡",在右侧双击"新建",运行"设备配置向导"。

如图 5.25 所示,"设备"下的子项中默认列出的项目表示组态王和外部设备 COM1、COM2、COM7、DDE、板卡、OPC 服务器和网络站点七种常用的通信方式,其中 COM1、COM2、COM7 表示组态王支持串口的通信方式,DDE 表示组态王支持通过 DDE 数据传输标准进行数据通信,其他类似。

绝大部分的笔记本电脑自身不具备串口,要使用串口通信时,可以利用 USB/RS-232 的串口转换线来虚拟出串口,驱动程序会分配一个串口编号,因此图中的"设备"项显示计算机中实际的串口数目,用户通过设备定义向导选择实际设备所连接的 PC 串口,如图 5.26(a) 所示。在图 5.26(b) 所示的对话框中可设定通信中断时的尝试恢复间隔和最长恢复时间。

逐一单击"下一步"。设备定义完成后,用户可以在工程管理器的右侧看到新建的外部

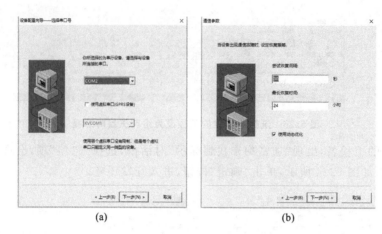

图 5.26　设备端口设定

设备。这样就完成了组态软件和外部设备的连接。在完成设备配置之后,用户只要把设备连接到这台计算机上,它就可以和组态王交换数据了。

三、定义变量

数据词典(数据库)是组态软件的核心部分。在组态王(TOUCHVEW)运行时,工业现场的生产状况要以动画的形式反映在屏幕上,同时工程人员在计算机前发布的指令也要迅速送达生产现场,所有这一切都以实时数据库为中介环节。数据词典(数据库)是联系上位机和下位机的桥梁。

定义好设备后,就可进行变量的添加,在工程管理器左侧树形菜单中选择"数据词典",在数据词典中进行变量的定义。在"数据词典"右侧双击"新建"图标,弹出"定义变量"对话框,定义时要指定变量名和变量类型,不同类型的变量具有不同的变量属性,在定义变量时,有时需要设置它的部分属性和附加信息,如过程参数等。组态王系统中定义的变量与一般程序设计语言,如 BASIC、PASCAL、C 语言定义的变量有很大的不同,组态王系统中定义的变量既能满足程序设计的一般需要,又考虑到了工控软件的特殊需要。组态王中的变量主要分为基本类型变量和特殊类型变量两大类。

1. 基本类型变量

基本类型变量与一般程序设计语言,如 BASIC、PASCAL、C 语言定义的变量相似,分为内存变量、I/O 变量和结构变量三类。

(1)内存变量。内存变量是指不需要和其他应用程序交换数据,也不需要从下位机得到数据,只在组态王内需要的变量。例如,计算过程的中间变量,就可以设置成内存变量。它包括内存离散变量、内存实数变量、内存字符串变量和内存长整数变量。

(2)I/O 变量。I/O 变量担负着组态王与下位机设备或其他应用程序(包括 I/O 服务程序)交换数据的重任。这种数据交换是双向的、动态的,也就是说,在组态王系统运行过程中,每当 I/O 变量的值改变时,该值就会自动写入远程应用程序;每当远程应用程序中的值改变时,系统中的变量值也会自动更新。所以,那些从下位机采集来的数据、发送给下位机的指令,如反应罐液位、电源开关等变量,都需要设置成 I/O 变量。它包括 I/O 离散变量、I/O 实数变量、I/O 字符串变量和 I/O 长整数变量。

I/O离散变量与内存离散变量一致,类似一般程序设计语言中的布尔(BOOL)变量,只有"0"和"1"两种取值,用于表示一些开关量。

I/O实数变量与内存实数变量一致,类似一般程序设计语言中的浮点型变量,用于表示浮点数据,取值范围 $10 \times 10^{-38} \sim 10 \times 10^{38}$,有效值7位。

I/O字符串变量与内存字符串变量一致,类似一般程序设计语言中的字符串变量,可用于记录一些有特定含义的字符串,如名称、密码等,该类型变量可以进行比较运算和赋值运算。字符串长度最大为128个字符。

I/O长整数变量与内存长整数变量一致,类似一般程序设计语言中的有符号长整数变量,用于表示带符号的整型数据,取值范围 $-2\ 147\ 483\ 648 \sim 2\ 147\ 483\ 647$。

(3)结构变量。当组态王工程中定义了结构变量时,在变量类型的下拉列表框中会自动列出已定义的结构变量,一个结构变量作为一种变量类型,结构变量下可包含多个成员,每一个成员就是一个基本变量,成员类型可以为内存离散变量、内存长整数变量、内存实数变量、内存字符串变量、I/O离散变量、I/O长整数变量、I/O实型变量和I/O字符串变量。

2. 特殊类型变量

特殊类型变量是考虑到工控软件的特殊需要而设计的变量。特殊类型变量体现了组态王系统面向工控软件、自动生成人机接口的特色。它包括报警窗口变量、历史趋势曲线变量和系统预设变量三种。

(1)报警窗口变量。报警窗口变量属于内部定义的特殊类型变量,可用命令语言编制程序来设置或改变报警窗口的一些特性,如改变报警组名或优先级,在窗口内上下翻页等。

(2)历史趋势曲线变量。历史趋势曲线变量属于内部定义的特殊类型变量,工程人员可用命令语言编制程序来设置或改变历史趋势曲线的一些特性,如改变历史趋势曲线的起始时间或显示的时间长度等。

(3)系统预设变量。系统预设变量中有8个时间变量是系统已经在数据库中定义的,由系统自动更新,用户可以直接使用,但是只能读取,不能改变它们的值。8个时间变量如下。

\$年:返回系统当前日期的年份。

\$月:返回1到12之间的整数,表示一年之中的某一月。

\$日:返回1到31之间的整数,表示一月之中的某一天。

\$时:返回0到23之间的整数,表示一天之中的某一钟点。

\$分:返回0到59之间的整数,表示一小时之中的某分钟。

\$秒:返回0到59之间的整数,表示一分钟之中的某一秒。

\$日期:返回系统当前日期。

\$时间:返回系统当前时间。

系统预设变量不占用组态王的点数。

3. 变量的定义

(1)基本类型变量的定义。内存离散变量、内存实数变量、内存长整数变量、内存字符串变量、I/O离散变量、I/O实数变量、I/O长整数变量、I/O字符串变量,这八种基本类型变量是在变量属性对话框定义的,同时在变量属性对话框的属性卡片中设置它们的部分属性。

（2）特殊类型变量的定义。报警窗口变量和历史趋势曲线变量分别是在画面上绘制报警窗口和历史趋势曲线时自动定义的,设置它们的属性只需用鼠标左键双击画面上的报警窗口或历史趋势曲线。时间变量是系统已经定义过的,工程人员直接引用即可。

以外部模拟量 I/O 的定义为例说明。

变量名称可以任意设定,变量类型应为"I/O 实数",定义 I/O 实数变量时,原始最小值、原始最大值、变化灵敏度、初始值等参数的设置是关键。它们是根据采集设备的电压输入范围和 A/D 转换位数确定的。变量定义如图 5.27 所示。

图 5.27　变量定义

（1）变量名:变量的名称由用户指定。

（2）变量类型:根据数据类型而选定,内存变量为系统内部变量,I/O 变量为系统外部变量。

（3）描述:对变量的解释,辅助记忆。

（4）最小值、原始最小值,最大值、原始最大值:原始最小值为设备送入信号的最小值,而最小值为屏幕显示的数值,它与原始最小值对应;最大值和原始最大值同理。

（5）连接设备:组态王可以同时连接多台设备。如果为 I/O 变量,则这里需要选择一个定义过的设备。

（6）寄存器:根据设备而定,如三菱 FX 系列 PLC,有 X、Y、M 和 D 四种寄存器可供选择,软元件号和 PLC 中的是完全一致的。

（7）数据类型:需与硬件上传输的数据类型相一致,具体可参考组态王中的"帮助"。

（8）读写属性:读是指读取硬件的数据,写是指将数据写入硬件。在三菱设备中 X 为只读变量,Y 可以为只写也可以为读写变量。具体可参考组态王中的"帮助"。

（9）采样频率:经过多长时间将变量刷新一次。

例如,研华公司的 PCI-1710HG 多功能卡的模拟电压输入范围是 $-5\sim+5$ V,A/D 转换是 12 位,电压与采样值之间为线性关系。因此,计算机采样值为 $2^{12}-1=4\,095$,即 -5 V 对应 0, $+5$ V 对应 4 095。如果选用 0～5 V 电压输出的温度传感器,温度测量范围为 0～200 ℃,则变量属性对话框中最小值设置为 0、最大值设置为 200,最小原始值为 2 048、最大原始值为 4 095。寄存器由传感器所连接的通道来决定,AIX 对应寄存器为 ADX。数据类型应为 USHORT,模拟量输入值只能读取不能改写,因此读写属性选只读。

四、画面组态

在工程管理器左侧的"工程目录显示区"中选择"画面"选项,在右侧视图中双击"新建"图标,弹出新建画面对话框。单击"新建",会出现如图 5.28 所示的"画面属性"对话框。

组态王提供了一个图库管理器,它存放的是组态软件的各种图素(称为图库精灵),包含了大量预先建立好的组合图形对象,如控制按钮、指示表、阀门、电机、泵、管路和其他标准工业元件。它不仅仅是一组图形,更包含了丰富的动画连接。一个图形对象实际上就是一个已定义对象全部条件的小型应用,它包括组成图库精灵的图形对象、触发动画效果的过程参数(变量)和动画连接。使用图库管理器有三个方面的好处:降低了人工设计界面的难度,缩

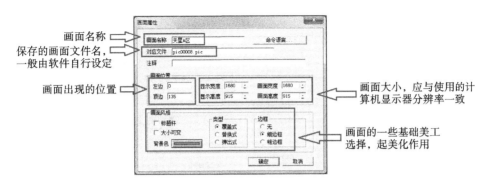

画面名称
保存的画面文件名，
一般由软件自行设定
画面出现的位置
画面大小，应与使用的计算机显示器分辨率一致
画面的一些基础美工选择，起美化作用

图 5.28 "画面属性"对话框

短了开发周期；用图库开发的软件具有统一的外观；利用图库的开放性，工程人员可以生成自己的图库精灵。画面组态示例如图 5.29 所示。

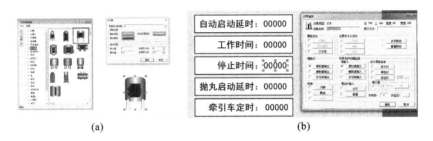

(a) (b)

图 5.29 画面组态示例

此外，组态王还提供了一个开发系统工具箱，使用它可以为画面程序添加"实时趋势曲线""报警曲线"等控件，也可以为画面程序添加文本框，以显示文字、嵌入各种格式的图片。也可以利用绘图工具自行制作模块，绘图工具包括直线、折线、圆弧、矩形、圆角矩形和圆形等。

五、动画连接

动画连接是指图形对象与过程参数建立变化对应关系的过程。当变量的值改变时，在画面上以图形对象的动画效果表示出来，或者由软件使用者通过图形对象改变数据变量的值。图形对象可以按动画连接的要求改变颜色、尺寸、位置和填充百分比等属性。一个图形对象可以同时定义多个动画连接。把这些动画连接组合起来，应用软件将呈现出图形动画效果。

图形对象可以进行的动画连接包括：

（1）属性变化：包括线属性、填充属性、文本色。

（2）位置与大小变化：包括水平和垂直移动、缩放、旋转。

（3）填充值输出：包括模拟值输出、离散值输出、字符串输出。

（4）用户输入：包括模拟值输入、离散值输入、字符串输入。

（5）滑动杆输入：包括水平滑动杆输入、垂直滑动杆输入。

（6）特殊：包括闪烁、隐含两种。

（7）命令语言连接：包括鼠标或等价键按下时、弹起时和按住时可执行的功能强大的命令语言程序。

标准动画连接界面如图 5.30 所示。

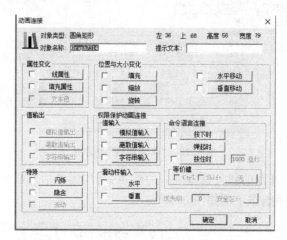

图 5.30　标准动画连接界面

以下是操作示例。

1. 建立仪表对象的动画连接

双击画面中的仪表对象,弹出"仪表向导"对话框(见图 5.31(a)),单击变量名文本框右边的"?"号按钮,出现"选择变量名"对话框。

选择已定义好的变量名"模拟量输入",单击"确定"按钮,"仪表向导"对话框变量名文本框中出现"\\本站点\模拟量输入",仪表表盘标签改为(V),填充颜色设为白色,其他默认。

　　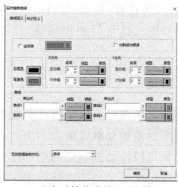

(a)"仪表向导"对话框　　　　　(b)"实时趋势曲线"对话框

图 5.31　动画连接

2. 建立实时趋势曲线对象的动画连接

双击画面中的实时趋势曲线对象,弹出"实时趋势曲线"对话框(见图 5.31(b))。在曲线定义选项中,单击曲线 1 文本框右边的"?"号按钮,选择已定义好的变量"模拟量输入",并设置其他参数值。

3. 建立当前电压值显示文本对象的动画连接

双击画面中当前电压值显示文本对象"000",出现相应的动画连接对话框。将"模拟值输出"属性与变量"模拟量输入"连接,输出格式:整数 1 位,小数 1 位。

4. 建立上限灯、下限灯对象的动画连接

分别双击画面中的指示灯对象,单击相应的动画连接对话框。将指示灯对象与变量"上限灯""下限灯"连接并设置闪烁条件:大于或等于 3.5 V,上限灯闪烁;小于或等于 0.5 V,下限灯闪烁。

5. 建立按钮对象的动画连接

双击按钮对象"关闭",出现相应的动画连接对话框。选择命令语言连接功能,单击"弹起时"按钮,在"命令语言"编辑栏中输入以下命令:"exit(0);"。

六、命令语言

每个工程系统具有其特殊性,需要一些细致的调整和扩充其功能,命令语言是集成在组态王系统内部的编程语言,用于扩充应用系统的功能。命令语言内部支持顺序执行、条件分支和循环结构,可以用来开发完整的程序。根据执行条件的不同,命令语言可以分为以下几种。

(1) 应用程序命令语言:在应用系统启动、退出时执行或在系统运行期间定时执行。

(2) 事件命令语言:当事件(事件是指一个给定的条件)发生时、存在时、消失时执行。

(3) 数据改变命令语言:在给定变量的值发生改变时执行。

(4) 热键命令语言:当操作者按下热键后执行。

(5) 自定义函数命令语言:当自定义函数被调用时执行。

(6) 画面命令语言:在画面加载、存在、关闭时执行。

所有的命令语言程序都在对话框中书写,在对话框中可以查看运算符、所有变量和函数,如图 5.32 所示。

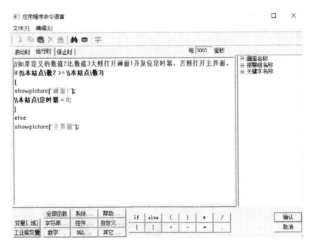

图 5.32　命令语言

组态王的命令语言的语法是 C 语言的一个子集,使用的运算符包括数学运算符和逻辑运算符。程序的功能是通过函数来实现的,内部函数按功能可以分为以下几类。

(1) 字符串函数:对字符串进行分析、查找、替换、截取,以及进行字符串和数值之间的转换。

（2）数学函数：三角函数、对数函数和指数函数等。

（3）系统函数：文件操作、取系统信息及控制其他应用程序的函数。

（4）控件函数：通过此类函数可以改变控件的外观和行为。

（5）SQL函数：通过此类函数和ODBC数据库交换信息。

（6）其他函数：操作历史趋势曲线、报警窗口、画面的函数，以及打印函数等。

利用这些函数，可以方便地实现配方管理、统计分析、曲线打印等功能，还可以灵活控制历史趋势曲线、报警窗口等对象。另外，组态王6.0之后的版本新增加预置自定义函数，如报警发生时的处理算法等。

七、调试与运行

1. 存储

设计完成后，在开发系统"文件"菜单中执行"全部存"命令，将设计的画面和程序全部存储。

2. 配置主画面

在工程管理器中，单击快捷工具栏上的"运行"按钮，出现"运行系统设置"对话框。单击"主画面配置"选项卡，选中制作的图形画面名称"模拟量输入"，单击"确定"按钮，即将其配置成主画面。

3. 运行

在工程管理器中，单击快捷工具栏上的"VIEW"按钮，启动、运行系统。

下面以自动流程画面为例来说明。

主界面流程图如图5.33所示。

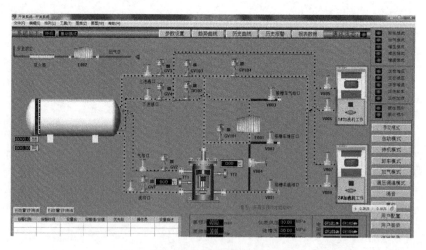

图5.33　主界面流程图

（1）选择工具箱中的"立体管道"，在画面上画好需要连接的管道，双击管道，进行管道属性定义，按照自己的需要定义管道的大小和颜色等参数，然后在画面上双击管道，弹出动画连接对话框，在该对话框中单击"流动"，弹出管道流动连接设置对话框。在该对话框中，在流动条件中设置需要定义的流动条件,单击"确定"按钮,完成动画连接的设置。

（2）按钮的设置,如"参数设置"按钮、"趋势曲线"按钮等。在工具箱中单击"按钮",然后在画面上画出一个矩形按钮,按钮的属性用鼠标右击按钮进行设置,可以进行按钮的风格等设置,选择"字符串替换",即可以设置按钮的显示字符属性。定义按钮的动画连接的操作是,双击按钮,进入动画连接对话框,然后选择命令语言连接中的"弹起时",出现命令语言对话框。在命令语言对话框中输入命令语言"ShowPicture("参数设置 1");",单击"完成",则完成了该按钮的动画连接。其他的按钮可参考此按钮进行定义和设置。

（3）对于主流程画面上的指示灯的动画连接设置,如"通信状态",在图库中选择一个指示灯并将其添加到画面上,然后双击指示灯,进入动画连接界面,选择"填充属性"。在"填充属性"连接中,表达式中关联定义好的离散变量"通信状态",即可完成通信状态指示灯的动画连接。其他的指示灯可参考通信状态指示灯的设置方法进行设置。

（4）变量值输出的设置方法。这里就"汞预冷"这个参数的设置进行讲解。在工具箱中选择"文本",然后在画面上输入文本,在本次工程中开发中输入"0000",文本字体颜色可以选择工具箱中的"字体"进行设置。对于文本的动画连接,则双击文本,进入文本动画连接界面,然后选择"模拟量输出",进入模拟量动画连接对话框,选择连接的变量,即完成了模拟量输出连接设定。

八、报表系统

数据报表是对生产过程中变量状态的记录和反映,它以一定格式输出用户指定的变量状态信息、生产产品情况,如某生产车间的班次产品生产情况报表、产品月报表等。组态王以两种方式提供数据报表:一种是利用报表函数,如日期和时间函数、逻辑函数、统计函数等;另一种是利用历史数据库编程接口和 DDE 数据交换生成 Excel 报表。

1. 创建报表画面"报表数据"

选择工具箱中的报表工具 ,在报表画面上绘制报表窗口。报表画面如图 5.34 所示。

（1）报表属性设置:双击报表窗口的灰色部分,弹出"报表设计"对话框,在"报表设计"对话框中输入报表控件名,选择表格尺寸,表格样式可以自定义,然后选择,这里不采用表格样式。

（2）输入静态文字:选中 B1 单元格,在单元格中输入日期,即完成静态文字的输入,使用同样的方法输入其他静态文字。

（3）插入动态变量:合并 C1 和 D1 单元格,并在合并的单元格中输入＝\\本站点\＄日期（变量的输入可以使用"报表工具箱"中的"插入变量"按钮实现）,使用同样的办法输入其他的动态变量,这样就完成了报表窗口的建立。

（4）报表保存:在报表画面"工具箱"中选择按钮,建立按钮"报表工具箱",然后在该按钮的动画连接中写入按下时的命令语言:

```
\\本站点\报表名 = StrTrim( \\本站点\＄日期 + "日报表",3);
string RepN1;
string RepN2;
RepN1 = "D:\日报表\" + \\本站点\报表名 + ".rtl";
```

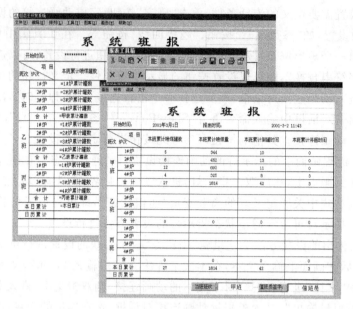

图 5.34 报表画面

```
ReportSaveAs("日报表",RepN1);
RepN2 = "D:\日报表\" + \\本站点\报表名 + ".xls";
ReportSaveAs("日报表",RepN2);
```

这样就完成了报表保存的设置。

(5)报表刷新:同"报表保存"按钮一样建立好按钮,然后在动画连接中写入命令语言,即完成了报表刷新。

(6)日报表目录列表:选择报表画面"工具箱"中"插入控件"中的"窗口控制"中的"简单组合框",然后拉出所需大小的简单组合框,双击组合框,弹出组合框属性设置窗口,在该窗口进行相应的设置。

(7)报表查询:在"报表查询"按钮的弹起事件中输入如下命令语言,如图 5.35 所示。

```
string eileName;
\\本站点\报表名 2 = \\本站点\报表框 1;
eileName = "D:\日报表\" + \\本站点\报表框 1;
ReportLoad("日报表",eileName);
\\本站点\日期 4 = StrMid(\\本站点\报表名 2,1,4);
\\本站点\日期 5 = StrMid(\\本站点\报表名 2,6,2);
\\本站点\日期 6 = StrMid(\\本站点\报表名 2,9,2);
\\本站点\日期 1 = StrToInt(\\本站点\日期 4);
\\本站点\日期 2 = StrToInt(\\本站点\日期 5);
\\本站点\日期 3 = StrToInt(\\本站点\日期 6);
long starttime;
starttime = HTConvertTime(\\本站点\日期 1,\\本站点\日期 2,\\本站点\
```

图 5.35 报表查询

日期 3,0,0,0);

ReportSetHistData("日报表", "\\本站点\贮槽压力显示", starttime, 1800, "b3:b51");

ReportSetHistData("日报表", "\\本站点\泵进口压力显示", starttime, 1800, "c3:c51");

ReportSetHistData("日报表", "\\本站点\泵出口压力显示", starttime, 1800, "d3:d51");

ReportSetHistData("日报表", "\\本站点\贮槽液位显示", starttime, 1800, "e3:e51");

ReportSetHistData("日报表", "\\本站点\贮槽出口温度显示", starttime, 1800, "f3:f51");

ReportSetHistData("日报表", "\\本站点\泵池溢流口温度显示", starttime, 1800, "g3:g51");

ReportSetHistData("日报表", "\\本站点\仪表风压显示", starttime, 1800, "h3:h51");

上述命令语言的作用是将简单组合框中选中的报表文件的数据显示在"日报表"窗口中。

(8) 删除报表:在按钮"删除报表"的弹起事件中输入如下命令语言。

string FileName;

FileName = "D:\日报表\" + "日报表\" + "*.rtl";

FileDelete(Filename);

string FileName1;

FileName1 = "D:\日报表\" + "日报表\" + "*.rtl";

listClear("报表框");

```
ListLoadFileName( "报表框",FileName1);
```

2. 用 Excel 生成报表

利用组态王提供的历史数据库编程接口和 DDE 数据交换,应用系统中的数据可以在 Excel 中形成报表及产品报告。操作者可以充分利用 Excel 的功能以不同方式对历史数据进行分析,绘制图表并打印输出。分析后的结果还可以通过 DDE 传回来。

九、趋势曲线

趋势曲线控件是以 ActiveX 控件形式提供的,取组态王数据库中的数据绘制历史趋势曲线和取 ODBC 数据库中的数据绘制曲线的工具。它能以图形方式观察一段时间内的过程状态和趋势。应用系统中可以定义数目不限的趋势曲线窗口,而一个趋势曲线窗口可同时显示多个过程参数。趋势曲线能精细地描绘出过程值的每次变化,如图 5.36 所示的 *X-Y* 曲线。

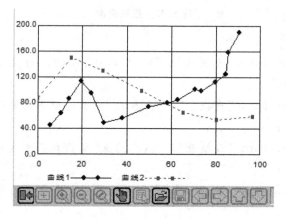

图 5.36　*X-Y* 曲线

通过该控件,不但可以实现历史曲线的绘制,还可以实现 ODBC 数据库中数据记录的曲线绘制,而且在运行状态下,可以实现在线动态增加/删除/隐藏曲线、曲线图表的无级缩放、曲线的动态比较和曲线的打印等。该曲线控件最多可以同窗绘制 16 条曲线。

绘制曲线的具体步骤如下:

1. 设置变量的记录属性

在工程管理器窗口左侧的"工程目录显示区"中选择"数据库"中的"数据词典"选项,在"数据词典"中选择需要进行历史趋势曲线记录的变量,双击此变量,在弹出的"定义变量"对话框中单击"记录和安全区"属性页(见图 5.37),设置变量的记录属。

(1) 不记录。该变量值不进行历史记录。

(2) 定时记录。无论变量变化与否,系统运行时按定义的时间间隔将变量的值记录到历史库中,最小定义时间间隔单位为 1 分钟。这种记录方式适用于数据变化缓慢的场合。

(3) 数据变化记录。系统运行时,变量的值发生变化时记录。这种记录方式适用于数据变化较快的场合。

(4) 每次采集记录。系统运行时,按照变量的采集频率进行数据记录,每到一次采集频率,记录一次数据。该功能只适用于 I/O 变量。当数据量比较大且采集频率比较快时,使

图 5.37　"记录和安全区"属性页

用"每次采集记录",存储的历史数据文件会消耗很多的磁盘空间。

（5）备份记录。选择该项,系统在平常运行时,不再直接向历史库中记录该变量的数值,而是通过其他程序调用组态王历史数据库接口,向组态王的历史记录文件中插入数据。在进行历史记录查询等时,可以查询到这些插入的数据。

2. 定义历史数据文件的存储目录

在工程管理器窗口左侧的"工程目录显示区"中双击"系统配置"中的"历史数据记录"选项,弹出"历史记录配置"对话框。设置完毕后,单击"确定"按钮,关闭对话框。当系统进入运行环境时,"历史记录服务器"自动启动,将变量的历史数据以文件的形式存储到当前工程路径下。每个文件中保存了变量 8 个小时的历史数据,这些文件将在当前工程路径下保存30 天。

3. 创建历史趋势曲线控件

选择"工具箱"中的工具 🔧,在画面中插入通用控件窗口中的"历史趋势曲线"控件,右击控件,选择"控件属性",弹出控件属性框。历史趋势曲线属性窗口分为五个属性页。

（1）曲线属性页:可以利用"增加"按钮添加历史趋势曲线变量,并设置曲线的采样间隔（即在历史趋势曲线窗口中绘制一个点的时间间隔）。

（2）坐标系属性页:可以设置趋势曲线控件的显示风格,如趋势曲线控件背景颜色、坐标轴的显示风格、数据轴和时间轴的显示格式等。在"数据轴"中,如果"按百分比显示",被选中后历史趋势曲线变量将按照百分比的格式显示,否则按照实际数值显示。

（3）预置打印选项属性页:可以设置历史趋势曲线控件的打印格式和打印的背景颜色。

（4）报警区域选项属性页:可以设置历史趋势曲线窗口中报警区域显示的颜色,包括高高限报警区的颜色、高限报警区的颜色、低限报警区的颜色和低低限报警区的颜色,以及各报警区颜色显示的范围。

（5）游标配置选项属性页:可以设置历史曲线窗口左右游标在显示数值时的显示风格

及显示的附加信息。

十、其他功能

1. 配方功能

在制造领域,配方用来描述生产一件产品所用的不同配料之间的比例关系,是生产过程中一些变量对应的参数设定值的集合。例如,一个面包厂生产面包时有一个基本的配料配方,此配方列出所有要用来生产面包的配料(如水、面粉、糖、鸡蛋、香油等)的成分,另外,也列出所有可选配料(如水果、果核、巧克力片等)的成分。

2. 报警功能

报警是指过程状态出现问题时发出警告,同时要求操作人员做出响应。报警功能包括基于事件的报警、报警分组管理、报警优先级、报警过滤、新增死区和延时概念等功能,以及通过网络的远程报警管理。

3. 用户管理功能

系统采用用户标识符和口令来区别和保护操作者。每一个操作者将获得唯一的用户标识符和口令,非法使用者不能进入系统。

4. OPC 通信功能

组态王软件既可以作为 OPC 服务器,也可以作为 OPC 客户端。开发人员可以从任何一个 OPC 服务器直接获取动态数据,并集成到组态王中。

5.4.3 LabVIEW 软件

在工业上组态王无疑是高效的上位机监控软件,它能有效地监控变量,并将现场实际情况通过画面的形式展示出来。但是,组态王的功能已经高度模块化,功能局限性较大,难以实现复杂的运算和模拟,这就需要使用带有高级语言特点的软件平台来进行开发。

一、LabVIEW 简介

LabVIEW(laboratory virtual instrumentation engineering workbench,实验室虚拟仪器工程平台)由美国国家仪器(NI)公司研制开发,是一种类似于 C 和 BASIC 的程序开发环境,早期是为了仪器自动控制所设计,至今转变成为一种逐渐成熟的高级编程语言,擅长于控制类编程,与组态软件相似,但功能远比组态软件丰富和强大。

LabVIEW 使用图形化的程序语言,又称为"G"语言。使用这种语言编程时,基本上不写程序代码,取而代之的是流程图或框图,在流程图构思完毕的同时也完成了程序的撰写,使用它进行原理研究、设计、测试并实现仪器系统时,可以大大提高工作效率,提供了实现仪器编程和数据采集系统的便捷途径。

如图 5.38 所示,编程时数据沿连接线流动,实线部分是已有数据经过的部分,虚线部分是还没有数据经过的部分,在不使用编程语言的前提下仅凭元素间的连线就能实现程序的编写,降低了编程难度,可视化框图的显示形式也提高了程序的可读性。

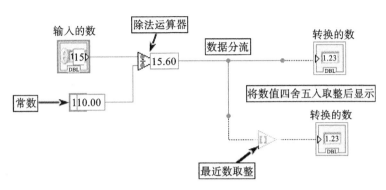

图 5.38　LabVIEW 编程

二、LabVIEW 的应用

虚拟仪器技术最核心的思想,就是利用计算机的硬、软件资源,使本来需要硬件实现的技术软件化(虚拟化)。基于软件在 VI(virtual instrumention)系统中的重要作用,NI 公司提出了"软件就是仪器"(the software is the instrument)的口号。LabVIEW 有很多优点,尤其是在某些特殊领域其优势尤其突出。

1. 测试测量

LabVIEW 最初就是为测试测量而设计的,至今大多数主流的测试仪器、数据采集设备都拥有专门的 LabVIEW 驱动程序,使用 LabVIEW 可以十分方便地找到各种适用于测试测量领域的 LabVIEW 工具包。有时甚至于只需简单地调用几个工具包中的函数,就可以组成一个完整的测试测量应用程序。

2. 仿真

LabVIEW 包含了多种多样的数学运算函数,特别适合进行模拟、仿真、原型设计等工作。

3. 控制

控制与测试是两个相关度非常高的领域,LabVIEW 拥有专门用于控制领域的模块 LabVIEW DSC,提供的库包含机器视觉、数值运算、逻辑运算、声音振动分析和数据存储等。除此之外,机电控制领域常用的设备、数据线等通常也有相应的 LabVIEW 驱动程序,使用 LabVIEW 可以非常方便地开发各种控制程序。LabVIEW 还支持各种实时操作系统和嵌入式设备,如常见的 PDA、FPGA 及运行 VxWorks 和 PharLap 系统的 RT 设备。

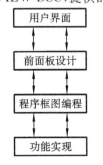

图 5.39　典型的 LabVIEW
　　　　　程序结构

三、LabVIEW 在机电控制中的应用

所有的 LabVIEW 应用程序,即虚拟仪器(VI),包括前面板(front panel)、流程图(block diagram)和图标/连接器(icon/connector)三个部分。典型的 LabVIEW 程序结构如图 5.39 所

示,与大多数界面设计软件一样,要构建一个 LabVIEW 程序,首先需根据用户需求制订合适的界面,这个界面主要在前面板中设计,包括放置各种输入/输出控件、说明文字和图片等,然后就是在程序框图中进行编程,以实现具体的功能。在实际的设计中,通常上述两个步骤交叉进行。

1. 设备连接

大部分工控设备都提供 LabVIEW 的工具包,用户可以直接与厂家的硬件设备进行通信。图 5.40 所示为研华公司 LabVIEW 数据采集驱动包。

图 5.40 研华公司 LabVIEW 数据采集驱动包

有部分用户使用数据采集卡,甚至不需要工具包,直接运用 DAQ 板卡驱动助手就能实现通信,如研华公司的 PCI-1710HG 多功能卡。PCI-1710HG 多功能卡在 LabVIEW 中的通信测试如图 5.41 所示。

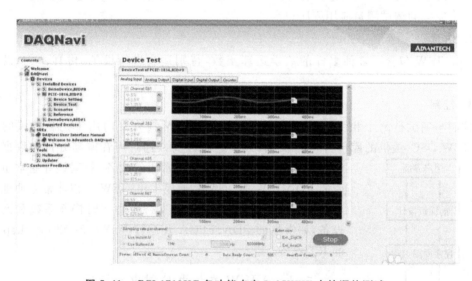

图 5.41 PCI-1710HG 多功能卡在 LabVIEW 中的通信测试

2. 前面板

前面板是 VI 的人机界面。创建 VI 时,通常应先设计前面板,然后设计程序框图,用以执行在前面板上创建的输入/输出任务。新建或打开一个原有 VI,便出现如图 5.42 所示的前面板界面。

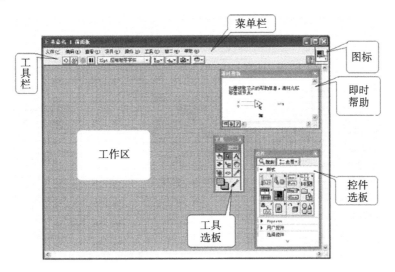

图 5.42　VI 前面板界面

(1) 菜单。菜单用于操作和修改前面板和程序框图上的对象。VI 窗口顶部的菜单为通用菜单,同样适用于其他程序,如打开、保存、复制和粘贴,以及其他 LabVIEW 的特殊操作。

(2) 工具栏。工具栏按钮用于运行 VI、中断 VI、终止 VI、调试 VI、修改字体、对齐对象、组合对象和分布对象。

(3) 即时帮助窗口。选择"帮助""显示即时帮助",显示即时帮助窗口。将光标移至一个对象上,即时帮助窗口将显示该 LabVIEW 对象的基本信息。VI、函数、常数、结构、选板、属性、方式、事件、对话框和项目浏览器中的项均有即时帮助信息。即时帮助窗口还可帮助确定 VI 或函数的连线位置。

(4) 图标。图标是 VI 的图形化表示,可包含文字、图形或图文组合。如将 VI 当作子 VI 调用,程序框图上将显示该子 VI 的图标。

(5) 控件选板。控件选板提供了创建虚拟仪器等程序面板所需的输入控件和显示控件,仅能在前面板窗口中打开。

(6) 工具选板。在前面板和程序框图中都可看到工具选板。工具选板上的每一个工具都对应于鼠标的一个操作模式。光标对应于选板上所选择的工具图标。可选择合适的工具对前面板和程序框图上的对象进行操作和修改。

3. 程序框图

创建前面板后,可通过图形化的函数添加源代码,从而对前面板对象进行控制。将函数、结构及前面板控件的连线端子等对象连接,便创建了程序框图。VI 程序框图界面如图 5.43 所示。

(1) 函数选板。函数选板仅位于程序框图,包含创建程序框图所需的 VI 和函数。函数选板既包含了大量专用的信号处理、信号运算等 VI 图标,也包含了各种数值运算、逻辑运

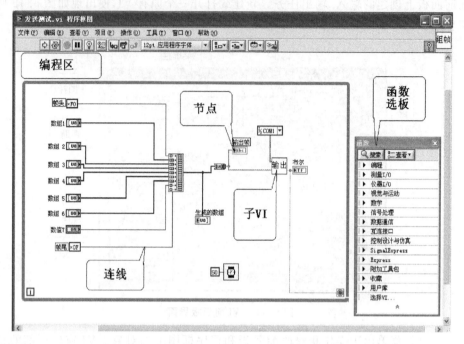

图 5.43　VI 程序框图界面

算的基本 VI 图标。按照 VI 和函数的类型,将 VI 和函数归入不同子选板中。

(2) 接线端。前面板对象在程序框图中显示为接线端。它是前面板和程序框图之间交换信息的输入/输出端口。输入到前面板输入控件的数据值经由输入控件接线端进入程序框图。运行时,输出数据值经由显示控件接线端流出程序框图而重新进入前面板,最终在前面板显示控件中显示。

(3) 节点。节点是程序框图上的对象,带有输入/输出端,在 VI 运行时进行运算。节点类似于文本编程语言中的语句、运算符、函数和子程序。LabVIEW 有以下类型的节点。

函数:内置的执行元素,相当于操作符、函数或语句,它是 LabVIEW 中最基本的操作元素。

子 VI:用于另一个 VI 程序框图上的 VI,相当于子程序。

Express VI:LabVIEW 中自带的协助常规测量任务的子 VI,它功能强大、使用便捷,但付出的代价是效率较低。所以,对于效率要求较高的程序,不适合使用 Express VI。

结构:执行控制元素,如 for 循环结构、while 循环结构、条件结构、平铺式顺序结构和层叠式顺序结构、定时结构和事件结构。

(4) 多态 VI 和函数:多态 VI 和函数会根据输入数据类型的不同而自动调整数据类型。例如,读/写配置文件的 VI,既可以读/写数值型数据,也可以读/写字符串、布尔等数据类型。

LabVIEW 范例程序如图 5.44 所示。

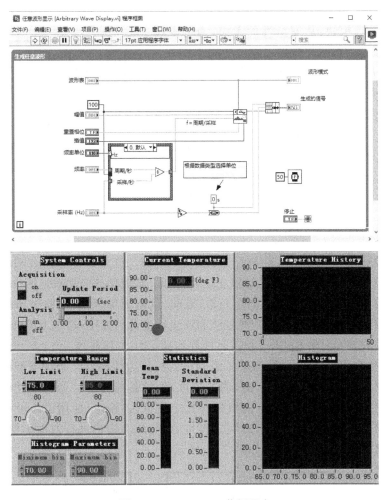

图 5.44　LabVIEW 范例程序

5.5　机电系统的计算机控制实例

　　组态软件是数据采集与过程控制的专用软件,可以为用户提供快速实现工业自动控制系统监控功能的通用软件工具。它能支持各种工控设备和常见的通信协议,实现实时控制、实时数据库、SCADA、通信及联网、开放数据接口等内容,其组态方式灵活,易于构建一套最适合实际需要的应用系统。组态王软件是运行于 Microsoft Windows 98/2000/NT/XP/2003 操作系统下的组态软件,采用了多线程、COM 组件等新技术,实现了实时多任务功能,运行稳定、可靠,广泛地应用于工业控制和计算机辅助测试(CAT) 领域。

一、模块化 CAT 系统的组成

　　材料试验机 CAT 系统采用模块化设计,分成权限管理模块、试验方案模块、试验模块、曲线分析模块、数据查询模块和标定模块等若干个模块。这样做的好处是升级方便。CAT系统的组成模块如图 5.45 所示。

各模块的主要功能如下。

（1）权限管理模块：从安全性的考虑，为了方便分权限管理，设计了权限和操作者识别功能。

（2）试验方案模块：帮助用户设计试验方案或检验用户的方案是否合理。

（3）试验模块和标定模块：用于试验项目与参数的设定，是针对不同的实验对象和实验内容开发的，以满足不同用户的需求。

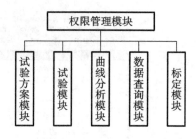

图 5.45　CAT 系统的组成模块

（4）曲线分析模块：可以对试验数据进行处理，绘制出力-位移曲线。

（5）数据查询模块：允许用户查询与试验有关的各种数据。

二、CAT 系统的硬件设计

材料试验机 CAT 系统的工作程序为：装夹试验件—电动缸作往复运动—按给定的加载速率进行加载至材料失效—电动缸停止运动—卸下试验件—电动缸返回指定位置—打印实验结果。因此，该系统必须完成试样夹紧、拖动、数据采集、计算机监控和故障诊断等功能。该系统采用力控制系统，由用户试验项目并进行参数的设定，通过力传感器加载和检测力，并将检测值反馈给计算机，以进行实时处理和显示力-位移曲线。

为保证结构的简洁性，采用 MCL-Z 系列柱式拉压力传感器。这种类型的传感器结构兼顾于柱式和 S 式的优点，结构紧凑，测量精度高，抗偏能力强。位移量的检测采用 NS-WY01 型位移变送器。现场信号有模拟量和数字量输入/输出，使用 I-7000 系列工业 I/O 模块，通过 RS-485/232 转换器 I-7520 与工控机的 RS-232 接口进行双向通信，实现分布式采集。该 CAT 系统的硬件原理图如图 5.46 所示。

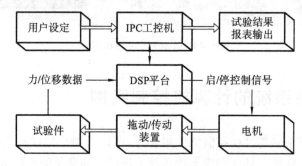

图 5.46　CAT 系统的硬件原理图

在进行系统硬件设计时，采用了全数字闭环测控系统，它具有许多先进的特性和技术创新，主要体现在以下五个方面。

1. 实现了全数字闭环（力、位移）控制

材料试验机的性能主要取决于对试验过程的控制。系统采用先进的神经元自适应 PID 控制算法，可实现系统参数的在线辨识，在线优化控制量，在线切换控制环，实现了真正的闭环全数字控制，整机性能优越。

2. 基于 DSP 的控制系统平台

DSP 是 RISC 专用型 CPU，其指令系统针对自动控制应用（如 FFT 运算）进行了大量的

优化,集成了很多外设功能,因此 DSP 适用于实时工业控制与量测系统。该系统的控制芯片选用 TI 公司的 DSP。该芯片具有 40 MIPS 计算能力,32 位定点,集矢量控制、位置捕获、A/D 转换等多项外设功能于一体,是高端工控领域应用十分广泛的一款 CPU,也特别适合材料试验机的控制要求。

3. 采用 USB 通信

USB 是通信发展方向的主流,具有通信速率高、可靠、通信方式灵活多样(有控制、中断、批量、实时等)等优点,正逐步成为通信的主要方式。采用 USB2.0 通信,具有 54 Mb/s通信速率。USB2.0 具有硬件校验、硬件应答等功能。

4. 避免了误码、丢码等常见的通信缺陷

USB 通信技术的采用,将大大增强 PC 机与材料试验机的数据传输能力,改善 PC 机的人机交互界面,提升材料试验机控制系统的整体综合性能。

5. 8 路高精准数据采集系统及 3 路光电编码器位置捕获系统

数据采集系统由 8 路高精准 24 位 A/D 转换通道组成,最高可达 ±4 000 000 码,分辨率达 1/300 000,全程不分档。A/D 转换速度和增益可在线编程。

3 路光电编码器位置捕获系统允许正交码脉冲频率可高达 5 MHz,具有纠错、辨向和计数等功能。

三、CAT 系统的软件设计

该材料试验机选择组态王 6.5 作为上位机组态软件开发平台,并利用其生成 CAT 系统的人机界面,人机界面作为系统的管理站和程序员终端用来开发和下装各种控制算法和数据,实现对生产过程的自动控制。操作员站通过组态软件,使 CAT 系统具备实时数据通信、系统状态显示、工况图形显示、历史趋势曲线显示、实时控制曲线显示、控制参数修改、参数列表、报警管理、报表打印和操作员操作记录等功能。

1. 界面设计

界面设计首先应从美学和人机工程学角度考虑,使界面具有优良的布局和友好的操作性,同时还应尽量减少操作的次数和时间,提高输入的效率,为此本系统将主要监控对象、力-位移变化趋势曲线及其数值量、控制开关元件等集中放置在此界面上,并按功能相似性划分了五个区,即图标菜单区、控制元件区、图形显示区、参数调节和显示区、按钮命令区。系统主界面设计如图 5.47 所示。

2. 力-位移曲线的生成

进行疲劳强度试验,载荷从零开始平缓地增加,在加载过程中,杆件各点的加速度很小,可以忽略不计,载荷加到最终值后不再变化。将位移量定义为 X 坐标,加载力作为 Y 坐标,对 I-7017 系列工业 I/O 模块和 MCL-Z 系统柱式拉压力传感器采集的模拟信号进行动画连接,在计算机实时监控界面中的"XY 趋势曲线图"中将实时地显示力-位移的变化情况。力-位移曲线的监控界面如图 5.48 所示。

3. 电机控制

该材料试验机对电机的控制主要包括启停控制、正反转控制、回原点控制、极限位置的行程保护和报警控制。考虑到操作的方便性,电机控制直接在主界面中显示。

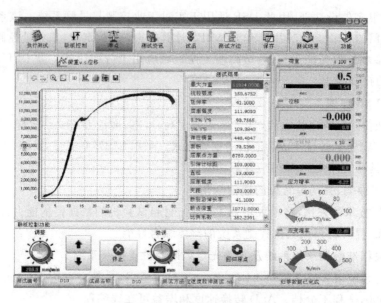

图 5.47　系统主界面设计

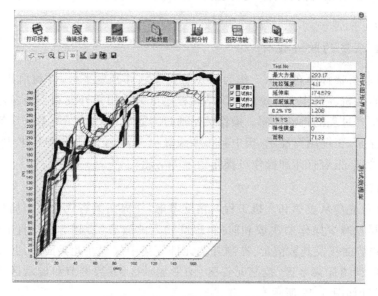

图 5.48　力-位移曲线的监控界面

4. 数据汇总及报表输出

在此界面设计中主要有报表和数据处理菜单的设计,在报表中对试验所需数据进行记录,并可由数据处理菜单对其进行处理,包括报表的页面设置、打印预览、立即打印、数据查询等功能。在报表中利用 date 函数对实验日期进行显示和记录,利用 time 函数对实验时间进行显示和记录。主要程序段如下。

```
if(MenuIndex = = 0)    //对数据报表进行页面设置//
{
ReportPageSetup("数据报表");
```

```
     }
if(MenuIndex = = 1)    //对数据报表进行打印预览//
     {
ReportPrintSetup("数据报表");
     }
if(MenuIndex = = 2)    //对数据报表进行打印操作//
     {
ReportPrint2("数据报表");
     }
if(MenuIndex = = 3)    //在报表中对所需数据进行查询//
     {
ReportSetHistData2(3,1);
     }
```

为了用户的操作方便,在报表的右边特别设置了界面切换按钮,通过切换按钮可实现在不同的界面中随意转换。

部分 CAT 系统存在数据量大的特点,此时可改用 Access 数据库进行 CAT 系统的数据管理。在系统 ODBC 数据源中添加 mdb 数据库,接着通过组态王中的 SQL 访问管理器建立与该数据库的联系,在组态王中调用 SQL 函数,可实现查询、追加、删除等操作。

习题与思考题

5.1　机电系统的计算机控制系统的基本组成是什么?

5.2　机电系统的计算机控制中,输入/输出计算机的信号有哪些?

5.3　机电系统的计算机控制的功能和特点是什么?

5.4　可编程控制器具有哪些特点?

5.5　什么是 PC-based 系统?

5.6　步进电动机的控制方式有哪些?

5.7　单片机是如何实现对步进电动机的控制的?

5.8　什么是组态软件? 常用的组态软件有哪些?

5.9　试分析 PC-based 分布式控制系统的结构。

5.10　PC-based 运动控制系统的结构是什么? 它有哪几种具体形式?

第6章 典型生产机械的电气控制

在分析典型生产机械的电气控制系统时,要注意以下几个问题。

(1) 应清楚了解其机械结构及各部分的运动特征。

(2) 初步掌握各种电器的安装部位、作用及各操作手柄、开关、控制按钮的功能和操纵方法。

(3) 由于现代生产机械多采用机械、液压和电气相结合的控制技术,并以电气控制技术作为连接中枢,所以应树立机、电、液相结合的整体概念,注意它们之间的协调关系。

(4) 注意了解与机床的机械、液压发生直接联系的各种电器的安装部位及作用,如行程开关、撞块、压力继电器、电磁离合器和电磁铁等。

(5) 要结合说明书或有关的技术资料对整个电气线路的各个部分逐一进行分析,如各电动机的启动、停止、变速、制动、保护及相互间的联锁等。

6.1 C650-2 型普通车床电气控制

车床是一种应用极为广泛的金属切削机床,能够车削外圆、内圆、端面、螺纹和定形回转表面等。另外,在车床上还可用钻头、铰刀等进行钻孔和铰孔等加工。

一、C650-2 型普通车床的主要结构和运动形式

C650-2 型普通车床的结构示意图如图 6.1 所示。它主要由床身、主轴箱、进给箱、溜板箱、刀架、丝杠、光杠和尾架等组成。

车床的切削运动包括工件旋转的主运动和刀具的直线进给运动。工件的材料性质、车刀的材料和几何形状、工件的直径、加工方式及冷却条件不同,要求主轴有不同的切削速度。

车床的进给运动是刀具的直线运动。溜板箱把丝杠或光杠的转动传递给刀架部分,变换溜板箱外的手柄位置,经刀架部分使车刀作纵向或横向进给运动。

车床的辅助运动为机床上除切削运动以外的其他一切必需的运动,如尾架的纵向移动、工件的夹紧和放松等。

二、C650-2 型普通车床机电传动的特点和控制要求

C650-2 型普通车床是一种中型车床,除有主轴电动机 M1 和冷却泵电动机 M2 外,还设

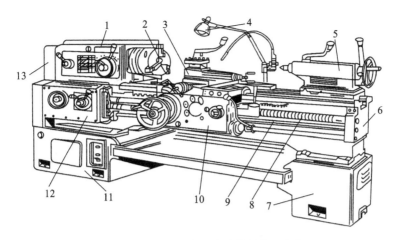

图 6.1 C650-2 型普通车床的结构示意图

1—主轴箱；2—三爪自定心卡盘；3—溜板和刀架；4—照明灯；5—尾架；6—床身；

7,11—床腿；8—丝杠；9—光杠；10—溜板箱；12—进给箱；13—挂轮箱

置了刀架快速移动电动机 M3。它的控制特点如下。

（1）主轴的正反转不是通过机械方式来实现的，而是通过电气方式，即主轴电动机 M1 的正反转来实现的，从而简化了机械结构。

（2）主轴电动机的制动采用了电气反接制动形式，并用速度继电器进行控制，可实现快速停车。

（3）为便于对刀操作，主轴设有点动控制。

（4）采用电流表来检测电动机负载情况。

（5）控制电路由于电气元件很多，故通过控制变压器 TC 同三相电网进行电隔离，提高了操作和维修时的安全性。

三、C650-2 型普通车床的电气控制线路分析

C650-2 型普通车床的电气原理图如图 6.2 所示。C650-2 型普通车床的电气控制线路可分为主电路、控制电路和辅助电路三个部分。

1. 主电路分析

图中 QS1 为电源开关。FU1 为主轴电动机 M1 的短路保护用熔断器，FR1 为其过载保护用热继电器。R 为限流电阻，在主轴点动时，用以限制启动电流；在停车反接制动时，又起限制过大的反向制动电流的作用。电流表 A 用来监视主轴电动机 M1 的绕组电流，由于实际机床中 M1 功率很大，故 A 接入电流互感器 TA 回路。机床工作时，可调整切削用量，使电流表 A 的电流接近主轴电动机 M1 额定电流的对应值（经 TA 后减小了的电流值），以便提高生产效率和充分发挥电动机的潜力。KM1、KM2 为正反转接触器，KM3 为用于短接限流电阻 R 的接触器，由它们的主触点控制主轴电动机 M1。

图中 KM4 为接通冷却泵电动机 M2 的接触器，FR2 为 M2 过载保护用热继电器。KM5 为接通刀架快速移动电动机 M3 的接触器，由于 M3 点动短时运转，故不设置热继电器。

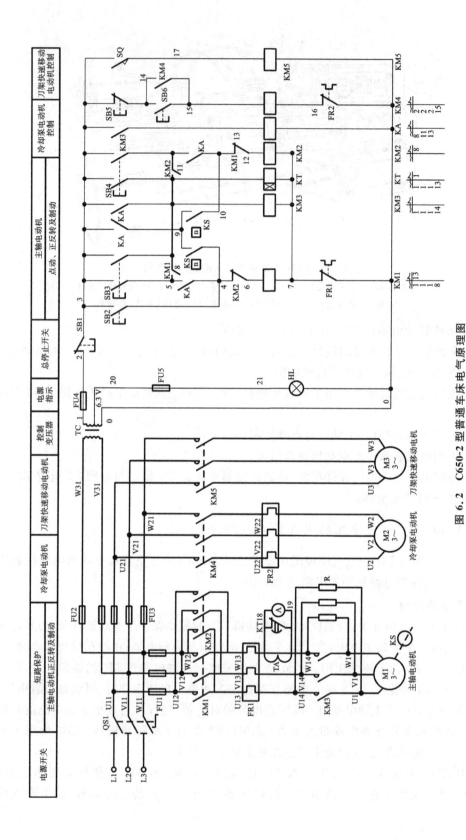

图 6.2 C650-2 型普通车床电气原理图

2. 控制电路分析

（1）主轴电动机的点动调整控制。

当按下点动按钮 SB2 不松手时，接触器 KM1 线圈通电，KM1 主触点闭合，电网电压经限流电阻 R 通入主轴电动机 M1，从而减小了启动电流。由于中间继电器 KA 未通电，故虽然 KM1 的辅助常开触点（5-8）已闭合，但不自锁，因而，松开 SB2 后，KM1 线圈随即断电，进行反接制动（详见下述），主轴电动机 M1 停转。

（2）主轴电动机的正反转控制。

当按下正向启动按钮 SB3 时，KM3 通电，其主触点闭合，短接限流电阻 R，另有一个常开辅助触点 KM3（3-13）闭合，使得 KA 通电吸合，KA（3-8）闭合，使得 KM3 在 SB3 松手后也保持通电，进而 KA 也保持通电。另一方面，当 SB3 尚未松开时，由于 KA 的另一常开触点 KA（5-4）已闭合，故使得 KM1 通电，其主触点闭合，主轴电动机 M1 全压启动运行。KM1 的辅助常开触点 KM1（5-8）也闭合。这样，当松开 SB3 后，由于 KA 的两个常开触点 KA（3-8）、KA（5-4）保持闭合，KM1（5-8）也闭合，故可形成自锁通路，从而 KM1 保持通电。另外，在 KM3 得电的同时，时间继电器 KT 通电吸合，其作用是使电流表避免启动电流的冲击（KT 延时应稍长于 M1 的启动时间）。图中 SB4 为反向启动按钮，反向启动过程与正向时类似，不再赘述。

（3）主轴电动机的反接制动。

C650-2 型普通车床采用反接制动方式，用速度继电器 KS 进行检测和控制。点动、正转、反转停车时均有反接制动。

假设原来主轴电动机 M1 正转运行着，则 KS 的正向常开触点 KS（9-10）闭合，而反向常开触点 KS（9-4）依然断开着。当按下总停按钮 SB1 后，原来通电的 KM1、KM3、KT 和 KA 随即断电，它们的所有触点均被释放而复位。然而，当 SB1 松开后，M1 由于惯性转速还很高，KS（9-10）仍闭合，所以反转接触器 KM2 立即通电吸合，电流通路是 1→2→3→9→10→12→KM2 线圈→7→0。

这样，主轴电动机 M1 就被串电阻反接制动，正向转速很快降下来，当正向转速降到很低（$n<100$ r/min）时，KS 的正向常开触点 KS（9-10）断开复位，从而切断了上述电流通路。至此，正向反接制动就结束了。

点动时反接制动过程和反向时反接制动过程类似，不再赘述。

（4）刀架的快速移动和冷却泵控制。

转动刀架手柄，限位开关 SQ 被压动而闭合，使得快速移动接触器 KM5 通电，刀架快速移动电动机 M3 启动运转；而当刀架手柄复位时，M3 随即停转。

冷却泵电动机 M2 的启动按钮和停止按钮分别为 SB6 和 SB5。

3. 辅助电路分析

虽然电流表 A 接在电流互感器 TA 回路里，但主轴电动机 M1 启动时对它的冲击仍然很大。为此，在线路中设置了时间继电器 KT 来进行保护。当主轴电动机正向或反向启动时，KT 通电，延时时间尚未到时，A 就被 KT 延时断开的常闭触点短路，延时时间到后，才有电流指示。

6.2 Z3050 型摇臂钻床电气控制

钻床是一种孔加工设备,可用来进行钻孔、扩孔、铰孔、攻丝和修刮端面等多种形式的加工。按用途和结构分类,钻床可分为立式钻床、台式钻床、多轴钻床、摇臂钻床和其他专用钻床等。

一、Z3050 型摇臂钻床的主要结构和运动形式

摇臂钻床主要由底座、内立柱、外立柱、摇臂、主轴箱和工作台等组成,如图 6.3 所示。

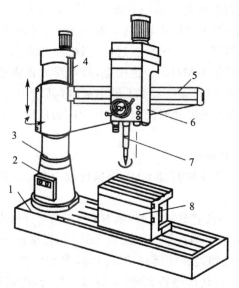

图 6.3 Z3050 型摇臂钻床的结构示意图
1—底座;2—内立柱;3—外立柱;4—摇臂升降丝杠;5—摇臂;6—主轴箱;7—主轴;8—工作台

内立柱固定在底座的一端,外立柱套在内立柱上,可绕内立柱回转 360°。摇臂的一端为套筒,它套装在外立柱上,并借助摇臂升降丝杠的正反转,可沿着外立柱作上下移动。由于摇臂升降丝杠与外立柱连成一体,而升降螺母固定在摇臂上,因此摇臂不能绕外立柱转动,只能与外立柱一起绕内立柱回转。主轴箱是一个复合部件,由主传动电动机、主轴和主轴传动机构、进给和变速机构、机床的操作机构等组成。主轴箱安装在摇臂的水平导轨上,可以通过手轮操作,使其在水平导轨上沿摇臂移动。

当进行钻削加工时,由特殊的夹紧装置将主轴箱紧固在摇臂导轨上,而外立柱紧固在内立柱上,摇臂紧固在外立柱上,然后进行钻削加工。钻削加工时,钻头一边进行旋转切削,一边进行纵向进给,其运动形式为:

(1)主运动为主轴的旋转运动;

(2)进给运动为主轴的纵向进给;

(3)辅助运动有摇臂沿外立柱的垂直移动、主轴箱沿摇臂长度方向的移动、摇臂与外立柱一起绕内立柱的回转运动。

二、Z3050 型摇臂钻床机电传动的特点和控制要求

（1）摇臂钻床运动部件较多，为了简化传动装置，采用多台电动机拖动。Z3050 型摇臂钻床采用 4 台电动机拖动，它们分别是主轴电动机、摇臂升降电动机、液压泵电动机和冷却泵电动机，这些电动机都采用直接启动方式。

（2）为了适应多种形式的加工要求，摇臂钻床主轴的旋转运动和进给运动有较大的调速范围，一般情况下多由机械变速机构实现。主轴变速机构和进给变速机构均装在主轴箱内。

（3）摇臂钻床的主运动和进给运动均为主轴的运动（分别为主轴的旋转运动和主轴的进给运动），为此这两项运动由一台主轴电动机拖动，分别经主轴传动机构、进给传动机构实现。

（4）在加工螺纹时，要求主轴能正反转。摇臂钻床主轴正反转旋转一般采用机械方法实现。因此，主轴电动机仅需要单向旋转。

（5）摇臂升降电动机要求能正反向旋转。

（6）内、外立柱的夹紧和放松、主轴和摇臂的夹紧和放松可采用机械、电气-机械、电气-液压或电气-液压-机械等控制方法实现。Z3050 型摇臂钻床大多采用电气-液压-机械控制方法，因此备有液压泵电动机。液压泵电动机要求能正反向旋转，并根据要求采用点动控制。

（7）摇臂的移动严格按照摇臂松开→移动→摇臂夹紧的程序进行。因此，摇臂的夹紧和摇臂的升降通过自动控制实现。

（8）冷却泵电动机带动冷却泵提供冷却液，只要求单向旋转。

（9）具有联锁与保护环节及安全照明、信号指示电路。

三、Z3050 型摇臂钻床的电气控制线路分析

Z3050 型摇臂钻床的电气原理图如图 6.4 所示。Z3050 型摇臂钻床的电气控制线路可分为主电路、控制电路及照明和指示电路三个部分。

1. 主电路分析

Z3050 型摇臂钻床共有 4 台电动机，除冷却泵电动机采用断路器直接启动方式外，其余三台电动机均采用接触器直接启动方式。

M1 是主轴电动机，由交流接触器 KM1 控制，只要求单方向旋转，主轴的正反转由机械手柄操作。M1 装于主轴箱顶部，驱动主轴和进给传动系统运转。热继电器 FR1 做主轴电动机 M1 的过载及断相保护，短路保护由断路器 QF1 中的电磁脱扣装置来完成。

M2 是摇臂升降电动机，装于立柱顶部，用接触器 KM2 和 KM3 控制其正反转。由于摇臂升降电动机 M2 间歇性工作，所以不设过载保护。

M3 是液压泵电动机，用接触器 KM4 和 KM5 控制其正反转，由热继电器 FR2 做过载及断相保护。该电动机的主要作用是拖动液压泵泵以供给液压装置压力油，以实现摇臂、立柱和主轴箱的松开和夹紧。

摇臂升降电动机 M2 和液压泵电动机 M3 共用断路器 QF3 中的电磁脱扣器做短路保护。

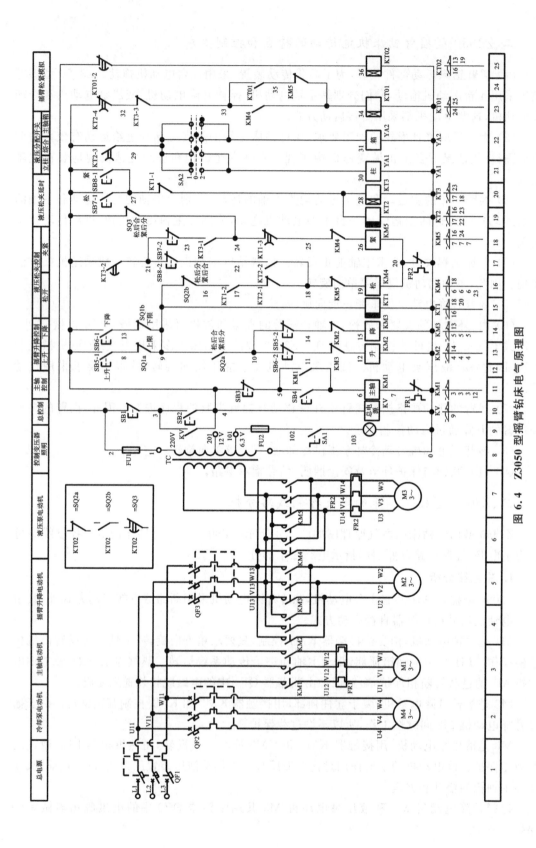

图 6.4 Z3050 型摇臂钻床电气原理图

M4 是冷却泵电动机,由断路器 QF2 直接控制,并实现短路、过载及断相保护。

电源配电盘在立柱前下部。冷却泵电动机 M4 装于靠近立柱的底座上,摇臂升降电动机 M2 装于立柱顶部,其余电气设备置于主轴箱或摇臂上。由于 Z3050 型摇臂钻床内、外柱间未装设汇流环,故在使用时,不能沿一个方向连续转动摇臂,以免发生事故。

主电路电源电压为交流 380 V,断路器 QF1 作为电源引入开关。

2.控制电路分析

控制电路电源由控制变压器 TC 降压后供给 110 V 电压(本装置控制电压为 220 V),熔断器 FU1 做短路保护。

(1)开车前的准备工作。

合上 QF3 及总电源开关 QF1,按下按钮 SB2,KV 吸合并自锁,"总启"指示灯亮,表示控制线路已经带电,为操作做好了准备。

(2)主轴电动机 M1 的控制。

按下启动按钮 SB4,接触器 KM1 吸合并自锁,主轴电动机 M1 启动运行,同时"主轴启动"指示灯亮。按下停止按钮 SB3,接触器 KM1 释放,使主轴电动机 M1 停止旋转,同时"主轴启动"指示灯熄灭。

(3)摇臂升降控制。

按下上升按钮 SB5(或下降按钮 SB6),则时间继电器 KT1 通电吸合,其瞬时闭合的常开触头(16 区)闭合,接触器 KM4 线圈(16 区)通电,液压泵电动机 M3 启动,正向旋转,供给压力油。压力油经分配阀体进入摇臂的"松开油腔",推动活塞移动,活塞推动菱形块,将摇臂松开。同时,活塞杆通过弹簧片压下位置开关 SQ2,使其常闭触头(16 区)断开,常开触头(13 区)闭合。前者切断了接触器 KM4 的线圈电路,KM4 主触头(6 区)断开,液压泵电动机 M3 停止工作。后者使交流接触器 KM2(或 KM3)的线圈通电,KM2(或 KM3)的主触头(4 区或 5 区)接通 M2 的电源,摇臂升降电动机 M2 启动旋转,带动摇臂上升(或下降)。如果此时摇臂尚未松开,则位置开关 SQ2 的常开触头不能闭合,接触器 KM2(或 KM3)的线圈无电,摇臂就不能上升(或下降)。

当摇臂上升(或下降)到所需位置时,松开按钮 SB5(或 SB6),则接触器 KM2(或 KM3)和时间继电器 KT1 同时断电释放,M2 停止工作,随之摇臂停止上升(或下降)。

由于时间继电器 KT1 断电释放,经 3 s 时间的延时后,其延时闭合的常闭触头(18 区)闭合,使接触器 KM5(18 区)吸合,液压泵电动机 M3 反向旋转,随之泵内压力油经分配阀进入摇臂的"夹紧油腔",使摇臂夹紧。在摇臂夹紧后,活塞杆推动弹簧片压下位置开关 SQ3,其常闭触头(19 区)断开,KM5 断电释放,M3 最终停止工作,完成了摇臂的松开→上升(或下降)→夹紧的整套动作。

组合开关 SQ1a(13 区)和 SQ1b(14 区)作为摇臂升降的超程限位保护。当摇臂上升到极限位置时,压下 SQ1a 使其断开,接触器 KM2 断电释放,M2 停止运行,摇臂停止上升;当摇臂下降到极限位置时,压下 SQ1b 使其断开,接触器 KM3 断电释放,M2 停止运行,摇臂停止下降。

摇臂的自动夹紧由位置开关 SQ3 控制。液压夹紧系统出现故障,不能自动夹紧摇臂,或者 SQ3 调整不当,在摇臂夹紧后不能使 SQ3 的常闭触头断开,都会使液压泵电动机 M3 因长期过载运行而损坏。为此电路中设有热断电器 FR2,其整定值应根据电动机 M3 的额定电流进行整定。

摇臂升降电动机 M2 的正反转接触器 KM2 和 KM3 不允许同时获电动作,以防止电源相间短路。为避免因操作失误、主触头熔焊等原因而造成短路事故,在摇臂上升和下降的控制电路中采用了接触器联锁和复合按钮联锁措施,以确保电路安全工作。

(4)立柱和主轴箱的夹紧与放松控制。

立柱和主轴箱的夹紧(或放松)既可以同时进行,也可以单独进行,由转换开关 SA1 和复合按钮 SB6(或 SB7)进行控制。SA1 有三个位置,扳到中间位置时,立柱和主轴箱的夹紧(或放松)同时进行;扳到左边位置时,立柱夹紧(或放松);扳到右边位置时,主轴箱夹紧(或放松)。复合按钮 SB6 是松开控制按钮,SB7 是夹紧控制按钮。

(5)立柱和立轴箱同时松开与夹紧。

将转换开关 SA1 拨到中间位置,然后按下复合按钮 SB6,时间继电器 KT2、KT3 线圈同时得电。KT2 的延时断开的常开触头(22 区)瞬时闭合,电磁铁 YA1、YA2 得电吸合。而 KT3 延时闭合的常开触头(17 区)经 1～3 s 延时后闭合,使接触器 KM4 获电吸合,液压泵电动机 M3 正转,供出的压力油进入立柱和主轴箱的"松开油腔",使立柱和主轴箱同时松开。

松开 SB6,时间继电器 KT2 和 KT3 的线圈断电释放,KT3 延时闭合的常开触头(17 区)瞬时分断,接触器 KM4 断电释放,液压泵电动机 M3 停转。KT2 延时分断的常开触头(22 区)经 1～3 s 后分断,电磁铁 YA1、YA2 线圈断电释放,立柱和主轴箱同时松开的操作结束。

立柱和主轴箱同时夹紧的工作原理与松开相似,只要按下 SB7,使接触器 KM5 获电吸合,液压泵电动机 M3 反转即可。

(6)立柱和主轴箱单独松开与夹紧。

如果希望单独控制主轴箱,可将转换开关 SA1 扳到右侧位置。按下松开按钮 SB6(或夹紧按钮 SB7),时间继电器 KT2 和 KT3 的线圈同时得电,这时只有电磁铁 YA2 单独通电吸合,从而实现主轴箱的单独松开(或夹紧)。

松开复合按钮 SB6(或 SB7),时间继电器 KT2 和 KT3 的线圈断电释放,KT3 的通电延时闭合的常开触头瞬时断开,接触器 KM4(或 KM5)的线圈断电释放,液压泵电动机 M3 停转。经 1～3 s 的延时后,KT2 延时分断的常开触头(22 区)分断,电磁铁 YA2 的线圈断电释放,主轴箱松开(或夹紧)的操作结束。

同理,把转换开关 SA1 扳到左侧,则使立柱单独松开或夹紧。

因为立柱和主轴箱的松开和夹紧是短时间的调整工作,所以采用点动控制。

(7)冷却泵电动机 M4 的控制。

合上或分断断路器 QF2,就可以接通或切断电源,操纵冷却泵电动机 M4 的工作或使其停止。

4. 照明和指示电路分析

照明和指示电路由控制变压器 TC 降压后提供 12 V、6 V 的电压做电源,由熔断器 FU2 做短路保护,EL 是照明灯。

6.3　M7130 型平面磨床电气控制

磨床是用砂轮的周边或端面进行加工的精密机床。砂轮的旋转运动是主运动,工件或砂轮的往复运动为进给运动,而砂轮架的快速移动和工作台的移动为辅助运动。磨床的种类很多,按其工作性质可分为外圆磨床、内圆磨床、平面磨床、工具磨床和专用磨床等。其中平面磨床应用较为普遍。

一、M7130 型平面磨床的主要结构和运动形式

M7130 型平面磨床的结构示意图如图 6.5 所示。它主要由床身、工作台、电磁吸盘、砂轮箱(又称磨头)、滑座和立柱等组成。

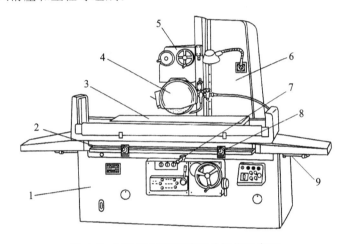

图 6.5　M7130 型平面磨床的结构示意图

1—床身;2—工作台;3—电磁吸盘;4—砂轮箱;5—滑座;
6—立柱;7—换向阀手柄;8—换向撞块;9—液压缸活塞杆

在箱形床身中装有液压传动装置,工作台通过液压缸活塞杆液压驱动在床身导轨上作往复运动。工作台表面有 T 形槽,用以安装电磁吸盘或直接安装大型工件。工作台往返运动的行程长度可通过调节装在工作台正面槽中的换向撞块的位置来改变。换向撞块是通过碰撞工作台往复运动换向阀手柄来改变油路方向,从而实现工作台往复运动的。

在床身上固定有立柱,沿立柱的导轨上装有滑座,砂轮箱能沿滑座的水平导轨作横向移动。砂轮轴由装入式砂轮电动机直接驱动,并通过滑座内部的液压传动机构实现砂轮箱的横向移动。

滑座可在立柱导轨上作上、下垂直移动,由装在床身上的垂直进刀手轮实现。砂轮箱的横向移动可由装在滑座上的横向移动手轮实现,砂轮箱也可由液压缸活塞杆拖动作连续或间断横向移动,其中连续横向移动用于调节砂轮位置或整修砂轮,间断横向移动用于进给。

M7130 型平面磨床的主运动是砂轮的旋转运动。进给运动有垂直进给运动(滑座在立柱上的上、下运动)、横向进给运动(砂轮箱在滑座上的水平移动)和纵向运动(工作台沿床身的往复运动)。工作时,砂轮作旋转运动并沿其轴向作定期的横向进给运动。工件固定在工

作台上,工作台作直线往返运动。工作台每完成一纵向行程时,砂轮作横向进给运动,当加工完整个平面后,砂轮作垂直方向的进给运动,以此完成整个平面的加工。

二、M7130 型平面磨床机电传动的特点和控制要求

磨床的砂轮主轴一般并不需要较大的调速范围,所以采用鼠笼式异步电动机拖动。为达到缩小体积、使结构简单化、提高机床精度和减少中间传动的目的,采用装入式异步电动机直接拖动砂轮,这样电动机的转轴就是砂轮轴。

平面磨床是一种精密机床,为了保证加工精度,它采用了液压传动。采用一台液压泵电动机,通过液压装置来实现工作台的往复运动和砂轮横向的连续与断续进给。

为了在磨削加工时对工件进行冷却,需采用冷却液,因此需要一台冷却泵电动机。为了提高生产率和加工精度,磨床中广泛采用多台电动机拖动方式,使磨床有最简单的机械传动系统。所以,M7130 型平面磨床采用三台电动机,即砂轮电动机、液压泵电动机和冷却泵电动机。

基于上述拖动特点,对 M7130 型平面磨床的电气控制线路有如下要求。

(1)砂轮电动机、液压泵电动机和冷却泵电动机都只要求单方向旋转。

(2)冷却泵电动机随砂轮电动机运转而运转,并可单独断开。

(3)具有完善的保护环节,如各电路的短路保护、电动机的长期过载保护、电动机的零压保护、电磁吸盘的欠电流保护,以及电磁吸盘断开时产生高电压而危及电路中其他电气设备的保护等。

(4)保证在使用电磁吸盘的正常工作状态下和不用电磁吸盘在调整机床工作时,都能启动机床各电动机。但在使用电磁吸盘的工作状态下时,必须保证只有电磁吸盘吸力足够大时,才能启动机床各电动机。

(5)具有电磁吸盘吸持工件、松开工件,并使工件去磁的控制环节。

(6)必要的照明与指示信号。

三、M7130 型磨床电气控制线路分析

M7130 型平面磨床电气原理图如图 6.6 所示。电气控制线路可分为主电路、控制电路、电磁吸盘控制电路及机床照明与指示电路等。

1. 主电路分析

电源由总开关 QS1 引入,为机床开动做准备。整个电气控制线路由熔断器 FU1 做短路保护。

主电路中有三台电动机,M1 为砂轮电动机,M2 为冷却泵电动机,M3 为液压泵电动机。

冷却泵电动机和砂轮电动机同时工作、同时停止,共同由接触器 KM1 来控制,液压泵电动机由接触器 KM2 来控制。M1、M2、M3 分别由 FR1、FR2、FR3 实现过载保护。

2. 控制电路分析

控制电路采用交流 380 V 电压供电,由熔断器 FU2 做短路保护。控制电路只有在触点(3-4)接通时才能起作用,而触点(3-4)接通的条件是转换开关 SA2 扳到触点(3-4)接通位置(即 SA2 置退磁位置),或者欠电流继电器 KI 的常开触点(3-4)闭合时(即 SA2 置充磁位置,且流过 KI 线圈电流足够大,电磁吸盘吸力足够时)。言外之意,只有在电磁吸盘去磁的情

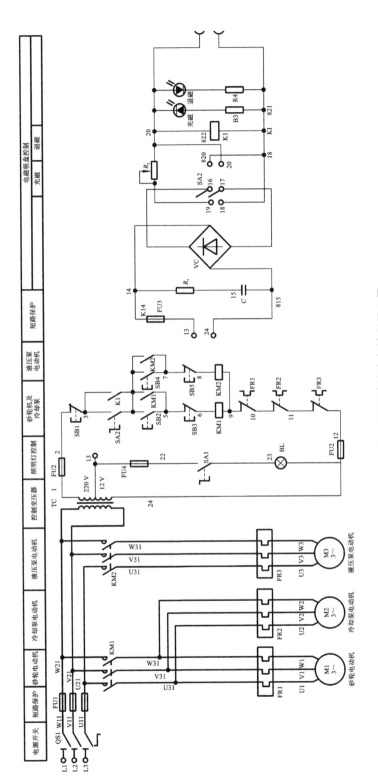

图 6.6 M7130 型平面磨床电气控制原理图

况下,磨床进行调整运动及不需电磁吸盘夹持工件时,或在电磁吸盘充磁后正常工作,且电磁吸力足够大时,电动机控制电路才可启动电动机。

按下启动按钮 SB2,接触器 KM1 因线圈通电而吸合,其常开辅助触点(4-5)闭合进行自锁,砂轮电动机 M1 及冷却泵电动机 M2 启动运行。按下启动按钮 SB4,接触器 KM2 因线圈通电而吸合,其常开辅助触点(4-7)闭合进行自锁,液压泵电动机启动运转。SB3 和 SB5 分别为它们的停止按钮。

3. 电磁吸盘控制电路分析

电磁吸盘用来吸住工件以便进行磨削。它具有比机械夹紧迅速、操作快速简便、不损伤工件、一次能吸住好多个小工件,以及磨削中工件发热时可自由伸缩、不会变形等优点。不足之处是,它只能吸住导磁性材料工件,对非导磁性材料工件没有吸力。电磁吸盘的线圈中通的是直流电,不能是交流电,因为交流电会使工件振动和铁芯发热。

电磁吸盘控制电路可分成三个部分,即整流装置、转换开关和保护装置。

(1)整流装置由控制变压器 TC 和桥式整流器 VC 组成,提供直流电压。

(2)转换开关 SA2 是用来为电磁吸盘接上正向工作电压和反向工作电压的。它有充磁、放松和退磁三个位置。当磨削加工时,将转换开关 SA2 扳到充磁位置,SA2(16-18)、SA2(17-20)接通,SA2(3-4)断开,电磁吸盘线圈电流方向从下到上。这时,因 SA2(3-4)断开,由 KI 的触点(3-4)保持 KM1 和 KM2 的线圈通电。若电磁吸盘线圈断电或电流太小吸不住工件,则欠电流继电器 KI 释放,其常开触点(3-4)也断开,各电动机因控制电路断电而停止。否则,工件会因吸不牢而被高速旋转的砂轮碰击进而飞出,可能造成事故。当工件加工完毕后,工件因有剩磁而需要进行退磁,故需再将 SA2 扳到退磁位置,这时 SA2(16-19)、SA2(17-18)、SA2(3-4)接通。电磁吸盘线圈通过了反方向(从上到下)的较小(因串入了 R2)电流进行去磁。去磁结束,将 SA2 扳回到松开位置(SA2 所有触点均断开),就能取下工件。

如果不需要电磁吸盘,将工件夹在工作台上,将转换开关 SA2 扳到退磁位置,这时 SA2 在控制电路中的触点(3-4)接通,各电动机就可以正常启动。

(3)电磁吸盘控制线路的保护装置有:欠电流保护,由 KI 实现;电磁吸盘线圈的过电压保护,由并联在线圈两端放电电阻实现;短路保护,由 FU3 实现;整流装置的过电压保护,由 14、15 号线间的 R1、C 来实现。

4. 机床照明与指示电路分析

由照明变压器 T2 将交流 380 V 降为 24 V,并由开关 SA1 控制照明灯 EL。在照明变压器 T2 的原绕组上接有熔断器 FU3 做短路保护。

四、M7130 型平面磨床电气控制常见故障分析

平面磨床电气控制特点是采用电磁吸盘,在此仅对电磁吸盘的常见故障进行分析。

(1)电磁吸盘没有吸力。首先应检查三相交流电源是否正常,然后检查 FU1、FU2、FU4 熔断器是否完好、接触是否正常,最后检查接插器 X2 接触是否良好。如上述检查均未发现故障,则进一步检查电磁吸盘控制电路,包括欠电流继电器 KA 线圈是否断开、吸盘线圈是否断路等。

(2)电磁吸盘吸力不足。常见的原因有交流电源电压低,导致整流直流电压相应下降,以致吸力不足。若整流直流电压正常,电磁吸力仍不足,则有可能是 X2 接插器接触不良。造成电磁吸力不足的另一原因是桥式整流电路的故障。如整流桥一桥臂发生开路,将使直流输出电压下降一半,吸力相应减小。若有一桥臂整流元件击穿形成短路,则与它相邻的另一桥臂的整流元件会因过电流而损坏,此时 T1 也会因电路短路而造成过电流,致使吸力很小甚至无吸力。

（3）电磁吸盘去磁效果差,造成工件难以取下。其故障原因在于去磁电压过高或去磁回路断开,无法退磁或退磁时间掌握不好等。

6.4　X62W 型万能铣床电气控制

铣床在机床设备中占有很大的比重,在数量上仅次于车床,可用来加工平面、斜面、沟槽,装上分度头可以铣切直齿齿轮和螺旋面,装上圆形工作台可以铣切凸轮和弧形槽。铣床的种类很多,有卧式铣床、立式铣床、龙门铣床、仿形铣床和各种专用铣床等。

一、X62W 型万能铣床的主要结构和运动形式

X62W 型万能铣床的结构示意图如图 6.7 所示。它主要由底座、床身、悬梁、刀杆支架、升降台、溜板和工作台等组成。

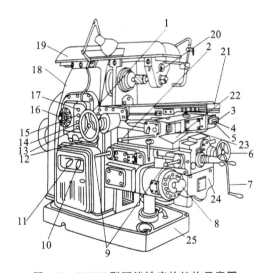

图 6.7　X62W 型万能铣床的结构示意图

1,2—纵向工作台进给手动手轮和操作手柄;3,15—主轴停止按钮;4,17—主轴启动按钮;
5,14—工作台快速移动按钮;6—工作台横向进给手动手轮;7—工作台升降进给手动摇把;
8—自动进给变换手柄;9—工作台升降、横向进给操作手柄;10—油泵开关;11—电源开关;
12—主轴瞬时冲动手柄;13—照明开关;16—主轴调速转盘;18—床身;19—悬梁;
20—刀杆支架;21—工作台;22—溜板;23—回转盘;24—升降台;25—底座

箱型床身固定在底座上,它是机床的主体部分,用来安装和连接机床的其他部件,床身内装有主轴的传动机构和变速操纵机构。

床身的顶部有水平导轨,其上装有带一个或两个刀杆支架的悬梁,刀杆支架用来支承铣

刀心轴的一端,心轴的另一端固定在主轴上,并由主轴带动旋转。悬梁可沿水平导轨移动,以便调整铣刀的位置。

床身的前侧面装有垂直导轨,升降台可沿垂直导轨上下移动,在升降台上面的水平导轨上,装有可在平行于主轴轴线方向移动(横向移动,即前后移动)的溜板,溜板上部可以转动的回转台。

工作台装在回转台的导轨上,可以作垂直于轴线方向的移动(纵向移动,即左右移动)。工作台上有用于固定工件的 T 形槽。因此,固定于工作台上的工件可作上下、左右和前后三个方向的移动,便于工作调整和加工时进给方向的选择。

溜板可绕垂直轴线左右旋转 45°,因此工作台还能在倾斜方向进给,以加工螺旋槽。该铣床还可以安装圆形工作台以扩大铣削能力。

X62W 型万能铣床有三种运动,主轴带动铣刀的旋转运动为主运动,加工中工作台带动工件的移动或圆形工作台的旋转运动为进给运动,工作台带动工件在三个方向上的快速移动为辅助运动。

二、X62W 型万能铣床的控制要求

(1) 机床要求有三台电动机,分别为主轴电动机、工作台进给电动机和冷却泵电动机。

(2) 由于加工有顺铣和逆铣两种方式,所以要求主轴电动机能正反转及在变速时能瞬时冲动一下,以利于齿轮的啮合,并要求还能制动停车和实现两地控制。

(3) 工作台的三种运动形式、六个方向的移动是通过机械的方法来实现的,对工作台进给电动机要求能正反转,且要求纵向、横向、垂直三种运动形式相互间应有联锁措施,以确保操作安全。同时要求工作台进给变速时,工作台进给电动机也能瞬间冲动、快速进给和实现两地控制。

(4) 冷却泵电动机只要求正转。

(5) 工作台进给电动机和主轴电动机需实现联锁控制,即主轴工作后才能进行进给。

三、X62W 型万能铣床电气控制线路分析

X62W 型万能铣床电气原理图如图 6.8 所示。X62W 型万能铣床电气控制线路分为主电路、控制电路和照明电路三个部分。

1. 主电路分析

主电路共有 3 台电动机,M1 为主轴电动机,M2 为工作台进给电动机,M3 为冷却泵电动机。

(1) 主轴电动机 M1 由接触器 KM1 控制启动和停止。其旋转方向由倒顺开关 SA5 进行预先设置。接触器 KM2、制动电阻器 R 和速度继电器相配合,能实现串电阻瞬时冲动和反接制动。

(2) 工作台进给电动机 M2 由接触器 KM3、KM4 进行在反转控制,实现六个方向的常速进给。KM3、KM4 与行程开关、接触器 KM5 和牵引电磁铁 YA 相配合,能实现进给变速时的瞬时冲动和快速进给。

(3) 冷却泵电动机 M3 由 KM6 进行单向旋转启停控制。

(4) 熔断器 FU1 做机床总短路保护和 M1 的短路保护;FU2 做 M2、M3 和控制变压器

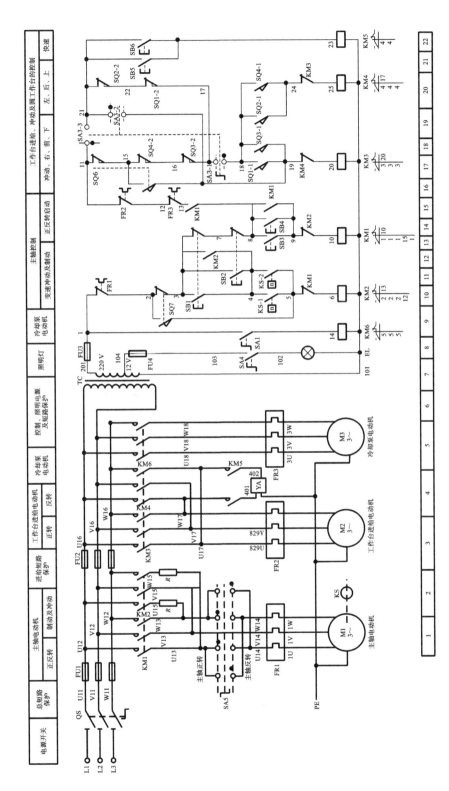

图 6.8　X62W 型万能铣床电气控制原理图

TC 的短路保护,热继电器 FR1、FR2、FR3 分别做 M1、M2、M3 的过载保护。

2. 控制电路分析

控制电路由控制变压器 TC 输出 220 V 电压供电。

(1) 主轴电动机 M1 的控制。

为方便操作,主轴电动机 M1 采用两地控制方式,一组启动按钮 SB3 和停止按钮 SB1 安装在工作台上,另一组启动按钮 SB4 和停止按钮 SB2 安装在床身上,SQ7 是主轴变速手柄联动的瞬时动作行程开关。主轴电动机 M1 的控制包括启动控制、制动控制、换刀控制和变速冲动控制。

①主轴电动机启动:先将 SA5 扳到主轴电动机所需的旋转方向,然后按启动按钮 SB3 或 SB4 来启动电动机 M1。M1 启动后,速度继电器 KS 的一副常开触头闭合,为主轴电动机的停转制动做好准备。

②主轴电动机制动:按下停止按钮 SB1 或 SB2,切断 KM1 电路,接通 KM2 电路,改变 M1 的电源相序,进行串电阻反接制动。当 M1 的转速低于 120 r/min 时,速度继电器 KS 的一副常开触头恢复断开,切断 KM2 电路,M1 停转,制动结束。

③主轴电动机变速时的瞬时冲动控制:利用变速手柄与冲动行程开关 SQ7,通过机械上联动机构进行控制。主轴变速冲动控制示意图如图 6.9 所示。

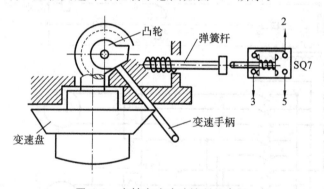

图 6.9 主轴变速冲动控制示意图

变速时,先下压变速手柄,然后将其拉到前面,当快要落到第二道槽时,转动变速盘,选择需要的转速。此时凸轮压下弹簧杆,使冲动行程开关 SQ7 的常闭触头先断开,切断 KM1 线圈的电路,电动机 M1 断电;同时 SQ7 的常开触头后接通,KM2 线圈得电动作,M1 被反接制动。当手柄接到第二道槽时,SQ7 不受凸轮控制而复位,M1 停转。接着把手柄从第二道槽推回原始位置,凸轮又瞬时压动冲动行程开关 SQ7,使 M1 反向瞬时冲动一下,以利于变速后的齿轮啮合。

(2) 工作台进给电动机 M2 的控制。

工作台的纵向、横向和垂直运动都由工作台进给电动机 M2 驱动,由接触器 KM3 和 KM4 实现正反转控制,以改变进给运动方向。它的控制电路采用了由与纵向运动机械手柄联动的行程开关 SQ1、SQ2 及与横向运动和垂直运动机械操作手柄联动的行程开关 SQ3、SQ4 组成的复合连锁控制方式,即在选择三种运动形式的六个方向移动时,只能进行其中一个方向的移动,以确保操作安全。当这两个机械操作手柄都在中间位置时,各行程开关都处在未压的原始状态。

①工作台纵向(左右)运动的控制:工作台的纵向运动是由 M2 驱动,由纵向操作手柄来控制的。此手柄是复式的,一个安装在工作台底座的顶面中央部位,另一个安装在工作台底座的左下方。手柄有向左、向右和零位三个位置。当手柄扳到向左或向右运动方向时,手柄的联动机构压下行程开关 SQ1 或 SQ2,使接触器 KM3 或 KM4 动作,从而控制工作台进给电动机 M2 转向。工作台左右运动的行程调节,可通过调整安装在工作台两端的撞铁位置来实现。当工作台纵向运动到极限位置时,撞铁撞动纵向操作手柄,使它回到零位,M2 停转,工作台停止运动,从而实现纵向终端保护。

工作台向左运动:在 M1 启动后,将纵向操作手柄扳至向左位置,一方面机械接通纵向离合器,同时在电气上压下 SQ1,使 SQ1-2 断开,而其他控制进给运动的行程开关都处于原始位置,此时 KM3 吸合,M2 正转,工作台向左进给运动。工作台向右运动:将纵向操作手柄扳至向右位置,一方面机械接通纵向离合器,同时在电气上压下 SQ2,使 SQ2-2 断开,而其他控制进给运动的行程开关都处于原始位置,此时 KM4 吸合,M2 反转,工作台向右进给运动。

②工作台垂直(上下)和横向(前后)运动的控制:工作台垂直和横向运动,由垂直和横向进给操作手柄操纵。此手柄也是复式的,两个完全相同的手柄分别装在工作台左侧前、后方。手柄联动机构一方面压下行程开关 SQ3 或 SQ4,同时能接通垂直或横向进给离合器。操作手柄有五个位置(上、下、前、后、中间),五个位置是联锁的,工作台的上下和前后的终端保护是利用装在床身导轨旁与工作台座上的撞铁,将操纵十字手柄撞到中间位置,使 M2 断电停转。

工作台向后(或向上)运动的控制:将十字操作手柄扳至向后(或向上)位置时,机械上接通横向进给(或垂直进给)离合器,同时压下 SQ3,使 SQ3-2 断开,SQ3-1 连通,KM3 吸合,M2 正转,工作台向后(或向上)运动。工作台向前(或向下)运动的控制:将十字操作手柄扳至向前(或向下)位置时,机械上接通横向进给(或垂直进给)离合器,同时压下 SQ4,使 SQ4-2 断开,SQ1-1 连通,KM4 吸合,M2 反转,工作台向前(或向下)运动。

③工作台进给电动机变速时的瞬时冲动控制:变速时,为使齿轮易于啮合,进给变速与主轴变速一样,设有变速冲动环节。当需要进行进给变速时,应将转速盘的蘑菇形手轮向外拉出并转动转速盘,把所需进给量的标尺数字对准箭头,然后把蘑菇形手轮用力向外拉到极限位置并随即推向原位,就在一次操纵手轮的同时,其连杆机构二次瞬时压下行程开关 SQ6,使 KM3 瞬时吸合,M2 作正向瞬时冲动。由于进给变速瞬时冲动的通电回路要经过 SQ1、SQ2、SQ3、SQ4 四个行程开关的常闭触头,因此只有当进给运动的操作手柄都在中间(停止)位置时,才能实现进给变速冲动控制,以保证操作时的安全。同时,与主轴变速冲动控制一样,工作台进给电动机的通电时间不能太长,以防止转速过高,在变速时打坏齿轮。

④工作台的快速移动控制:为了提高劳动生产率,要求铣床在不做铣削加工时,工作台能够快速移动。工作台快速移动也是由工作台进给电动机 M2 来实现的,在纵向、横向、和垂直三种运动形式六个方向上都可以实现快速移动控制。

主轴电动机启动后,将进给操作手柄扳到所需位置,工作台按照选定的速度和方向作常速进给移动时,按下快速进给按钮 SB5(或 SB6),使接触器 KM5 通电吸合,接通牵引电磁铁 YA,电磁铁通过杠杆快速使摩擦离合器闭合,减少中间传动装置,使工作台按运动方向作快速进给运动。当松开快速进给按钮时,牵引电磁铁 YA 断电,摩擦离合器断开,快速时进给运动停止,工作台仍按常速进给速度继续运动。

（3）圆形工作台的运动控制。

铣床需铣削螺旋槽、弧形槽等时,可在工作台上安装圆形工作台及其传动机构,圆形工作台的回转运动也是由工作台进给电动机 M2 驱动的。圆形工作台工作时,应先将进给操作手柄都扳到中间（停止）位置,然后将圆形工作台组合开关 SA3 扳到圆形工作台接通位置。此时,SA3-1 断开、SA3-3 断开 SA3-2 连通,准备就绪后,按下主轴启动按钮 SB3 或 SB4,则接触器 KM1 与 KM3 相继吸合,主轴电动机 M1 与工作台进给电动机 M2 相继启动并运转,而工作台进给电动机 M2 仅以正转方向带动圆形工作台作定向回转运动。其通路为:11→15→16→17→22→21→19→20→KM3→0。由上可知,圆形工作台进给与工作台进给之间具有互锁关系,即当圆形工作台工作时,不允许工作台在纵向、横向、垂直方向上有任何运动。

3. 照明电路分析

冷却泵电动机由转换开关 SA1 控制。照明灯由转换开关 SA4 控制,FU4 提供短路保护。

习题与思考题

6.1　C650-2 型普通车床主轴是如何实现正反转控制的?

6.2　C650-2 型普通车床的主轴电动机因过载而自动停车后,立即按下启动按钮,但主轴电动机不能启动,是什么原因?

6.3　Z3050 型摇臂钻床摇臂升降电动机的三相电源相序接反了,会发生什么问题?

6.4　Z3050 型摇臂钻床主轴条和立柱不能放松,试分析原因。

6.5　M7130 型平面磨床中的电磁吸盘能否采用交流电?为什么?

6.6　M7130 型平面磨床的电磁吸盘吸力不足会造成什么后果?

6.7　在 M7130 型平面磨床的电气原理图中,欠电流继电器 KA 和电阻 R2 的作用分别是什么?

6.8　X62W 型万能铣床中有哪些电气互锁措施?

6.9　分析 X62W 型万能铣床主轴变换冲动的控制过程。

6.10　X62W 型万能铣床可以左右进给,而不能上下、前后进给,试分析原因。

附录 A　常用电器图形符号和文字符号

类型	符号名称	图形符号	文字符号	类型	符号名称	图形符号	文字符号
	直流				三相变压器		
	交流						
	交直流						
	正、负极	+、−			自耦变压器		
	三角形连接	△					
	星形连接	Y					
	接地				信号灯、照明灯		
	导线				他励直流电动机		
	导线交叉连接						
	导线交叉不连接						
	端子	o			并励直流电动机		
	可拆卸的端子	∅					
	电阻器						
	电容器				三相交流异步电动机		
	极性电容器						
	电感器						
	带铁芯的电感器				发电机		
	电流互感器				单极控制开关		
	电压互感器			开关	两极手动开关		SA
	电抗器				三极隔离开关		
	单相变压器				三极组合开关		QS

续表

类型	符号名称	图形符号	文字符号	类型	符号名称	图形符号	文字符号
行程（限位）开关	常开触点		SQ	电流继电器	常开触点		KA
	常闭触点				常闭触点		
	复合触点				过电压线圈	$U>$	KV
按钮开关	常开按钮		SB	电压继电器	欠电压线圈	$U<$	
	常闭按钮				常开触点		
时间继电器	瞬时闭合常开触点		KT		常闭触点		
	瞬时闭合常闭触点			中间继电器	线圈		KA
	通电延时常开触点				常开触点		
	通电延时常闭触点				常闭触点		
	通电延时线圈			接触器	常开辅助触点		KM
	断电延时线圈				常闭辅助触点		
	断电延时常开触点				常开主触点		
	断电延时常闭触点				线圈		
电流继电器	过电流线圈	$I>$		热继电器	发元件		FR
	欠电流线圈	$I<$			常开、常闭触点		

类型	符号名称	图形符号	文字符号	类型	符号名称	图形符号	文字符号
速度继电器	常开触点		KS	电磁操作器	电磁铁		YA
	常闭触点				电磁阀		YV
熔断器	熔断器				电磁制动器		YB
					电磁离合器		YC

参 考 文 献

[1] 冯清秀,邓星钟,等.机电传动控制[M].5 版.武汉:华中科技大学出版社,2011.

[2] 李金城.三菱 FX$_{2N}$ PLC 功能指令应用详解[M].北京:电子工业出版社,2011.

[3] 郑钧宜,黄媛,刘艳丽.机床电气与 PLC 应用[M].武汉:华中科技大学出版社,2015.

[4] 廖常初.FX 系列 PLC 编程及应用[M].2 版.北京:机械工业出版社,2016.

[5] 齐占庆,王振臣.电气控制技术[M].北京:机械工业出版社,2004.

[6] 史国生.电气控制与可编程控制器技术[M].北京:化学工业出版社,2004.

[7] 郁汉琪.电气控制与可编程序控制器应用技术[M].南京:东南大学出版社,2004.

[8] 魏学业.PLC 应用技术[M].武汉:华中科技大学出版社,2013.

[9] 王兆义.小型可编程控制器实用技术[M].北京:机械工业出版社,2004.

[10] 郝用兴,苗满香,罗小燕.机电传动控制[M].3 版.武汉:华中科技大学出版社,2016.

[11] 王永华.现代电气控制及 PLC 应用技术[M].北京:北京航空航天大学出版社,2003.

[12] 李道霖.电气控制与 PLC 原理及应用(西门子系列)[M].北京:电子工业出版社,2004.

[13] 闫和平.常用低压电器与电气控制技术问答[M].北京:机械工业出版社,2006.

[14] 徐炜君,徐春梅.电气控制与 PLC 技术[M].武汉:华中科技大学出版社,2014.

[15] 王晓初.机电传动控制[M].武汉:华中科技大学出版社,2014.

[16] 龚运新,顾群,陈华.工业组态软件应用技术[M].2 版.北京:清华大学出版社,2013.

[17] 黄永红.电气控制与 PLC 应用技术[M].北京:机械工业出版社,2011.

[18] 张凤珊.电气控制及可编程序控制器[M].2 版.北京:中国轻工业出版社,2006.

[19] 邹建华.电机及控制技术[M].武汉:华中科技大学出版社,2014.

[20] 任振辉,马永鹏,刘军.电气控制与 PLC 原理及应用[M].北京:中国水利水电出版社,2008.

[21] 张发军.机电一体化系统设计[M].武汉:华中科技大学出版社,2013.

[22] 张万忠.可编程控制器应用技术[M].北京:化学工业出版社,2001.